Wolfgang Droßel, Dr. Dieter Götz, Bernd Köplin

Allgemeine und physikalische Chemie

für das berufliche Gymnasium

1. Auflage

Bestellnummer 15540

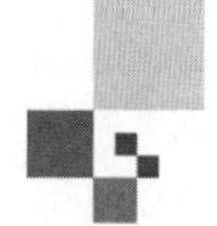

Bildungsverlag EINS

Haben Sie Anregungen oder Kritikpunkte zu diesem Produkt?
Dann senden Sie eine E-Mail an 15540_001@bv-1.de
Autoren und Verlag freuen sich auf Ihre Rückmeldung.

Vorwort

Das vorliegende Buch ist für die gymnasiale Oberstufe beruflicher Schulen konzipiert.

Der chemische Wissensstand der Schüler und Schülerinnen beim Eintritt in die Oberstufe unterscheidet sich erfahrungsgemäß sehr stark. Andererseits variieren die Wochenstundenzahlen des Chemieunterrichts in der Oberstufe in den einzelnen Bundesländern beträchtlich.

Um beiden Aspekten gerecht zu werden, werden bewusst Inhalte der Mittelstufe in verkürzter Form nochmals aufgenommen. Darüber hinaus haben die Autoren den Anspruch die ganze Bandbreite der unterschiedlichen beruflichen – aber auch der allgemeinen – Gymnasien abzudecken. Aufbauend auf den Grundlagen werden deshalb auch weiterführende Inhalte behandelt.

Das Buch soll nicht nur ein Lern-, sondern auch ein Arbeitsbuch sein. Deshalb sind die einzelnen Kapitel so gestaltet, dass sich der Wissensvermittlung eine Wissensüberprüfung in Form von Fragen anschließt. Ein experimenteller Teil mit detaillierten Versuchsbeschreibungen schließt in der Regel die einzelnen Kapitel ab.

Die Autoren

www.bildungsverlag1.de

Bildungsverlag EINS GmbH
Sieglarer Straße 2, 53842 Troisdorf

ISBN 978-3-427-**15540**-9

Inhaltsverzeichnis

1 Grundlagen

1.1 Stoffe

1.1.1 Stoffeigenschaften

Gold, Kupfer, Eisen, Schwefel, Natriumchlorid (Kochsalz), Kupfersulfat unterscheiden sich in ihren charakteristischen Eigenschaften.

Zur Charakterisierung und Abgrenzung eines Stoffes untersucht man seine

a) subjektiven Eigenschaften: Dies sind solche, die mit den Sinnesorganen erfasst werden (Farbe, Geruch, Form, Härte, Oberfläche), und seine

b) objektiven Eigenschaften: Zu ihnen zählen
- physikalische Eigenschaften, die mit geeigneten Messmethoden erfasst werden (Schmelz- und Siedetemperatur, Dichte, elektrische und Wärmeleitfähigkeit usw.), und
- chemische Eigenschaften, bei denen die Wechselwirkungen mit anderen Stoffen betrachtet werden (Brennbarkeit, oxidierende oder reduzierende Wirkung, Säure-Basen-Eigenschaften, Löslichkeit usw.).

Vergleicht man nun die „Steckbriefe“ vieler bekannter Stoffe, so ergeben sich Gruppen, deren Stoffeigenschaften ähnlich sind. Daraus ergibt sich die Möglichkeit, der besseren Übersicht wegen die Stoffe nach ihren gemeinsamen und abgrenzenden Eigenschaften zu klassifizieren.

1.1.2 Einteilung von Stoffen

Die Chemie ist die Wissenschaft, welche mit ihren spezifischen Denk- und Arbeitsmethoden die Natur hinsichtlich ihrer stofflichen Zusammensetzung untersucht. Dabei stehen die Stoffe mit ihren Eigenschaften, ihrer Nutzbarkeit sowie ihrer Umwandlung im Vordergrund der Forschung.

Stoffe sind die Materialien, aus denen Körper, Gebrauchsgegenstände, Naturobjekte, Lebewesen usw. bestehen.

Der besseren Übersicht halber werden sie wie folgt unterteilt:

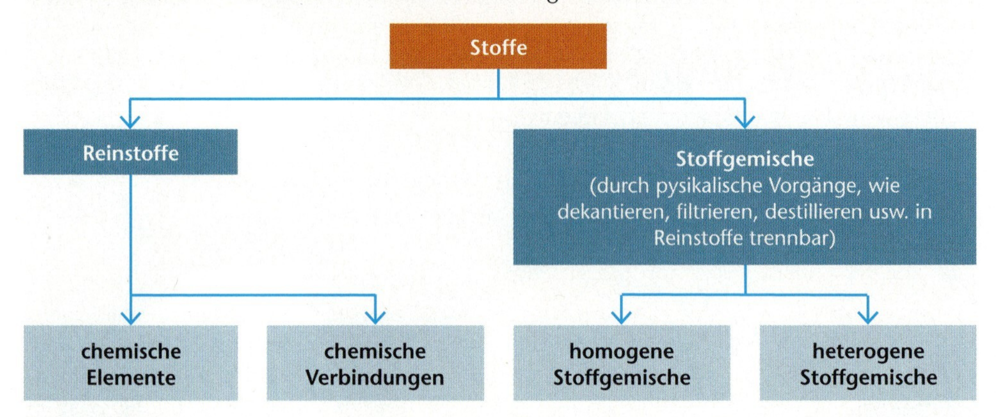

- **Chemische Elemente** sind Reinstoffe, die aus Atomen einer Art bestehen.
- **Chemische Verbindungen** sind Reinstoffe, die durch chemische Reaktionen unter anderem aus chemischen Elementen gebildet werden.
- **Homogene Gemische** sind Stoffgemische, bei denen zwischen den Komponenten keine Phasengrenze erkennbar ist (z. B. Ethanol-Benzin = E 85-Kraftstoff).
- **Heterogene Gemische** sind Stoffgemische, bei denen sich die Teilchen der gemischten Komponenten voneinander abgrenzen (z. B. Öl-in-Wasser-Emulsion).

1.1.3 Teilchenmodell

Schon Demokrit von Abdera vermutete, dass die Materie aus kleinsten nicht teilbaren Teilchen, den Atomen besteht. John Dalton begründete die wissenschaftliche Atomtheorie. Ihr zufolge besteht ein chemisches Element aus Atomen gleicher Größe und gleicher Masse. Folglich unterscheiden sich die Atome verschiedener chemischer Elemente in ihrer Masse.

Daltons Atomtheorie wurde in der folgenden Zeit durch vielfältige Erkenntnisse erweitert:

- Atome bestehen aus Elementarteilchen.
- Es gibt Isotope = Atome eines Elementes mit unterschiedlicher Masse.
- Bei Kernreaktionen (Zerfall/Fusion) können Atome chemischer Elemente in andere Atome auch neuer chemischer Elemente umgewandelt werden.
- Durch Aufnahme oder Abgabe von Elektronen entstehen aus Atomen Ionen.

Grundsätzlich sind Atome und die aus ihnen hervorgehenden Teilchen (Moleküle, Ionen) die strukturgebenden Baueinheiten der Stoffe.

Zwischen den Teilchen eines Stoffes wirken je nach Art und Größe verschiedene Anziehungskräfte. Sie sind die Ursache für die Aggregatzustände und andere charakteristische Stoffeigenschaften.

1.1.4 Chemische Zeichensprache I

Die Stoffe und die chemischen Reaktionen werden in der Chemie kurz und eindeutig bezeichnet. Dazu verwendet man ein System aus Symbolen und Formeln, das auch international als Fachsprache (Chemische Zeichensprache) zur Verständigung dient.
Jöns Jacob Berzelius (1779–1848) entwickelte das noch heute gültige System.
Danach erhält jedes Element ein Symbol, das von seinem lateinischen bzw. griechischen Namen bzw. anderen Quellen abgeleitet ist.

Aluminium:	Al	Sauerstoff (Oxygenium):	O
Silber (Argentum):	Ag	Wasserstoff (Hydrogenium):	H
Germanium:	Ge	Schwefel (Sulfur):	S

In der chemischen Zeichensprache werden für Verbindungen chemische Formeln als Zeichen benutzt. Die Formeln bestehen aus den Symbolen der Elemente, welche die Verbindung aufbauen. Die Anzahl der beteiligten Atome wird als tiefgestellte Zahl (Index, Indices) hinter das jeweilige Symbol geschrieben. Die Zahl Eins wird nicht geschrieben.

Wasser:	H_2O	Sauerstoff (als Molekülsubstanz):	O_2
Kohlendioxid:	CO_2	Chlor (als Molekülsubstanz):	Cl_2
Aluminiumoxid:	Al_2O_3		

Aufstellen von Formeln chemischer Verbindungen bei Metalloxiden/Salzen:

Name der chemischen Verbindung	Aluminiumoxid		Natriumsulfat	
1. Einsetzen der Symbole	Al	O	Na^+	SO_4^{2-}
2. Wertigkeit/Ionenladungen	III	II	+1	−2
3. Kleinstes gemeinsames Vielfaches (KgV)	6		2	
4. Faktoren zum Ausgleichen der Wertigkeiten/Ionenladungen (Betrag)	6/III = 2	6/II = 3	2/1 = 2	2/2 = 1
5. Formel mit Faktoren als Indices	Al_2O_3		Na_2SO_4	
6. Überprüfen				

Bei Nichtmetalloxiden:

Name des Stoffes	Diphosphorpent(a)oxid	
1. Einsetzen der Symbole	P	O
2. Zahlworte übersetzen	di = 2	pent(a) = 5
3. Zahl als Index an das jeweilige Symbol	P_2O_5	
4. Überprüfen		

Symbole und Formeln besitzen qualitative (stoffliche) und quantitative (Mengen) Aussagen.

Beispiele
CO_2 = ein Molekül Kohlendioxid, bestehend aus einem Kohlenstoffatom und zwei Sauerstoffatomen (submikroskopische Deutung).

Salzartige Verbindungen bestehen aus Ionen. So wird in den Formeln dieser Stoffe das ganzzahlige Verhältnis der Ionen bei elektrischer Neutralität angegeben. Diese Formeln bezeichnet man als Verhältnisformeln.

Beispiele

	NaCl;	$AlCl_3$;	K_2SO_4
Ionenverhältnis:	1 : 1	1 : 3	2 : 1

1.2 Atombau und Periodensystem der Elemente (PSE)

1.2.1 Der Atombau

Das Atom ist das kleinste, chemisch nicht teilbare, elektrisch neutrale Teilchen, das aus Atomkern mit Nukleonen (Protonen, Neutronen) und der Atomhülle mit Elektronen besteht.

Atomkern	Atomhülle
Neutronen	
elektrische Ladung: ±0	
Masse: 1,008665 u	
Proton	Elektronen
elektrische Ladung: +1	elektrische Ladung: –1
Masse: 1,007277 u	Masse: 0,0005486 u
Anzahl der Protonen gleich	Anzahl der Elektronen
→ Atome sind elektrisch neutrale Teilchen	

Im Atomkern sind mehr als 99,9 % der Masse konzentriert.

Die Atommasse ergibt sich aus der Masse und der Anzahl der Nukleonen. Die Atome eines chemischen Elementes können sich in der Anzahl der Neutronen und daher in der Masse unterscheiden. Diese Teilchen nennt man Isotope. Beispiel: $^{12}_{6}C$; $^{14}_{6}C$

Isotope sind Atome eines chemischen Elementes, die sich in ihrer Neutronenanzahl unterscheiden.

1.2.2 Das bohrsche Atommodell

Während dem Atomkern die Bedeutung der Atomart und der Masse des Atoms zukommt, ist die Atomhülle als Ursache für einige physikalische, aber insbesondere für alle chemischen Eigenschaften anzusehen. So wurden je nach Erkenntnisstand und Zweck verschiedene Modelle der Atomhülle entwickelt.

Das bohrsche Atommodell erklärt die von Robert Bunsen 1860 bei Untersuchungen von Flammenfärbungen gefundenen diskontinuierlichen Spektren (Linienspektren).

Sonnenlicht mit einem Prisma aufgespalten, ergibt ein kontinuierliches Farbspektrum von rot über grün bis violett. Regt man eine Stoffprobe, die Natrium enthält, in einer Brennerflamme an, so beobachtet man eine gelbe Flamme; im Spektroskop erscheint eine gelbe Linie. Bunsen fand heraus, dass jedem chemischen Element ein spezifisches Spektrum zugeordnet werden kann.

Bohr stellte 1913 eine Theorie vor, die auf den Planetenbahnen des Sonnensystems basierte. Seine Überlegungen formulierte er in drei Postulaten:

- Die Elektronen können sich nur auf Bahnen mit bestimmten Radien um den Kern bewegen.
- Jeder dieser erlaubten Bahn entspricht ein Energieniveau. Die Elektronen bewegen sich dort ohne Energieverlust.
- Das Elektron absorbiert oder emittiert Energie nur dann, wenn es zwischen zwei Bahnen wechselt.

Werden Atome eines Elementes angeregt, so werden Elektronen unter Absorption von Energie auf eine energetisch höhere Bahn oder noch weiter vom Atomkern entferntere Bahnen gehoben. Kehren sie in den Grundzustand zurück, so emittieren die Elektronen die aufgenommene Energie als elektromagnetische Strahlung, auch als sichtbares Licht.

Da sich die Elektronen auf benachbarten Bahnen in ihrer Energie unterscheiden, wird dieses Modell als **Energiestufenmodell** bezeichnet. Relativ übersichtlich sind das Schalenmodell und das Energieniveauschema.

1.2.3 Das Energieniveauschema

Es verdeutlicht die Verteilung der Elektronen in der Atomhülle nach Energie und Anzahl auf einem Energieniveau.

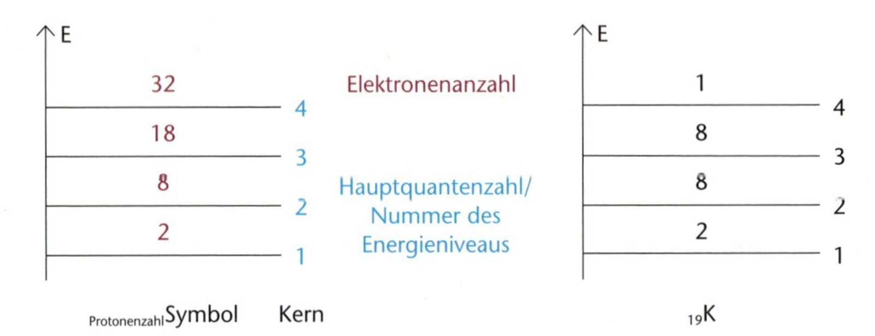

Die Angaben zum Atombau werden dem Periodensystem der Elemente entnommen.

Die Anzahl der Elektronen je Energieniveau wird nach der hundschen Regel vom energieärmsten Niveau zum energiehöchsten Niveau eingesetzt. Auf dem letzten Niveau befinden sich die Außen- oder Valenzelektronen.

1.2.4 Die Elektronenschreibweise

Da bei den meisten chemischen Reaktionen oder Wechselwirkungen zwischen den Teilchen nur die Valenzelektronen beteiligt sind, werden in der Elektronenschreibweise einzelne Außenelektronen als Punkt oder paarweise Elektronen als Strich am Symbol gekennzeichnet.

Beispiele
Na · ; · Ca · ; |C̅l·
Die Elektronenschreibweise ist Grundlage der Lewisformel: |C̅l̲ – C̅l̲|

1.2.5 Der Aufbau des PSE

Das Ordnen der chemischen Elemente hat eine lange Geschichte.

Lothar Meyer (1830–1895) und Dimitrij Mendelejew (1834–1907) schufen unabhängig voneinander das Vorläufermodell des heutigen PSE. Sie ordneten die Elemente nach steigender Atommasse in Achtergruppen. Mendelejew formulierte das Gesetz der Periodizität:

▸ **Jedes achte Element hat ähnliche Eigenschaften.**

Die Ordnungsprinzipien von Meyer und Mendelejew wiesen aber noch Unregelmäßigkeiten auf.

Bei Bestrahlung chemischer Elemente mit Röntgestrahlen entdeckte man, dass die Atome der Elemente selbst Röntgenstrahlung abstrahlten (emittierten).

1913 entdeckte der britische Physiker Henry Moseley (1887–1915) den Zusammenhang zwischen emittierter Wellenlänge und Anzahl der Protonen im Atomkern.

Er beschrieb diesen Zusammenhang in einer Formel, dem **moseleyschen Gesetz**:

▶ $1/\lambda = 3/4 \cdot R_\infty (Z - 1)^2$

Z Anzahl der Protonen
R_∞ Rhydberg-Konstante

Seitdem wird im modernen PSE ausschließlich die Ordnungszahl zur Ordnung der Elemente verwendet.

Die Stellung eines Elementes im Periodensystem ist durch drei Angaben gekennzeichnet:

Ordnungszahl = Zahl der Protonen und Elektronen

Periodennummer = Anzahl der Energieniveaus

Hauptgruppennummer = Anzahl der Außen-/Valenzelektronen

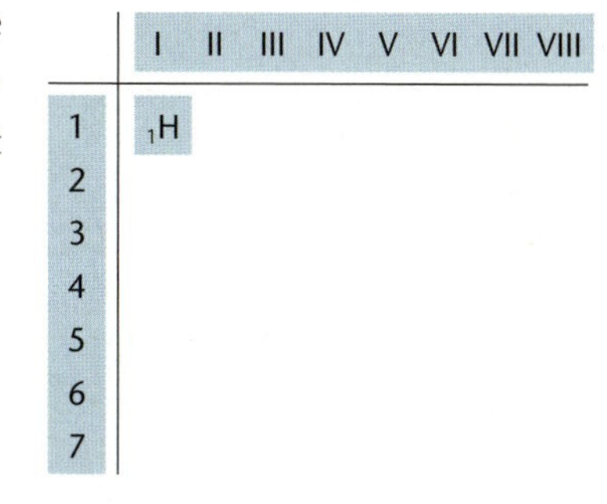

Die chemischen Elemente sind senkrecht in Gruppen geordnet. Man unterscheidet zwischen Haupt- und Nebengruppen.

Innerhalb einer **Hauptgruppe** sind die Eigenschaften der Elemente nahezu gleich, Gruppeneigenschaften/Elementgruppe.

Waagerecht sind die Elemente in einer **Periode** zusammengefasst. Es gibt 7 Perioden.

Innerhalb einer Periode ändern sich die Eigenschaften der Elemente.

▶ **Nach acht Elementen folgt ein neuntes, welches annähernd die gleichen Eigenschaften wie das erste aufweist.**

1.2.6 Gesetzmäßigkeiten bei Hauptgruppenelementen im PSE

Die Nebengruppenelemente sind ausschließlich Metalle.

Die Hauptgruppenelemente folgen einigen Gesetzmäßigkeiten:

Legt man eine Linie vom Bor zum Astat, befinden sich links alle Metalle rechts die Nichtmetalle und entlang der Linie die amphotheren Elemente.

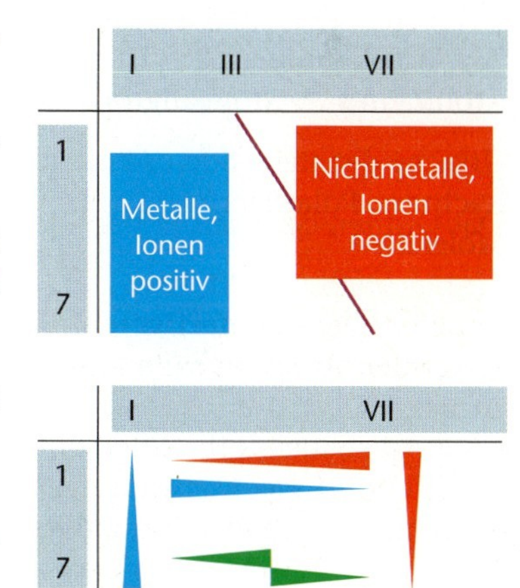

In der Hauptgruppe sind folgende Eigenschaften gleich:

- die höchste Ionenladung,
- die Wertigkeit gegenüber Wasserstoff und Sauerstoff.

Es ändern sich die folgenden Eigenschaften:

- Die Elektronegativität nimmt mit steigender Ordnungszahl ab.
- Der Metallcharakter/Basencharakter der Oxide nimmt innerhalb der Hauptgruppe nach unten zu und fällt in der Periode nach rechts.

Innerhalb der Periode steigen von links nach rechts:

- der Nichtmetallcharakter,
- der Säurecharakter der Nichtmetalloxide,
- die Elektronegativität,
- die Wertigkeit gegenüber Sauerstoff/höchste Oxidationsstufe.
- Die Ionenladung steigt bis zur IV. Hauptgruppe an und fällt dann jeweils um eins.

Metallcharakter/Basencharakter der Oxide
Nichtmetallcharakter/Säurecharakter der Oxide
Elektronegativität
Höchste Ionenladung
Wertigkeit gegenüber Sauerstoff/höchste Oxidationsstufe
Wertigkeit gegenüber H/Ionenladung
Wertigkeit gegenüber H/Ionenladung

Die Eigenschaften der Elemente werden im Wesentlichen vom Bau der Atomhülle, insbesondere von der Anzahl der Außenelektronen/Valenzelektronen geprägt.

1.3 Eigenschaften und Stoffveränderungen

1.3.1 Zwischenmolekulare Beziehungen

Zwischenmolekulare Beziehungen entstehen auf der Grundlage von Wechselwirkungen zwischen gleichartigen oder verschiedenartigen Molekülen.

Die wesentlichsten zwischenmolekularen Beziehungen sind die:

- Van-der-Waals-Kräfte,
- Wasserstoffbrückenbindungen.

Van-der-Waals-Kräfte

Bei einem Vergleich der Siedetemperaturen der Halogene, stellt man einen Anstieg proportional zur Molekülmasse, Elektronenanzahl und zum Atomradius ⟶ Molekülgröße fest.

Ursache der steigenden Anziehungskräfte ist die leichtere Polarisierbarkeit großer Atome oder Moleküle.

Halogen	Molekülmasse [u]	Siedetemperatur [°C]
Fluor	38	–188
Chlor	70,9	–35
Brom	159,8	58
Iod	253,8	183

▸ **Zwischen gleichartigen Molekülen treten schwache Bindekräfte auf, die mit steigender Molekülgröße zunehmen.**

Gase, wie Sauerstoff, Chlor und Brom, werden in geringen Mengen in Wasser gelöst. Ursache sind Wechselwirkungen zwischen Dipolmolekülen und unpolaren Molekülen. Dipolmoleküle haben induktiven Einfluss auf größere unpolare Moleküle. Es kommt dabei zu einer Verschiebung der Elektronen im unpolaren Molekül, es wird polarisiert.

$\delta+\ \delta- + \bigcirc \rightarrow \delta+\ \delta- \rightarrow\leftarrow \delta+\ \delta-$

Anziehung

Die stärksten Anziehungskräfte treten zum Beispiel bei Wasser, Chlorwasserstoff und anderen polaren Molekülverbindungen auf. Die Ursachen sind Dipol-Dipol-Wechselwirkungen permanenter Dipolmoleküle. Die entgegengesetzten Ladungsschwerpunkte verschiedener Dipolmoleküle ziehen sich gegenseitig an und erreichen so einen energetisch günstigeren Zustand. Auch hier gilt die Gesetzmäßigkeit, dass chemische Systeme stets das Energieminimum anstreben.

$\delta+\ \delta- \rightarrow \leftarrow \delta+\ \delta- \rightarrow \leftarrow \delta+\ \delta-$
Anziehung Anziehung

Van-der-Waals-Kräfte sind zwischenmolekulare Wechselwirkungen, die auf Anziehungskräften zwischen polaren oder polarisierbaren Molekülen beruhen. Sie werden mit steigender Molekülgröße stärker.

Wasserstoffbrückenbindungen

Methan und Ethan sind Glieder einer homologen Reihe, d.h. bei steigender Masse steigt die Siedetemperatur (Van-der-Waals-Kräfte).

Methanol hat eine dem Ethan vergleichbare Masse, zeigt aber eine wesentlich höhere Siedetemperatur als Ethan.

	molare Masse	Siedetemperatur
Methan	16 g/mol	–162 °C
Ethan	30 g/mol	–89 °C
Methanol	31 g/mol	65 °C

Die Ursachen sind die stark polare Hydroxylgruppe ($-\overset{\delta-}{O}\overset{\delta+}{H}$) des Methanols und zwei freie Elektronenpaare am Sauerstoffatom der funktionellen Gruppe. So können starke Anziehungskräfte zwischen den Hydroxylgruppen wirksam werden. Der stark positivierte Wasserstoff der einen Hydroxylgruppe geht eine äußerst schwache Atombindung mit dem Elektronenpaar des Sauerstoffatoms eines Methanolmoleküls ein. Es entstehen große Molekülverbände mit Wasserstoffbrückenbindungen zwischen den Hydroxylgruppen der Methanolmoleküle.

Die Wasserstoffverbindungen der Elemente Stickstoff, Sauerstoff und Fluor zeigen zu ihren in der Hauptgruppe nachfolgenden Wasserstoffverbindungen ebenfalls einen großen Sprung in der Siedetemperatur.

Auch bei diesen Stoffen ist eine starke Polarisation der Bindung und mindestens ein freies Elektronenpaar am Zentralatom der Wasserstoffverbindung zu erkennen. So sind auch in diesem Fall Wasserstoffbrückenbindungen als Erklärung für die Siedetemperaturanomalie innerhalb der Wasserstoffverbindungen der V. bis VII. Hauptgruppe anzuführen.

$H-\overline{\underline{F}} \cdots H-\overline{\underline{F}} \cdots H-\overline{\underline{F}} \cdots$

Wasserstoffbrückenbindungen sind zwischenmolekulare Wechselwirkungen, bei denen positivierte Wasserstoffatome an besonders stark elektronegativ geladenen Atomen (O-, N- oder F-Atomen) mit freien Elektronenpaaren gebunden sind.

1.3.2 Zusammenfassende Betrachtung der Atombindung, Ionenbindung, Metallbindung

Mithilfe der Stellung zweier chemischer Elemente im PSE sowie der Elektronegativitätsdifferenz kann die Art der chemischen Bindung geschätzt werden.

Je weiter die Elemente (Metall, Nichtmetall) auseinander stehen, je größer die Elektronegativitätsdifferenz, desto größer ist der Ionencharakter der Bindung. Metalle sind durch die charakteristische Metallbindung und Nichtmetalle durch die Atombindung gekennzeichnet.

Folgende Übersicht fasst die wesentlichsten Merkmale der Bindungsarten zusammen:

Bindungsart	Atombindung		Ionenbindung	Metallbindung
	reine Atombindung	**polare Atombindung**		
Teilchenart	gleichartige Atome	verschiedene Atomarten	elektrisch entgegengesetzt geladene Ionen, Kationen und Anionen	Metallatome, Atomrümpfe, freibewegliche Elektronen (Elektronengas)
Bindungs-merkmal/ Bindekräfte	gemeinsames Elektronenpaar	gemeinsames Elektronenpaar, zum elektronegativeren Partner hingezogen	elektrostatische Wechselwirkungen zwischen entgegengesetzt geladenen Ionen	Anziehungskräfte zwischen festsitzenden Atomrümpfen (Metallkationen) und freibeweglichen Elektronen (Elektronengas)
	gemeinsame Elektronenpaare		entgegengesetzte elektrische Ladungen	
ΔE	±0	< 1,7	> 1,7	–
stoffliche Struktur	reine Moleküle	polare Moleküle auch Dipolmoleküle	Ionengitter aus Kationen und Anionen	Metallgitter
charakteristische Eigenschaften	vorwiegend gasförmig, niedrige Schmelz- und Siedetemperatur einige neigen zur Sublimation	alle Aggregatzustände können zum Teil dissoziieren, leiten in wässrigen Lösungen den elektrischen Strom	fest, hart, spröde, hohe Schmelz- und Siedetemperatur, dissoziieren in wässriger Lösung, leiten in wässriger Lösung und in der Schmelze den elektrischen Strom ↓ freibewegliche Ionen	fest, hart, schmiedbar, kalt verformbar, hohe Schmelz- und Siedetemperatur, Leitfähigkeit des Metalls für Wärme, elektrischen Strom ↓ freibewegliche Elektronen
äußere Form	Molekülkristalle		Ionenkristall	Metallkristall

ΔE = Differenz der Elektronegativitätswerte

1.4 Chemische Reaktion – Stoffumwandlung

1.4.1 Das Wesen der chemischen Reaktion

Eine chemische Reaktion läuft in zwei Bereichen ab: im sichtbaren und im unsichtbaren Bereich.

Magnesium	+	Sauerstoff	→	Magnesiumoxid
silbrig glänzend, fest		farbloses Gas		weiße, feste Substanz

- **Sichtbar sind die stofflichen Veränderungen, die Änderung der charakteristischen Stoffeigenschaften. Sichtbar sind ebenfalls die energetischen Erscheinungen (Licht, Wärme usw.).**

	Magnesium	+	Sauerstoff	→	Magnesiumoxid
chem. Bindung	Metallb.		reine Atomb.		Ionenbeziehung
Teilchenart	Atome Metallionen freie Elektronen		Moleküle aus Atomen		Kationen und Anionen

- **Unsichtbar sind die Vorgänge der Aufspaltung und Neubildung chemischer Bindungen sowie die Umordnung der Teilchen.**

1.4.2 Energetische Erscheinungen

Die Ursache energetischer Erscheinungen bei chemischen Reaktionen ist die innere Energie (thermische Energie, Bindungsenergie usw.) der Stoffe.

Ist die Energie der Ausgangsstoffe größer als die Energie der Endstoffe, wird Energie in Form von Licht, Wärme usw. frei. Es läuft eine **exotherme Reaktion** ab.

Sind die energetischen Verhältnisse umgekehrt, wird Energie von den reagierenden Stoffen aufgenommen. Es läuft eine **endotherme Reaktion** ab.

1.4.3 Verlauf chemischer Reaktionen

Wir wissen, dass Sauerstoff und Wasserstoff lange Zeit in einem Reaktionsraum nebeneinander vorkommen, ohne dass eine Reaktion abläuft. Erst wenn ein Minimum an Energie zugeführt wird, die **Aktivierungsenergie**, beginnt die Reaktion.

Ablauf:

1. Lockerung der chemischen Bindungen in den Ausgangsstoffen durch die Aktivierungsenergie.
2. Teilchen (Atome) werden frei beweglich.
3. Der Übergangszustand mit instabilen Bindungen zwischen neuen Teilchenkombinationen stellt sich ein.
4. Die neuen chemischen Bindungen festigen sich unter Energiefreisetzung (exotherm).

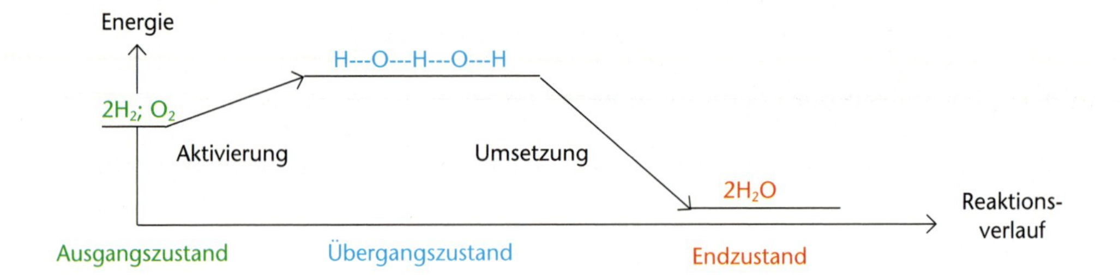

1.4.4 Reaktionsbedingungen

Chemische Reaktionen verlaufen unterschiedlich schnell: Knallgasreaktionen, Fällungsreaktionen laufen in Bruchteilen von Sekunden ab; biochemische Reaktionen benötigen zwischen 20 Minuten und einigen Stunden; geochemische Reaktionen laufen am langsamsten ab.

Die folgenden Faktoren beeinflussen Verlauf und Geschwindigkeit einer chemischen Reaktion:

- Die Temperaturerhöhung führt zu einer Beschleunigung der Teilchenbewegung, zu einer Lockerung der Bindungen durch starke Eigenschwingung der Teilchen und so zu einem schnelleren Reaktionsverlauf.
- Bei Gasen bewirkt eine Druckerhöhung eine schnellere Reaktion.
- In Lösungen fördert eine Konzentrationserhöhung die Schnelligkeit einer Reaktion.
- Ein Katalysator kann die Aktivierungsenergie senken und so die Phase der Aktivierung verkürzen. Dabei ist er wiederverwendbar, da er nicht mit umgesetzt wird.
- Reaktionsfördernd ist der Zerteilungsgrad der Ausgangsstoffe sowie ihre Durchmischung.

Chemische Reaktionen sind Stoffumwandlungsvorgänge, bei denen unter energetischen Erscheinungen neue Stoffe mit neuen Eigenschaften entstehen. Dabei werden Teilchen umverteilt und neue chemische Bindungen ausgebildet.

1.5 Chemische Zeichensprache II

1.5.1 Qualitative und quantitative Deutung von Reaktionsgleichungen

Chemische Reaktionsgleichungen dienen der qualitativen und quantitativen Betrachtung chemischer Vorgänge. Deshalb müssen sie einige Bedingungen erfüllen:

1. Verwendung der chemischen Symbole, Formeln.
2. Gewährleistung des „Gesetzes der Erhaltung der Masse“ durch gleiche Anzahlen der Teilchen der Element auf beiden Seiten des Reaktionspfeils.
3. Anstelle des Gleichheitszeichens einer Gleichung wird ein Reaktionspfeil gesetzt, er gibt die Richtung des Vorganges an.
4. Verwendete Formeln werden während des Ausgleichens nicht mehr hinsichtlich der Indices verändert. Formeln sind Bausteine einer Reaktionsgleichung.

1.5.2 Aufstellen und Ausgleichen einer Reaktionsgleichung

Schrittfolge	Beispiel
1. Wortgleichung	Aluminium + Sauerstoff → Aluminiumoxid
2. Einsetzen der Symbole/Formeln nach der HNO-Regel	$Al + O_2 \rightarrow Al_2O_3$ Wasserstoff, Stickstoff, Sauerstoff und die Elemente der VII. Hauptgruppe sind molekular anzugeben (H_2; N_2; O_2; Cl_2; usw.)
3. Ausgleichen Vergleich der Anzahl der Atome auf beiden Seiten des Pfeils	Al = 1 Al = 2 O = 2 O = 3
4. **Regel:**	**Beginne immer bei Sauerstoff oder bei einem Stoff, der auf beiden Seiten nur einmal vorkommt und seine Anzahl ändert.**
5. Ausgleichen der Atomanzahlen durch ganzzahlige Faktoren mittels kgV	O: 2 ; 3 – kgV = 6 → Faktor O_2 = 6 : 2 = 3 → Faktor Al_2O_3 = 6 : 3 = 2 I. $Al + 3\ O_2 \rightarrow 2\ Al_2O_3$ 1 2 x 2 = 4 II. $4\ Al + 3\ O_2 \rightarrow 2\ Al_2O_3$
6. Überprüfen	Al = 4 Al = 4 O = 6 O = 6

1.6 Gesetze und Begriffe

1.6.1 Gesetz der Erhaltung der Masse

Bei quantitativen Untersuchungen chemischer Reaktionen entdeckten 1744 Michail W. Lomonossow (1711–1765, russischer Naturforscher) und 1785 Antonie Laurent Lavoisier (1743–1794, französischer Chemiker) Zusammenhänge zwischen Stoffumwandlung und Masse der beteiligten Stoffe.

Bei chemischen Reaktionen ist die Summe der Massen der Ausgangsstoffe gleich der Summe der Massen der Reaktionsprodukte.

$$Fe + S \rightarrow FeS$$

$$55{,}85\,g \qquad 32{,}06\,g \qquad 87{,}91\,g$$

$$\sum m_{Fe+S} = 87{,}91\,g \quad = \quad m_{FeS} = 87{,}91\,g$$

1.6.2 Gesetz der konstanten Proportionen

Joseph Louis Proust (1754–1826, französischer Apotheker und Chemiker) fand ebenfalls eine wichtige Gesetzmäßigkeit:

In jeder chemischen Verbindung haben die gebundenen Elemente stets ein bestimmtes konstantes Massenverhältnis.

1.6.3 Gesetz der multiplen Proportionen

John Dalton (1760–1844, englischer Naturwissenschaftler) formulierte 1808 einen weiteren Zusammenhang:

Wenn zwei Elemente A und B mehr als eine Verbindung miteinander bilden, dann stehen die Massen von A, die sich mit einer bestimmten Masse von B binden, im Verhältnis kleiner ganzer Zahlen.

1.7 Chemisches Rechnen

1.7.1 Die Atommasse

Jedes Atom besitzt eine Masse. Aufgrund der äußerst geringen Größe eines Atoms ist auch die Masse sehr klein und ergibt eine nur schwer vorstellbare kleine Zahl. Daher spricht man auch von der atomaren Masseeinheit (unit) mit dem Einheitszeichen **u**. Sie wurde 1961 folgendermaßen definiert:

1u entspricht genau 1/12 der Masse eines Atoms des Kohlenstoff-Isotops $^{12}_{6}C$.

$1u = 1{,}660519 \cdot 10^{-24}$ g

Alle Atom- und Molekülmassen werden als Vielfache der atomaren Masseeinheit angegeben. Aus dem Periodensystem werden die relativen Atommassen abgelesen. Sie berücksichtigen die an der Masse beteiligten Isotope eines chemischen Elementes.

1.7.2 Die Bestimmung der molaren Masse

Die molare Masse ***(M)*** wird als Quotient der Masse ***(m)*** und der Stoffmenge ***(n)*** einer Stoffportion bezeichnet. Die Einheit ist **g · mol⁻¹**. Der Zahlenwert von ***M*** stimmt mit dem Zahlenwert für die Masse eines Teilchens mit der Einheit **u** überein. Es ergibt sich ein einfacher Zusammenhang zwischen der Masse einer Stoffportion und ihrer Stoffmenge:

$$M = \frac{m}{n}; \qquad m = n \cdot M \qquad \text{oder} \qquad n = \frac{m}{M}$$

Diese Beziehungen sind Grundlage für das chemische Rechnen (stöchiometrisches Rechnen). Beim chemischen Rechnen leiten wir die molare Masse der Stoffe aus den relativen Atommassen ab. Die molare Masse der Molekülsubstanzen entspricht der Summe der meist gerundeten molaren Massen der in der Molekülformel angegebenen Atome.

z. B.: $\boldsymbol{M_{Al2O3}} = 2 \cdot M_{Al} + 3 \cdot M_{O} = 2 \cdot 27\ \text{g} \cdot \text{mol}^{-1} + 3 \cdot 16\ \text{g} \cdot \text{mol}^{-1} = \mathbf{102\ g \cdot mol^{-1}}$

Die molaren Massen der Stoffe lassen sich auf verschiedenen experimentellen Wegen bestimmen. Es sind die Verfahren möglich, bei denen die messbaren Größen stets von der Teilchenzahl bzw. von der Stoffmenge abhängig sind. Die geeigneten Verfahren beruhen auf den Gesetzen der idealen Gase und der idealen Lösung. In verdünnten Lösungen können vier stoffmengenabhängige Eigenschaften relativ genau bestimmt werden. Dies sind:

1. Dampfdruck: **Gas- und Dampfdichtebestimmung**
2. Osmotischer Druck: **Membranosmometrie**
3. Gefrierpunkt: **Kryoskopie**
4. Siedepunkt: **Ebullioskopie**

Die **Gas- und Dampfdichtebestimmung** erfolgt für flüssige und feste, leicht verdampfbare sowie unzersetzbare Substanzen nach einem Verfahren von Viktor Meyer (1878). Dabei werden 0,5 g der Substanz eingewogen und in einem Wägegläschen über eine Auslösevorrichtung in einen Apparat (s. Abbildung) eingebracht. Das Wägegläschen zerspringt und setzt die Substanz frei, welche verdampft, wenn die Heizflüssigkeit die Siedetemperatur der Substanz übersteigt. Das sich bildende Gasvolumen kann mit geeigneten Gasmessgeräten ermittelt werden.

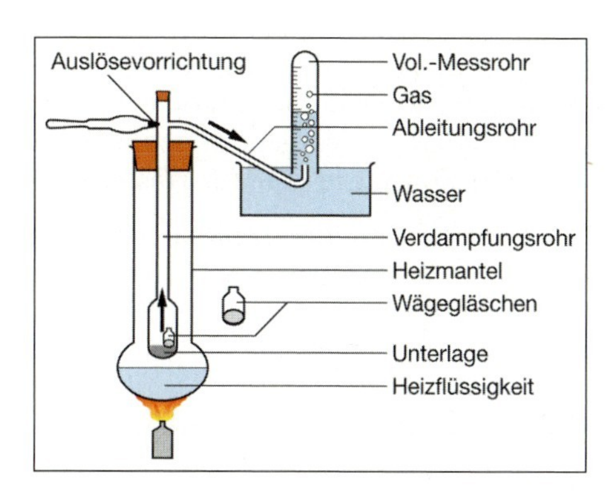

Danach lässt sich mit der Formel $M = \frac{m \cdot R \cdot T}{p \cdot V}$ direkt die molare Masse berechnen.

Membranosmometrie wird bei stark verdünnten Lösungen angewendet. Sie basiert auf dem van't Hoff'schen Gesetz. Die molare Masse wird hier nach folgender Gleichung errechnet:

$$M = \frac{c \cdot R \cdot T}{p}$$

(p = osmotischer Druck, c = Konzentration der Lösung, R = allgem. Gaskonstante, T = Temperatur). Die Messung des osmotischen Drucks erfolgt in vollautomatischen Messgeräten, bestehend aus einer Messzelle, welche durch eine semipermeable Membran geteilt wird. Die Druckdifferenz wird über eine Metallmembran elektronisch bestimmt. Ein Thermostat ermöglicht die Messung für Substanzen, die im Bereich 5–130 °C löslich sind.

Kryoskopie ist eine Messmethode, deren Grundlage die Gefrierpunkterniedrigung einer Lösung gegenüber dem Lösungsmittel ist. Dieser Effekt ist ausschließlich von der Zahl der gelösten Teilchen abhängig. Es gilt bei stark verdünnten Lösungen folgender Zusammenhang:

$$M = \frac{K \cdot c}{1000 \cdot \Delta T_g}$$

(K = kryoskopische Konstante des Lösungsmittels; c = Konzentration in g pro kg Lösungsmittel; ΔT_g = Gefrierpunkterniedrigung).

Die Messung erfolgt, indem das substanzfreie Lösungsmittel in einem Gefriergefäß zur Erstarrung gebracht wird. Die Temperatur wird unter den gegebenen Bedingungen ermittelt. Nach dem Auftauen des Lösungsmittels gibt man die abgewogene Substanz hinzu, sorgt für gleichmäßige Durchmischung und ermittelt erneut die Gefriertemperatur. Die Differenz der ermittelten Temperaturwerte ergibt ΔT_g. K kann aus geeigneten Tabellenwerken entnommen werden. Das früher verwendete Beckmann-Thermometer umfasste 5–6°, hatte aber eine Ablesegenauigkeit von 0,001°. Moderne Messgeräte arbeiten mit wesentlich empfindlicheren Thermistoren. Diese Messungen sind ebenso genau und lassen sich in relativ kurzer Zeit vornehmen.

Ebullioskopie ist eine Messmethode, deren Grundlage die Siedetemperaturerhöhung eines Lösungsmittels bei Lösung eines Stoffes ist. Auch hier steigt die Siedetemperatur analog zur Anzahl der aufgenommenen Teilchen. Die Messung erfolgt in ähnlichen Apparaturen wie bei der Kryoskopie. Die Berechnung wird nach der gleichen Beziehung wie in der Kryoskopie vorgenommen. Die Konstante des Lösungsmittels nennt man ebullioskopische Konstante (z. B. für Wasser $K = 0{,}51\ \text{K kg mol}^{-1}$).

Diese Methoden der Molmassenbestimmung sind unerlässlich für die Identifizierung von Stoffproben sowie für die Ermittlung der Summenformel der analysierten Stoffe.

1.7.3 Ermitteln von Formeln

Wir benutzen gewohnheitsgemäß Formeln in der chemischen Zeichensprache. Sie werden aus Formelsammlungen abgelesen oder nach stöchiometrischen Wertigkeiten bzw. Ionenladungen aufgestellt. Es war nicht immer so leicht, und auch heute werden bei Stoffanalysen die Formeln auf empirischem Weg ermittelt.

Man bestimmt die enthaltenen Elemente in einer chemischen Verbindung experimentell. Dazu wird ein Teil der Stoffprobe genau abgewogen (Einwaage). Durch thermische Zersetzung oder Oxidation bei ca. 1800 °C unter Verwendung eines Katalysators und reinem Sauerstoff, stellt man die Oxide der Elemente her. Wasserdampf wird von wasserfreiem Calciumchlorid und Kohlendioxid wird von Calciumhydroxid adsorbiert. Aus der Massezunahme des Adsorbens kann die Masse der Verbrennungsprodukte ermittelt und anschließend das Massenverhältnis der chemischen Elemente errechnet werden.

Beispiel 1

Es werden 2,0 g Natriumcarbonat thermisch zersetzt. Dabei entstehen 1,170 g Natriumoxid und 0,830 g Kohlendioxid. Welche Verhältnisformel ergibt sich für das Natriumcarbonat?

	Schritte	Beispiel
0.	Ermittlung der qualitativen Zusammensetzung des Stoffes	Der untersuchte Stoff besteht aus den Elementen Natrium, Kohlenstoff und Sauerstoff.
1. 1.1	Quantitative Elementaranalyse Oxidation des Stoffes und bestimmen der Masse der entstehenden Oxide	Einwaage: $m_E = 2{,}0$ g $m_{Na2O} = 1{,}170$ g $m_{co2} = 0{,}830$ g

1.2	Berechnung der Masse der enthaltenen Elemente auf der Grundlage der Reaktionsgleichung ihrer Oxidation: m_{Na}: $2\ Na + {}^1/_2\ O_2 \rightarrow Na_2O$ m_C: $C + O_2 \rightarrow CO_2$ m_O:	$m_{Na} = \frac{n_{Na} \cdot M_{Na} \cdot m_{Na2O}}{n_{Na2O} \cdot M_{Na2O}} = 0{,}868\ g$ $m_c = 0{,}226\ g$ $m_O = m_E - (m_{Na} + m_C) = 0{,}906\ g$
1.3	Berechnung des Stoffmengenverhältnisses durch Division der Masse des Elements durch die molare Masse des Elements	$n_{Na} : n_C : n_O = m_{Na}/M_{Na} : m_C/M_C : m_O/M_O$ $= 0{,}038\ mol : 0{,}019\ mol : 0{,}057\ mol$
1.4	Umrechnung des Verhältnisses in ganze Zahlen durch Division durch die kleinste Zahl	$= \frac{0{,}038\ mol}{0{,}019\ mol} : \frac{0{,}019\ mol}{0{,}019\ mol} : \frac{0{,}057\ mol}{0{,}019\ mol}$ $= 2 : 1 : 3$
1.5	Aufstellen der Verhältnisformel/empirischen Formel	$= Na_2CO_3$

Bei organischen Verbindungen kann die tatsächliche Summenformel von der empirischen Formel oder Verhältnisformel abweichen. Kennt man die molare Masse des Stoffes, so lässt sich mittels eines Faktors die Summenformel berechnen.

Beispiel 2

Die Elementaranalyse einer organischen Verbindung der Einwaage $m_E = 0{,}038$ g ergab folgende Werte: $m_{CO2} = 0{,}073$ g; $m_{H2O} = 0{,}045$ g. Weiterhin wurde eine Einwaage von $m_E = 0{,}3$ g verdampft. Man erhielt unter Normalbedingungen ein Volumen von $V = 73{,}04$ ml. Welche Summenformel hat der Stoff?

Massenverhältnis der Elemente (siehe Tabelle):

$$m_c : m_H : m_O = \frac{2\ mol \cdot 0{,}073\ g}{44\ g/mol} : \frac{2\ mol \cdot 0{,}045\ g}{18\ g/mol} : m_O$$
$$= 0{,}019\ g : 0{,}005\ g : m_O$$

Die Massedifferenz zur Einwaage entspricht der Masse des enthaltenen Sauerstoffs:

$m_O = 0{,}014$ g. Also gilt: $m_C : m_H : m_O = 0{,}019\ g : 0{,}005\ g : 0{,}014\ g$

Stoffmengenverhältnis der Elemente:

$$n_C : n_H : n_O = m_C/M_C : m_H/M_H : m_O/M_O$$
$$= 0{,}001583\ mol : 0{,}005\ mol : 0{,}000875\ mol$$

Ganzzahliges Verhältnis: Division durch die kleinste Zahl:

$$n_C : n_H : n_O = 1{,}8 : 5{,}71 : 1$$

gerundet: $n_C : n_H : n_O = 2 : 6 : 1$

Die Verhältnisformel ist: $C_2H_6O_1$

Ermittlung des Faktors:

Die Verdampfung von 0,3 g Substanz ergab unter Normbedingungen ein Volumen von 73,04 ml (Bei abweichenden Bedingungen von $T = 273$ K und 1013 hPa muss das Volumen mit der allgemeinen Gasgleichung $p \cdot V = n \cdot R \cdot T$ umgerechnet werden. R ist die allgemeine Gaskonstante, $R = 83{,}144$ hPa · l · K^{-1}).

Molare Masse:

Nach den Beziehungen $M = \frac{m}{n}$ und $n = \frac{V}{V_m}$ ergibt sich die Gleichung:

$$M = \frac{m \cdot V_m}{V}$$

$$M = \frac{0{,}3\,\text{g} \cdot 22\,400\,\text{ml} \cdot \text{mol}^{-1}}{73{,}04\,\text{ml}} = 92{,}004\,\text{g} \cdot \text{mol}^{-1}$$

Faktor: wird aus dem Quotienten der ermittelten molaren Masse und der Formelmasse gebildet.

Formelmasse von $C_2H_6O_1$ = 46 u

$$F = \frac{92{,}004\,\text{g} \cdot \text{mol}^{-1}}{46} = 2\,\text{g} \cdot \text{mol}^{-1}$$

$$F = 2$$

Die Summenformel ist demnach: $\mathbf{C_4H_{12}O_2}$

1.7.4 Berechnung der Massen von Ausgangsstoffen und Reaktionsprodukten (Umsatzberechnungen)

Um eine bestimmte Masse an einem Reaktionsprodukt zu erhalten, muss die notwendige Masse der Ausgangsstoffe berechnet werden. Ebenfalls ist es gebräuchlich, die zu erwartende Masse des Reaktionsproduktes bei einer gegebenen Masse des Ausgangsstoffes zu errechnen.

Bei Umsatzberechnungen müssen die Gleichung der jeweiligen Reaktion sowie die molaren Massen der Reaktionspartner bekannt sein.

Beispiel

Aus Eisen und Schwefel wird Eisen(II)-sulfid hergestellt.

a) Wie viel Gramm Eisen (Fe) und wieviel Gramm Schwefel werden für die Herstellung von 150,0 g FeS gebraucht?

b) Wie viel Gramm Eisen(II)-sulfid entstehen aus 20 g Eisen?

Lösung

a) Die Aufgabe lässt sich über eine Proportion lösen.

Eine Grundgleichung der Stöchiometrie ist die Gleichung: $M = \frac{m}{n}$

Bei gleichen Stöchiometriefaktoren bzw. Stoffmengen *(n)* gilt die Proportion:

$$\frac{m(\text{Fe})}{M(\text{Fe})} = \frac{m(\text{S})}{M(\text{S})} = \frac{m(\text{FeS})}{M(\text{FeS})}; \quad \text{allgemein:} \quad \frac{m(1)}{M(1)} = \frac{m(2)}{M(2)} = \frac{m(3)}{M(3)} = \ldots$$

m_{Fe}		m_S		150 g
Fe	+	S	$\longrightarrow$	FeS
55,85 g/mol		32,06 g/mol		87,91 g/mol

$\frac{m(\text{Fe})}{M(\text{Fe})} = \frac{m(\text{FeS})}{M(\text{FeS})}$ mit Kreuzprodukt nach m(Fe) umgestellt, ergibt sich:

$$\boldsymbol{m}\textbf{(Fe)} = \frac{M(\text{Fe}) \cdot m(\text{FeS})}{M(\text{FeS})} = \frac{55{,}85\,\text{g/mol} \cdot 150\,\text{g}}{87{,}91\,\text{g/mol}} = \textbf{95,3 g}$$

Für Schwefel gilt:

$$\boldsymbol{m}\textbf{(S)} = \frac{M(\text{S}) \cdot m(\text{FeS})}{M(\text{FeS})} = \frac{32{,}06\,\text{g/mol} \cdot 150\,\text{g}}{97{,}91\,\text{g/mol}} = \textbf{54,7 g}$$

b) Auch diese Aufgabe wird mittels Proportionen oder Verhältnisgleichung gelöst.

20 g				m_{FeS}
Fe	+	S	$\longrightarrow$	FeS
55,85 g/mol				87,91 g/mol

$$m(\text{FeS}) = \frac{m(\text{Fe}) \cdot M(\text{FeS})}{M(\text{Fe})} = \frac{20\,\text{g} \cdot 97{,}91\,\text{g/mol}}{55{,}85\,\text{g/mol}}$$

$$\boldsymbol{m_{FeS}} = \textbf{31,48 g}$$

1.7.5 Berechnung der Volumina von Ausgangsstoffen und Reaktionsprodukten

Bei Verbrennungsvorgängen zum Beispiel von Holz, Kohle, Erdgas aber auch bei der Oxidation von Schwefel oder Phosphor entstehen gasförmige Reaktionsprodukte. Es werden Synthesen aus gasförmigen Ausgangsstoffen wie bei der Herstellung von Methanol oder Salzsäure durchgeführt.

Zwei Berechnungswege führen zu relativ genauen Ergebnissen.

1. Wir gehen nach dem gleichen Prinzip vor, wie bei Massenberechnungen und ermittelt das Volumen des gasförmig auftretenden Stoffes über die Eigenschaft der Dichte.

$$\text{Dichte} = \frac{\text{Masse}}{\text{Volumen}}; \qquad \varrho = \frac{m}{V}$$

2. Für viele Berechnungen reicht auch die Berechnungsgenauigkeit mittels des molaren Volumens aus.

Beispiel

Welches Volumen an Wasserstoff wird gebildet, wenn 10,0 g Zink in einem Gasentwickler in Chlorwasserstoffsäure umgesetzt werden?

$Zn + 2\,HCl \longrightarrow ZnCl_2 + H_2$

Berechnung über Weg 1:

$$m(H_2) = \frac{2\,g/mol \cdot 10\,g}{65{,}39\,g/mol} = 0{,}306\,g; \qquad V(H_2) = \frac{m(H_2)}{\varrho(H_2)} = \frac{0{,}306\,g}{0{,}089\,g/l} = \mathbf{3{,}44\,l}$$

Wenn 10,0 g Zink mit Chlorwasserstoffsäure reagieren, entstehen 3,44 l Wasserstoff.

Berechnung über Weg 2:

Bei Verwendung des molaren Volumens setzen wir anstelle der molaren Masse des Wasserstoffs sein molares Volumen (22,4 l/mol) ein. Die Verhältnisgleichung ändert sich wie folgt:

$$\frac{m(Zn)}{M(Zn)} = \frac{V(H_2)}{V_m}; \qquad \text{umgestellt nach } V(H_2): \qquad V(H_2) = \frac{10{,}0\,g \cdot 22{,}4\,l/mol}{65{,}39\,g/mol} = \mathbf{3{,}43\,l}$$

Wenn 10,0 g Zink mit Chlorwasserstoffsäure reagieren, entstehen 3,43 l Wasserstoff.

Umsatzberechnungen können mit folgenden allgemeinen Größengleichungen durchgeführt werden:

Masseberechnung:

$$\frac{m(ges)}{n(ges) \cdot M(ges)} = \frac{m(geg)}{n(geg) \cdot M(geg)};$$

$$m(ges) = \frac{m(geg) \cdot n(ges) \cdot M(ges)}{n(geg) \cdot M(geg)}$$

Volumenberechnung:

$$\frac{V(ges)}{n(ges) \cdot V_m} = \frac{m(geg)}{n(geg) \cdot M(geg)}; \qquad V(ges) = \frac{m(geg) \cdot n(ges) \cdot V_m}{n(geg) \cdot M(geg)}$$

1.7.6 Berechnung der Ausbeute

Zur Betrachtung der Effektivität des Stoffumsatzes wird die Ausbeute verwendet. Bisher haben wir den theoretischen oder stöchiometrischen Stoffumsatz errechnet. Dieser wird nicht immer erreicht, denn

1. es werden nicht immer reine Stoffe als Reaktionspartner bei einer chemischen Reaktion umgesetzt.
2. viele Reaktionen laufen unvollständig ab.
3. die Reaktion ist häufig von Nebenreaktionen begleitet.
4. es gibt durchführungsbedingte Verluste an Ausgangs- und Endstoffen.

Die Ausbeute (η) ist die tatsächlich entstehende Masse an gewünschtem Reaktionsprodukt. Sie wird als Prozentsatz von der theoretisch erzielbaren Masse angegeben:

$$\eta = \frac{m(\text{real.})}{m(\text{theoret.})} \cdot 100\,\%$$

Aufgaben

1. Ordnen Sie entsprechend dem Schema in 1.1.2 folgende Stoffe:
   Silber, Mörtel, Branntkalk, Magnesiumoxid, Kochsalzlösung, frisch gebrühter Filterkaffee, roter Phosphor, Milch, Kupfer(II)-sulfatlösung, Bauxit.

2. a. Suchen Sie aus dem PSE die Symbole für die Elemente Kalium, Calcium, Wasserstoff, Aluminium, Chlor, Stickstoff, Blei, Schwefel heraus.
   b. Stellen Sie die Formeln für die Oxide der Elemente in 2. a) auf.
   c. Stellen Sie die Formeln zu folgenden Verbindungen auf:
   Magnesiumchlorid, Calziumnitrat, Natriumphosphat, Aluminiumsulfat.

3. Ergänzen Sie die Faktoren in folgenden Reaktionsgleichungen:
   a. $Fe + Cl_2 \rightarrow FeCl_3$
   b. $N_2 + H_2 \rightarrow NH_3$
   c. $NaOH + H_2SO_4 \rightarrow Na_2SO_4 + H_2O$
   d. $CuO + H_3PO_4 \rightarrow Cu_3(PO_4)_2 + H_2O$

4. Ergänzen Sie die folgenden Reaktionsgleichungen:
   a. $Mg + \dots HCl \rightarrow \dots + H_2$
   b. $Na_2O + H_2SO_4 \rightarrow \dots + \dots$
   c. $Ca(OH)_2 + \dots \rightarrow CaCO_3 + \dots$
   d. $AgNO_3 + KCl \rightarrow \dots + \dots$

5. Leiten Sie Aussagen zum Atombau über folgende chemische Elemente aus ihrer Stellung im PSE ab: Kalium, Schwefel.

6. Welche chemischen Elemente haben folgende Merkmale im Atombau:

	A	B	C
Protonen	5		
Valenzelektronen		4	7
Elektronenschalen	3	5	2

7. Zeichnen Sie das Energieniveauschema für die Elemente Natrium, Silizium, Schwefel und Argon. Vergleichen Sie die Besetzung der Energieniveaus.

8. Leiten Sie für die chemischen Elemente in Aufgabe 7 die Elektronenschreibweise ab.

9. Vergleichen Sie das Element Magnesium mit seinen unmittelbaren Nachbarelementen im PSE hinsichtlich Anzahl der Valenzelektronen; Metallcharakter; Elektronegativitätswert; Basencharakter der Oxide.

10. Vergleichen Sie das Element Schwefel mit seinen unmittelbaren Nachbarelementen im PSE hinsichtlich Anzahl der Ionenladung; Elektronegativitätswert; Nichtmetallcharakter; Säurecharakter der Oxide.

11. Berechnen Sie mithilfe der Massenangaben aus dem PSE die Molekülmassen folgender Stoffe: Ozon (O_3); Kohlenstoffdioxid, Schwefelsäure, Natriumphosphat.

12. *Welche Massen (m) entsprechen 3 mol Aluminiumoxid, 0,5 mol Natriumchlorid, 5 mol Natriumhydroxid?*

13. *Berechnen Sie die Stoffmenge (n) folgender Stoffe: 114 g Kaliumhydroxid, 120 g Magnesiumoxid, 71 g Diphosphorpentoxid.*

14. *Welches Volumen entspricht 2 mol Wasserstoff, 70,9 g Chlor, 56,028 g Stickstoff, 3 mol Schwefeldioxid?*

15. *Ermitteln Sie rechnerisch die Summenformel eines Stoffes, dessen Analyse folgende Werte ergab:*
    Aus 1,0 g einer Verbindung erhält man 0,6815 g K_2O und 0,3184 g CO_2.

16. *Welche Summenformel hat ein Stoff mit folgenden Analysewerten:*
    1,0 g einer organischen Verbindung besteht aus 22,04 % C; 4,63 % H und 73,33 % Br?

17. *Berechnen Sie die Masse des gebildeten Magnesiumchlorids, wenn 5,0 g Magnesium in Salzsäure aufgelöst werden. Berechnen Sie das Volumen des bei dieser Reaktion entstehenden Wasserstoffs.*

18. *Sie sollen vier Standzylinder mit je 200 ml Volumen mit Kohlenstoffdioxid füllen. Welche Masse Calciumcarbonat müssen Sie mit Salzsäure umsetzen?*

19. *Welche Masse an Eisen(III)-oxid muss mit Koks (Kohlenstoff) reduziert werden, wenn die tägliche Kapazität eines Hochofens 170 t Eisen beträgt?*

20. *Berechnen Sie die Masse in Aufgabe 19, wenn die Ausbeute nur 87 % beträgt.*

2 Atommodelle

Bis zur Mitte des 19. Jahrhunderts waren etwa 60 Elemente bekannt. Zahlreiche Forscher beschäftigten damals die chemischen Verwandtschaften der Elemente. Das erste Einteilungsschema bestand in der Unterscheidung Metalle und Nichtmetalle.

Metallische Elemente haben folgende Eigenschaften:

- sie glänzen im Licht,
- sie sind leicht verformbar,
- sie leiten elektrischen Strom auch bei niedrigen Temperaturen,
- sie leiten Wärme besser als Nichtmetalle.

Diejenigen Elemente, die nicht den Metallen zuzuordnen sind, werden dann als Nichtmetalle bezeichnet. Allerdings haben sie oft eine chemische Eigenschaft, die sie von den Metallen unterscheidet: Falls die Bildung von Oxiden möglich ist, reagieren die Nichtmetalloxide sauer, wenn sie in Wasser gelöst werden.

In den Jahrzehnten nach 1850 wurden zahlreiche neue Elemente entdeckt und die Einteilung in Metalle und Nichtmetalle erschien den meisten Chemikern als zu grob. Die Suche nach neuen Ordnungskriterien gelang aber erst, nachdem die Bestimmung der relativen Atommassen der Elemente immer besser und genauer durchgeführt werden konnte.

Gold: ein begehrtes Metall

Schwefel: ein wertvolles Nichtmetall

2.1 Kernchemie

2.1.1 Oktavengesetz von John Newlands

John Newlands (1837–1898) ordnete die leichtesten Elemente, die zu seiner Zeit bekannt waren, nach steigender relativer Atommasse.

John Newlands (1837–1898)

H	Li	Be	B	C	N	O
F	Na	Mg	Al	Si	P	S
Cl	K	Ca	Cr	Ti	Mn	Fe

Elementsymbole der 21 leichtesten Elemente zur Zeit Newlands'

1	7	9,4	11	12	14	16
19	23	24	27	28	31	32
35	39	40	43	48	55	56

Dazugehörige relative Atommassen zur Zeit Newlands'

John Newlands erlag einer naheliegenden, aber aus heutiger Sicht falschen Analogie zur Musiktheorie. Er verglich die musikalische Harmonie mit der chemischen Harmonie. So wie sich bei der musikalischen Harmonie jede achte Note wiederholt (Oktave), so sollte sich auch jedes achte Element in seinen Eigenschaften wiederholen. Newlands wurde allerdings von seinen Kollegen belächelt, da einige Punkte dieser Theorie sehr fragwürdig erschienen. Vor allem die Entdeckung neuer Elemente mit den dazugehörigen Atommassen konnte das ganze System zum Einsturz bringen.

Aufgaben

1. *Vergleichen Sie die relativen Atommassen zur Zeit Newlands' mit den heute bekannten Atommassen.*
2. *Welche Elementgruppen sind mit dem heutigen Periodensystem vereinbar und welche sind nicht vereinbar?*

2.1.2 Triaden von Johann Döbereiner

Johann Wolfgang Döbereiner (1780–1849)

Bereits 1829 fiel dem deutschen Chemiker Johann Döbereiner auf, dass mehrere Gruppen existierten, die jeweils aus genau **drei** Elementen bestanden. Dabei entsprach das mittlere der drei Elemente oft dem Mittelwert aus den beiden anderen Elementen.

Prägnante Beispiele sind z. B. folgende döbereinersche Triaden:

- die zu seiner Zeit bekannten **Halogene**, also diejenigen Elemente, die farbige Dämpfe bilden und sehr reaktive Nichtmetalle darstellen,

- die bekannten **Alkalimetalle** als eine Gruppe der sehr reaktionsfreudigen Metalle:

Halogen	Cl	Br	I
relative Atommasse	35	80	127
Farbe der Dämpfe	gelbgrün	braun	violett
Wasserstoffverbindung	HCl	HBr	HI
Molekül	Cl_2	Br_2	I_2

Alkalimetall	Li	Na	K
relative Atommasse	7	23	39
Flammenfärbung	rot	gelb	purpur
Verbindung mit Chlor	LiCl	NaCl	KCl
Hydroxid	LiOH	NaOH	KOH

Aufgabe

3. *Erstellen Sie eine Tabelle der Erdalkalimetalle nach obigem Vorbild mithilfe der folgenden Informationen:*
   - *Calcium mit der relativen Atommasse 40 färbt die Flamme orange, bildet ein schwerlösliches Sulfat mit der Formel $CaSO_4$ und ein Hydroxid mit der Formel $Ca(OH)_2$.*
   - *Strontium (Sr) färbt die Flamme rot und befindet sich in der Triade zwischen Calcium und Barium.*
   - *Barium mit der relativen Atommasse 137 färbt die Flamme grün, bildet ein schwerlösliches Sulfat mit der Formel $BaSO_4$ und ein Hydroxid mit der Formel $Ba(OH)_2$.*

Erdalkalimetall	Ca	Sr	Ba
relative Atommasse			
Flammenfärbung			
Verbindung mit Chlor			
Hydroxid			
Löslichkeit des Sulfats			

2.1.3 Die Periodensysteme nach Meyer und Mendelejew

Lothar Meyer (1830–1895) und Dmitri Mendelejew (1834–1907) entwickelten ein System, das ebenfalls auf steigenden relativen Atommassen aufbaut.

Sie unterzogen im Gegensatz zu John Newlands die relativen Atommassen einer genauen Überprüfung und beide hatten den Mut, an Stellen, an denen keine vergleichbaren Elemente bekannt waren, Lücken im System zu belassen.

Dmitri Iwanowitsch Mendelejew (1834–1907)

Lothar Meyer (1830–1895)

Internationale Veröffentlichung

Reihen	Gruppe I. — R^2O	Gruppe II. — RO	Gruppe III. — R^2O^3	Gruppe IV. RH^4 RO^2	Gruppe V. RH^3 R^2O^5	Gruppe VI. RH^2 RO^3	Gruppe VII. RH R^2O^7	Gruppe VIII. — RO^4
1	H=1							
2	Li=7	Be=9,4	B=11	C=12	N=14	O=16	F=19	
3	Na=23	Mg=24	Al=27,3	Si=28	P=31	S=32	Cl=35,5	
4	K=39	Ca=40	— =44	Ti=48	V=51	Cr=52	Mn=55	Fe=56, Co=59, Ni=59, Cu=63
5	(Cu=63)	Zn=65	— =68	— =72	As=75	Se=78	Br=80	
6	Rb=85	Sr=87	?Yt=88	Zr=90	Nb=94	Mo=96	— =100	Ru=104, Rh=104, Pd=106, Ag=108
7	(Ag=108)	Cd=112	In=113	Sn=118	Sb=122	Te=125	J=127	
8	Cs=133	Ba=137	?Di=138	?Ce=140	—	—	—	— — — —
9	(—)	—	—	—	—	—	—	
10	—	—	?Er=178	?La=180	Ta=182	W=184	—	Os=195, Ir=197, Pt=198, Au=199
11	(Au=199)	Hg=200	Tl=204	Pb=207	Bi=208	—	—	
12	—	—	—	Th=231	—	U=240	—	— — — —

Periodensystem von Dmitri Mendelejew: Die periodische Gesetzmäßigkeit der Elemente. In: Annalen der Chemie und Pharmacie. VIII. Supplementband 1871, S. 133–229

Dieses Periodensystem stellt die erste englische Veröffentlichung dar. Frühere Periodensysteme von Mendelejew enthalten zum Teil noch falsche relative Atommassen, z. B. die von Indium (In).

I.	II.	III.	IV.	V.	VI.	VII.	VIII.	IX.
	B = 11,0	Al = 27,3		–		?In = 113,4	Tl = 202.7	
			–		–		–	
	C = 11,97	Si = 28		–		Sn = 117,8		Pb = 206,4
			Ti = 48		Zr = 89,7		–	
	N = 14,01	P = 30,9		As = 74,9		Sb = 122,1		Bi = 207,5
			V = 51,2		Nb = 93,7		Ta = 182,2	
	O = 15,96	S = 31,98		Se = 78		Te = 128?		–
			Cr = 52,4		Mo = 95,6		W = 183,5	
–	F = 19,1	Cl = 35,38		Br = 79,75		J = 126,5		–
			Mn = 54,8		Ru = 103,5		Os = 198,6?	
			Fe = 55,9		Rh = 104,1		Ir = 196,7	
			Co = Ni = 58,6		Pd = 106,2		Pt = 196,7	
Li = 7,01	Na = 22,99	K = 39,04		Rb = 85,2		Cs = 132,7		–
			Cu = 63,3		Ag = 107,66		Au = 196,2	
?Be = 9.3	Mg = 23,9	Ca = 39,9		Sr = 87,0		Ba = 136,8		–
			Zn = 64,9		Cd = 111,6		Hg = 199,8	

Die Tabelle zeigt das Originalperiodensystem von Julius Lothar Meyer [Annalen der Chemie, Supplementband 7, 354 (1870)].

Verbesserungen zu vorhergehenden Ordnungssystemen

- Es wurden eigene Perioden für die Elemente eingesetzt, die wir heute als Übergangselemente bezeichnen. In der obigen Darstellung des Periodensystems von Mendelejew sind diese Elemente z. B. der ersten Nebengruppe in einer Gruppe VIII zusammengefasst.

  Eisen, Kobalt, Nickel und Kupfer wurden als zusammengehörig erkannt. Ihre relativen Atommassen unterscheiden sich nur geringfügig, problematisch erscheint jedoch ihre Einordnung als achtwertige Elemente bei Mendelejew (RO_4), wobei „R" in den Spaltenköpfen das allgemeine Symbol für ein Element der jeweiligen Gruppe darstellt.

- Mendelejew und Meyer ließen Plätze für neue, noch nicht entdeckte Elemente frei. Es existierte zum Beispiel kein Element, das den Platz zwischen Silicium und Zinn einnehmen konnte. Mendelejew nannte es *Eka-Silicium* und sprach diesem noch unbekannten Element bestimmte Eigenschaften zu.

- Elementfamilien konnten im Unterschied zu Döbereiner mehr als drei Elemente umfassen. Allerdings konnte noch nicht geklärt werden, wie viele Elemente jeweils zu einer Elementfamilie gehören konnten.

Das Periodengesetz

Als wesentliches Ordnungsprinzip ergab sich nach Mendelejew und Meyer, dass sich die Eigenschaften der Elemente systematisch und nicht sprunghaft mit der relativen Atommasse ändern. Mendelejew fasste dieses Prinzip in der Aussage des Periodengesetzes zusammen:

- **Die Eigenschaften von chemischen Elementen ändern sich nicht willkürlich, sondern systematisch mit der relativen Atommasse.**

Aufgabe

4. *Die chemischen Eigenschaften von Kohlenstoff, Silicium, Zinn und Blei ähneln sich so sehr, dass Mendelejew diese in der Gruppe IV zusammenfasste. Da das erste Element einer Gruppe (also das mit der niedrigsten relativen Atommasse) sich von den anderen etwas stärker unterscheidet, sollen für nachfolgende Übersicht nur Silicium, Zinn und Blei betrachtet werden:*

Eigenschaften	Silicium	Eka-Silicium	Zinn	Blei
Symbol	Si	„Es" =	Sn	Pb
relative Atommasse	28		118	207
Dichte in $g \cdot cm^{-3}$	2,4		7,3	11,4
Formel des Oxids	SiO_2		SnO_2	PbO_2
Dichte des Oxids in $g \cdot cm^{-3}$	2,6		7,0	9,4
Formel des Chlorids	$SiCl_4$		$SnCl_4$	$PbCl_4$

Füllen Sie die Spalte des damals (1871) noch nicht entdeckten „Eka-Siliciums" nach den Angaben von Mendelejew und Ihren eigenen Überlegungen aus; schätzen Sie dabei die Dichten ab.

Vergleichen Sie die Ergebnisse mit folgendem Informationstext:

Clemens Winkler (1838–1904) entdeckte das Element Germanium (Ge) am 6. Februar 1886. Bei der Analyse des seltenen Minerals Argyrodit fand er heraus, dass dieses zu ca. 75 Prozent aus Silber, zu 17 Prozent aus Schwefel und zu geringen Anteilen (insgesamt ca. 1 Prozent) aus Eisen, Quecksilber und Zink bestand. Nun fehlten noch sieben Prozent zum Ganzen. Nach mehrmonatiger Arbeit konnte Winkler schließlich ein völlig neues Element isolieren, dem er aus Patriotismus den Namen Germanium gab. Die relative Atommasse wurde zu 72,6 bestimmt, die Dichte des Elements konnte mit 5,4 $g \cdot cm^{-3}$ und die des Oxids mit 4,7 $g \cdot cm^{-3}$ ermittelt werden.

2.1.4 Entdeckung der Edelgase

In den Jahren nach 1871 entdeckte man noch viele andere Elemente, die in das Periodensystem an verschiedenen Stellen eingefügt werden konnten. Jedoch konnte man erst ab 1894 nach der Entwicklung präziserer Analyseinstrumente eine völlig neue Elementfamilie einordnen. Es waren die Edelgase, deren ersten drei Vertreter in der chronologischen Reihenfolge ihrer Entdeckung nachfolgend aufgeführt werden.

Argon

Rayleigh und Ramsay entdeckten 1894 ein Gas, das sich zu über einem Prozent in der Luft befindet. Jedoch war es wegen der chemischen Reaktionsträgheit dieses Gases in den zwanzig Jahren nach der Aufstellung des Periodensystems durch Mendelejew und Meyer noch nicht als Element erkannt worden. Allerdings hatte der bedeutende Chemiker Henry Cavendish bereits 1785 ein Gas entdeckt, das nach der Reaktion des Stickstoffs mit dem Sauerstoff der Luft und nachfolgender Absorption in alkalischen Lösungen als Restgas übrig blieb. Demnach musste die Luft nicht nur aus Stickstoff und Sauerstoff, sondern zu ca. 1 % noch aus einem anderen Gas bestehen. Da es so träge war, nannte man es in Anlehnung an das griechische Wort „argos“ (untätig) Argon.

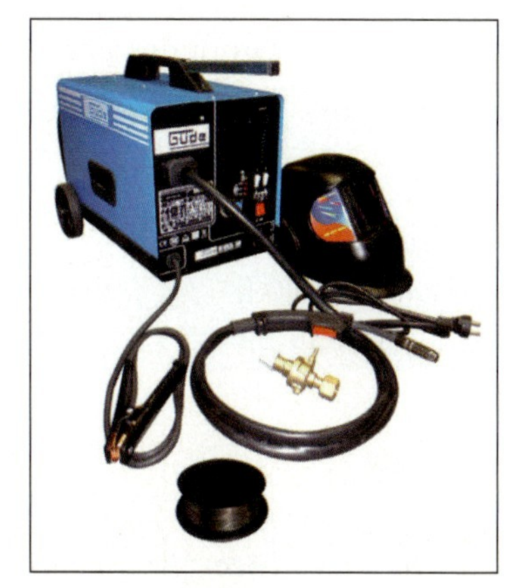

Argon als Schutzgas

Helium

Helium konnte 1895 vom britischen Chemiker William Ramsay gewonnen werden, indem er das Uran-Mineral Cleverit mit Mineralsäuren versetzte und das dabei austretende Gas isolierte. Vorher war bereits ein unbekanntes Element mithilfe der Spektroskopie in der Sonnenatmosphäre nachgewiesen worden. Allerdings konnten jetzt erst ausreichende Mengen des Gases gesammelt werden, um dessen Atommasse feststellen zu können. Dieses Gas erwies sich als identisch mit dem bereits in der Sonne entdeckten Element und deshalb wurde es Helium genannt (griechisch „helios“ = Sonne).

Mit Helium gefülltes Luftschiff

Neon

1898 entdeckten Ramsay und Trevers bei der Untersuchung flüssiger Luft (erst seit 1897 möglich) ein neues Edelgas. In Anlehnung an das griechische Wort „neos“ (neu) nannte man das Gas Neon. Neon ist ein Gas, das in einem Gasentladungsraum bei angelegter Hochspannung scharlachrot leuchtet. Es hat daher zuerst in der Beleuchtungstechnik Anwendung gefunden.

Neon-Röhre

2.1.5 Erweitertes Periodensystem

Nach der Entdeckung der Edelgase Helium, Neon und Argon (es folgten noch Krypton, Xenon und das radioaktive Radon) fand man anfangs keinen Platz im Periodensystem. Da es sich aber anscheinend um solche Elemente handelte, die einander sehr ähnlich waren, schlug Mendelejew im Jahr 1900 vor, eine neue Gruppe in das Periodensystem einzufügen. Sie sollte als nullte Gruppe (Wertigkeit = 0) darin aufgenommen werden. Heute wird in den moderneren Periodensystemen diese nullte Gruppe als achte Gruppe aufgeführt.

Mit der Entdeckung der Edelgase konnten nun die Elemente durchnummeriert werden. Wasserstoff – als leichtestes Element – erhielt die Ordnungszahl eins, Helium als nächst schwereres die Ordnungszahl zwei usw.

Eigenschaften	Helium	Neon	Argon
Symbol	He	Ne	Ar
relative Atommasse	4	20	40
Reaktionsfähigkeit	reaktionsunfähig	sehr reaktionsträge	sehr reaktionsträge
Ordnungszahl	2	10	18

Aufgabe

5. *Nachfolgend ist eine Tabelle mit den ersten 20 Elementen des Periodensystems aufgeführt. Die Elemente sind dem Namen nach alphabetisch geordnet. Die relativen Atommassen sind leicht gerundet angegeben.*

   Erstellen Sie ein eigenes Periodensystem der ***ersten 20 Elemente*** *ohne Zuhilfenahme bereits vorhandener Periodensysteme. Verwenden Sie dabei das Elementsymbol, also z. B.* ***He*** *für Helium.*

   Fügen Sie anschließend die Ordnungszahlen von 1 bis 20 ein und überprüfen Sie das Ergebnis mit dem im Buch beigefügten Periodensystem.

Element	relative Atommasse
Aluminium	27,0
Argon	39,9
Beryllium	9,0
Bor	10,8
Calcium	40,1
Chlor	35,5
Fluor	19,0
Helium	4,0
Kalium	39,1
Kohlenstoff	12,0
Lithium	6,9
Magnesium	24,3
Natrium	23,0
Neon	20,2
Phosphor	31,0
Sauerstoff	16,0
Schwefel	32,1
Silicium	28,1
Stickstoff	14,0
Wasserstoff	1,0

2.1.6 Relative Atommasse und Ordnungszahl

Die Anordnung der Elemente nach steigender Atommasse, die Mendelejew und Meyer so erfolgreich als Aufbauprinzip ihres Periodensystems angewendet hatten, führte allerdings in der Zeit nach 1900 zu ersten Widersprüchen. So sollte eigentlich das Element Kalium mit der relativen Atommasse 39 vor dem Element Argon mit der relativen Atommasse 40 eingeordnet werden. Das würde aber dazu führen, dass Kalium die chemischen Eigenschaften eines Edelgases und Argon die chemischen Eigenschaften eines Alkalimetalls annehmen müsste. Daraus ergab sich, dass die relative Atommasse nicht das einzige Ordnungsprinzip der Elemente in das Periodensystem sein konnte.

Röntgenstrahlen und Moseley

Nachdem Wilhelm Röntgen 1895 eine später nach ihm benannte elektromagnetische Strahlung entdeckt hatte, experimentierten viele Forscher mit diesen damals so geheimnisvollen Strahlen.

1912 schoss Henry G. J. Moseley (1888–1915) Röntgenstrahlen auf Metalloberflächen. Bei der Untersuchung der absorbierten Strahlung fand er heraus, dass eine ganz bestimmte Strahlungsart (K_α) charakteristisch für jedes Element war. Er trug die Wurzel aus der Frequenz der charakteristischen K_α-Strahlung gegen die Ordnungszahl auf; das ergab eine Gerade.

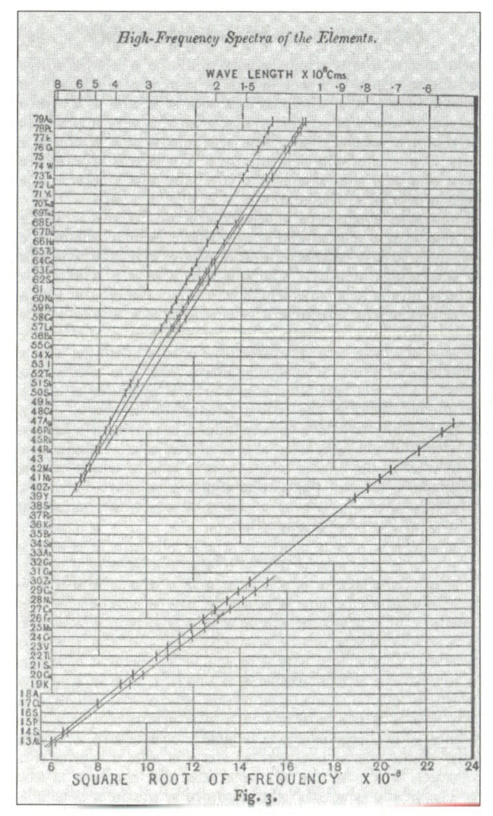

THE HIGH FREQUENCY SPECTRA OF THE ELEMENTS
By H. G. J. Moseley, M. A. Phil. Mag. (1913), p. 1024

Henry Moseley (1887–1915)

Mithilfe dieses Gesetzes konnte Moseley nun ebensolche Lücken im Periodensystem füllen, wie es bereits fünfzig Jahre vorher Mendelejew mit dem Germanium gelungen war.

Moseley erwähnt drei unentdeckte Elemente, nämlich jeweils zwischen Molybdän (Mo) und Ruthenium (Ru), zwischen Neodym (Nd) und Samarium (Sm) und zwischen Wolfram (W) und Osmium (Os).

Tatsächlich konnten diese Elemente als Nr. 43 (Technetium, Tc), als Nr. 61 (Promethium, Pm) und Nr. 75 (Rhenium, Rh) identifiziert werden. Moseleys Arbeit war möglicherweise nach Mendelejew und Meyer der wichtigste Schritt in der weiteren Entwicklung des Periodensystems. Er zeigte, dass die Kernladungszahl (Ordnungszahl) und nicht die relative Atommasse die wesentliche Eigenschaft für die Eingliederung in das Periodensystem der Elemente darstellt.

Kernladungszahl

Im Zeitraum bis 1900 waren es vorwiegend die chemischen Eigenschaften der Elemente gewesen, die eine Einordnung in ein System ermöglichten. Ähnliche chemische Elemente standen nun in den Hauptgruppen senkrecht untereinander, bzw. in den Nebengruppen direkt hintereinander. Mit der Arbeit Moseleys ergab sich nun eine neue Interpretationsmöglichkeit des Periodensystems. Er konnte zeigen, dass es in den Atomen ein ganzzahliges Vielfaches der positiven Ladung eines Wasserstoffatomes geben musste. Diese Ladung war anscheinend nicht weiter unterteilbar, z. B. konnte es keine 2,5-fache Ladung geben. Demnach konnten nun alle chemischen Elemente auf der Welt in ein recht einfaches Sortierungsschema eingeordnet werden:

- **Charakteristisch für die Zuordnung zu einem Element ist die Anzahl der positiven Ladungen im Atom.**

2.1.7 Der Aufbau der Atome

Die elektrische Ladung der Materie

Parallel zu den Entdeckungen von Mendelejew, Meyer und anderen Chemikern begannen Physiker mit Gas gefüllten Röhren zu experimentieren, an denen hohe Spannungen angelegt wurden. Sir William Crookes (1832–1919) legte eine Spannung von 10 000 V zwischen Kathode und Anode an.

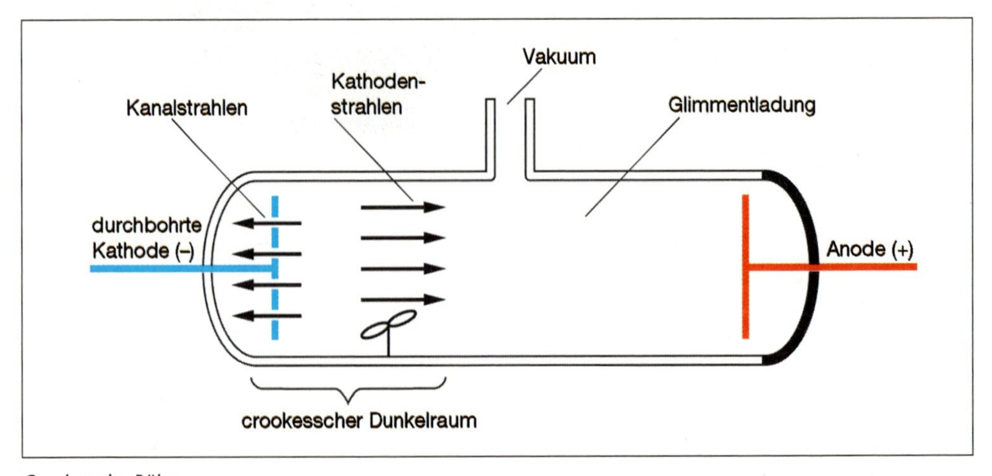

Crookessche Röhre

Zwischen der negativ geladenen Kathode und der positiv geladenen Anode wird eine hohe Spannung angelegt. Die Kathodenstrahlen, die sich von der Kathode zur Anode bewegen, versetzen kleine Flügelrädchen in der crookesschen Röhre in Drehung. Diese Kathodenstrahlen sind durch Dauermagnete einfach abzulenken und als elektrisch negativ geladene Strahlen zu identifizieren.

Bei niedrigen Drücken in der Röhre sieht man Strahlen, die sich in entgegengesetzter Richtung durch die Öffnungen in der durchbohrten Kathode bewegen. Sie wurden Kanalstrahlen genannt. Diese Kanalstrahlen lassen sich durch Dauermagnete nur wenig ablenken und konnten als elektrisch positiv geladene Strahlen identifiziert werden. Dies ließ sich nur so deuten, dass Atome anscheinend aus elektrisch positiven und elektrisch negativen Teilchen bestehen, wobei allerdings der elektrisch positive Teil eines Atoms wesentlich schwerer sein musste als der elektrisch negative Teil.

1895 evakuierte Wilhelm Röntgen eine crookessche Röhre auf einen sehr niedrigen Druck und konnte an der Anode eine neuartige Strahlung feststellen, die sogar Papier und andere Materialien durchdringen konnte. Diese X-Strahlen kennen wir heute als Röntgenstrahlen und schließlich konnte Moseley mithilfe dieser Strahlen die Ladungszahl von Atomen bestimmen.

Allerdings war noch unklar, wie diese Ladung im Atom verteilt war. Thomson (1856–1940), der die negative elektrische Ladung genauer bestimmt hatte, nahm an, dass sich die positive Ladung im gesamten Atom verteilt, während die negativen Ladungen wie Rosinen in einem Kuchen eingebettet sein sollten. Das Modell wurde deshalb auch als Rosinenkuchenmodell bekannt. Dieses Modell sollte erst durch die Entdeckung der Radioaktivität und die nachfolgende Tätigkeit von M. Curie und E. Rutherford widerlegt werden.

Sir Joseph John Thomson (1856–1940)

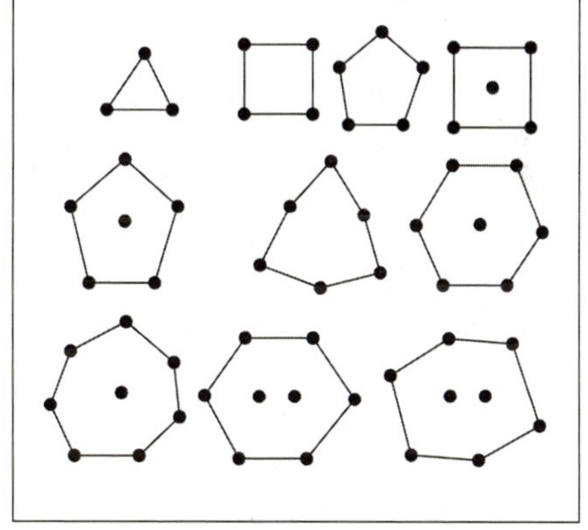

Originalzeichnung von Thomson über die Elektronenanordnung

Radioaktivität

1896 bewahrte Henri Becquerel (1852–1928) Uransalze zusammen mit noch unbelichteten fotografischen Platten in einem Schrank auf. Er entwickelte versehentlich diese Platten und stellte fest, dass diese überraschenderweise Schwärzungen aufwiesen, obwohl sie in lichtundurchlässiges Papier eingepackt waren. Becquerel nannte diese neue Strahlung **Radioaktivität**.

Pierre und Marie Curie isolierten in den darauf folgenden Jahren zwei neue Elemente: Polonium (Ordnungszahl: 84) und Radium (Ordnungszahl: 88).

Das vom Ehepaar Curie isolierte Radium sollte sich als wichtiger Schlüssel für das Verständnis des Atomaufbaus erweisen: Es sendet eine Strahlung aus, die als Alpha-Strahlung bezeichnet wird. Die Alpha-Strahlen (kurz: α-Strahlen) konnten als Teilchen nachgewiesen werden, die die doppelte positive Ladung eines Wasserstoffatoms aufwiesen, dabei aber viermal schwerer waren als ein einfaches Wasserstoffatom.

Antoine Henri Becquerel (1852–1908)

Marie Curie (1867–1934)

Pierre Curie (1859–1906)

Das Rutherford-Experiment

Marie Curie stellte Ernest Rutherford (1871–1937) Radium zur Verfügung. Mithilfe dieses starken α-Strahlers konnte Rutherford Versuche zum genaueren Verständnis des Atomaufbaus durchführen.

Er wusste, dass α-Strahlen sehr dünne Metallfolien durchdringen können. Er verwendete Gold, da Gold besonders dünn auswalzbar ist (Blattgold). Die verwendete Goldfolie war nur etwa einen tausendstel Millimeter dick.

Rutherford erwartete, dass die α-Strahlen durch die Goldfolie hindurch schießen oder von dieser absorbiert (festgehalten) werden; als ob man mit einem Schrotgewehr auf einen dicken Pudding schießen würde: Ein Teil würde stecken bleiben, ein anderer Teil würde glatt hindurch gehen oder leicht abgelenkt werden. In den ersten Tagen dieses Versuchs erhielt er auch genau dieses Ergebnis: Ein hinter der Goldfolie angebrachter lichtempfindlicher Film zeigte die erwartete Schwärzung, wenn eine sehr dünne Metallfolie verwendet wurde.

Eines Tages schlug jedoch ein Mitarbeiter, Dr. Geiger, einen erweiterten Versuchsaufbau vor: Das Fotopapier sollte nicht nur direkt hinter der Goldfolie angebracht werden, sondern in einem vollständigen Kreis um die Goldfolie herum (siehe Abbildung). Das Ergebnis war für alle Beteiligten verblüffend!

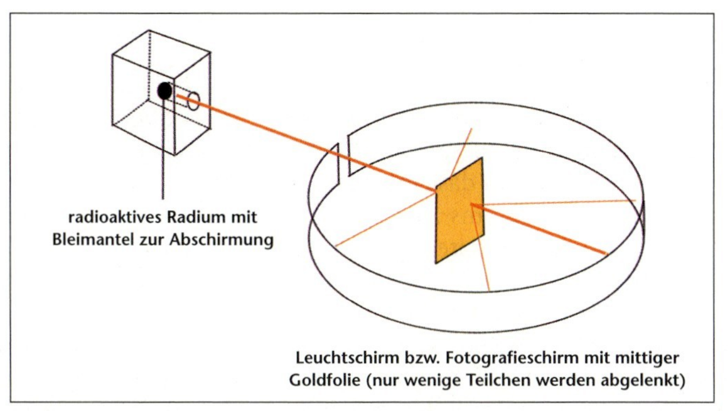

Rutherford-Experiment (1911)

Zum genaueren Verständnis hier das Originalzitat von Rutherford:

„Eines Tages kam Geiger zu mir und sagte: ‚Meinen Sie nicht auch, dass der junge Marsden, den ich in radioaktive Methoden unterrichte, eine kleine Forschungsaufgabe beginnen müsste?' Ich hatte ebenfalls daran gedacht und so sagte ich: ‚Warum lassen wir ihn nicht einmal nachsehen, ob irgendwelche α-Teilchen in große Winkel gestreut werden könnten?'. Ich kann Ihnen im Vertrauen sagen, dass ich nicht daran glaubte, dass dies geschehen würde, da wir ja wussten, dass das α-Teilchen ein sehr schnelles massives Teilchen war mit einer großen Energie [...].

Daran erinnerte ich mich, wie Geiger zwei [...] Tage später in großer Aufregung zu mir kam und sagte: ‚Es ist uns gelungen, einige α-Teilchen zu bekommen, die zurückkamen.' [...]

Es war so ziemlich das unglaubwürdigste Ereignis, **als ob Sie eine 38 cm-Granate gegen ein Stück Seidenpapier abfeuern und sie kommt zurück und trifft Sie.**"

Sir Ernest Rutherford auf dem neuseeländischen 100-Dollar-Schein

2.1.8 Aufbau des Atomkerns

Massenverteilung

Ernest Rutherford konnte also zeigen, dass die elektrische Ladung der Materie sehr ungleich verteilt ist. Während die elektrisch positive Ladung in einem winzigen Kern konzentriert ist (was durch seinen Goldfolienversuch erst bewiesen werden konnte), befindet sich die elektrisch negative Ladung in einem großen Abstand vom Kern. Auch die Massenverhältnisse konnten geklärt werden: In einem Wasserstoffatom befinden sich etwas weniger als 0,06 % der Gesamtmasse in der negativen Hülle, während sich dagegen mehr als 99,94 % der gesamten Atommasse im positiv geladenen Kern befinden.

Größenverhältnisse

Ein sehr erstaunliches und von Rutherford so nicht erwartetes Ergebnis des Streuversuches an der Goldfolie war die Interpretation der Ergebnisse im Hinblick auf die Größenverteilung im Atom: Im Verhältnis zum gesamten Durchmesser des Goldatoms war sein Kern geradezu winzig. Mit Rückschluss auf das einfachere Wasserstoffatom ergab sich, dass sich der Durchmesser eines Wasserstoffatoms zum Durchmesser des Wasserstoffkerns verhält wie 20 000 : 1. Stellt man sich das gesamte Atom als Kugel vor, dann sind die räumlichen Verhältnisse noch beeindruckender: Das Atomvolumen verhält sich zum Atomkern-Volumen wie 10^{13} : 1. Dazu ein Gedankenexperiment: Würde ein 1 Stück Würfelzucker (ca. 1 cm^3) nur aus Wasserstoffatomkernen bestehen, dann hätte dieser eine Masse von 200 Millionen Tonnen – eine kaum vorstellbare Größenordnung, die nur annähernd begreifbar wird, wenn man die Masse von vierhundert voll beladenen Super-Öltankern mit je 500 000 Tonnen Tragfähigkeit auf ein einziges Stück Würfelzucker komprimieren könnte.

Einer von achthundert gedachten Supertankern

Zwei Stück Würfelzucker

Ladungsverteilung

Aus den oben beschriebenen Experimenten ging hervor, dass sich im Wasserstoffatom die **positive** Ladung im Atomkern, die **negative** Ladung dagegen in der Atomhülle befindet. Die elektrische Ladung hat dabei den gleichen Wert, jedoch unterschiedliche Vorzeichen. Nach außen hin ist deshalb ein Atom immer elektrisch **neutral**.

Eine weitere Frage ergab sich nun aus den Ergebnissen von Moseley und Rutherford: Wenn sich die positive Ladung eines Atoms von Element zu Element immer um ein Ganzes erhöht **und** die gesamte positive Ladung in dem vergleichsweise winzigen Kern konzentriert ist, wie können dann 79 positive Ladungen des Goldatoms im Goldatomkern zusammen gehalten werden?

Diese Frage führte Rutherford zu der Vermutung, dass es im Kern ein zusätzliches Teilchen geben müsse, das wie ein Klebstoff die positiven Ladungen, also die Protonen, zusammenhält. Dieses Teilchen sollte ungefähr die Masse eines Protons besitzen, aber keine Ladung tragen. Damit hatte Rutherford bereits 1920 die Existenz des Neutrons vorhergesagt, das dann erst zwölf Jahre später entdeckt werden konnte.

Atomare Masseneinheit u

Um sich das Rechnen mit den sehr kleinen Massen der Kernbausteine zu erleichtern, wurde die atomare Masseneinheit u *(unified atomic mass unit)* eingeführt. Dabei ist $1\ u = 1{,}660\ 539 \cdot 10^{-27}\ kg$.

Zur Definition dieser Masseneinheit vgl. S. 45.

	Kern		Hülle
	Proton	Neutron	Elektron
Masse	$1{,}672\,622 \cdot 10^{-27}$ kg	$1{,}674\,927 \cdot 10^{-27}$ kg	$9{,}109 \cdot 10^{-31}$ kg
Ladung	$+1{,}602 \cdot 10^{-19}$ As	ungeladen	$-1{,}602 \cdot 10^{-19}$ As
Ladungseinheiten	+1	0	–1
atomare Masseneinheit	1,007 277 u	1,008 665 u	0,000 549 u

Bindungsenergie im Atomkern

Das nächst schwerere Element nach dem Wasserstoff ist das Element Helium, das erst relativ spät (1895) in der Sonnenhülle bzw. in radioaktiven Gesteinen entdeckt wurde. Sein Kern besteht aus 2 Protonen und 2 Neutronen. Addiert man die oben angegebenen Massen für diese vier Nukleonen, also 2 mal 1,007 277 u für die beiden Protonen und 2 mal 1,008 665 u für die beiden Neutronen, so erhält man als Summe 4,031 88 u für den Heliumkern.

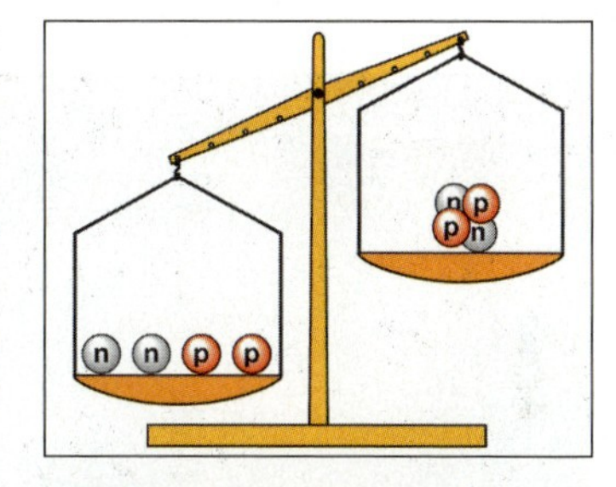

Diese vier Nukleonen haben aber im Heliumkern nur eine Masse von 4,001 51 u.

Demnach ergibt sich eine Differenz von 0,030 37 u, das entspricht immerhin 0,76 % bezogen auf die Gesamtmasse des Heliumatoms.

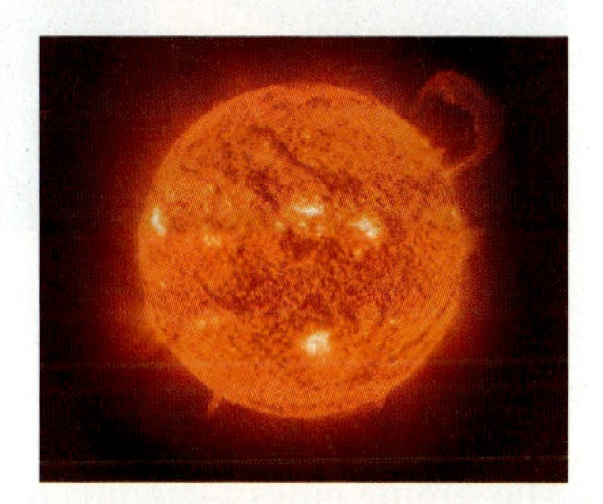

Dieser Massendefekt ist darauf zurückzuführen, dass im Atomkern die Bindungsenergie so stark ist, dass ein Teil der Masse nach dem einsteinschen Äquivalenzprinzip als Energie gespeichert ist. Dieser Massendefekt stellt auch die eigentliche Energiequelle unserer Sonne dar, in der ständig Wasserstoff zu Helium fusioniert wird.

Aufgabe

6. Berechnen Sie den Massendefekt in Prozent für ein Fluoratom, dessen Kern aus 9 Protonen und 10 Neutronen besteht und dessen Atommasse mit 18,9984 u angegeben wird.

Isotope

Der Atomkern setzt sich aus Protonen und Neutronen zusammen, die beide als Nukleonen (Kernteilchen) bezeichnet werden. Nach Moseley ist die Kernladungszahl Z gleich der Ordnungszahl des jeweiligen Atoms. Sie ist aber auch gleich der Protonenzahl im Kern und kann deshalb nur ganzzahlig sein. Zu Beginn der Erforschung des Atomkerns konnte man noch nicht so genau die Atommasse bestimmen. Die Betrachtung der ersten 20 Elemente zeigt, dass fast alle Elemente ein ganzzahliges Vielfaches der Masse eines Wasserstoffatoms besitzen. So ist z. B. das Kohlenstoffatom ca. 12-mal schwerer als das Wasserstoffatom, das Sauerstoffatom ca. 16-mal schwerer als das Wasserstoffatom. Jedoch scheint ein Chloratom ca. 35,5-mal schwerer als ein Wasserstoffatom zu sein. Bei der genaueren Analyse der Massen mussten die Chemiker feststellen, dass auch die Massen der scheinbar ganzzahligen Elemente, z. B. Sauerstoff mit 16,0 u, korrigiert werden mussten (heute 15,9994 u).

Francis William Aston entwickelte während seiner Forschung bereits um 1900 eine Methode der elektromagnetischen Fokussierung von Partikelstrahlen und entdeckte dabei bereits 1912 zwei verschieden schwere Sorten von Neonatomen. Nun musste man sich von der Vorstellung verabschieden, dass stabile (nicht radioaktive) Atome eines Elements immer die gleiche Kernladungszahl **und** die gleiche Neutronenzahl besitzen.

Auf der Grundlage dieser Überlegungen konstruierte Francis William Aston das erste Massenspektrometer (1918). Mit dessen Hilfe identifizierte er mehr als 200 der 287 natürlich vorkommenden Isotope.

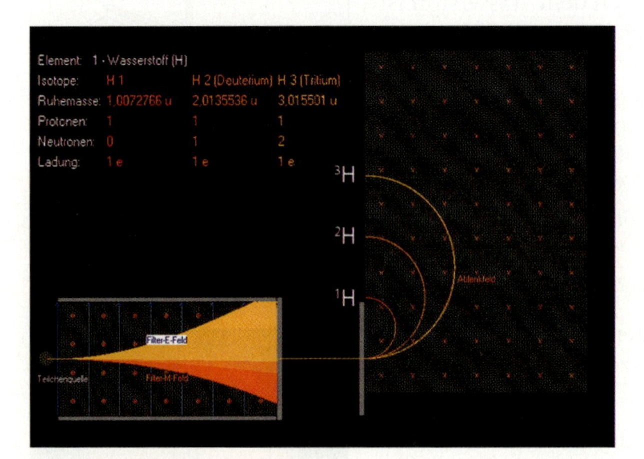

Massenspektrometer

Francis William Aston (1877–1945)

Jetzt lässt sich definieren:

Alle Atome eines Elements besitzen die gleiche Kernladungszahl und haben damit auch die gleiche Anzahl an Protonen.

Atome mit derselben Kernladungszahl, aber mit unterschiedlicher Neutronenzahl, werden Isotope genannt.

Zur Schreibweise der einzelnen Isotope gilt folgende Übereinkunft:

- Die Nukleonenzahl (Summe der Protonen und Neutronen) wird links oben vom Elementsymbol angeordnet.
- Die Protonenzahl (= Ordnungszahl = Kernladungszahl) wird links unten vom Elementsymbol angeordnet.

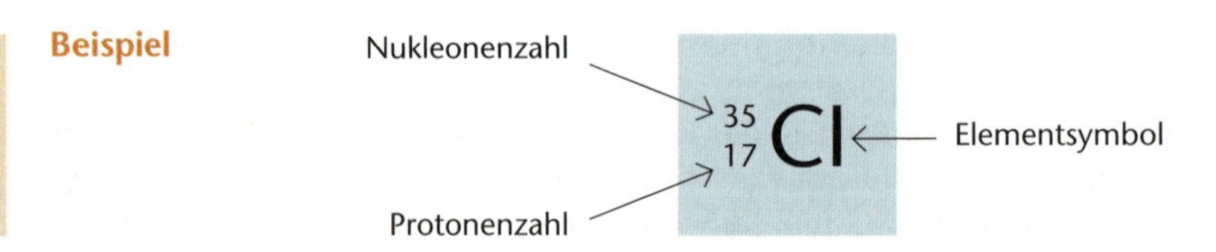

Dieses Chloratom hat die Nukleonenzahl 35, sein Kern enthält 17 Protonen und 18 Neutronen. Die Protonenzahl kann weggelassen werden, denn Chlor ist ja das Element Nr. 17 und damit sind ihm automatisch 17 Protonen zugeordnet. Deshalb spricht man hier auch von einem Chlor-35-Isotop. In der Natur kommt ein weiteres Nuklid (mehrere gleiche Isotope) des Chlors vor: das Chlor-37-Nuklid.

Die mittlere Atommasse u eines natürlichen Elements ist das aufgrund der Häufigkeit berechnete Mittel seiner in der Natur vorkommenden Isotope. Für das Chlor wurde z. B. herausgefunden, dass sich in der Natur

- 75,77 % Chlor-35 und
- 24,23 % Chlor-37 befinden.

Das gewichtete Mittel für Chlor beträgt somit 35,453 u.

(Anmerkung: Für eine genauere Berechnung muss man die exakten Atommassen der beiden Nuklide einsetzen; für Cl-35 = 34,9688 u und Cl-37 = 36,9659 u.)

Die (erst seit 1961 gültige) Festlegung der atomaren Masseneinheit u lässt sich nun aufgrund dieser Kenntnisse genauer definieren:

1 u = ein Zwölftel der Masse eines C-12 Atoms.
1 u = 1,660 539 · 10^{-27} kg

Aufgaben

7. *Das Element Schwefel besteht aus vier stabilen Nukliden. Das Isotop S-32 mit der Atommasse 31,9721 u kommt zu 95,02 % in der Natur vor, das Isotop S-33 mit der Atommasse 32,9715 u zu 0,75 %, das Isotop S-34 mit der Atommasse 33,9679 u zu 4,21 % und schließlich das Isotop S-36 mit 35,9671 u zu 0,02 %.*

   Berechnen Sie die gewichtete Atommasse eines Schwefelatoms.

8. *Das Element Fluor ist ein Reinelement, d. h., es kommt nur in einer stabilen (nicht radioaktiven) Nuklidart vor, als F-19. Trotzdem ist seine atomare Masse nicht genau 19 u. Erklären Sie diesen Sachverhalt.*

   Das Element Chlor ist ein Mischelement, d. h., es kommt in verschiedenen Nuklidarten vor. Wie berechnet sich hier die atomare Masse des Elements und welche Ursache könnte dazu führen, dass die Angaben in Tabellenbüchern bei Mischelementen schwanken?

2.1.9 Kernreaktionen

H. Becquerel hatte bereits 1896 das Phänomen der Radioaktivität entdeckt (vgl. Kapitel 2.1.7). Wie sich nachfolgend herausstellte, handelt es sich bei dem Zerfall von Uranatomen um einen natürlichen Prozess, der durch keinerlei physikalische oder chemische Prozesse beeinflusst werden kann.

Natürliche Radioaktivität

Bei dem Zerfall von instabilen Atomkernen entsteht eine radioaktive ionisierende Strahlung. Diese ionisierende Strahlung war z. B. in der Lage, das in schwarze Pappe eingewickelte Fotopapier von H. Becquerel zu belichten, ohne dass die Umhüllung entfernt worden war. Ionisieren bedeutet hier, dass diese Strahlen so viel Energie besitzen, dass sie neutrale Atome bzw. Moleküle in positiv oder negativ geladene Ionen umwandeln können. Diese Eigenschaft der Ionisation kann dann zur weiteren Analyse der Strahlungsarten benutzt werden: So konnten Marie und Pierre Curie zusammen mit E. Rutherford drei verschiedene Strahlungsarten identifizieren: α-, β- und γ-Strahlung.

α-Strahlung

Wie bereits in Kapitel 2.1.7 beschrieben, handelt es sich bei den α-Strahlen um positiv geladene Heliumkerne: ${}^{4}_{2}He^{2+}$

Auch andere instabile Nuklide können diese Art der Strahlung aussenden. Anscheinend handelt es sich bei diesem Atomkern um eine besonders stabile Konfiguration, da trotz der Vielzahl der heute bekannten radioaktiven Prozesse immer nur dieser Heliumatomkern aus dem radioaktiven Atomkern herausgeschleudert wird und keine andere Art von Atomkernen. α-Strahlen haben zwar im Vergleich zu den anderen Strahlungsarten nur eine geringe Reichweite – sie werden bereits durch dünne Aluminiumfolie oder wenigen Zentimeter Luft aufgehalten – können aber auf ihrem Weg z. B. in biologischem Gewebe sehr große Schäden anrichten. So kann das von M. Curie entdeckte radioaktive Polonium durch Aufnahme kleinster Mengen dieses Stoffes über Atemwege oder den Magen-Darm-Trakt lebensgefährliche Erkrankungen auslösen.

$${}^{210}_{84}Po \longrightarrow {}^{206}_{82}Pb + {}^{4}_{2}He$$

Das Poloniumatom wandelt sich dabei in ein Bleiatom um. Das austretende α-Teilchen fliegt mit hoher Geschwindigkeit aus dem Kern heraus.

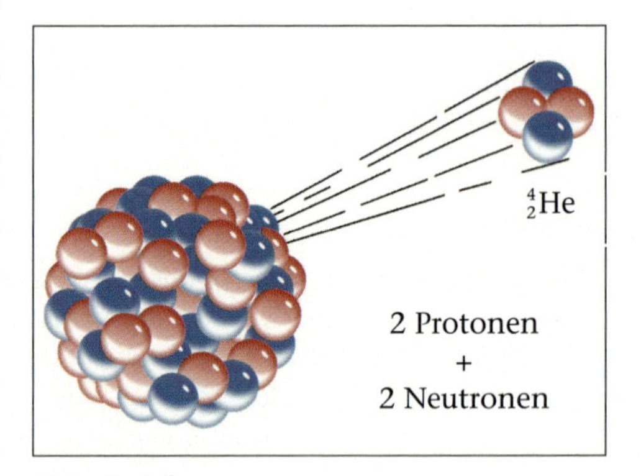

Alpha-Zerfall

β-Strahlung

Aus dem Kern eines radioaktiven Atoms kann auch ein Elektron herausgeschleudert werden. Da sich im Kern selbst keine Elektronen aufhalten können, müssen diese beim Zerfall selbst erst erzeugt worden sein. Die negativ geladenen Elektronen entstehen bei der Umwandlung eines Neutrons in ein Proton. Wegen des Prinzips der Ladungserhaltung muss dabei auch ein negativ geladenes Teilchen frei werden.

$$n \longrightarrow p + e^-$$

Der Atomkern selbst erhöht dabei seine Kernladungszahl um Eins, während die Nukleonenzahl konstant bleibt. So kann sich z. B. das Blei-214-Nuklid durch β-Zerfall in Bismut (auch Wismuth genannt) umwandeln:

$${}^{214}_{82}Pb \longrightarrow {}^{214}_{83}Bi + e^-$$

Das Bleiatom wandelt sich dabei in ein Bismutatom um. Das austretende Elektron

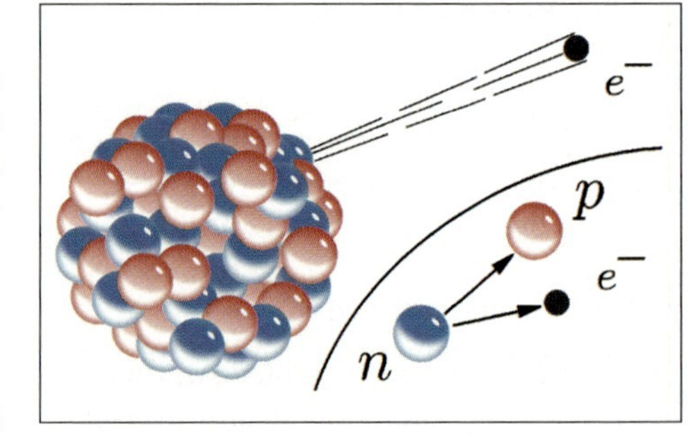

Beta-Zerfall

fliegt mit hoher Geschwindigkeit aus dem Kern heraus. Die β-Strahlung ist in der Lage, mehrere Millimeter dicke Aluminiumschichten zu durchdringen.

Die β-Strahlung tritt besonders bei solchen Atomkernen auf, bei denen zu viele Neutronen im Verhältnis zu den Protonen vorhanden sind. Jedoch gibt es auch Atomkerne, die eine zu geringe Neutronenzahl aufweisen. Hier kann es geschehen, dass sich ein Proton in ein Neutron umwandelt. Wegen des Prinzips der Ladungserhaltung wird in diesem Fall ein positiv geladenes Elektron aus dem Kern hinaus geschossen. (Da zu jedem Elementarteilchen ein Antiteilchen gehört, gibt es zum negativ geladenen Elektron das Antiteilchen: ein positiv geladenes Elektron. Es wird auch als Positron bezeichnet. Treffen Teilchen und Antiteilchen anschließend aufeinander, so erfolgt eine völlige Umwandlung in Energie.)

Um die beiden Arten der β-Strahlung voneinander zu unterscheiden, spricht man von β^+- und β^--Strahlung. Ein Beispiel für die β^+-Strahlung ist das Kalium-40, das auf der Erde aufgrund seiner langsamen Zerfallsrate immer noch vorkommt:

$$^{40}_{19}\mathrm{K} \longrightarrow {}^{40}_{18}\mathrm{Ar} + \mathrm{e}^+$$

Der Atomkern selbst erniedrigt seine Kernladungszahl um Eins, während die Nukleonenzahl ebenfalls konstant bleibt.

γ-Strahlung

Die Gammastrahlung ist eine sehr kurzwellige elektromagnetische Strahlung, die der Röntgenstrahlung vergleichbar ist. Ein energiereicher instabiler Kern kann dabei einen Teil seiner Energie in der Form der γ-Strahlung abgeben. Eine Umwandlung des Kerns in einen anderen Stoff findet hier jedoch nicht statt. Die meist sehr energiereiche Gammastrahlung ist in der Lage, mehrere Meter dicke Betonwände zu durchstrahlen.

Gesetz des radioaktiven Zerfalls

Wie bereits weiter oben erwähnt, zerfallen die Atomkerne völlig unabhängig voneinander. Es existiert also keine gegenseitige Beeinflussung. Demnach ist die Aktivität A einer radioaktiven Stoffportion proportional zur jeweilig vorhandenen Anzahl von noch nicht zerfallenen Atomkernen. Dabei ist unter Aktivität die Anzahl der Kernzerfälle je Zeiteinheit in einem bestimmten Präparat zu verstehen.

Die Einheit dazu ist das Becquerel mit $1\ \mathrm{Bq} = 1\ \mathrm{s}^{-1}$, also einem Zerfall pro Sekunde.

Bezeichnet man mit $N(\mathrm{t})$ die Anzahl der zum Zeitpunkt t noch vorhandenen radioaktiven Atomkerne, so entspricht die Aktivität A der Abnahme dieser Anzahl von Atomkernen:

$$A = \frac{-\mathrm{d}N(\mathrm{t})}{\mathrm{d}t} = -\frac{\mathrm{d}N(\mathrm{t})}{\mathrm{d}t}$$

Da die Aktivität der Stoffportion proportional zur Anzahl $N(\mathrm{t})$ ist, kann man auch formulieren $A = \lambda \cdot N(\mathrm{t})$, wobei λ einen Proportionalitätsfaktor darstellt.

Es gilt also Folgendes:

$$\frac{-\mathrm{d}N(\mathrm{t})}{\mathrm{d}t} = \lambda \cdot N(\mathrm{t})$$

Durch Integration erhält man nun das Grundgesetz des radioaktiven Zerfalls:

$$N(t) = N(0) \cdot e^{-\lambda \cdot t}$$

$N(0)$ ist dabei die Anzahl der zum Zeitpunkt 0 vorhandenen instabilen Kerne. Die Aktivität A nimmt also exponentiell ab.

Die Zerfallskonstante λ hat für jeden radioaktiven Stoff einen typischen Wert und kann innerhalb sehr großer Bandbreiten schwanken.

Die Aktivität eines solchen Stoffes kann auch durch die Angabe der Halbwertszeit charakterisiert werden. Sie gibt an, nach welcher Zeit die Aktivität auf die Hälfte ihres Anfangswertes gesunken ist.

$$\frac{A_0}{2} = A_0 \cdot e^{-\lambda \cdot t_H} \qquad t_H = \frac{\ln 2}{\lambda}$$

Die Halbwertszeiten radioaktiver Elemente variieren zwischen 10^{24} Jahren und 10^{-17} Sekunden.

Stellt man den radioaktiven Zerfall grafisch dar, so erhält man folgenden exponentiellen Kurvenverlauf:

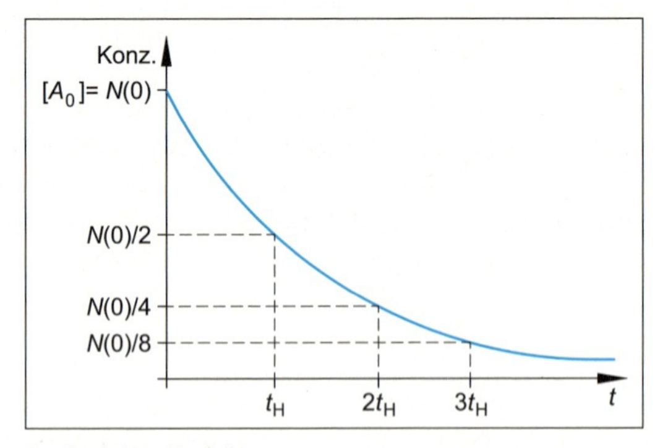

Radioaktiver Zerfall

Durch Logarithmieren des Zerfallsgesetzes erhält man eine lineare Funktion:

$$\ln N(t) = \ln N(0) - \lambda \cdot t$$

Die grafische Darstellung dieser linearen Funktion erhält dann folgendes Aussehen:

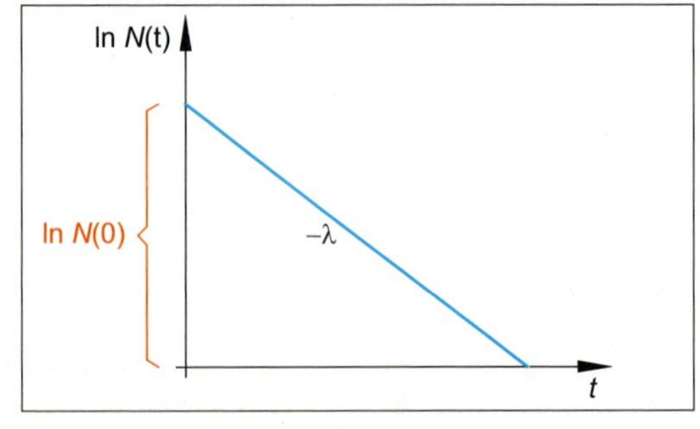

Halblogarithmische Darstellung des radioaktiven Zerfalls

Mithilfe von zwei Messwerten zu zwei verschiedenen Zeitpunkten ist es also möglich, die Zerfallskonstante λ und damit die Halbwertszeit eines Stoffes zu bestimmen.

Aufgaben

9. *Welches Isotop entsteht bei einem α-Zerfall von Radium-226?*

10. *Das radioaktive Wasserstoff-Isotop Tritium (^3H) wandelt sich durch β^--Zerfall in einen stabilen Kern um. Welches Isotop entsteht?*

11. *Natrium-22 ist ein künstlich hergestelltes Isotop. Es wandelt sich durch einen β^+-Zerfall in Neon um. Wie lautet die Isotopengleichung?*

12. *Bei der Positronen-Emissions-Tomografie (PET) nutzt man die Tatsache aus, dass beim β^+-Zerfall die frei werdenden Positronen mit einem Umgebungselektron reagieren. Bei dieser Vernichtungsreaktion werden zwei Photonen (elektromagnetische Teilchen) mit gleicher Energie entgegengesetzt – also in einem Winkel von 180° – ausgestoßen. Fängt man nun die beiden Photonen durch entsprechende Detektoren auf, so kann man eine Verbindungslinie ziehen und weiß, dass auf dieser Linie der Zerfall erfolgt sein muss. Durch mehrfache Wiederholung dieses Effekts kann man einen Ort erhöhter Konzentration des Strahlers diagnostizieren. In der Praxis wird eine Fluor-18-haltige Lösung einem zu untersuchenden Patient in die Vene injiziert. Es besitzt eine Halbwertszeit von 110 Minuten und muss daher oft kurz vorher an Ort und Stelle erzeugt werden.*

    Welche Isotopengleichung beschreibt den Zerfall des Fluor-18-Isotops?

13. *Bei der Radiokohlenstoffdatierung nutzt man den β^--Zerfall von Kohlenstoff-14 aus. Dieses Isotop wird ständig in der Atmosphäre durch Höhenstrahlung neu gebildet. Es gelangt über den Stoffwechsel in Lebewesen und hat eine Halbwertszeit von 5730 Jahren. Mit dem Tod des Lebewesens endet der Stoffaustausch mit der Atmosphäre. So ist das Verhältnis zwischen C-14 und C-12 eines organischen Materials ein Maß für die Zeit, die seit dem Tod eines Lebewesens, beispielsweise dem Fällen eines Baums und Verwendung des Holzes, vergangen ist.*
    a. *Beschreiben Sie die Isotopengleichung des Zerfalls von C-14.*
    b. *Wie groß ist die Zerfallskonstante λ?*
    c. *In einer untersuchten Holzprobe findet man eine C-14-Aktivität, die nur noch 60 % der Aktivität einer Holzprobe eines lebenden Baumes entspricht.*
    Wie alt ist die Holzprobe?

2.2 Bohrsches Atommodell

Rutherford konnte klären, dass sich die negative Ladung eines Atoms in der Hülle und die positive Ladung eines Atoms im Kern befindet, allerdings blieb die Frage nach der Art und Weise, wie sich Elektronen um den Kern bewegen und wo sie sich aufhalten, noch völlig offen.

Schon für die Entdecker des Periodensystems (Meyer und Mendelejew) war ja der Begriff der Wertigkeit eines Elements ein zentrales Ordnungsprinzip geworden. Die Natur der elektrischen Ladung ließ schnell erkennen, dass für chemische Reaktionen und chemische Eigenschaften die Elektronen im Atom eine entscheidende Rolle spielen. Da sich nach Rutherford die negative Ladung in der Hülle befindet und das negativ geladene

Elektron als Teilchen betrachtet wurde, musste sich das Elektron bewegen – also den Kern umkreisen – um nicht in den positiv geladenen Kern zu stürzen. Eine bewegte elektrische Ladung hätte aber nach James Clerk Maxwell (1831–1879) ständig Energie abgeben müssen, hätte dabei Masse verloren und sollte in wenigen Sekundenbruchteilen in den Kern stürzen. Aber das stellt ja einen Widerspruch zu unserer stabilen Welt dar. Eine Erklärung dieses Widerspruchs gelang jedoch nicht auf Anhieb. Auch hier war es wieder das einfachste Element, der Wasserstoff, der den Schlüssel für den Aufbau der Atome lieferte.

2.2.1 Wasserstoffspektren

Robert Bunsen (heute allgemein bekannt durch den Bunsenbrenner) hat zur Entdeckung vieler Elemente beigetragen. Insbesondere fand er durch die Spektralanalyse die beiden Alkalimetalle Cäsium und Rubidium. Bunsen nutzte das Phänomen, dass hoch erhitzte Edelgase bzw. Metalldämpfe Licht ganz bestimmter Wellenlängen aussenden, die sich nachträglich bei der spektralen Zerlegung durch ein Prisma oder Gitter als sehr scharfe Linien herausstellen. Schließlich war auch das in der Sonne vorkommende Helium so gefunden worden.

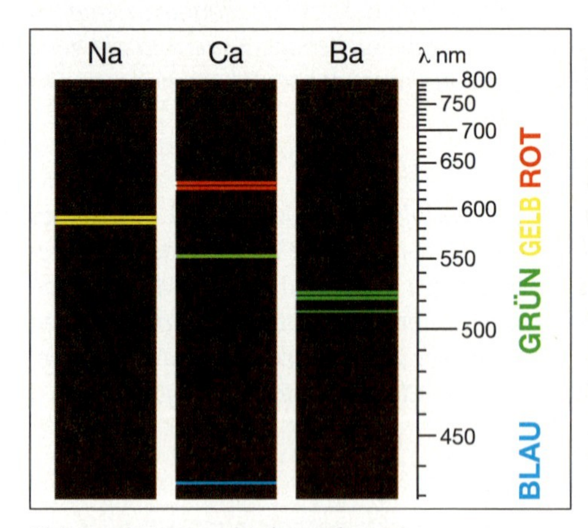

Linienspektren verschiedener Elemente

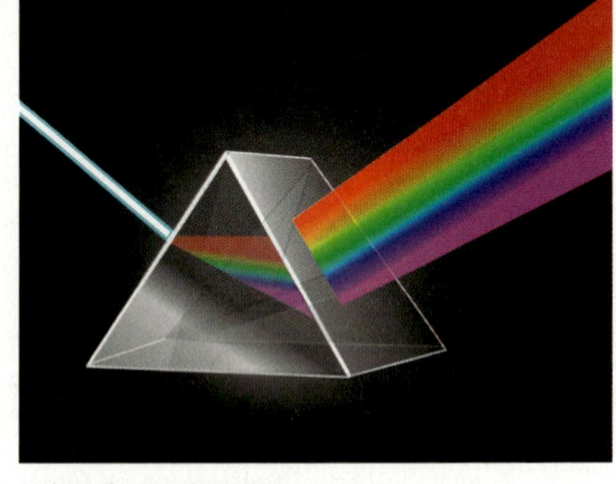

Lichtzerlegung im Prisma

Einen weiteren Schlüssel zum Verständnis des Atomaufbaus hatte bereits 1885 der Schweizer Mathematiker Johann Jakob Balmer gefunden. Wird Wasserstoff in einer speziellen Gasentladungslampe so hoch erhitzt, dass nur noch atomarer Wasserstoff entsteht, dann sendet dieses glühende Wasserstoffgas ein Licht aus, das nach der Zerlegung im Prisma oder Gitter ein Linienspektrum erzeugt (siehe Abbildung).

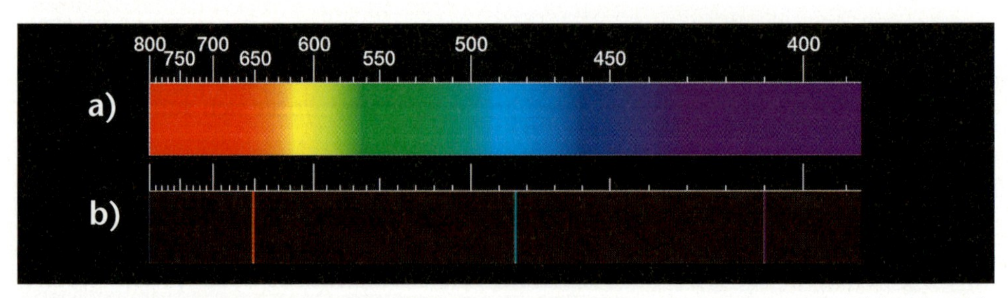

a) Kontinuierliches Spektrum einer Glühfadenlampe b) Linienspektrum von Wasserstoff im sichtbaren Licht

Man erkennt mit bloßem Auge eine rote (H_α), eine blaue (H_β) und eine violette (H_γ) Linie. Bei näherer Auflösung auf lichtempfindlichem Fotopapier findet man noch viele andere Linien, die sich immer dichter bis zu einer Grenze im violetten Bereich konzentrieren.

Johann Jakob Balmer (1825–1898)

Schon anderen Physikern vor Balmer war aufgefallen, dass diese Linien eine gewisse Regelmäßigkeit auszeichnet, jedoch war es niemandem gelungen diese Regelmäßigkeit in einer Gleichung oder in einem Polynom (Gleichung n-ten Grades) auszudrücken.

Balmer, der sich mit Kabbalistik (magische Zahlenlehre) beschäftigte, fand nach vielen Jahren der Suche die angemessene Formel. Allerdings war diese Formel für physikalische Phänomene sehr ungewöhnlich, denn sie enthielt ganzzahlige Brüche. Sie konnte erst später durch die Entdeckung der Quantenphysik inhaltlich gedeutet werden.

Üblicherweise wird die Wellenlänge des Lichts (oder einer beliebigen anderen elektromagnetischen Strahlung) als λ (Lambda) bezeichnet. Aus der Abbildung erkennt man, dass die Grenzen des sichtbaren Lichts von 800 Nanometern (nm) bis 400 nm reichen. Die sichtbare rote H_α-Linie hat z. B. eine Wellenlänge von 656,5 nm.

Balmer fand nun folgende Beziehung:

$$\frac{1}{\lambda} = R\left[\frac{1}{2^2} - \frac{1}{n^2}\right]$$

Dabei ist R die nach dem schwedischen Physiker Johannes Rydberg benannte Rydberg-Konstante und n eine ganze Zahl > 2.

Setzt man nun für R den Wert 0,010967 nm^{-1} ein und setzt $n = 3$, so erhält man für λ den Wert 656,5 nm, also die Wellenlänge der roten H_α-Linie.

Auch alle weiteren Linien im sichtbaren Bereich lassen sich so berechnen, wenn für n die Zahlen 4; 5 usw. eingesetzt werden. Insbesondere erklärt sich dadurch die große Anzahl der Linien kurz vor dem Serienende, wenn n gegen unendlich wächst.

Erstaunlich waren die ganzzahligen Quadrate in der Klammer. Sie konnten ja bedeuten, dass nicht nur n gegen ∞ wachsen kann, sondern eventuell auch der Nenner im ersten Glied in der Klammer eine andere ganze Zahl als zwei sein konnte. Rydberg erweiterte deshalb die Balmer-Formel zur Rydberg-Formel:

$$\frac{1}{\lambda} = R\left[\frac{1}{m^2} - \frac{1}{n^2}\right]$$

In dieser Formel sind nun n und m ebenfalls ganze Zahlen mit der Bedingung $n > m$ und $m \geq 1$.

Wird nun $m = 1$ und $n = 2$ gesetzt, so erhält man für den ersten möglichen Wert der Rydberg-Formel eine Wellenlänge von 122,3 nm.

Glühender atomarer Wasserstoff musste also nach diesem Rechenergebnis eine Spektrallinie bei 122,3 nm aufweisen. Das ist aber eine Wellenlänge aus dem nicht sichtbaren Ultraviolett-Bereich. Es war nun ein großer Erfolg für die Forschung, als Theodore Lyman eine spezielle Apparatur für die Ultraviolett-Spektroskopie verwendete und genau diese und die anderen Spektrallinien des Wasserstoffs an den vorherberechneten Stellen finden konnte.

(Anmerkung: Gewöhnliches Glas ist nicht durchlässig für UV-Strahlen und deshalb musste für die sogenannte UV-Spektroskopie ein anderes lichtdurchlässiges Material gefunden werden, ebenso absorbiert Luft UV-Strahlung unterhalb von 130 nm, sodass spezielle Vakuum-Spektrografen eingesetzt werden müssen.)

Aufgabe

14. *Für die sogenannte Paschen Serie, benannt nach dem deutschen Physiker Friedrich Paschen, wird $m = 3$ gesetzt. Berechnen Sie die Wellenlänge der langwelligsten Linie dieser Serie und ordnen Sie diese dem elektromagnetischen Spektrum zu.*

2.2.2 Energiestufenschema

Der dänische Physiker Niels Bohr vermutete nun, dass die Wasserstoffspektren dadurch entstehen, dass das (einzige) Elektron des Wasserstoffatoms durch Energiezufuhr höhere Bahnen einnehmen kann und danach beim „Springen" von einer oberen auf eine weiter unten liegende Bahn bestimmte diskrete Energiebeträge abgibt.

Niels Bohr (1885–1962)

Damit postulierte Bohr, dass die Elektronen nur ganz bestimmte Energiezustände einnehmen können, vergleichbar mit ganz bestimmten Bahnen, die dann den Elektronen zugeschrieben werden. Die Entstehung der Linienspektren kann dann so erklärt werden, dass die Elektronen eines Atoms sich normalerweise im Grundzustand befinden. Werden sie durch Aufnahme von Energie in einen höheren – angeregten – Zustand überführt, dann können sie danach wieder durch Abgabe von ganz bestimmter Energie in einen niedrigeren Energiezustand zurückfallen, vergleichbar mit einer niedrigeren Bahn. Diese Energieportion entspricht aber auch einer ganz bestimmten Wellenlänge. Die Linienspektren stellen somit ein Abbild aller möglichen Energieportionen dar, die zwischen den einzelnen Energiezuständen abgegeben werden. Für den Wasserstoff ergibt sich danach folgendes Energiestufenschema:

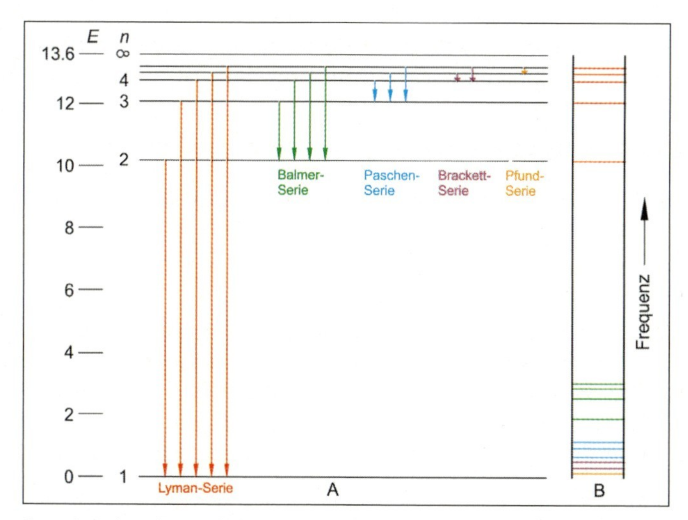

Energiestufenschema des Wasserstoffs

Bohr beschrieb diese Energieniveaus als kreisförmige Bahnen, auf denen sich Elektronen um den Kern herum bewegen können. Allerdings war sich Bohr darüber bewusst, dass der Analogieschluss zu Planeten, die eine Sonne umkreisen, zu falschen Vorstellungen im Bereich des Mikrokosmos führen würden. Jede Bahn hat nach Bohr einen bestimmten Radius, wobei die dem Kern nächste Schale am energieärmsten ist. Bohr benannte diese Schale mit dem Buchstaben K und alle anderen Schalen alphabetisch aufsteigend, sodass die einzelnen Perioden im Periodensystem nun als K, L, M, N, O, P und Q bezeichnet werden können. Dabei fasst die K-Schale maximal 2 Elektronen, die L-Schale maximal 8 Elektronen und die M-Schale maximal 18 Elektronen. Bohr erkannte auch, dass diese 18 Elektronen der M-Schale nicht sofort vollständig aufgefüllt werden. Alle anderen Schalen fassen zwar noch mehr Elektronen, werden aber auch nur schrittweise aufgefüllt.

Das bohrsche Atommodell erwies sich als sehr leistungsfähig zur Erklärung einfacher Salzbildung und zur Erklärung des chemischen Verhaltens der ersten 20 Elemente im PSE.

Die bohrsche Theorie des Wasserstoffatoms erklärt jedoch nur die Spektren des Wasserstoffatoms, ermöglicht aber keine Deutung der Spektren der anderen Elemente.

2.2.3 Ionisierungsenergie

Über die Spektren des Wasserstoffatoms war es möglich, die „Sprünge" der Elektronen als Bahnänderungen zu interpretieren. Für die anderen chemischen Elemente kann man auf die empirische Ermittlung der Ionisierungsenergie zurückgreifen.

Die Ionisierungsenergie ist die Energie, die notwendig ist, um ein Elektron gegen die Anziehungskraft des Atomkerns zu entfernen.

Betrachtet man z. B. das noch relativ einfache Lithiumatom mit seinen drei Elektronen, so fällt auf, dass unterschiedlich hohe Energie benötigt wird, um diese Elektronen zu entfernen:

Setzt man die Ionisierungsenergie für das erste zu entfernende Elektron = 1, so ist für das zweite 14-mal mehr Energie aufzubringen und für das dritte und letzte Elektron sogar 23-mal mehr Energie.

Für Beryllium (mit 4 Elektronen) lauten die Verhältnisse: 1 : 2 : 17 : 23.

Nach Bohr lassen sich die Ergebnisse so interpretieren, dass die beiden ersten Elektronen relativ leicht zu entfernen sind, da sie sich auf der L-Schale befinden und damit weiter vom Kern entfernt als die beiden inneren Elektronen der K-Schale, die sich demnach schwerer entfernen lassen.

Daraus lässt sich schließen, dass bei chemischen Reaktionen beim Lithiumatom nur ein Elektron beteiligt ist, beim Beryllium dagegen zwei Elektronen, da die jeweils übrigen Elektronen eine zu hohe Ionisierungsenergie verlangen. Ob ein Atom überhaupt eines oder mehrere Elektronen abgibt, hängt natürlich davon ab, ob die aufgebrachte Ionisierungsenergie durch andere freiwerdende Energie wieder ausgeglichen werden kann.

Vergleicht man die Ionisierungsenergie der ersten 20 Elemente in absoluten Werten (in MJ/mol) und betrachtet dabei nur die Energie für das **erste** abzulösende Elektron, so erhält man folgendes Diagramm:

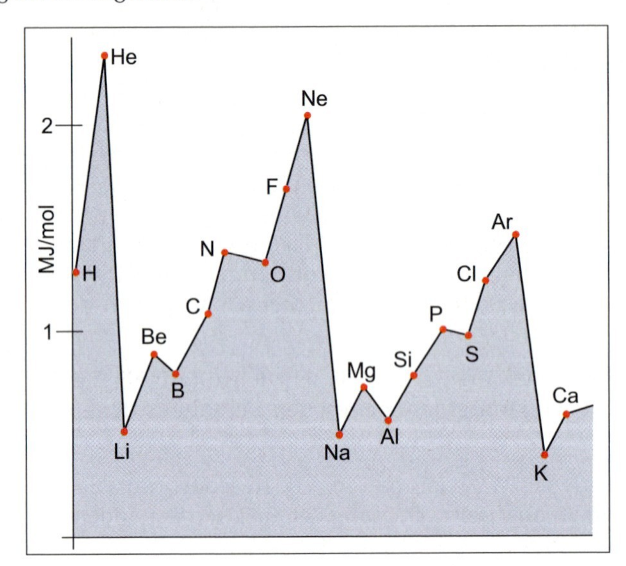

Vergleicht man die Elemente innerhalb einer Periode miteinander, so fällt auf, dass das erste Element (Alkalimetall) eine sehr niedrige Ionisierungsenergie aufweist, während das achte Element (Edelgas) eine sehr hohe Ionisierungsenergie besitzt. Diese Ergebnisse weisen schon auf die sehr unterschiedliche Reaktionsfähigkeit der Elemente hin.

Aufgabe

15. Für ein Atom wurden folgende Ionisierungsverhältnisse gefunden (ganzzahlig gerundet): 1 : 2 : 3 : 5 : 7 : 38 : 46.

a. Um welches Element-Atom handelt es sich?

b. In welche bohrsche Bahnen teilen sich die Elektronen auf?

2.3 Elektronenpaar-Abstoßungsmodell

Mit den Linienspektren des Wasserstoffs und den Ionisierungsenergien der einzelnen Elemente kann nun das bohrsche Atommodell als Schalenmodell verstanden werden. Für die Chemie ist aber nicht nur das isolierte Atom entscheidend, sondern es ist wichtig, welche chemischen Eigenschaften, Verhaltensweisen und Reaktionen die einzelnen Elemente zeigen. Dafür muss das bohrsche Atommodell erweitert werden.

2.3.1 Kugelwolken nach Kimball

Für viele Erklärungen chemischer Reaktionen (der ersten 20 Elemente) genügt das vereinfachte Kugelwolkenmodell: Man stellt sich kugelförmige Räume vor, in denen sich die Elektronen aufhalten können. Diese Kugelwolken sind räumlich um den Kern angeordnet.

Dabei gelten folgende Regeln:

- Die negativ geladenen Kugelwolken stoßen sich möglichst weit voneinander ab.
- Die K-Schale besteht nur aus einer symmetrisch um den Atomkern angeordneten Kugel.
- In eine Kugel passen maximal zwei Elektronen.
- Jedes zusätzliche Elektron füllt vorläufig eine neue Kugel.
- In die L- und M-Schale passen maximal vier Kugeln.
- Alle Kugeln stoßen sich gegenseitig möglichst weit ab.

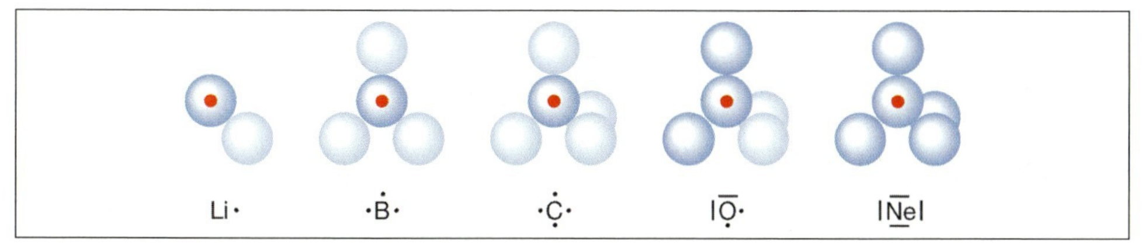

Kugelwolkenbeispiele der L-Elemente (Elemente der 2. Periode)

Erklärung:

Alle Elemente der **2**. Periode besitzen eine um den Kern (K-Schale) konzentrisch angeordnete Kugelwolke, die mit zwei Elektronen voll besetzt ist (dunkel gezeichnet).

Das **Lithiumatom** besitzt zusätzlich eine mit einem einzelnen Elektron besetzte Kugelwolke (hell gezeichnet).

Beim **Boratom** erkennt man drei einfach besetzte Kugelwolken, die in einer Ebene liegen und einen Winkel von 120° bilden (gleichseitiges Dreieck).

Die vier einfach besetzten Wolken des **Kohlenstoffatoms** ordnen sich räumlich um den Atomrumpf und bilden einen Tetraeder mit einem Winkel von 109,3°.

Von den maximal vier L-Wolken des **Sauerstoffatoms** sind genau zwei doppelt besetzt, die räumliche Struktur stellt einen Tetraeder dar.

Beim **Neonatom** sind alle vier Wolken voll besetzt und bilden einen Tetraeder mit einem Winkel von 109,5°.

Aufgabe

16. a. Ergänzen Sie die fehlenden L-Elemente (also der 2. Periode) nach obigem Vorbild.

b. Zeichnen Sie die Elektronenwolken für die Elemente Natrium, Aluminium und Silicium nach dem gleichen Aufbauprinzip und skizzieren Sie den Atomrumpf des Neonatoms als einfache voll besetzte Kugel.

2.3.2 Aufbau einfacher Verbindungen des gleichen Elements

Dieses Kugelwolkenprinzip nach Kimball eröffnet jetzt die Möglichkeit, Atome miteinander reagieren zu lassen und sie erklärt zum Teil die räumliche Anordnung und bestimmte Eigenschaften der entstehenden Moleküle.

Nach Kimball kann dann eine chemische Reaktion angenommen werden, wenn sich mindestens zwei einfach besetzte Kugelwolken überlappen, sodass eine doppelt besetzte Bindungskugelwolke entsteht.

Wenn sich zwei oder mehr Atome verbinden, so überlagern sich einfach besetzte Kugelwolken und bilden beiden Atomen zugehörige doppelt besetzte Kugelwolken.

Beispiel 1: Das Fluormolekül F_2

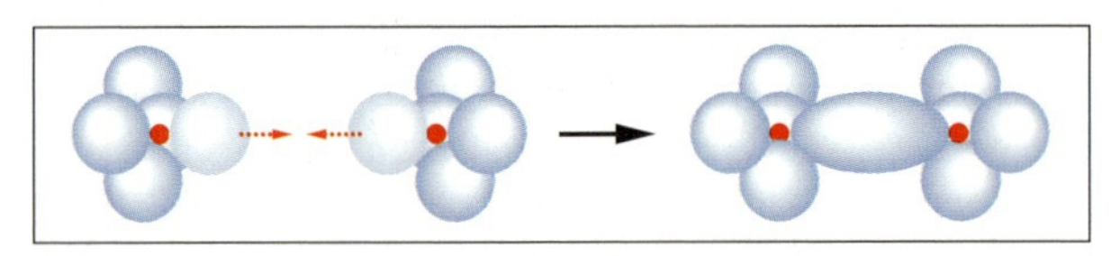

Zwei Fluoratome reagieren zu einem Fluormolekül

Beispiel 2: Das Sauerstoffmolekül O_2

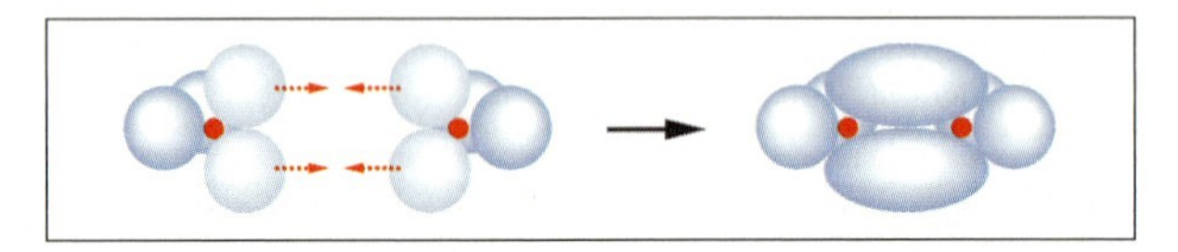

Zwei Sauerstoff-Atome reagieren zu einem Sauerstoffmolekül

Beispiel 3: Das Stickstoffmolekül N_2

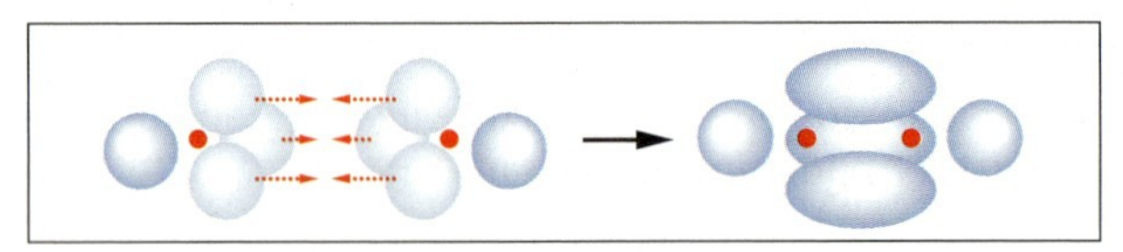

Zwei Stickstoffatome reagieren zu einem Stickstoffmolekül

Aufgabe

17. Welche Schwierigkeiten ergeben sich bei der Bildung eines gedachten C_2-Moleküls?

Für die genauere Betrachtung der Winkel in einem so entstandenen Molekül ist es wichtig, zu unterscheiden zwischen Kugelwolken,

- die sich aus der Überlappung zweier einfach besetzter Kugelwolken gebildet haben **(Bindungselektronenpaar)** und solchen,
- die bereits eine doppelt besetzte Kugelwolke besitzen (**freies Elektronenpaar**/nichtbindendes Elektronenpaar).

Die freien – nichtbindenden – Elektronenpaare üben eine stärkere Abstoßungskraft aus als die Bindungselektronenpaare (die über einen größeren Raum verteilt sind).

2.3.3 Aufbau einfacher Wasserstoffverbindungen

Für die Wasserstoffverbindungen der 2. Periode ergeben sich damit folgende räumliche Anordnungen:

Beispiele

CH_4 (Methan)

Der Winkel zwischen den einzelnen Bindungselektronenpaaren zum Wasserstoff ist gleich groß, es existiert kein freies Elektronenpaar, das Molekül ist symmetrisch aufgebaut, der Bindungswinkel ist exakt gleich dem Tetraederwinkel: 109,5°.

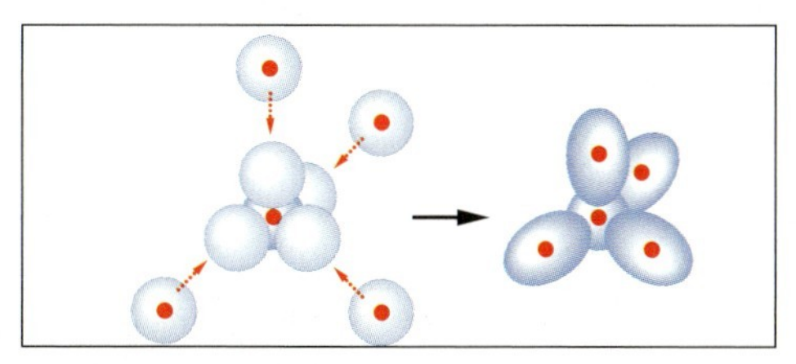

Vier Wasserstoffatome reagieren mit einem Kohlenstoffatom (CH_4)

NH_3 (Ammoniak)

Es existiert ein freies Elektronenpaar, das eine stärkere Abstoßungskraft ausübt als die drei Bindungselektronenpaare. Das Molekül ist rotationssymmetrisch zur Achse des freien Elektronenpaares, der Winkel zwischen den einzelnen Bindungselektronenpaaren zum Wasserstoff ist kleiner als der Tetraederwinkel: er beträgt 106,8°.

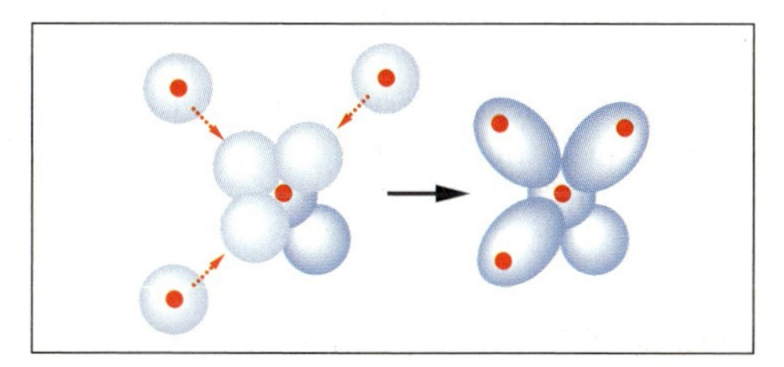

Drei Wasserstoffatome reagieren mit einem Stickstoffatom (NH_3)

H_2O (Wasser)

Es existieren zwei freie Elektronenpaare, die die beiden Bindungselektronenpaare zum Wasserstoff noch stärker zusammendrücken, als dies beim Ammoniak der Fall ist, der Bindungswinkel der beiden Bindungselektronenpaare zum Wasserstoff beträgt 104,5°.

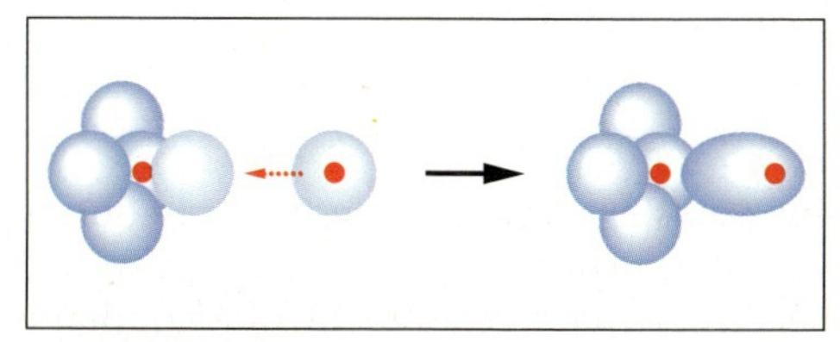

Ein Fluoratom reagiert mit einem Wasserstoffatom (HF)

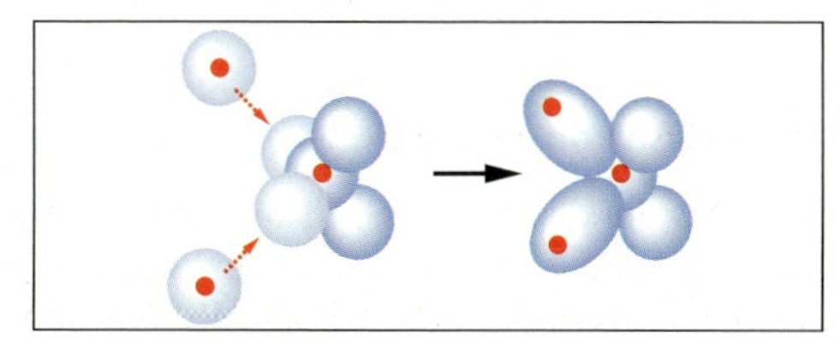

Zwei Wasserstoffatome reagieren mit einem Sauerstoffatom (H_2O)

Lithium, Beryllium und Bor können ebenfalls Wasserstoffverbindungen bilden, jedoch sind diese Verbindungen nicht sehr stabil und stellen sich schließlich auch nicht als einfache Moleküle wie LiH , BeH_2 und BH_3 dar.

2.3.4 Lewis-Schreibweise

Gilbert Newton Lewis (1875–1946) entwickelte bereits 1916 die Elektronenpunkt-Schreibweise für chemische Verbindungen. Sie stellt eine praktische Schreibweise dar, um das Kugelwolkenmodell schnell und ohne größeren zeichnerischen Aufwand zu symbolisieren: Freie Elektronenpaare werden als doppelte Punkte dargestellt, einzelne Elektronen als einzelner Punkt und die Überlappung von zwei einfach besetzten Elektronenpaaren als doppelter Punkt zwischen zwei Atomen.

Beispiele

Bildung eines Fluormoleküls	Bildung eines Sauerstoffmoleküls	Bildung eines Stickstoffmoleküls
:F· + ·F: → :F··F:	:O: + :O: → :O::O:	:N· + ·N: → :N⋮N:
|F· + ·F| → |F—F|	⟨O· + ·O⟩ → ⟨O=O⟩	|N· + ·N| → |N≡N|

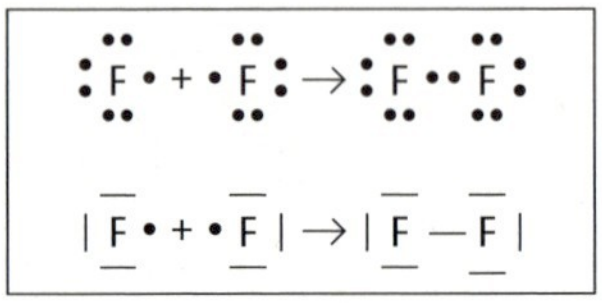

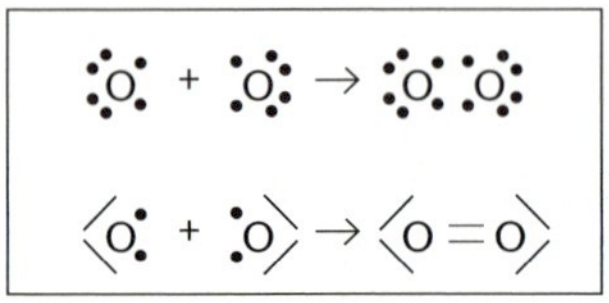

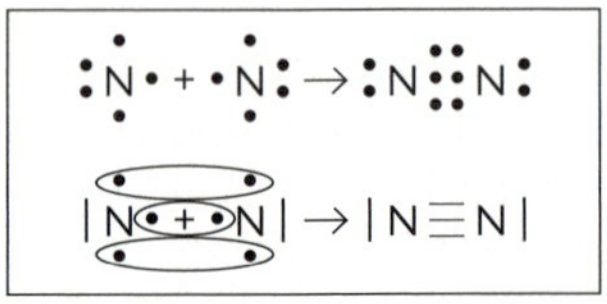

Bei allen abgebildeten Lewis-Formeln ist zu bedenken, dass die flächige Darstellung dazu verleiten kann, die räumlichen Verhältnisse falsch zu interpretieren. Beim Fluoratom mit seinen drei freien Elektronenpaaren und dem einzelnen Elektron entsprechen die Winkel dem Tetraederwinkel und nicht etwa einem rechten Winkel von 90°, wie auf den ersten Blick angenommen werden könnte. Bei der Bildung der einfachsten Wasserstoffverbindung von Kohlenstoff, dem Methan, kommt dies besonders deutlich zum Ausdruck.

Beispiel: Bildung eines Methanmoleküls

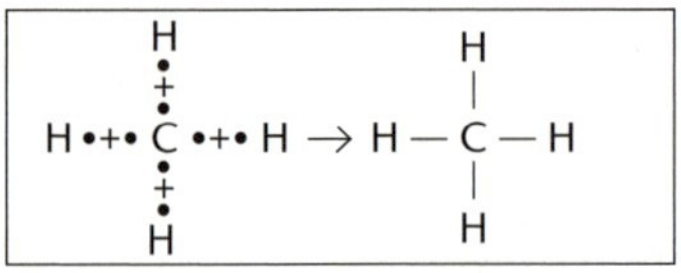

H•+•C•+•H (mit je einem H•+• oben und unten) → H—C—H (mit je einem H oben und unten)

Die vier Bindungselektronenpaare bilden jeweils einen tetraedrischen Winkel von 109,5° zueinander und nicht etwa 90°.

Die Größe von Atomen

Am Beispiel des Methans in der Lewis-Schreibweise (siehe vorangegangene Abbildung) erkennt man, dass nicht nur die Winkel jeweils den realen Verhältnissen zugeordnet werden müssen, sondern auch die Größenverhältnisse stark vereinfacht werden, denn statt der maßstäblichen Skizzierung der Atomrümpfe verwendet Lewis die chemischen Symbole der Elemente.

Bei genauerer Betrachtung der Bindungsverhältnisse und der chemischen Eigenschaften eines Elements spielt aber die Größe der Atome eine wichtige Rolle.

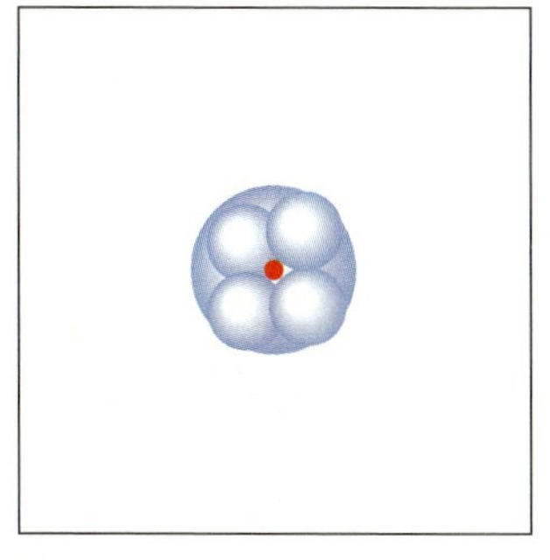

Neon

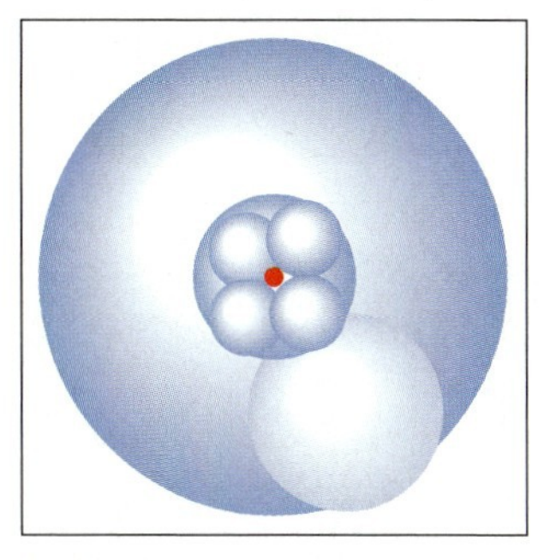

Natrium

Am Vergleich des Kugelwolkenmodells zwischen $_{10}Ne$ und $_{11}Na$ wird deutlich, dass das eine zusätzliche Elektron eine sprunghafte Größenveränderung des Atoms verursacht. Es ist deshalb nicht verwunderlich, dass die Radien der Atome innerhalb einer Gruppe im Periodensystem von oben nach unten zunehmen.

Vergegenwärtigt man sich die Größenverhältnisse allerdings innerhalb einer Periode, also innerhalb der gleichen Kugelschale, so erhält man z. B. folgendes Bild:

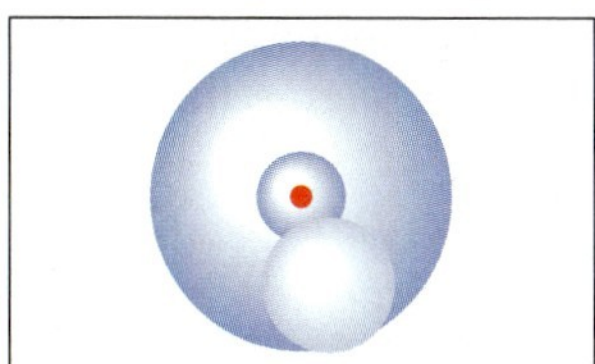

Lithium, r = 152 pm

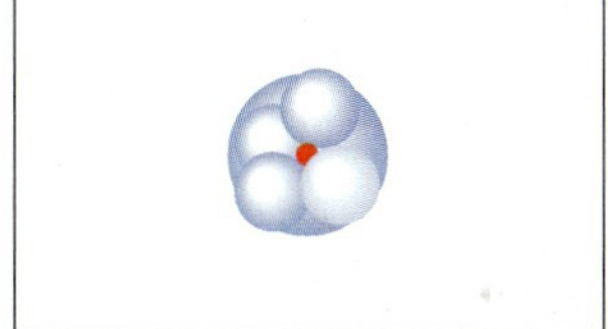

Fluor, r = 64 pm

Die beiden Atome $_{3}Li$ und $_{9}F$ sind im gleichen Maßstab dargestellt. Obwohl die Atommasse des Fluors mehr als 2,5-mal so groß ist wie die des Lithiums, beträgt sein Atomvolumen weniger als ein Zehntel des Atomvolumens von Lithium.

Die innerhalb einer Periode aufeinanderfolgenden Atome besitzen jeweils ein Elektron mehr als ihre jeweiligen Vorgänger, verfügen aber auch über eine größere Kernladung. Diese größere Kernladung zieht alle Elektronen der Kugelschalen an und verursacht so die Abnahme der Atomgröße.

Erwähnt sei hier aber, dass die Radien von Atomen keine einfach zu messenden Größen sind. Schließlich handelt es sich ja nicht um Kugeln, wie in der Abbildung (weiter oben) dargestellt ist, sondern eigentlich um Elektronenwolken. Deshalb findet man mehrere Definitionen von Atomradien. Eine besteht z. B. darin, die Bindungslänge zwischen zwei Atomen des gleichen Elements zu untersuchen und dann dieses Ergebnis zu halbieren (sogenannter kovalenter Radius). Jedoch versagt diese Methode naturgemäß bei den Edelgasen (die ja keine Bindung untereinander eingehen können). Aus diesem Grund fehlen auch in der nachfolgenden Tabelle die Edelgase.

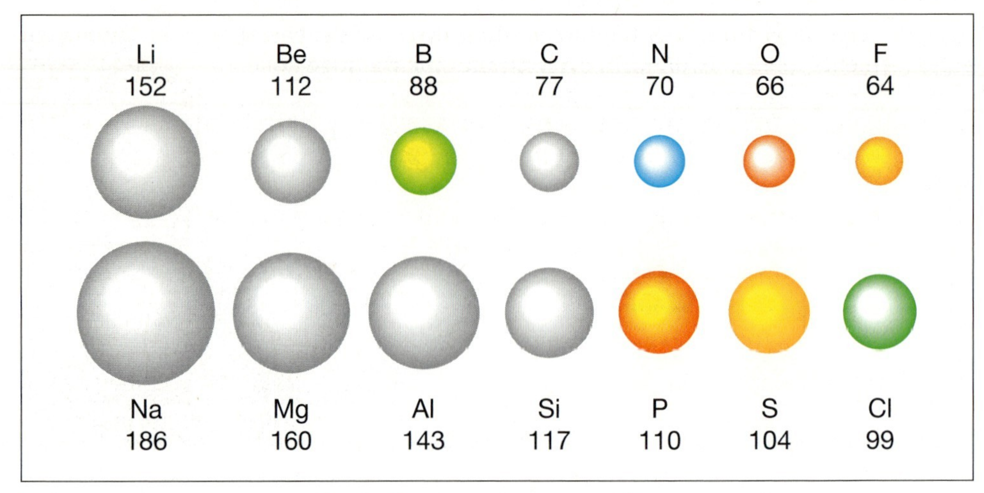

Radius der Atome und der entsprechenden Ionen, Angabe in pm (10^{-12} m)

Zusammenfassend lässt sich Folgendes sagen:

- **Atomradien nehmen innerhalb einer (senkrechten) Gruppe im PSE zu.**
- **Atomradien nehmen innerhalb einer (horizontalen) Periode im PSE ab.**

Trotzdem hat die Lewis-Schreibweise einen Vorteil. Sie vereinfacht zwar die räumlichen Darstellungsprobleme des Elektronenpaar-Abstoßungsmodells nach Kimball stark, aber dem Benutzer wird eine Möglichkeit an die Hand gegeben, schnell auf dem Papier eine chemische Reaktion nachzuvollziehen.

2.4 Orbitalmodell

Das bohrsche Atommodell war zwar in der Lage, die Spektrallinien und teilweise die Ionisierungsenergie des Wasserstoffatoms vorherzusagen, versagte aber bei der Betrachtung aller anderen Elementatome. Das Elektronenpaarabstoßungsmodell nach Kimball kann für einfache Verbindungen, insbesondere der 2. und 3. Periode des PSE, den räumlichen Aufbau der entsprechenden Moleküle recht gut wiedergeben. Auch die Einführung von elliptischen statt kreisförmigen Bahnen, die der deutsche Physiker Arnold Sommerfeld vorschlug, „rettete" die bohrsche Theorie nur so weit, dass bestimmte Spektren der Alkalimetalle vorhersagbar wurden. Ein vollständig neues Vorgehen wurde erforderlich.

2.4.1 Unschärfebeziehung

Bereits 1925 hatte Heisenberg die grundlegende Unschärfebeziehung formuliert.

Dieses Prinzip besagt, dass es nicht möglich ist, den Impuls (und damit die Geschwindigkeit bzw. die Masse) und gleichzeitig den Ort eines Teilchens mit absoluter Genauigkeit zu bestimmen. Diese Unschärfe der Messung kann auch nicht durch noch bessere Messgeräte beseitigt werden. Kleine Objekte, wie das Elektron, werden durch jegliche Messung beeinflusst, ja die Teilchen verändern zum Teil sogar ihre Eigenschaften durch den Einfluss von Messgeräten, also durch die Aktivität des Beobachters.

Werner Heisenberg (1901–1976)

Bei größeren Objekten aus der Alltagserfahrung, wie z. B. einem Sandkorn, wird dieses auch als heisenbergsche Unschärfe bezeichnete Phänomen verschwindend klein, jedoch beeinflusst gerade beim Elektron die Unschärfebeziehung dessen Verhalten. Das hat natürlich Auswirkungen auf das bohrsche Atommodell, denn hier waren ja diskrete Bahnen den Elektronen zugeordnet worden. Für die Elektronen eines Atoms lässt sich also nur ein Raum angeben, in dem sie sich mit hoher Wahrscheinlichkeit aufhalten. Dieser Raum wird Orbital genannt.

2.4.2 Welle-Teilchen-Dualismus

Allerdings ist die Art und Größe dieses Raumes nicht beliebig. Parallel zu Werner Heisenberg veröffentlichte der französische Physiker Louis de Broglie (1892–1987) seine Theorie, dass insbesondere kleine Teilchen wie das Elektron nicht als feste Teilchen betrachtet werden können, sondern dass Materie auch Welleneigenschaften aufweist.

Wendet man diesen Welle-Teilchen-Dualismus auf ein Atom an, so sind den Elektronen bei ihrer „Bewegung" um den Atomkern herum nur bestimmte Schwingungszustände erlaubt.

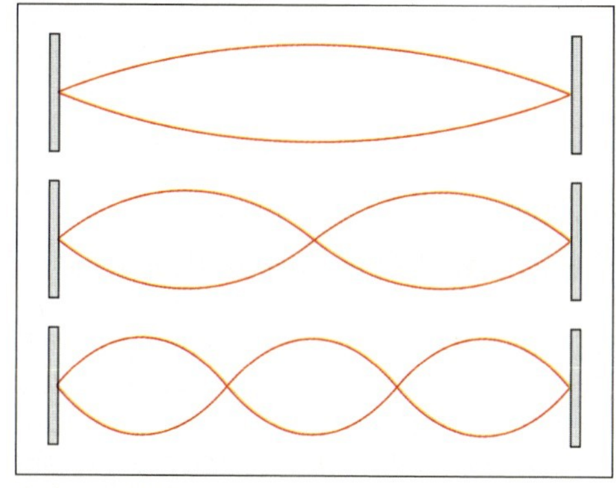

Stehende Wellen

Ein Vergleich mit einer Violinensaite kann dies verdeutlichen: Nur bestimmte Schwingungen einer an einem Ende festgehaltenen Saite sind so möglich, dass das andere Ende der Saite einen Schwingungsknoten besitzt (sich also nicht bewegt).

Nun ist eine mathematische Beziehung herstellbar für eindeutig stehende Wellen um die Kreisbahn einerseits (de Broglie) und den Drehimpuls eines Elektrons (Bohr). Damit ist ein Zusammenhang hergestellt zwischen der Masse, der Geschwindigkeit und der Wellenlänge eines Elektrons.

Aufgrund dieser Erkenntnisse ließ sich dann auch ein Elektronenmikroskop konstruieren, das ähnlich einem gewöhnlichen Lichtmikroskop die noch viel kleinere Wellenlänge des Elektrons ausnutzt, um Objekte sichtbar zu machen, die dem Lichtmikroskop nicht mehr zugänglich sind.

▶ **Elektronen, Protonen und Neutronen sind keine Wellen und keine Teilchen. Sie verhalten sich allerdings so, als ob sie das eine Mal Teilchen und ein anderes Mal Wellen wären. Dieses komplexe Phänomen wird im Welle-Teilchen-Dualismus zusammengefasst.**

2.4.3 Wellengleichung

Erwin Schrödinger (1887–1961)

Beide Erkenntnisse, die heisenbergsche Unschärfebeziehung und der Welle-Teilchen-Dualismus, wurden nun 1926 von Erwin Schrödinger in einer Wellengleichung zusammengefasst. Diese Differenzialgleichung ermöglicht es nun, auszurechnen, mit welcher Wahrscheinlichkeit ein Elektron an einem bestimmten Ort aufzufinden ist.

Auch hier ist erkennbar, wie weit sich die makroskopische Welt vom Mikrokosmos unterscheidet. Astronomen können mit sehr großer Sicherheit die Position des Mondes auf seinem Weg um die Erde auf viele Jahre vorhersagen, die Position eines Elektrons zu einem bestimmten Zeitpunkt vorherzusagen, ist prinzipiell unmöglich.

Die mathematischen Lösungen der Schrödinger-Gleichung sind nicht einfach, denn sie stellen die Ergebnisse **räumlicher** Schwingungen dar. Sie führen zum Ergebnis, dass vier grundsätzlich verschiedene Orbitaltypen existieren: s-, p-, d- und f-Orbitale.

Die Bezeichnungen dieser Abkürzungen stammen aus genaueren Untersuchung von Spektrallinien, die englisch als *sharp*, ***p**rincipal*, ***d**iffuse* und ***f**undamental* bezeichnet werden. Zur Beschreibung dieser Aufenthaltswahrscheinlichkeitsräume soll im Folgenden ein einzelnes Wasserstoffatom mit seinem Elektron betrachtet werden.

2.4.4 Wasserstoff-Orbitale

s-Orbitale

Im Grundzustand befindet sich das Elektron in einem kugelschalenförmigen Raum.

In der Abbildung a) ist die über das ganze Atom verteilte Ladungswolke dargestellt, sie gibt die Wahrscheinlichkeit wieder, das Elektron in einem bestimmten Volumenelement wiederzufinden. In einigen Bereichen liegen die Punkte dichter und das Elektron hält sich dort häufiger auf. Da sich im einfachsten kugelförmigen Orbital prinzipiell das Elektron auch sehr weit außen aufhalten kann, wird eine willkürliche Grenze gezogen, z. B. dort, wo sich das Elektron mit weniger als 10 % Wahrscheinlichkeit aufhalten wird (siehe Abbildung b)). Die in Abbildung c) gezeichnete Grenze ist dann keine absolute Grenze, hilft aber bei der Darstellung der Orbitale. Das Elektron befindet sich also nicht mehr auf einer planetenähnlichen Umlaufbahn um den Kern, wie das bohrsche Modell nahe legt, sondern es wird durch eine Aufenthaltswahrscheinlichkeitswolke – als Orbital – dargestellt.

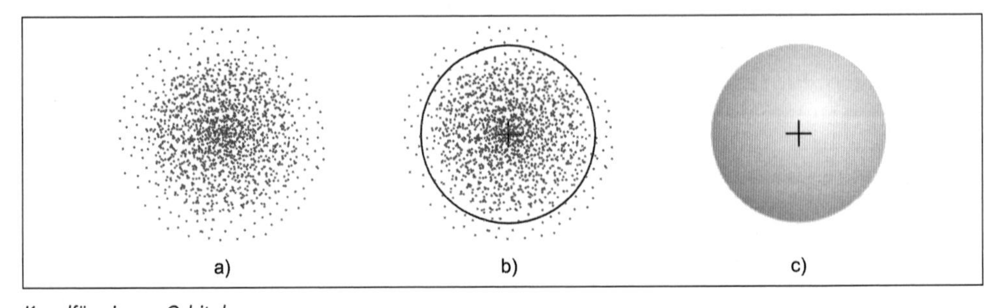

Kugelförmiges s-Orbital

Wie bereits erwähnt, kann die Schwingung einer Violinensaite durch mehrere Oberschwingungen dargestellt werden. Ebenso kann auch die räumliche Schwingung des Elektrons durch eine größere Schwingungszahl (Frequenz) erfolgen.

Da die kugelschalenförmigen Orbitale als s-Orbitale bezeichnet werden, hat man es im einfachsten Fall mit einer Grundschwingung zu tun, die genau diese räumliche Verteilung aufweist. Sie wird als 1s-Orbital gekennzeichnet.

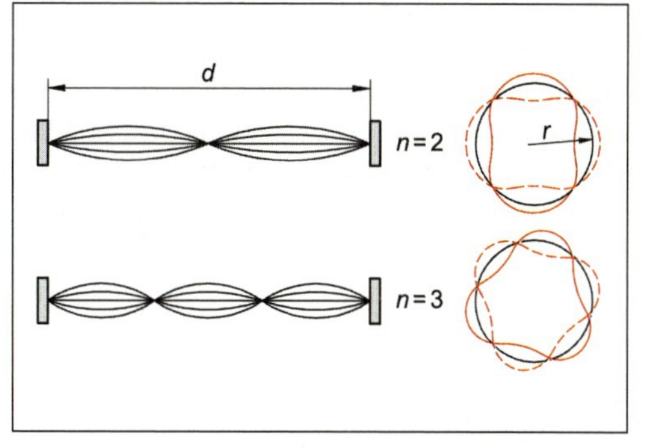

Stehende Wellen in einer kreisförmigen Bahn

Durch Energiezufuhr beim Wasserstoffatom kann das Elektron nach Bohr auf die nächsthöhere „Bahn“ springen. Bei Anwendung der Orbitaltheorie wird man sagen, dass das Elektron nun mit gewissen Wahrscheinlichkeiten in einer außerhalb von 1s liegenden Kugelschale anzutreffen ist.

Man beachte, dass diese Abbildung einen Querschnitt durch das kugelsymmetrische Orbital darstellt und dass zwischen diesem äußeren 2s-Orbital und dem inneren 1s-Orbital ein Bereich liegt, in dem das Elektron niemals anzutreffen sein wird. Eine Folge von s-Orbitalen stellt also eine Folge von Kugelschalen dar, die nach außen immer größer werden und einen immer größeren Raum einnehmen.

Das Elektron im 2s-Orbital kann nach der Energiezufuhr wieder in das 1s-Orbital wechseln, muss dabei aber die zugeführte Energie wieder in Form elektromagnetischer Strahlung abgeben. (Vergleiche auch die Lyman-Serie des Wasserstoffs, diese Energieabgabe entspricht der Kα-Strahlung.)

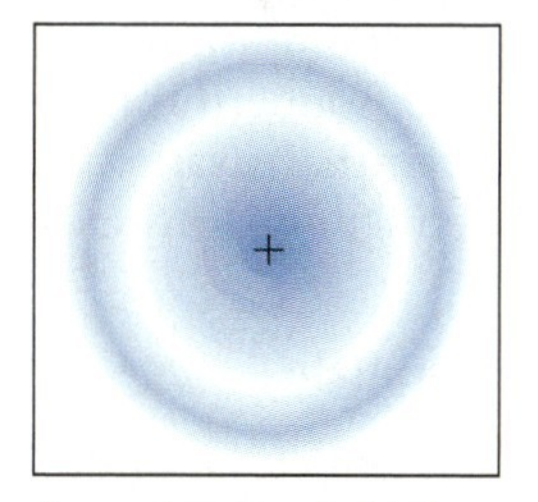
1s- und 2s-Kugelorbital

p-Orbitale

Wird einem kugelschalenförmigen 2s-Orbital aber weiter Energie zugeführt, so kann das Elektron zu einer anderen Art räumlicher Aufenthaltswahrscheinlichkeit wechseln. Die Energie, die dafür notwendig ist, ist etwas geringer als die Energie, die es zum Wechseln in ein 3s-Orbital benötigen würde. Es hält sich dann in einer von drei hantelförmigen Orbitalen auf (siehe Abbildung).

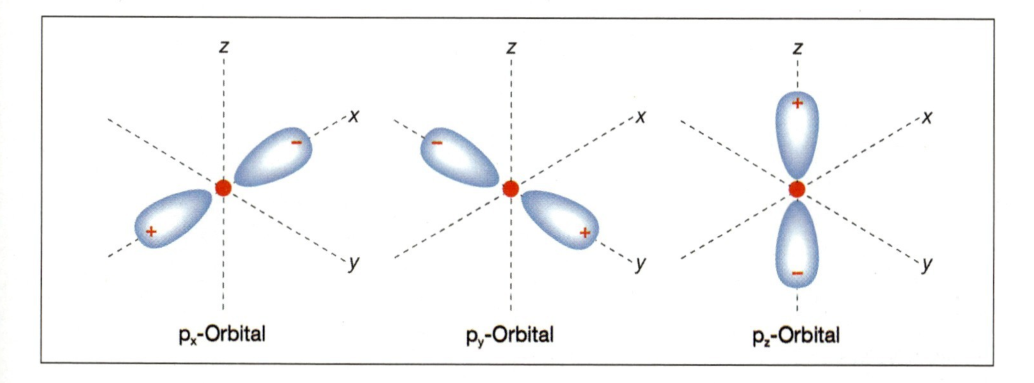

Jedes der drei Orbitale, die durch die Symbole p_x, p_y und p_z angegeben werden, ist um die Hauptachse des Koordinatensystems zylindrisch symmetrisch. Jedes 2p-Orbital besitzt zwei Hantelhälften mit hoher Aufenthaltswahrscheinlichkeit. Sie werden durch einen Knoten getrennt, in dem man niemals ein Elektron finden wird. Das Vorzeichen der Wellenfunktion in der einen Hälfte ist positiv, das der anderen Hälfte negativ.

(Anmerkung: Diese Vorzeichen haben nichts mit der Ladung gemein, die Vorzeichen ergeben sich aus der Schrödinger-Gleichung und bedeuten, dass das Orbital symmetrisch (+) oder asymmetrisch (–) ist.)

Auch hier existieren bei weiterer Energiezufuhr noch größere p-Orbitale, also jeweils 3p-, 4p- usw. Orbitale, die sich im räumlichen Aufbau nur unwesentlich von den 2p-Orbitalen unterscheiden.

Die drei p-Orbitale stehen im rechten Winkel zueinander (x-, y-, z-Koordinaten).

d-Orbitale

Bei ebenfalls weiterer Energiezufuhr kann das Wasserstoffelektron in der dritten Grundschwingung nicht nur das kugelschalenförmige 3s-Orbital, bzw. eines der drei hantelförmigen 3p-Orbitale einnehmen, sondern ihm stehen jetzt **fünf** neue Aufenthaltswahrscheinlichkeitsräume zur Verfügung: die d-Orbitale.

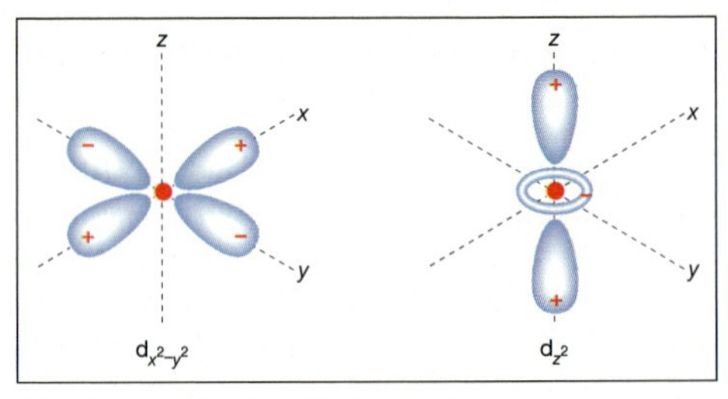

Die Form zweier d-Orbitale

f-Orbitale

Schließlich kann das Elektron des Wasserstoffatoms ab der vierten Grundschwingung nicht nur ein 4s-Orbital, drei 4p- und fünf 4d-Orbitale einnehmen, sondern auch sieben 4 f-Orbitale.

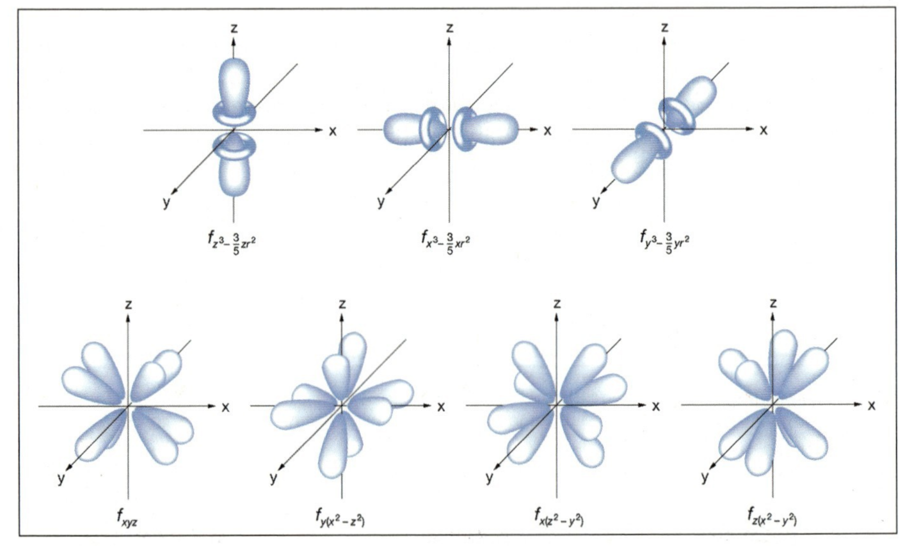

Alle f-Orbitale

2.4.5 Orbitale höherer Elemente

Wendet man nun die Schrödinger-Gleichung auf das nächste Element – Helium – an, so steht dem zusätzlichen Elektron des Helium-Atoms im Grundzustand nur das gleiche 1s-Orbital zur Verfügung. Im selben Atom können aber nicht zwei Elektronen denselben Energiezustand besitzen. Dieses Problem konnte durch das wichtige Phänomen des Spins gelöst werden.

Elektronenspin

1920 schickten die Physiker Stern und Gerlach einen Strahl von einzelnen Silberatomen durch ein stark inhomogenes Magnetfeld. Sie erwarteten keine besondere Form der Ablenkung, sondern lediglich eine leichte Streuung. Schließlich zeigen viele Elemente keine Aufspaltung (z. B. Zink). Jedoch ließ sich nun beim Silber beobachten, dass auf einem Schirm (siehe folgende Abbildung) zwei verschiedene Flecken entstanden. Auch beim Element Kalium (und anderen) tritt dieses Phänomen auf. Stern und Gerlach hatten damit ein wichtiges Untersuchungsinstrument zum Aufbau der Atome entdeckt. Einzelne Elektronen haben einen Drehimpuls, der entweder nach oben („up“) oder unten („down“) zeigt.

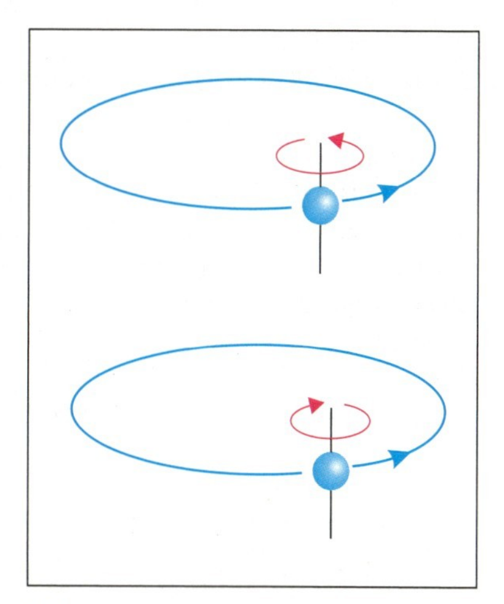

Elektronenspin

Dieser Drehimpuls wird häufig mit einem Pfeil nach oben bzw. einem Pfeil nach unten gekennzeichnet. Der Elektronenspin ist nicht weiter aufteilbar, es existieren also nur diese beiden Spin-Konfigurationen. Eine Kombination gleicher Anzahl von Elektronen mit „up“-Spin und „down“-Spin ergibt nach außen hin keine Aufspaltung im inhomogenen Magnetfeld.

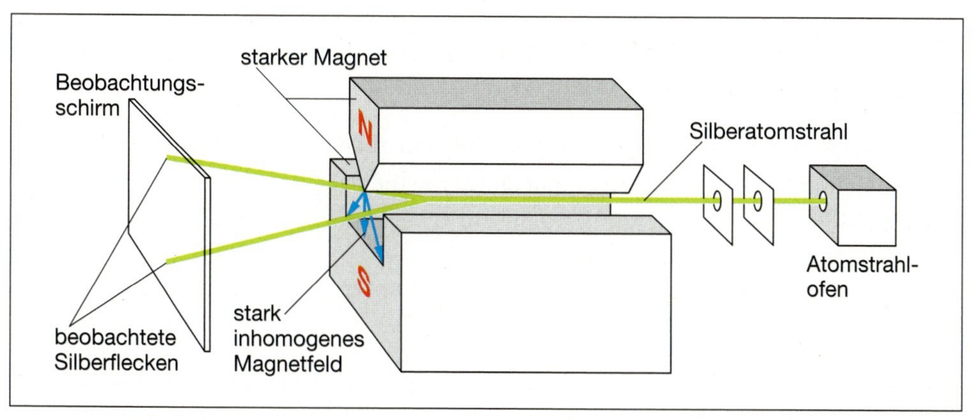

Stern-Gerlach-Versuch

Bringt man nun die beiden Elektronen mit entgegengesetzt ausgerichteten Spins in ein Orbital, dann kompensieren sich diese Spins. Die magnetischen Momente heben sich dann gegenseitig auf. Die Elektronen sind „gepaart“. Besitzen Atome nur solche gepaarten Elektronen, so ist der Gesamtspin der Atome annähernd Null. Die Atome verhalten sich diamagnetisch.

Die Silberatome des Stern-Gerlach-Versuchs (ebenso wie die Kalium-Atome) besitzen jedoch ein ungepaartes Elektron. Ihr Gesamtspin entspricht in etwa dem Spin dieses Elektrons. Die Atome können sich im Magnetfeld ausrichten. In diesem Fall spricht man von Paramagnetismus. Paramagnete richten ihre Spins in einem äußeren Magnetfeld aus und werden deshalb angezogen.

Durch Messung des Para- bzw. Diamagnetismus lässt sich also auf den Feinbau der Atome und ihrer Elektronen zurückschließen.

2.4.6 Orbital-Aufbau-Prinzip

Der weitere Aufbau der Elementatome findet nach Wolfgang Pauli so statt, dass die zur Verfügung stehenden Elektronen zunächst das niedrigst mögliche Energieniveau einnehmen und anschließend jedes Orbital maximal zwei Elektronen mit entgegengesetztem Spin aufnimmt (Pauli-Prinzip).

Schließlich können in den jeweiligen Orbitaltypen maximal

- zwei s-Elektronen (ein s-Orbital),
- sechs p-Elektronen (drei p-Orbitale),
- zehn d-Elektronen (fünf d-Orbitale) und
- vierzehn f-Elektronen (sieben f-Orbitale) Platz finden.

Wolfgang Pauli

Orbitale mit gleicher Energie werden vorerst mit je einem Elektron gleichen Spins besetzt, bevor ein zusätzliches Elektron mit entgegengesetztem Spin aufgenommen werden kann (hundsche Regel).

Zusammengefasst werden die Orbitale nach folgenden Regeln aufgebaut:

- Orbitale werden mit ansteigender Energie der Reihe nach besetzt.
- Orbitale mit gleicher Energie werden schrittweise mit je einem Elektron gleichen Spins besetzt (hundsche Regel).
- Ein Orbital kann maximal zwei Elektronen mit unterschiedlichem Spin aufnehmen (Pauli-Prinzip).

Nun lässt sich für das Heliumatom der dazugehörige Orbitalaufbau folgendermaßen beschreiben:

Im Grundzustand existiert ein kugelschalenförmiges s-Orbital, in dem sich zwei Elektronen mit entgegengesetztem Spin aufhalten. Schreibweise: $1s^2$.

Dabei gibt „1" den Grundzustand („Schale") an, „s" den Orbitaltyp und die hochgestellte „2" die Anzahl der Elektronen im Orbital.

Wie bei den Orbitalen des Wasserstoffs erläutert, werden nun beim weiteren Aufbau aller anderen Elemente schrittweise die Elektronen in die einzelnen Energieniveaus aufgefüllt.

Dazu muss allerdings bekannt sein, wie sich die einzelnen Orbitale in ihrem Energieniveau unterscheiden. Dazu dient ein Energieniveauschema:

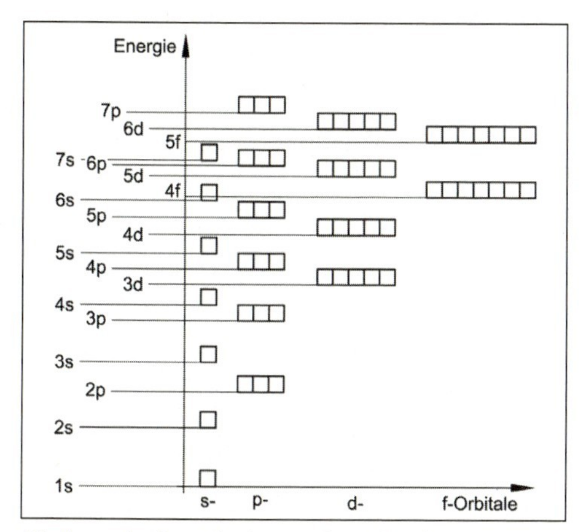

Die Lage der Energieniveaus der Orbitale

	5f		6d		7p		8s
4f		5d		6p		7s	
	4d		5p		6s		
3d		4p		5s			
	3p		4s				
2p		3s					
	2s						
1s							

Schachbrettschema

Steht kein Energieniveau-Schema zur Verfügung, lässt sich auch das sogenannte Schachbrettschema verwenden. Zuerst füllt man die Diagonale der weißen Felder von links unten nach rechts oben mit den steigenden s-Orbitalen 1s, 2s usw., danach die nächste Parallele der weißen Felder mit steigenden p-Orbitalen, also 2p, 3p usw. Ebenso wird mit den d- und f-Orbitalen verfahren. Man beachte, dass nun in den Schrägen von links oben nach rechts unten gleiche Grundzustände (bohrsche Bahnen) stehen (2, 3 usw.) Die Orbitale eines Atoms werden nun von unten nach oben und von links nach rechts aufgefüllt.

Allerdings gibt dieses Schema nicht die Energiedifferenzen der einzelnen Orbitale angemessen wider.

2.4.7 Schematischer Aufbau des PSE in Orbitalschreibweise

Mit diesen Kenntnissen ist es jetzt möglich, das von Meyer und Mendelejew aufgrund empirischer Erfahrungen aufgestellte Periodensystem der Elemente, durch schrittweise Auffüllung von Orbitalen zu erklären.

Beispiele

Bor (Element Nr. 5)

Die 5 Elektronen eines Boratoms verteilen sich wie folgt:

2 Elektronen antiparallel in das 1s-Orbital = $1s^2$

2 Elektronen antiparallel in das 2s-Orbital = $2s^2$

1 Elektron in eines der drei p-Orbitale = $2p^1$

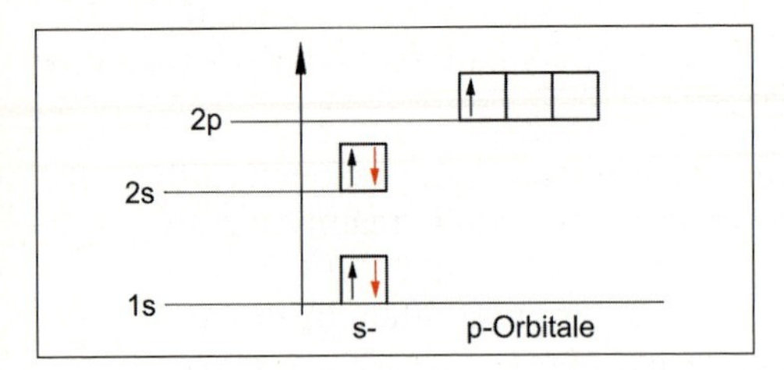

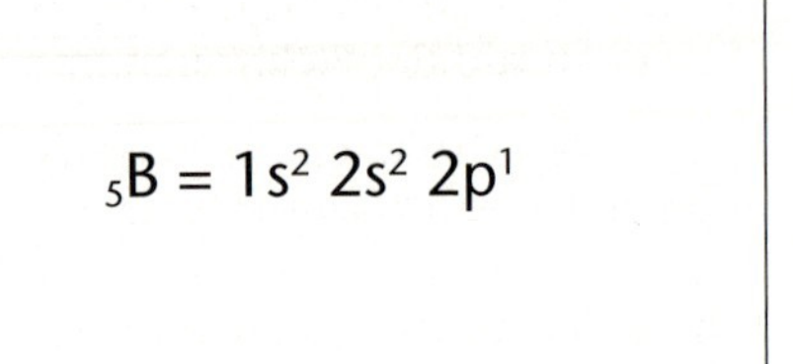

Elektronenkonfiguration von Bor

Neon (Element Nr. 10)

Die 10 Elektronen eines Neonatoms verteilen sich wie folgt:

2 Elektronen antiparallel in das 1s-Orbital = $1s^2$

2 Elektronen antiparallel in das 2s-Orbital = $2s^2$

6 Elektronen gepaart in die drei p-Orbitale = $2p^6$

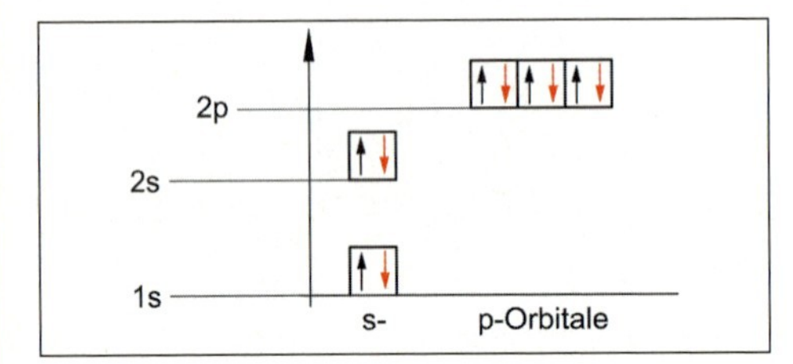

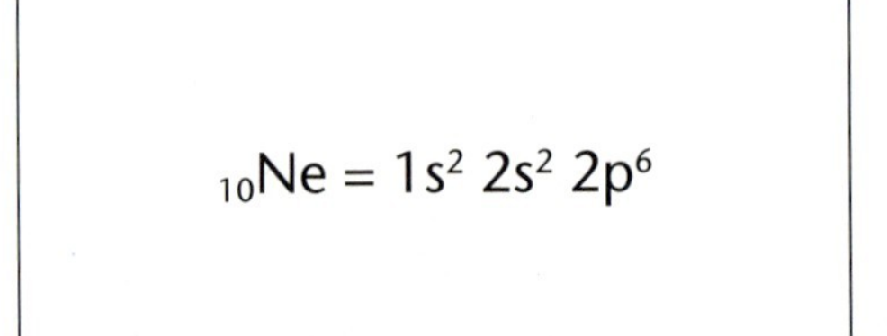

Elektronenkonfiguration von Neon

Zur Vereinfachung der Schreibweise kann man das dem gesuchten Element vorhergehende Edelgas angeben, da sich die Orbitalbelegung bis zu diesem Edelgas nicht mehr ändert.

Beispiel

Aluminium (Element Nr. 13)

Die 13 Elektronen eines Aluminiumatoms verteilen sich wie folgt:

10 Elektronen wie beim Neonatom

2 Elektronen antiparallel in das 3s-Orbital = $3s^2$

1 Elektron in eines der drei p-Orbitale = $3p^1$

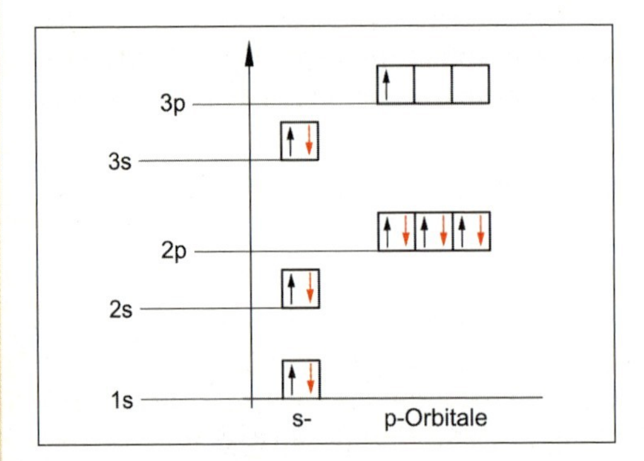

$_{13}Al = 1s^2\ 2s^2\ 2p^6\ 3s^2\ 3p^1$

$_{13}Al = [Ne]\ 3s^2\ 3p^1$

Elektronenkonfiguration von Aluminium

Damit lassen sich nun auch endlich die Übergangsmetalle und sogar die Lanthanoiden und die Actinoiden einordnen.

Bei den Hauptgruppenelementen 1 und 2 werden die s-Orbitale aufgefüllt.
Bei den Hauptgruppenelementen 3 bis 8 werden die p-Orbitale aufgefüllt.
Bei den Übergangsmetallen werden die d-Orbitale aufgefüllt.
Bei den Lanthanoiden und Actinoiden werden die f-Orbitale aufgefüllt.

Beispiel für ein Übergangsmetall

Silber $_{47}Ag$: $_{47}Ag$ = [$_{36}Ar$] *(mit vollständigen 3p-Orbitalen)* $4s^2$ $3d^9$

Von den 5 d-Orbitalen sind 4 antiparallel besetzt, während das letzte d-Orbital nur ein einzelnes Elektron aufweist. Dieses Elektron ist verantwortlich für den Paramagnetismus des Silbers (siehe Stern-Gerlach-Versuch).

Beispiel für ein Lanthanoid

Cer $_{58}Ce$: $_{58}Ce$ = [$_{54}Xe$] $6s^2$ $4f^2$

(Die ersten beiden der sieben f-Orbitale sind jeweils einfach mit einem Elektron besetzt.)

Aufgaben

18. *Notieren Sie die Ordnungszahl und die Nummer des jeweils letzten p-Orbitals für die jeweiligen Edelgase Ne, Ar, Kr, Xe und Rn. Beginnen Sie also mit $_{10}Ne$ (2p).*
19. *Benutzen Sie für die nachfolgend gesuchten Elektronenkonfigurationen die Edelgaskonfiguration aus Aufgabe 18. Notieren Sie die Elektronenkonfiguration für*
    a. *Chlor $_{17}Cl$,*
    b. *Iridium $_{77}Ir$,*
    c. *Uran $_{92}U$.*

2.4.8 Hybridorbitale

Vergleicht man das kimballsche Kugelwolkenmodell mit dem Orbitalmodell, so stößt man bei einigen Stoffen auf widersprüchliche Molekülstrukturen. Am auffälligsten sind diese unterschiedlichen Aussagen beim Kohlenstoffatom, aber auch bei anderen Atomen der zweiten Periode:

Nach dem Kugelwolkenmodell besitzt das Kohlenstoffatom vier einfach besetzte Kugelwolken, die sich maximal voneinander abstoßen und so den Tetraederwinkel von 109,5° bilden.

Das Orbitalmodell des Kohlenstoffatoms zeigt dagegen im Termschema ein gefülltes $2s^2$-Orbital und je ein einfach besetztes $2p_x^1$- und $2p_y^1$-Orbital, während das $2p_z$-Orbital leer bleibt. Demnach müsste das Kohlenstoffatom zweiwertig sein und entstehende Bindungen im rechten Winkel zueinander stehen, da die p-Orbitale jeweils in einem Winkel von 90° angeordnet sind.

sp^3-Hybridorbitale

Kohlenstoff kann aber vierwertig sein. In allen Fällen, bei denen ein Kohlenstoffatom mit vier untereinander gleichen einwertigen Atomen verbunden ist, wurde ein Bindungswinkel von 109,5° bestimmt. Als Beispiele seien hier CH_4, CF_4 oder auch CCl_4 genannt!

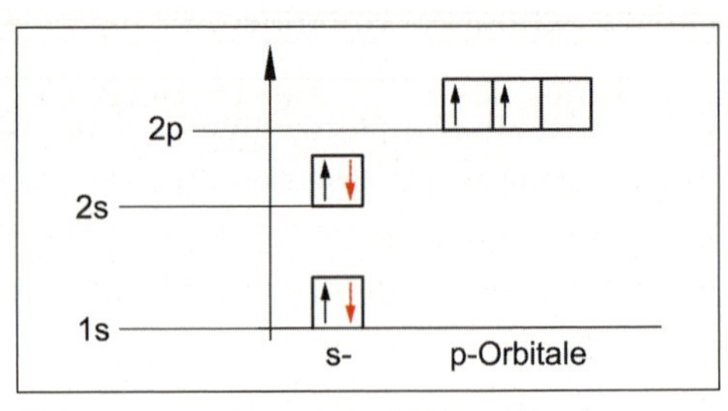

Elektronenanordnung beim Kohlenstoff

Als Konsequenz hieraus muss das Orbitalmodell abgewandelt werden:

Im ersten Schritt wird ein Elektron aus dem 2s-Orbital in das leere 2p-Orbital überführt. Dazu muss Energie zugeführt werden.

Im zweiten Schritt werden nun die insgesamt vier einfach besetzten Orbitale mathematisch so angeglichen, dass diese alle das gleiche Energieniveau besitzen. Diese mathematische Angleichung ist auch als Überlappung des kugelförmigen 2s-Orbitals mit den hantelförmigen p-Orbitalen darstellbar.

Für das bessere Verständnis wird in der Abbildung zur sp-Hybridentstehung nur eine Überlappung eingezeichnet.

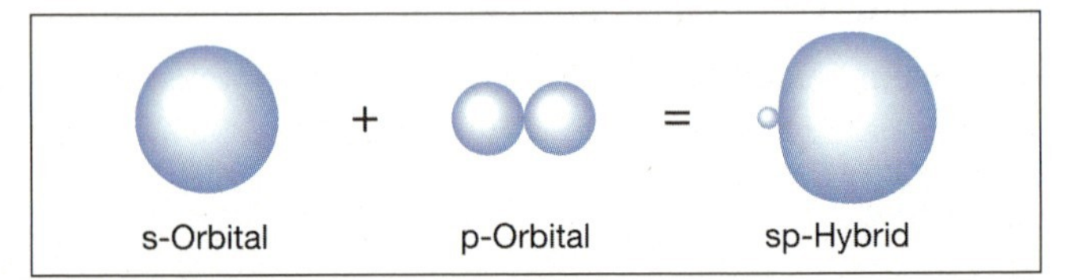

sp-Hybridorbital

Für alle vier entstandenen Hybrid-Orbitale ergibt sich nun folgendes Bild:

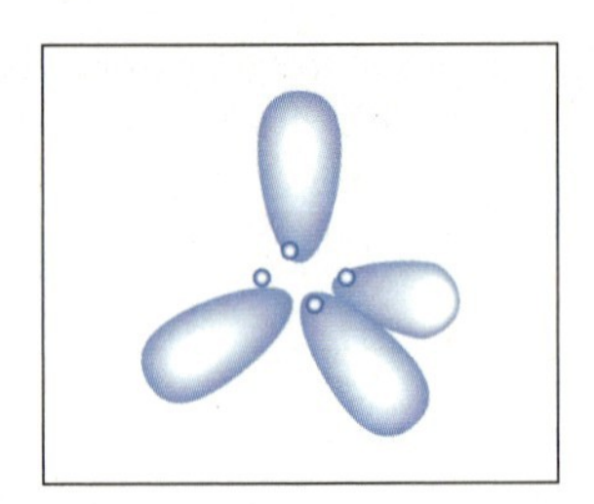
sp^3-Hybridorbitale

In der Termschreibweise sieht das folgendermaßen aus:

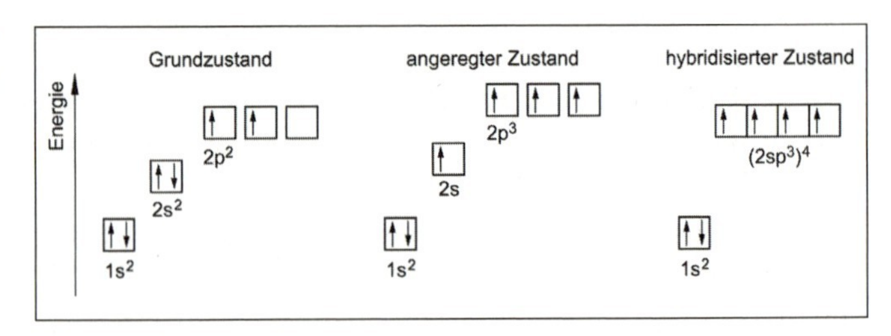

sp^3-Hybridisierung

Die neu entstandenen Hybridorbitale erhalten auch in ihrer Schreibweise eine sichtbare Kennzeichnung: sp^3 bedeutet nun, dass sich ein s-Orbital und drei p-Orbitale „vermischt" haben. Diese vier Hybridorbitale sind nun energetisch untereinander gleichwertig, sind beim Kohlenstoffatom je einfach mit einem Elektron besetzt und bilden zusammen einen gleichseitigen Tetraeder mit einem Winkel von je 109,5°.

Eine Kombination verschiedener Orbitale zu einem Hybridorbital ist aber nur möglich, wenn die Energieunterschiede zwischen den Orbitalen nicht zu groß sind. Man kann nun die Bindungswinkel bei Molekülen bestimmen und anschließend überprüfen, ob die Orbitale im Grundzustand oder hybridisiert vorliegen. Im Fall des vierwertigen Kohlenstoffatoms liegt immer eine Hybridisierung vor.

Eine erfolgreiche Bestätigung für das Vorhandensein von Hybridorbitalen findet man auch bei der Anordnung von Kohlenstoffatomen untereinander. Wenn sich jedes sp^3-hybridisierte Kohlenstoffatom mit anderen Kohlenstoffatomen verbindet, entsteht ein räumlich vernetztes Atomgitter mit großer Härte: ein Diamant (siehe Kapitel 3.1.4).

sp^2-Hybridorbitale

Allerdings kann das Kohlenstoffatom auch andere Formen der Hybridisierung eingehen. Um die Eigenschaften von Grafit (siehe Kapitel 3.1.4) zu erklären, ist das Kugelwolkenmodell nicht mehr anwendbar. Im Grafit haben die Kohlenstoffatome einen Bindungswinkel von 120° und Grafit leitet den elektrischen Strom. Beide Phänomene lassen sich durch die Hybridisierung erklären:

Bei der sp^2-Hybridisierung „vermischt" sich das s-Orbital nur mit zwei p-Orbitalen. Ein p-Orbital bleibt also übrig.

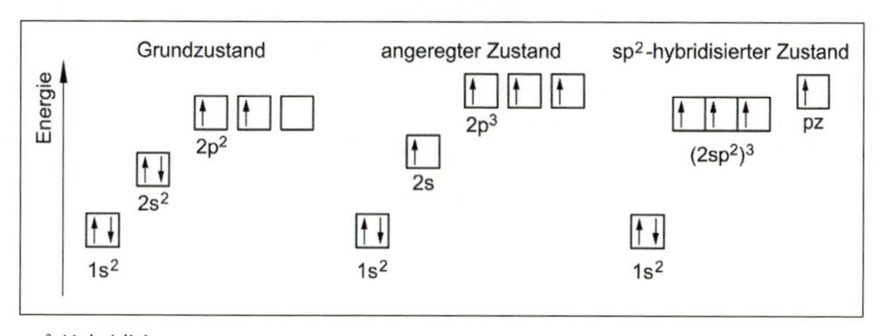

sp^2-Hybridisierung

Die drei sp^2-Hybridorbitale nehmen nun wieder den maximalen Abstand zueinander ein, sie liegen in einer Ebene und bilden einen Winkel von je 120°. Das erklärt den Bindungswinkel beim Grafit. Die nicht hybridisierten p-Orbitale stehen in einem Winkel von 90° senkrecht zur Ebene der hybridisierten Orbitale.

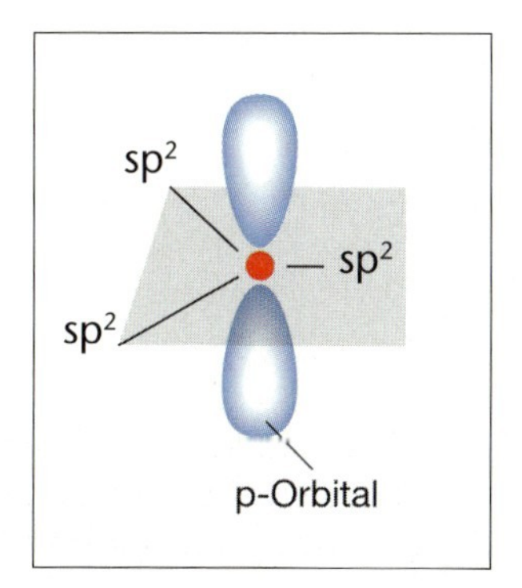

Die Überlappungsmöglichkeit der nicht hybridisierten p-Orbitale beim Kohlenstoffatom führt zu der Eigenschaft des schichtartigen Aufbaus beim Grafit und zu seiner elektrischen Leitfähigkeit.

sp-Hybridorbital

Als letzte Möglichkeit der Hybridisierung bleibt beim Kohlenstoffatom die „Vermischung" von einem s- und einem p-Orbital zu einem sp-Hybridorbital.

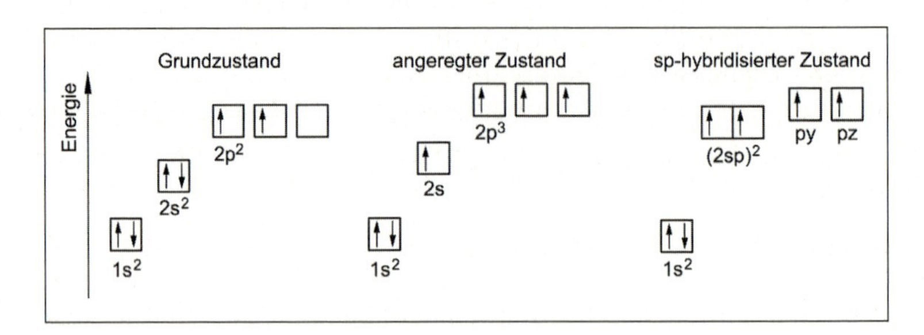

Das sp-Hybridorbital kann benutzt werden, um die Dreifachbindung zwischen zwei Kohlenstoffatomen zu erklären. Die sp-Hybridisierung führt zu einer linearen Anordnung.

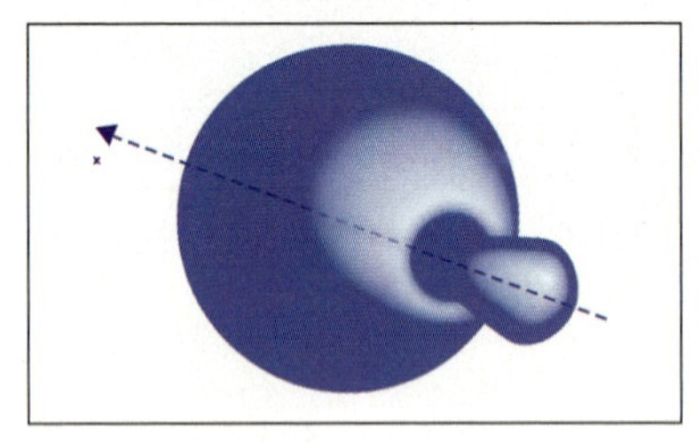

sp-Hybridisierung

3 Bindungen

Die im Kapitel 2 vorgestellten Modelle zum Atombau versuchten einerseits das Prinzip nachzuvollziehen, nach dem das PSE aufgebaut ist, andererseits natürlich auch die vielfältigen Reaktionen in der Chemie zu erklären. Gute Modelle sollten in der Lage sein, auch Reaktionen vorherzusagen, die man praktisch noch nicht durchgeführt hat, bzw. noch nicht durchführen konnte.

Auf der Grundlage der jeweiligen Atommodelle muss nun die Möglichkeit geschaffen werden, Atome miteinander zu kombinieren und die Eigenschaften und Zusammensetzung der entstehenden Verbindungen zu erklären. Da an allen chemischen Reaktionen die Elektronenhülle der Atome beteiligt ist, versuchte man nun, bestimmte Prinzipien zu erkennen, die hinter den chemischen Reaktionen vermutet wurden.

Die im Kapitel 2.2.3 besprochene Ionisierungsenergie ist dabei eine wichtige Größe für die Art der chemischen Bindung. Um Elektronen von einem Atom zu entfernen, wird immer Energie benötigt. Diese unterschiedlichen Energien hatten ja dazu geführt, dass Bohr die einzelnen Elektronenschalen beschreiben konnte und später die Orbitaltheorie mithilfe der Schrödinger-Gleichung auf die räumliche Aufenthaltswahrscheinlichkeit der verschiedenen Elektronen zurückschließen konnte.

Für den Ablauf einer chemischen Reaktion ist es sinnvoll, sich zu fragen,

- wie viel Energie für das Entfernen von Elektronen aufgewendet werden muss (Ionisierungsenergie) und
- wie viel Energie beim Aufnehmen von Elektronen frei wird (Elektronenaffinität)

Elektronenaffinität

Die Elektronenaffinität ist die Energie, die freigesetzt wird, wenn sich ein Elektron an ein gasförmiges neutrales Atom anlagert, bzw. die benötigt wird, um ein Elektron einem neutralen Atom aufzuzwingen. Die Schwierigkeit besteht allerdings darin, dass die Elektronenaffinitäten nicht so leicht gemessen werden können, wie die Ionisierungsenergie.

Reaktion	Elektronenaffinität
$H + e^- \rightarrow H^-$	–73 kJ/mol
$F + e^- \rightarrow F^-$	–330 kJ/mol
$Cl + e^- \rightarrow Cl^-$	–350 kJ/mol
$O + e^- \rightarrow O^-$	–140 kJ/mol
$N + e^- \rightarrow N^-$	–7 kJ/mol
$Be + e^- \rightarrow Be^-$	0 kJ/mol
$Li + e^- \rightarrow Li^-$	–60 kJ/mol

Halogene besitzen sehr hohe Elektronenaffinitäten. Chlor ist dasjenige Element, das die höchste Elektronenaffinität aufweist, es hat ein starkes Bestreben, das achte und letzte Elektron der 3s- und 3p-Orbitale aufzunehmen. Für alle anderen Elemente gelten niedrigere Elektronenaffinitäten.

(Literaturwerte unterscheiden sich zum Teil sehr stark)

Die Elektronenaffinität kann auch für die Aufnahme mehrerer Elektronen angegeben werden, dann muss allerdings jedes zusätzliche Elektron gegen die bereits bestehende negative Ladung des Atoms eingebracht werden, das heißt, es muss dann Energie aufgewendet werden und das Vorzeichen wird positiv.

Die Elektronenaffinität von doppelt negativ geladenem Sauerstoff beträgt beispielsweise +700 kJ/mol, es müssen also 700 kJ je mol Sauerstoff aufgebracht werden, um jeweils zwei Elektronen einem Sauerstoffatom „aufzuzwingen“.

Die Elektronegativität

Der Chemiker Linus Pauling (1901–1994) definierte um 1930 eine neue Größe, die sich als mathematische Operation von Ionisierungsenergie und Elektronenaffinität ergab und nannte diese Größe Elektronegativität.

Die Elektronegativität ist ein Maß für das Bestreben eines Elements, Elektronen festzuhalten, wenn es eine Bindung eingeht.

Allerdings ist der genaue Wert der Elektronegativität in gewissen Maßen davon abhängig, welcher Reaktionspartner zur Verfügung steht. Die von Linus Pauling „erfundene“ Größe der Elektronegativität hat sich jedoch im praktischen Umgang in der Chemie durchaus bewährt, sie muss aber auch wegen ihres qualitativen Charakters als Schätzgröße betrachtet werden und darf nicht als exakte Größe für alle möglichen Reaktionen missverstanden werden. Deshalb existieren auch verschiedene Elektronegativitätstabellen mit unterschiedlichen Werten.

Als Maß hat Linus Pauling eine Skala gewählt, in der dem Fluor ein Wert von 4,0 und dem Cäsium ein Wert von 0,8 zugeordnet wird. Diese beiden Elemente bilden demnach das Maximum bzw. Minimum der Skala.

1	2	3	4	5	6	7	8
H 2,2							He –
Li 1,0	Be 1,5	B 2,0	C 2,5	N 3,0	O 3,5	F 4,0	Ne –
Na 0,9	Mg 1,2	Al 1,5	Si 1,8	P 2,1	S 2,5	Cl 3,0	Ar –
K 0,8	Ca 1,0	Ga 1,6	Ge 1,8	As 2,0	Se 2,4	Br 2,8	Kr –
Rb 0,8	Sr 1,0	In 1,7	Sn 1,8	Sb 1,9	Te 2,1	I 2,5	Xe –
Cs 0,8	Ba 0,9	Tl 1,8	Pb 1,8	Bi 1,9	Po 2,0	At 2,2	Rn –

Elektronegativitätswerte

Die Elektronegativität ist bei den Alkalimetallen sehr niedrig:

- Die Ionisierungsenergie ist für das einzelne Elektron im s-Orbital niedrig.
- Die Elektronenaffinität ist vergleichsweise niedrig.

Die Elektronegativität ist bei den Halogenen sehr hoch, insbesondere beim Fluor und Chlor:

- Die Ionisierungsenergie ist sehr hoch.
- Die Elektronenaffinität ist sehr hoch.

Die Bedeutung der Elektronegativität besteht u. a. darin, dass sie ein gutes Mittel ist, um zwischen verschiedenen Typen der chemischen Bindung zu unterscheiden.

Beträgt die Elektronegativitätsdifferenz zwischen zwei Elementen weniger als 1,7 und liegt der absolute Wert der Elektronegativität eines Elements oberhalb von 2,0, so liegt eine Atombindung vor.

Beträgt die Elektronegativitätsdifferenz zwischen zwei Elementen mehr als 1,7, so liegt eine Ionenbindung vor.

Beträgt die Elektronegativitätsdifferenz zwischen zwei Elementen weniger als 1,7 und liegt der absolute Wert der Elektronegativität unterhalb von 2,0, so liegt eine Metallbindung vor.

3.1 Atombindung

Das einfachste Molekül ist aus dem einfachstem Atom, dem Wasserstoffatom, aufgebaut.

Deshalb war das Wasserstoffmolekül H_2 auch eines der ersten Untersuchungsobjekte, um das Wesen der chemischen Bindung näher zu verstehen.

In der Lewis-Schreibweise kann man folgende einfache Symbolik benutzen:

$$H\bullet + \bullet H \rightarrow H-H$$

Weshalb binden sich aber überhaupt zwei Wasserstoffatome miteinander?

Zwei Wasserstoffatome, die sich in einem sehr großen Abstand befinden, üben keine Kraft aufeinander aus. Nähern sie sich jedoch, so treten anziehende und abstoßende Wechselwirkungen auf. Zu Beginn der Annäherung wird die Elektronenwolke des einen Wasserstoffatoms von dem positiven Kern des anderen Wasserstoffatoms angezogen. Das findet so lange statt, bis sich die beiden Elektronenwolken überlappen, mit der Folge, dass die Kombination von zwei Atomkernen und insgesamt zwei Elektronen stabiler ist als zwei einzelne isolierte Wasserstoffatome. Um die beiden nun miteinander

Lichtbogenschweißen

verbundenen Wasserstoffatome zu trennen, muss wieder Energie aufgebracht werden. Die Energie, die bei der Kombination von Wasserstoff**atomen** zu Wasserstoff**molekülen** frei wird, ist sogar so groß, dass sie beim Lichtbogenschweißen mit Wasserstoff (Langmuir-Fackel) benutzt wird, um höchstschmelzende Metalle bei fast 4000 °C zu verbinden bzw. zu trennen.

Eine weitere Annäherung der beiden Wasserstoffatome im Wasserstoffmolekül scheitert aber daran, dass sich nun die positiv geladenen Kerne sehr stark voneinander abstoßen. Die beiden Atome verhalten sich so, als ob sie mit einer Feder verbunden wären, bei der jeweils zum Dehnen und zum Stauchen Energie aufgewendet werden muss.

3.1.1 MO-Theorie

Im Kapitel 2.4 wurde bereits darauf hingewiesen, dass die Elektronen nicht als punktförmige Teilchen zu betrachten sind, sondern durch die Schrödinger-Gleichung als Wellenfunktion dargestellt werden können.

Wasserstoff

Für das Wasserstoffatom konnte so im Grundzustand das 1s-Orbital formuliert werden: eine Aufenthaltswahrscheinlichkeit des Elektrons in einem Raum, der einer Kugelschale ähnelt.

Eine Darstellung der Annäherung der beiden Atomorbitale zeigt folgendes Bild:

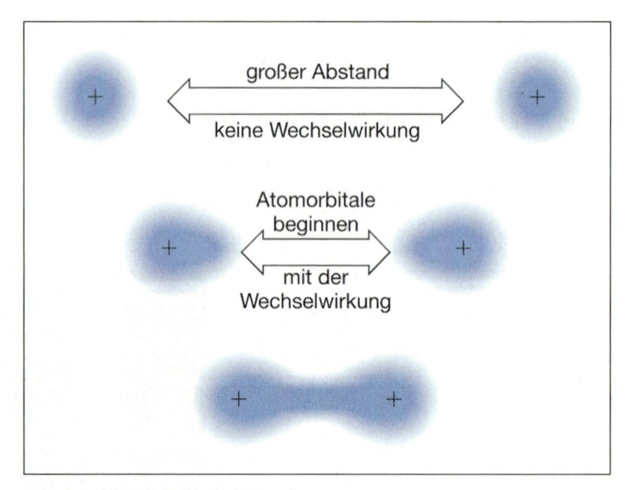

Atombindung im H_2-Molekül

Das 1s-Atomorbital („AO") des einen Wasserstoffatoms überlappt sich mit dem 1s-Atomorbital des anderen Wasserstoffatoms. Die entstehende Bindung wird als Sigma-Bindung (σ) bezeichnet. Diese Sigma-Bindung wird also hervorgerufen durch die Überlappung von zwei s-Orbitalen.

Mathematisch kann gezeigt werden, dass sich diese Sigma-Bindung aus der **Addition** der beiden Wellenfunktionen ergibt. Beim Wasserstoffmolekül wird dieses erhaltene Molekülorbital („MO") von zwei Elektronen mit entgegengesetztem Spin besetzt. Diesen Typ der Bindung nennt man nun eine einfach kovalente Bindung. Das erhaltene

Sigma-Molekül-Orbital hat eine niedrigere Energie als die beiden einfachen Atomorbitale des Wasserstoffs.

Zur Vereinfachung der Darstellung wird häufig das Termschema benutzt:

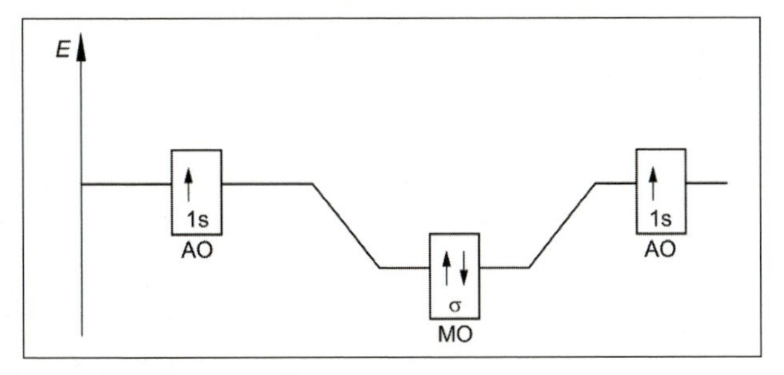

Termschema Wasserstoff

Es gibt allerdings auch die Möglichkeit, die Wellenfunktionen nicht zu addieren, sondern zu **subtrahieren**. Bei den Atomorbitalen waren ja die entsprechenden Vorzeichen (+ bzw. –) schon den einzelnen Teilorbitalen zugeordnet worden (vgl. die p-Orbitale aus Kapitel 2.4). Das hat zur Folge, dass die Wahrscheinlichkeit, die Elektronen zwischen den beiden Kernen zu finden, sinkt und genau in der Mitte zwischen den beiden Atomen Null beträgt.

Diese Kombination trägt also nicht mehr zur Bindung bei, die Kerne stoßen sich gegenseitig ab. Deshalb wird dieser Typ von Molekülorbital als **antibindend** bezeichnet und das entsprechende MO-Symbol mit einem Sternchen versehen: σ*. Es besitzt demzufolge auch eine höhere Energie als die beiden Atomorbitale. Im Termschema wird es folgendermaßen dargestellt.

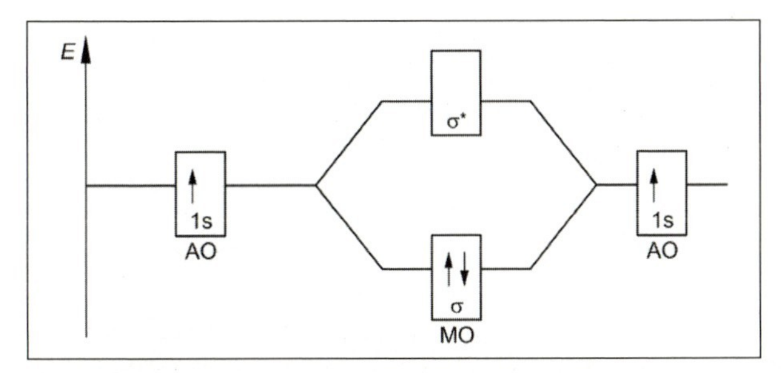

Termschema Wasserstoff mit antibindendem MO

Bindendes und antibindendes MO in einer räumlichen Darstellung:

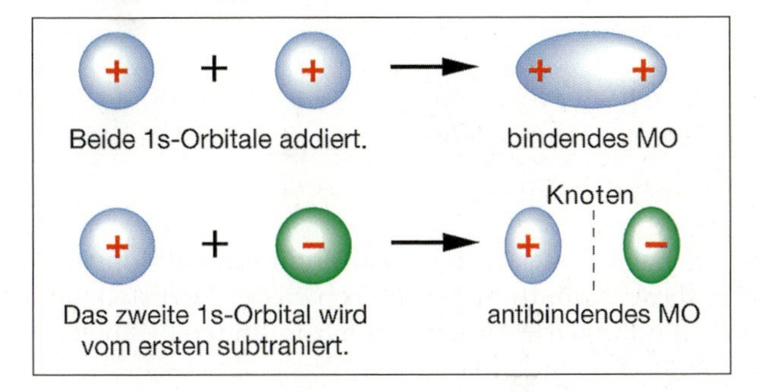

Helium

Die Existenz eines hypothetischen He_2-Moleküls kann mit der MO-Theorie ebenfalls widerlegt werden. Der Termschemaaufbau sähe damit folgendermaßen aus:

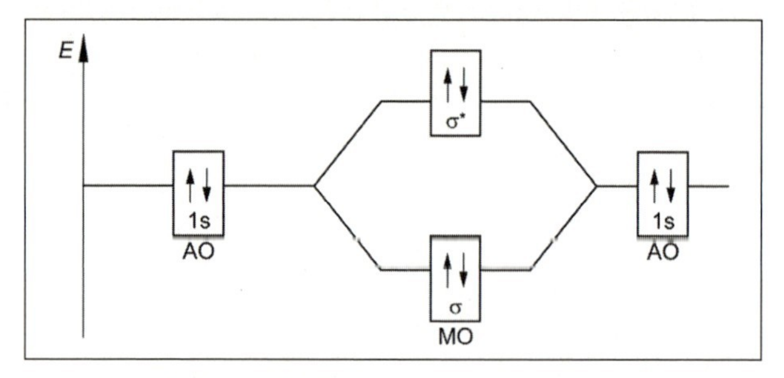

Termschema Heliummolekül

Man erkennt die Existenz eines bindenden Sigma-MOs und eines antibindenden Sigma-MOs. Beide Bindungen heben sich gegenseitig auf und es ist nicht überraschend, dass kein Heliummolekül existiert. Auch nach der Lewis-Schreibweise wäre für eine Bindung zwischen zwei Heliumatomen kein Platz mehr. Die Leistungsfähigkeit der MO-Theorie zeigt sich aber bereits bei der Existenz eines He_2^+-Ions, also einem Heliummolekül, dem ein Elektron fehlt.

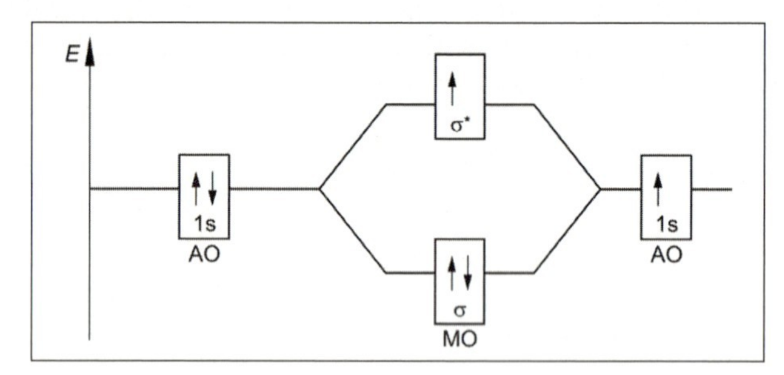

Termschema Heliumion

Zwar schwächt das eine Elektron im antibindenden Sigma-MO das bindende Sigma-MO, aber rein formal bleibt eine Bindungsfähigkeit übrig. Tatsächlich konnte die Existenz von He_2^+ nachgewiesen werden.

Welche Art von Bindung würde nun hier vorliegen? Der Bindungsgrad kann berechnet werden nach folgender Formel:

$$\text{Bindungsgrad} = \frac{\text{Anzahl der Elektronen in bindenden MOs} - \text{Anzahl der Elektronen in antibindenden MOs}}{2}$$

Für He_2^+ ergibt sich nach dieser Formel ein Bindungsgrad von 0,5. Nach der Lewis-Schreibweise wäre diese Bindung natürlich schwierig darzustellen, aber die Tatsache nicht ganzzahliger Bindungen kann auch noch in anderen Molekülen nachgewiesen werden.

Pi-Molekül-Orbitale

Verlässt man nun die erste Periode (mit den Elementen Wasserstoff und Helium), so muss in die Überlegungen für die MO-Theorie nicht nur das kugelschalenförmige s-Orbital, sondern es müssen auch die hantelförmigen p-Orbitale mit einbezogen werden.

Bei dieser Betrachtung spielt nun die räumliche Ausrichtung der jeweiligen p-Orbitale eine wichtige Rolle.

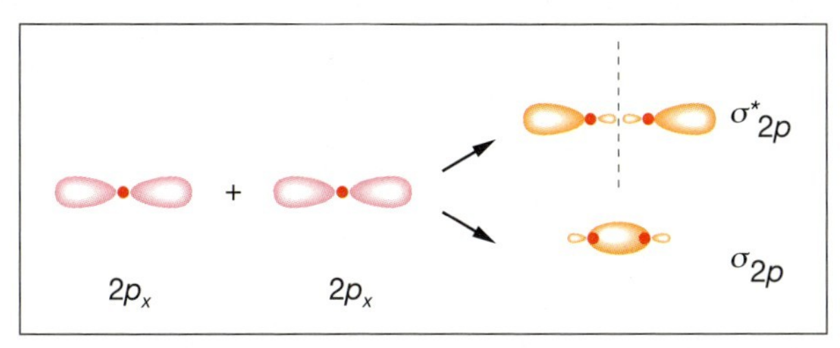

Zwei p_x-AO *bilden ein* σ-*MO*

Das entstehende Sigma-Molekülorbital ist rotationssymmetrisch zur x-Achse und ähnelt der Form eines Sigma-Molekülorbitals, das aus zwei s-Orbitalen entstanden ist. Kombiniert man nun zwei p_y-Orbitale, so erhält man **kein** zur Rotationsachse symmetrisches Orbital.

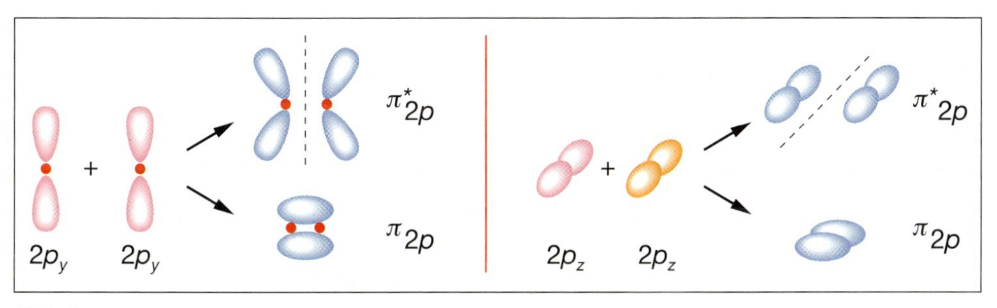

Pi-Bindungen

Ebenso kann mit den beiden p_z-Orbitalen verfahren werden.

Zusammenfassung:

$p_x + p_x = \sigma_x$ $p_y + p_y = \pi_y$ $p_z + p_z = \pi_z$ (bei Kombination gleicher Vorzeichen)

$p_x + p_x = \sigma_x^*$ $p_y + p_y = \pi_y^*$ $p_z + p_z = \pi_z^*$ (bei Kombination ungleicher Vorzeichen)

Der Energieunterschied zwischen der Sigma-Bindung und der Pi-Bindung bestimmt nun das Termschema für die Auffüllung der Molekülorbitale. Für die Elemente der zweiten Periode gelten zwei verschiedene Termschemata und es muss beachtet werden, um welches Element es sich handelt.

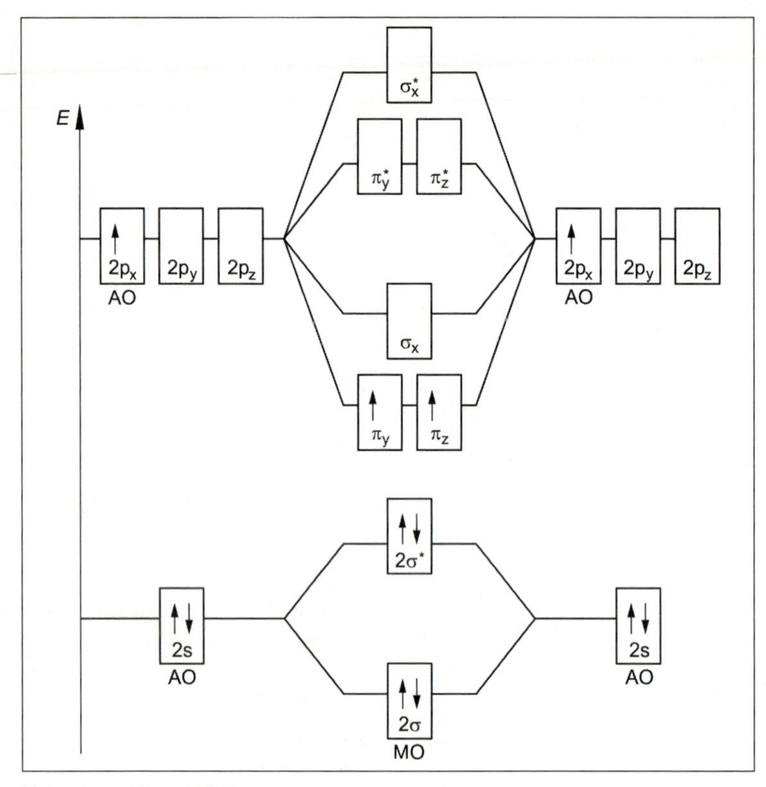

Termschema Bormolekül

Im MO-Schema des B_2-Moleküls sind 2 x 3 Valenzelektronen unterzubringen. Das führt bei Beachtung der hundschen Regel zur Einfachbesetzung der beiden Pi-Orbitale.

Bor ist zwar unter normalen Bedingungen ein Feststoff, man hat aber bei hohen Temperaturen tatsächlich B_2-Moleküle nachweisen können. Der Bindungsgrad ist 1. Außerdem verhält sich das Molekül paramagnetisch, da es zwei ungepaarte Elektronen besitzt.

Flüssiger Sauerstoff

Das Sauerstoffmolekül

Interessant sind die Verhältnisse beim O_2-Molekül. Aus der Elektronenkonfiguration $2s^2 2p^4$ sollte man nach der Lewis-Schreibweise eigentlich eine einfache Doppelbindung erwarten.

O=O

Man weiß dagegen seit Langem, dass molekularer Sauerstoff paramagnetisch ist. Die blaue Farbe von flüssigem Sauerstoff ist ebenfalls auf ungepaarte Elektronen zurückzuführen.

Das Termschema für den Sauerstoff (2 mal 6 Valenzelektronen) erklärt diese Eigenschaften wie folgt:

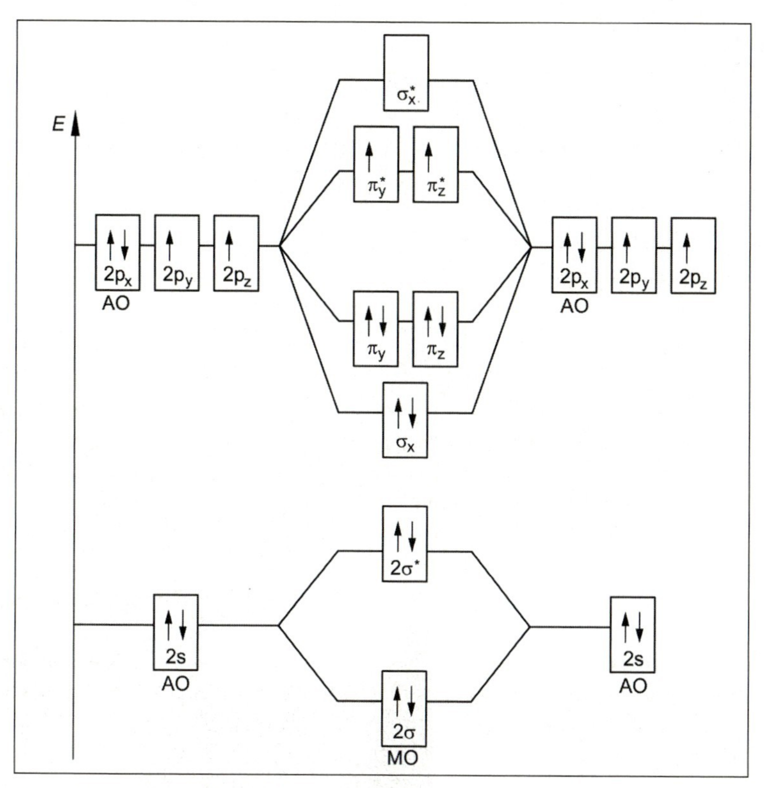

Termschema Sauerstoffmolekül

Die beiden ungepaarten antibindenden Pi-Elektronen sind nach diesem Schema verantwortlich für den starken Paramagnetismus von Sauerstoff und die Reaktionsfähigkeit von Sauerstoff. Man bezeichnet deshalb das Sauerstoffmolekül auch als Diradikal. Der Bindungsgrad beträgt zwei.

Aufgabe

1. *Ermitteln Sie das Termschema für gasförmigen Stickstoff N_2 und vergleichen Sie die Eigenschaften von Stickstoff mit denen des Sauerstoffs. Als Vorlage ist das Grundtermschema des Bors zu verwenden, dessen bindende $\pi_{y,z}$-Orbitale eine niedrigere Energie besitzen als das bindende σ_x-Orbital.*

   Welchen Bindungsgrad hat das N_2-Molekül?

3.1.2 Wasserstoffverbindungen der Nichtmetalle der 2. Periode

Diese Wasserstoffverbindungen, also CH_4, NH_3, H_2O und HF, sind von großer Bedeutung.

Die Struktur dieser Verbindungen lässt sich nun mithilfe des bereits besprochenen Kugelwolkenmodells und dem Begriff der Elektronegativität genauer klären.

Methan CH_4

Wie bereits gezeigt, reagieren die vier einfach besetzten Kugelwolken des Kohlenstoffs mit den vier Wasserstoffatomen zum tetraedrisch gestalteten Methanmolekül. Die Elektronegativität (EN) von Wasserstoff beträgt 2,2, die von Kohlenstoff 2,5. Bei EN-Differenzen, die kleiner als 0,4 sind (hier z. B. 0,3) wird von einer gleichmäßigen Elektronenverteilung zwischen den beiden Atomen ausgegangen. Innerhalb des gesamten Methanmoleküls gibt es also keine Ladungsunterschiede, das Molekül ist **unpolar**.

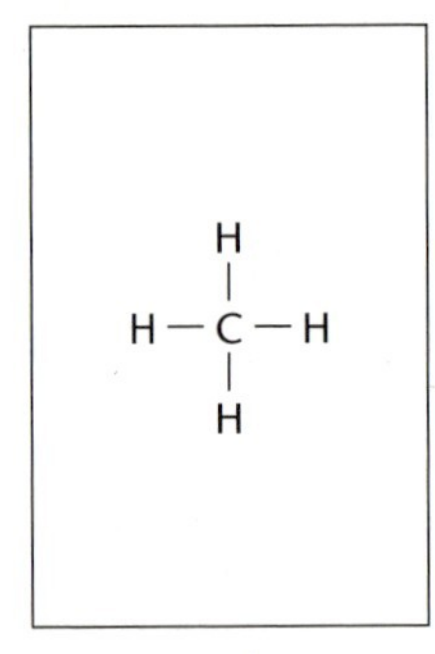

Lewis-Formel

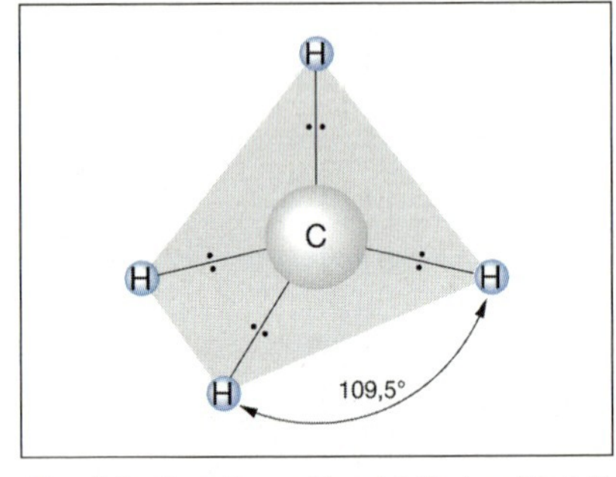

Räumliche Anordnung (Kugel-Stäbchen-Modell)

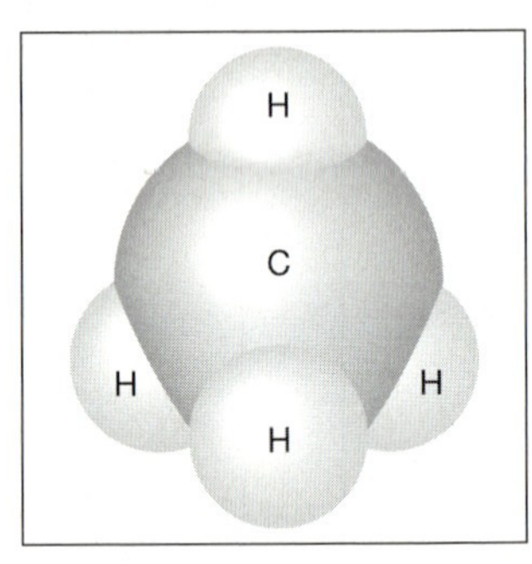

Darstellung als Kalottenmodell

Zwischen zwei Methanmolekülen sollte deshalb keine Wechselwirkung stattfinden und danach könnte man Methan durch Abkühlen nicht verflüssigen. Methan wird jedoch bei –164 °C flüssig. Ebenso lassen sich unpolare Gase wie Sauerstoff oder Stickstoff bei ähnlich niedrigen Temperaturen verflüssigen.

Die Wechselwirkung zwischen einzelnen unpolaren Molekülen kommen durch die sogenannten Van-der-Waals-Kräfte zustande: Da die Elektronen im Molekül nicht starr an einem Punkt „befestigt" sind, sondern sich nach der Wahrscheinlichkeitsfunktion zufällig an verschiedenen Orten befinden, schwankt auch die Ladungsverteilung innerhalb eines solchen Moleküls in Abhängigkeit von der Zeit. Dabei gilt, dass die Schwankungen der Ladungsverteilung bei größeren Molekülen ebenfalls größer ausfallen, was zur Folge hat, dass Moleküle mit größerem Volumen bzw. größerer molarer Masse auch höhere Siedetemperaturen haben.

Dies nutzt man z. B. aus, um flüssige Luft durch Destillation in ihre Hauptbestandteile Stickstoff und Sauerstoff zu zerlegen, denn Stickstoff hat einen Siedepunkt von –196 °C, während Sauerstoff einen etwas höheren Siedepunkt von –183 °C besitzt.

Aufgabe

2. a. Notieren Sie die Lewis-Formeln der zweiatomigen Halogenmoleküle.

b. Bestimmen Sie die Reihenfolge der Siedetemperaturen.

Ammoniak NH_3

Das Ammoniakmolekül besteht aus drei einfachen Bindungen zwischen dem Stickstoffatom zum jeweiligen Wasserstoffatom und einem freien Elektronenpaar am Stickstoff. Allerdings sind jetzt im Gegensatz zum Methan die einzelnen Bindungen nicht mehr unpolar. Die EN-Differenz zwischen Stickstoff und Wasserstoff beträgt 0,8. Das bedeutet, dass die Bindungselektronen, die sich zwischen dem Stickstoffatom und den Wasserstoffatomen aufhalten, etwas mehr zum Stickstoff hin verschoben sind. Diese Ladungsverschiebung kann man auch als Partialladung betrachten. Sie wird gekennzeichnet durch die Zeichen δ^+ und δ^- neben den jeweiligen Elementsymbolen.

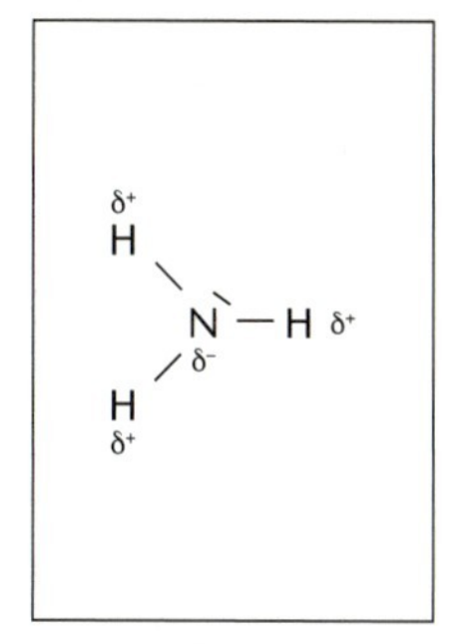

Lewis-Formel

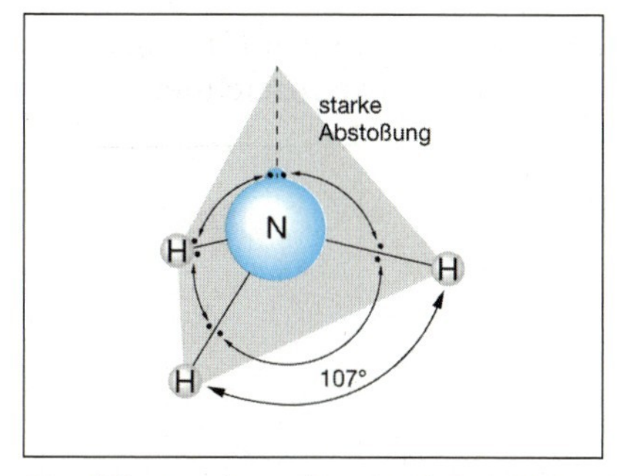

Räumliche Anordnung (Kugel-Stäbchen-Modell)

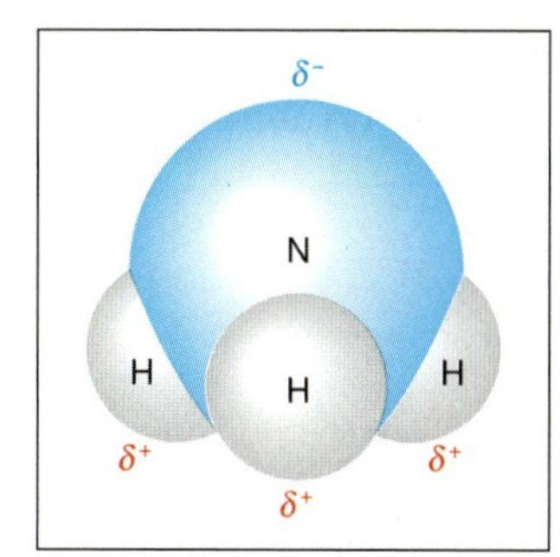

Darstellung als Kalottenmodell

Für die genauere Untersuchung der Eigenschaften des Ammoniaks können verschiedene Darstellungsarten des Molekülaufbaus genutzt werden:

In der ersten Abbildung wurde die Lewis-Formel verwendet, um die Teilladungen zu kennzeichnen. Die räumlichen Darstellungen in den beiden anderen Abbildungen lassen besser erkennen, dass die Teilladungen ungleichmäßig verteilt sind. Eine gedachte Spiegelebene trennt das ganze Molekül in die Hälfte mit den Wasserstoffatomen (δ^+) und die Hälfte mit einem freien Elektronenpaar (δ^-).

Die elektrischen Ladungen sind also innerhalb des Moleküls nicht gleichmäßig verteilt. Es besitzt zwei elektrische Pole. Man bezeichnet solche Moleküle als Dipole.

Solche Dipole sind aber der Messung zugänglich. Bringt man in einen elektrischen Wechselstromkreis zwei leitende metallische Platten, so findet auch ein Stromfluss statt, wenn sich zwischen den beiden Platten Vakuum befindet (Kondensator). Ein Stoff zwischen den beiden Platten erhöht nun den Stromfluss. Mithilfe dieses Phänomens lässt sich das elektrische Dipolmoment berechnen: Unpolare Moleküle besitzen kein Dipolmoment, während das Dipolmoment eines polaren Stoffes einen Wert größer Null besitzt. Um eine zahlenmäßige Zuordnung zu ermöglichen, kann dieses Dipolmoment in der Einheit Coulomb mal Meter (= Cm) ausgedrückt werden. Da diese Einheit sehr groß ist, benutzt man auch heute noch praktischerweise die Einheit Debye (1 Debye = $3{,}336 \cdot 10^{-30}$ Cm).

So erhält man bei Ammoniak den Messwert 1,47 D = 1,47 Debye.

Der Messwert selbst ist nun hilfreich, wenn man ihn mit anderen Dipolmomenten vergleicht.

Das gasförmige Ammoniak lässt sich unter anderem auch deshalb leichter als Methan verflüssigen, weil sich die permanenten Dipole der einzelnen Ammoniakmoleküle gegenseitig anziehen. NH_3 lässt sich bereits bei –33 °C in den flüssigen Zustand überführen. Es wird deshalb auch in großem Umfang als leicht kondensierbares und verdampfbares Kältemittel in der Technik eingesetzt.

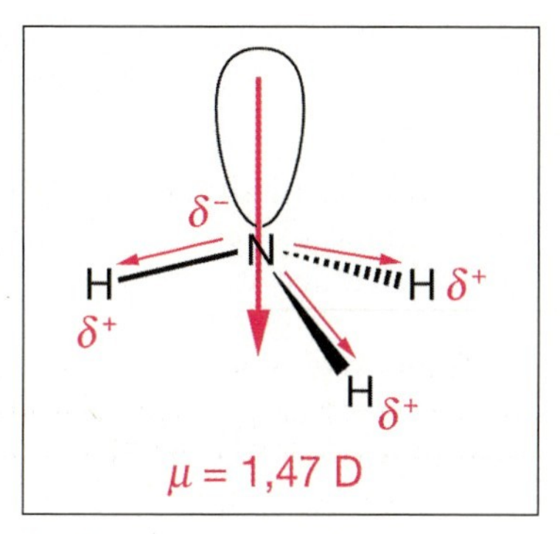

Dipolmoment Ammoniak

Wasser H_2O

Das Wassermolekül besteht aus zwei einfachen Bindungen zwischen dem Sauerstoffatom zum jeweiligen Wasserstoffatom und zwei freien Elektronenpaaren am Sauerstoff.

Die EN-Differenz zwischen Sauerstoff und Wasserstoff beträgt 1,3. Diese Partialladungen werden nun ähnlich wie beim Ammoniak gekennzeichnet.

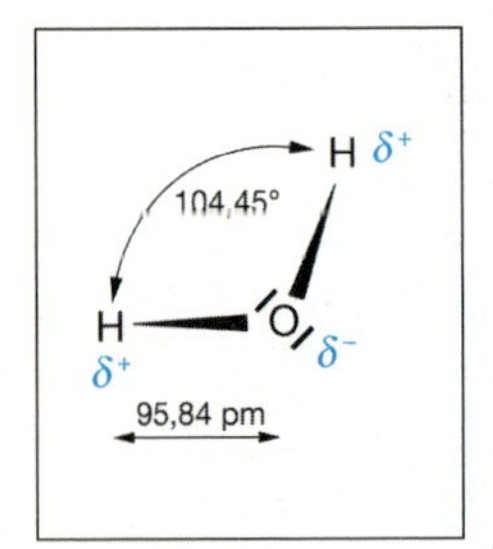

Lewis-Formel

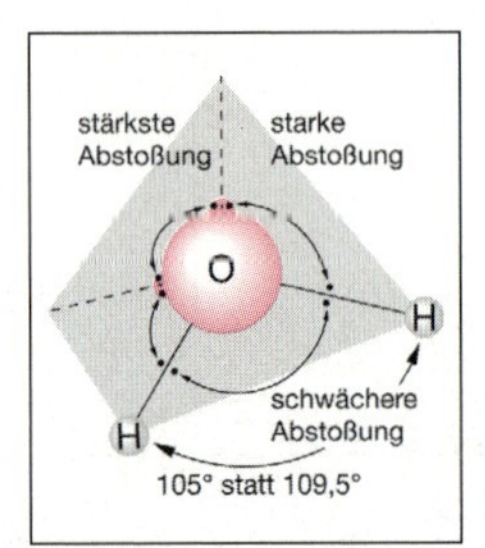

Räumliche Anordnung (Kugel-Stäbchen-Modell)

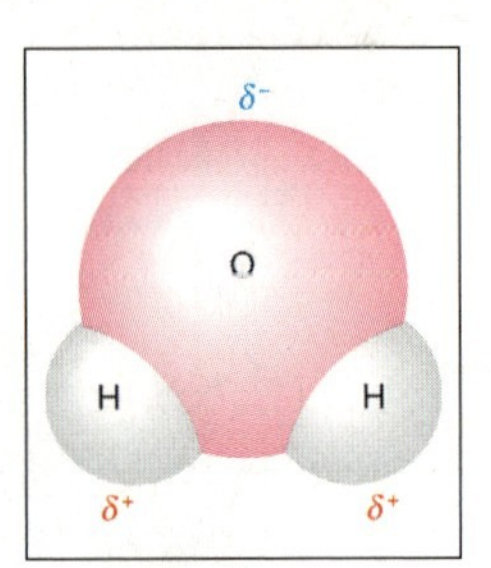

Darstellung als Kalottenmodell

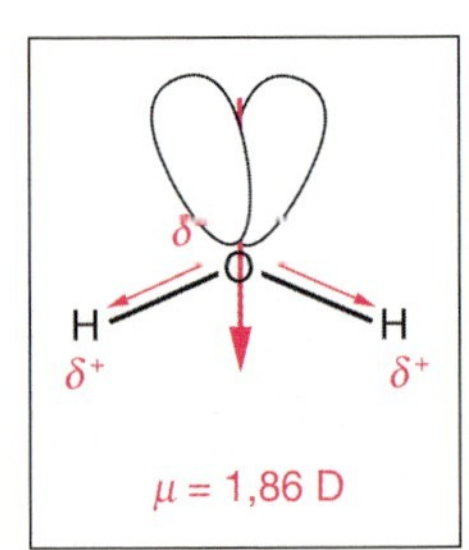

Dipolmoment des Wassermoleküls

Das Wassermolekül stellt also einen stärkeren Dipol als das Ammoniakmolekül dar, weil die EN-Differenzen noch größer sind und auch der Winkel zwischen den beiden Wasserstoffatomen noch etwas kleiner ist als der Winkel zwischen zwei Wasserstoffatomen beim Ammoniak. Würden die räumlichen Verhältnisse beim Molekülaufbau nicht beachtet, so könnte man fälschlicherweise die beiden Wasserstoffatome im 180°-Winkel am Sauerstoff (also gestreckt) anordnen. Bei dieser Molekülanordnung wäre das Wasser allerdings unpolar.

Ein Versuch kann allerdings recht leicht zeigen, dass das Wasser ein polarer und nicht etwa ein unpolarer Stoff ist. Ein Wasserstrahl wird z. B. von einem elektrostatisch aufgeladenen Kunststoffstab abgelenkt.

Das starke Dipolmoment des Wassermoleküls trägt einen Teil zum außergewöhnlich hohen Siedepunkt des Wassers von 100 °C bei.

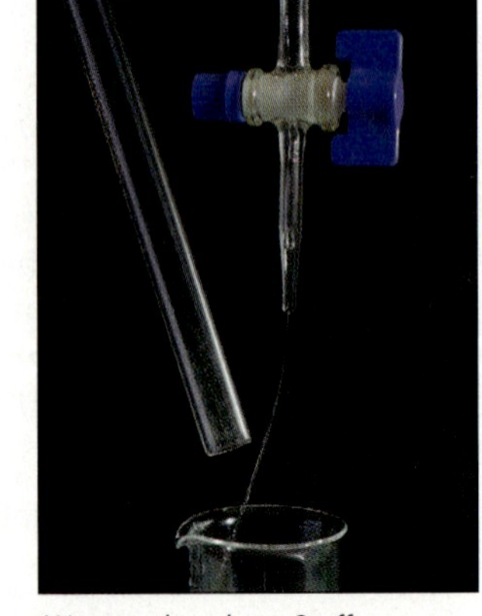
Wasser als polarer Stoff

Hydrogenfluorid (Fluorwasserstoff) HF

Das einfache Molekül HF besteht aus einer Einfachbindung zwischen dem Fluoratom und dem Wasserstoffatom und drei freien Elektronenpaaren am Fluoratom.

Die EN-Differenz beträgt 1,8. Nach der paulingschen Definition zu Anfang dieses Kapitels sollte eigentlich Ionenbindung vorliegen (EN-Differenz > 1,7). Wegen des sehr kleinen Atomradius des Fluors stellt dieser Stoff eine Ausnahme dar und gehört trotzdem zum Bereich der Atombindung.

$$\overset{\delta^-}{|\underline{\overline{F}}} - \overset{\delta^+}{H}$$

HF als Lewis-Formel

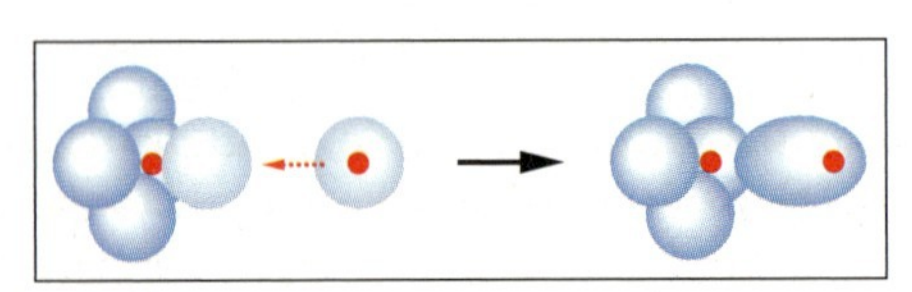
HF als Kugelwolkenmodell

Für das Dipolmoment des HF ergeben sich experimentell μ = 1,82 D. Demnach ist das HF-Molekül ebenfalls stark polar und sein Siedepunkt unter anderem deshalb auch vergleichsweise hoch mit 20 °C.

3.1.3 Sauerstoffverbindungen des Kohlenstoffs

Das Kugelwolkenmodell und die Lewis-Formel ermöglichen nun auch, Eigenschaften über die beiden Sauerstoffverbindungen des Kohlenstoffs zu treffen: Kohlenstoffdioxid und Kohlenstoffmonoxid.

Kohlenstoffdioxid

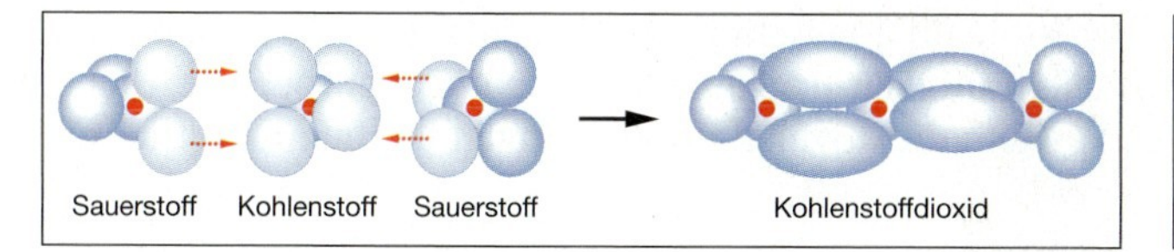

δ^- δ^+ δ^-
|O = C = O|

Kombiniert man jeweils die beiden einfach besetzten Kugelwolken des Sauerstoffs mit den vier einfach besetzten Kugelwolken des Kohlenstoffs, so erhält man die beiden Doppelbindungen des Kohlenstoffs, während die beiden freien Elektronenpaare des Sauerstoffs nicht überlappen. Man erkennt, dass das Molekül gestreckt (linear) aufgebaut ist. Die EN-Differenz zwischen Kohlenstoff und Sauerstoff beträgt zwar 1,0 und ist jeweils für sich gesehen polar, aber die beiden symmetrisch angeordneten Sauerstoffatome heben ihre gegenseitige Polarität auf. Deshalb hat CO_2 kein Dipolmoment und ist nach außen hin unpolar.

Neben Kohlenstoffdioxid existiert aber auch noch das hochgiftige Kohlenstoffmonoxid.

Kohlenstoffmonoxid

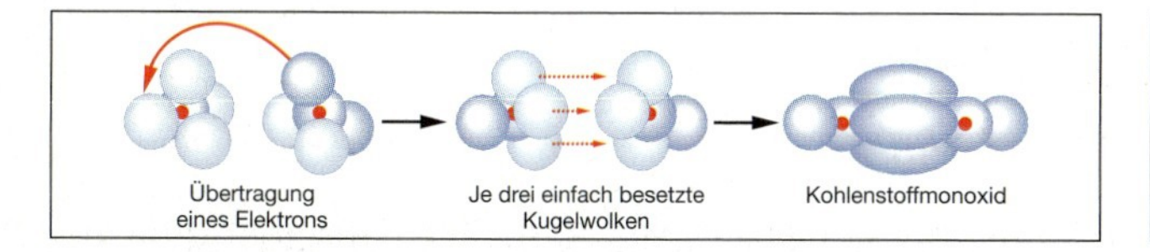

$^-$|C ≡ O|$^+$
δ^+ δ^-

Kohlenstoffmonoxid als Lewis-Formel

Die Dreifachbindung des Kohlenstoffmonoxids nach dem Kugelwolkenmodell lässt sich nur dadurch erklären, dass ein Elektron aus einer zweifach besetzten Kugelwolke eines Sauerstoffmoleküls in eine einfach besetzte Kugelwolke eines Kohlenstoffatoms übertragen wird. Danach können sich die drei einfach besetzten Kugelwolken vereinigen.

Die erhaltene Bindung entspricht einer Dreifachbindung. Die Besonderheit dieses Moleküls erkennt man aber schon aus der Entstehung über das Kugelwolkenmodell, wo ein Elektron vom Sauerstoffatom zum Kohlenstoffatom übertragen werden musste.

Auch bei der Betrachtung der reinen Lewis-Formel fällt auf, dass dem Kohlenstoff ein Elektron zu viel zugeordnet wird, während dem Sauerstoff ein Elektron fehlt. Diese Ladungsverteilung wird auch als Formalladung bezeichnet. Nicht zu verwechseln ist die Formalladung mit der Partialladung, die durch die unterschiedlichen Elektronegativitäten hervorgerufen wird. Beim CO-Molekül kann man gut erkennen, dass die Formalladung entgegengesetzt der Partialladung ist. Das führt z.B. dazu, dass das Molekül weniger polar ist, als es der reinen Partialladungsdifferenz entsprechen würde (μ = 0,12 D).

3.1.4 Atomgitter

Typische Molekülverbindungen besitzen oft eine relativ niedrige Schmelz- und Siedetemperatur. Sie sind in bestimmten Lösemitteln löslich. In diesen Molekülen sind jeweils nur wenige Atome über Atombindung miteinander verbunden.

Bei einigen Stoffen können aber sehr große Atomverbände auftreten, die alle über Atombindungen verbunden sind. Somit kann ein beliebiges Stück eines solchen Gitters als riesiges kovalent gebundenes Molekül angesehen werden. Solche Stoffe haben im Allgemeinen eine niedrige Wärmeleitfähigkeit und eine hohe Schmelztemperatur. Die Festigkeit ist dann besonders stark, wenn die kovalenten Bindungen in allen Raumrichtungen wirken könne.

Der Diamant

Ein Diamant besteht aus Kohlenstoffatomen, die in allen Raumrichtungen miteinander verknüpft sind. Diamant ist das härteste Mineral überhaupt, weil die Atome im Gitter nicht gegeneinander verschoben werden können (10,0 nach der Mohs-Skala). Nach dem Elektronenwolkenabstoßungsmodell nach Kimball existieren hier vier einfach besetzte tetraedrisch angeordnete Kugelwolken je Kohlenstoffatom. Die räumliche Anordnung zeigt, dass jedes Kohlenstoffatom tetraedrisch von vier gleich weit entfernten Nachbaratomen umgeben ist.

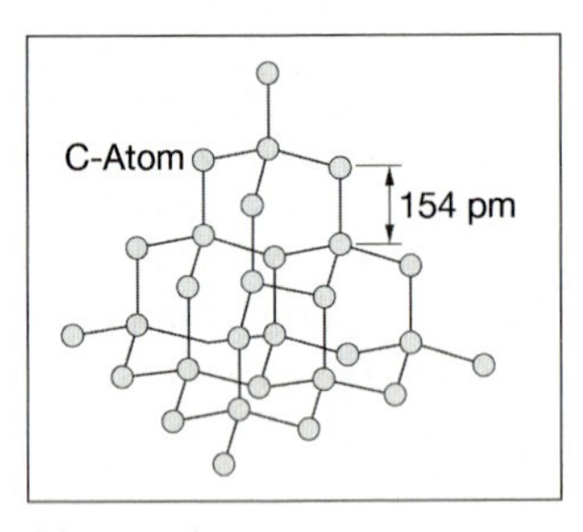

Diamantgitter

Diamant geht erst bei einer Temperatur von 3 500 °C direkt in den gasförmigen Zustand über. (Dieser Vorgang wird auch Sublimation genannt.)

Siliciumcarbid

Auch Siliciumcarbid ist als Atomgitter aufgebaut. Die Formel SiC besagt also nicht, dass ein Molekül SiC aus jeweils einem Silicium- und einem Kohlenstoffatom besteht.

Die Struktur ist ähnlich wie das Diamantgitter, nur dass nun jedes zweite Atom aus Silicium besteht, das jeweils auch vier Außenelektronen besitzt. Siliciumcarbid erreicht fast die Härte von Diamant, kann aber mit niedrigeren Kosten hergestellt werden. Es dient wegen seiner Härte (9,6 nach der Mohs-Skala) als Schleif- und Poliermittel in der Technik und wird auch als Carborundum bezeichnet. Es zersetzt sich ähnlich wie der Diamant erst ab ca. 3 000 °C.

Silikate

Silikate bestehen ähnlich wie der Diamant oder das Siliciumcarbid aus einem räumlich vernetzten Atomgitter. In diesem Fall sind Silicium- und Sauerstoffatome miteinander verknüpft. So ist etwa die Formel SiO_2 für Quarz auch nur als Atomverhältnis so zu verstehen, dass im Riesenmolekül des Siliciumdioxids auf ein Siliciumatom je zwei Sauerstoffatome kommen. So ist Quarz auch sehr hart (7 nach Mohs-Skala) und besitzt eine Schmelztemperatur von etwa 1 700 °C. Im Quarzgitter gehen von jedem Siliciumatom vier tetraedrisch angeordnete Bindungen zu den Sauerstoffatomen aus. Es entsteht auch hier ein regelmäßiges Gitter aus Tetraedern. Als Mineral kommt Quarz auch im Bergkristall vor.

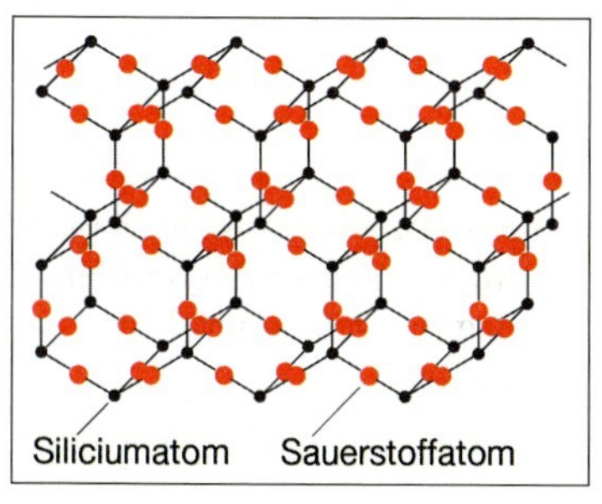

Quarzgitter

Bergkristall

Grafit

Im Unterschied zu den oben besprochenen räumlich aufgebauten Atomgittern existiert beim Kohlenstoff auch noch eine andere Erscheinungsform (Modifikation), nämlich ein flächig aufgebautes Atomgitter in Form des Grafits.

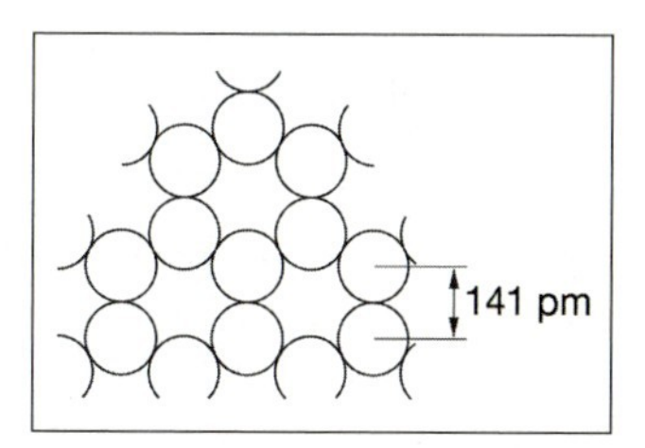

Grafitgitter in der Draufsicht

Grafit besteht ebenfalls nur aus Kohlenstoffatomen, im Gegensatz zum Diamant ist das Gitter aus vielen übereinander liegenden ebenen Schichten aufgebaut. In diesen Schichten ist jedes Kohlenstoffatom mit drei weiteren Kohlenstoffatomen verbunden (sp^2-Hybridisierung) und nicht mit vier weiteren, wie beim Diamant (sp^3-Hybridisierung). Die Bindungswinkel betragen durch Bildung eines gleichseitigen und gleichwinkligen Dreiecks 120°.

Die einzelnen Schichten des Grafitgitters werden nur durch Van-der-Waals-Kräfte zusammengehalten. Die weit auseinander liegenden Schichten lassen sich so relativ leicht verschieben. Grafit ist der Hauptbestandteil der Bleistiftmine, sodass man das Schreiben mit einem Bleistift als schichtweises Ablösen des Grafitgitters betrachten kann. Die Härte ist demzufolge viel geringer als diejenige des Diamanten. Allerdings sind die Gitterkräfte in den Ebenen so groß, dass der feste Grafit erst oberhalb von 3 500 °C in den gasförmigen Zustand übergeht (sublimiert).

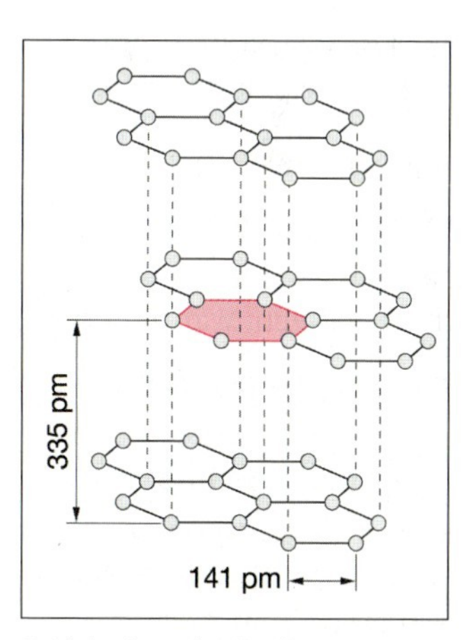

Schichtgitter des Grafits

Besonders auffällig ist die Eigenschaft des Grafits, den elektrischen Strom zu leiten. Ähnlich wie bei dem noch zu behandelnden Metallgitter treten hier delokalisierte Elektronen auf, d. h. Elektronen, die nicht mehr einem einzigen Atom zugeordnet werden können. Innerhalb der Schicht ist also Grafit elektrisch leitend, während Elektronen nicht von einer Gitterebene auf die andere Gitterebene wechseln können. Diese Richtungsabhängigkeit wird auch als Anisotropie bezeichnet. Grafit ist ein wichtiges Elektrodenmaterial bei

Elektrolysen, denn es vereint Eigenschaften, wie hohe Zersetzungstemperatur, chemische Passivität und elektrische Leitfähigkeit miteinander.

3.2 Ionenbindung

Zur Definition der Elektronegativität wurden die Begriffe Ionisierungsenergie und Elektronenaffinität bereits eingeführt. Es ist also möglich, einem Atom Elektronen zu entziehen, andererseits aber auch Elektronen hinzuzufügen. Die entstehenden Teilchen sind dann geladene Atome, eben Ionen genannt. Bei negativ geladenen Ionen spricht man von Anionen, bei positiv geladenen Ionen von Kationen.

Stoffe, die aus Ionen bestehen, haben andere Eigenschaften als Stoffe mit Atombindung (siehe Kapitel 3.1).

3.2.1 Eigenschaften der Ionenbindung

Vergleicht man z. B. Lithiumfluorid LiF mit Hydrogenfluorid (Fluorwasserstoff) HF, so findet man bei beiden Stoffen bei hohen Temperaturen (1 800 °C) im gasförmigen Zustand zweiatomige Moleküle vor.

Li — $\overline{\underline{F}}|$	H — $\overline{\underline{F}}|$
EN = 1,0 EN = 4,0	EN = 2,2 EN = 4,0
μ = 6,33 D	μ = 1,82 D

Das LiF-Molekül hat eine EN-Differenz von 3,0, während das HF-Molekül eine EN-Differenz von 1,8 aufweist. Kühlt man nun beide Gase ab, so kondensiert zuerst bei 1 670 °C das gasförmige Lithiumfluorid und es bildet sich eine Flüssigkeit. Diese Flüssigkeit leitet nun den elektrischen Strom (Schmelze). Es müssen einzelne Ladungsträger vorliegen, die zwischen den Elektroden wandern können („Ionen" = „Wanderer").

Das bereits zum Fluoratom verschobene Elektronenpaar ist vollständig zum Fluoratom übergegangen, während das Lithiumatom sein äußerstes Elektron „verloren" hat.

In der Flüssigkeit (Schmelze) bewegen sich also

- einfach positiv geladene Lithiumionen (den drei positiven Ladungen im Kern stehen nur noch zwei negative Ladungen der K-Schale gegenüber),
- und einfach negativ geladene Fluoridionen (den neun positiven Ladungen im Kern stehen jetzt zehn negative Ladungen der K- und L-Schale gegenüber).

$$\overset{\delta+}{Li} - \overset{\delta-}{\overline{\underline{F}}}| \rightarrow Li^+ + |\overline{\underline{F}}^-|$$

Nach dieser Trennung kann keine Zuordnung mehr zwischen den beiden ursprünglichen Atomen mehr stattfinden: Jedes Lithium-Kation kann ein beliebig anderes Fluorid-Anion anziehen und umgekehrt. Wenn diese Flüssigkeit (Schmelze) weiter auf unter 840 °C abgekühlt wird, erstarrt die Flüssigkeit und es bildet sich eine regelmäßige Anordnung aus positiv geladenen Lithiumionen und negativ geladenen Fluoridionen. Auf diese Weise kommt ein Lithiumfluorid-Salzkristall zum Vorschein. Die Art der Anordnung nennt man ein Salzgitter, es besteht aus einzelnen regelmäßig angeordneten Kationen und Anionen.

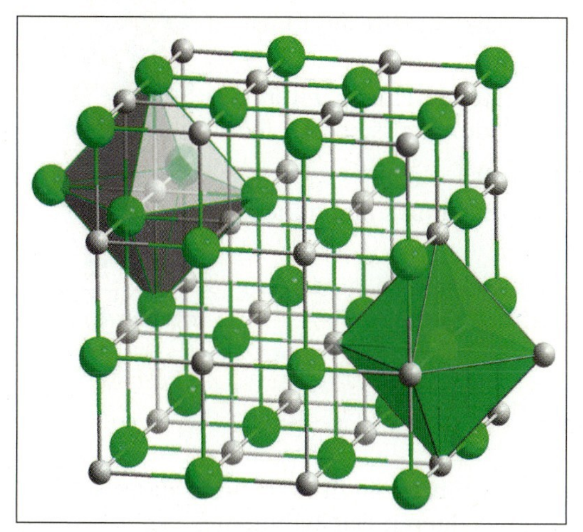

Lithiumfluorid-Salzkristall mit oktaedrischer Einheitszelle

Eine Molekülformel, wie z. B. Li-F ist nicht mehr möglich, allerdings bleibt das Verhältnis von Li^+-Ionen zu F^--Ionen mit 1:1 erhalten. Schließlich lässt sich das Salz Lithiumfluorid schreiben als $[Li^+]_n[F^-]_n$, wobei n für eine große Zahl steht. Die etwas umständliche Schreibweise hat aber dazu geführt, dass als Verbindungssymbol für Lithiumfluorid trotzdem LiF verwendet werden kann.

Aus der vorangegangenen Abbildung ersieht man, dass unterschiedlich große Ionen sich regelmäßig abwechseln. Das Lithiumatom hat mit dem einen äußeren Elektron auch seine äußerste Hülle verloren, während das Fluoratom seine äußerste Hülle vervollständigt hat.

Demnach hat das Li^+-Kation einen kleineren Radius als das F^--Anion.

Verflüssigt man dagegen das anfangs erwähnte Hydrogenfluorid HF, so kondensiert dieses bei ca. 20 °C. Die entstandene Flüssigkeit leitet nicht den elektrischen Strom. Die einzelnen HF-Moleküle verschieben sich gegeneinander, die Polarität im Molekül bleibt erhalten und bei weiterem Abkühlen auf –83 °C erstarrt diese Flüssigkeit zu einem Feststoff. Die einzelnen Moleküle bilden auch hier ein Gitter, dessen einzelne Punkte aber keine Ionen darstellen, sondern polare Moleküle. Man kann dann von einem Molekülgitter sprechen. Die individuellen Moleküle bleiben aber hier im Gegensatz zum Ionengitter erhalten.

Die prinzipiellen Eigenschaften des Salzes Lithiumfluorid lassen sich auch auf andere Salze übertragen:

Ionenverbindungen (Salze)

- haben eine vergleichsweise hohe Schmelz- und Siedetemperatur,
- leiten im flüssigen Zustand den elektrischen Strom (Schmelze),
- bilden im festen Zustand ein regelmäßig geformtes Ionengitter,
- sind im festen Zustand spröde und hart, bei einer Verschiebung einer Schicht werden gleich geladene Ionen übereinander geschoben. Der Kristall bricht.

Mithilfe der Elektronegativitätswerte nach L. Pauling ist nun eine Abschätzung möglich, ob beim Abkühlen gasförmiger Moleküle

- eine elektrisch leitende Salzschmelze aus Ionen oder
- eine elektrisch nicht leitende Flüssigkeit aus Molekülen mit Atombindung entsteht,

bzw. bei weiterem Abkühlen

- ein Feststoff mit Ionengitteraufbau und hohem Schmelzpunkt oder
- ein Feststoff mit vergleichsweise niedrigem Schmelzpunkt entsteht.

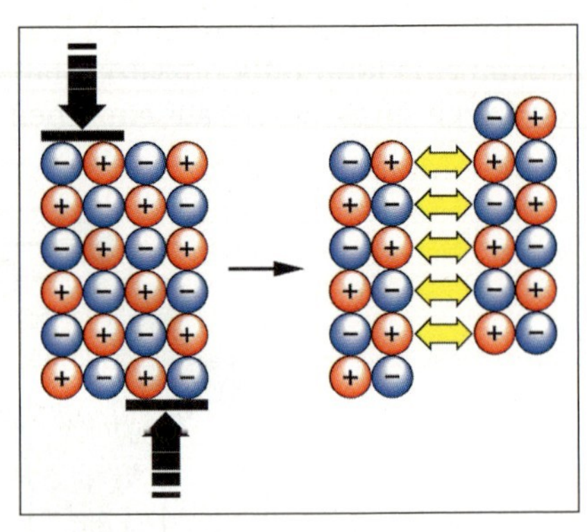

Verschiebung Gitterebene

3.2.2 Gitterstruktur

Die gleichen Überlegungen führen beim Betrachten des Stoffs Natriumchlorid zur exakteren Darstellung des Verbindungssymbols als $[Na^+]_n[Cl^-]_n$. Auch hier bildet sich im festen Zustand ein Ionengitter (s. Abb.).

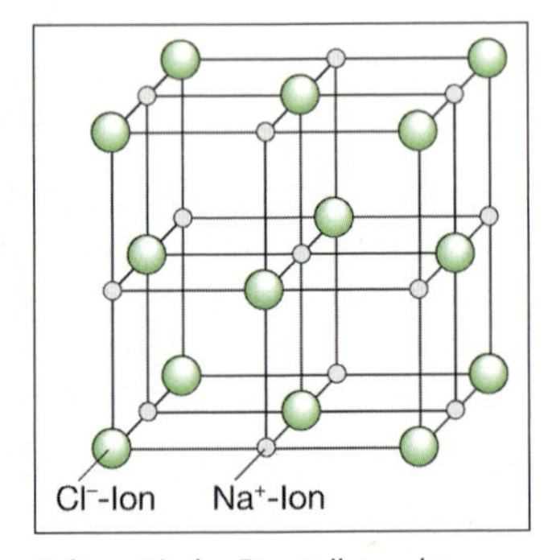

Schematische Darstellung des Natriumchloridgitters

Die Gitterstruktur hängt von der Ladung der Ionen und ihrer Größe ab. Deshalb gibt es verschiedene Gitterformen. Lithiumfluorid und Natriumchlorid haben die gleiche Gitterstruktur:

- Jedes positive Ion ist von sechs negativen Ionen umgeben.
- Jedes negative Ion ist von sechs positiven Ionen umgeben.

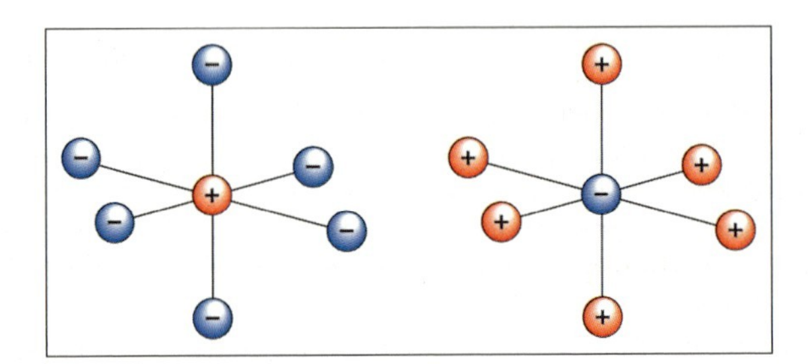

Die Zahl der im gleichen Abstand befindlichen nächsten Nachbarionen wird Koordinationszahl genannt. Sie beträgt also beim Lithiumfluorid und beim Natriumchlorid sechs. Man nennt diese würfelartige Form auch kubisch-flächenzentriert (vergleichbar einem Würfel = „kubisch", in dessen Oberfläche sich mittig = „flächenzentriert" noch ein anderes Ion befindet).

Eine andere Gitterstruktur ergibt sich, wenn sich ein Cäsiumchlorid-Kristall bildet.

Das Cäsiumion ist wesentlich größer als das Chloridion und das günstigste Kristallgitter hat nun die dargestellte Struktur (s. Abb.):

Die Koordinationszahl beträgt acht, da sich um das Cäsiumion acht Chloridionen im gleichen Abstand befinden. Jedes Chloridion ist umgekehrt von acht Cäsiumionen umgeben.

Zum besseren Verständnis der Ionenverhältnisse kann man auch eine Elementarzelle dieses Typs betrachten.

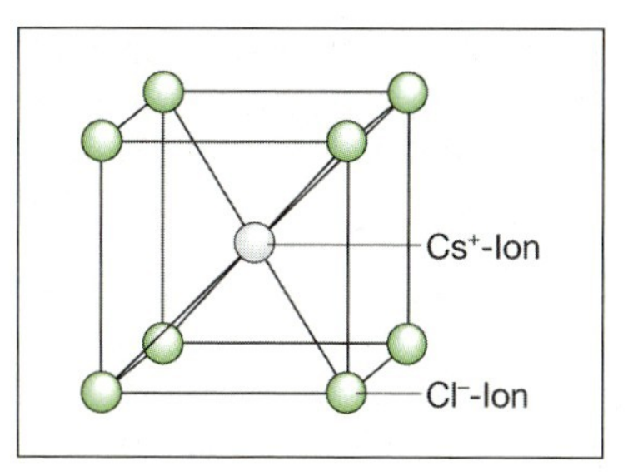

Schematische Darstellung des Cäsiumchloridgitters

Eine Elementarzelle ist eine Einheit, aus der durch wiederholte Verschiebung in die drei Raumrichtungen ein Kristallgitter aufgebaut werden kann, sozusagen die kleinste repräsentative Einheit, die für ein größeres Gitter stehen kann (siehe Abb.).

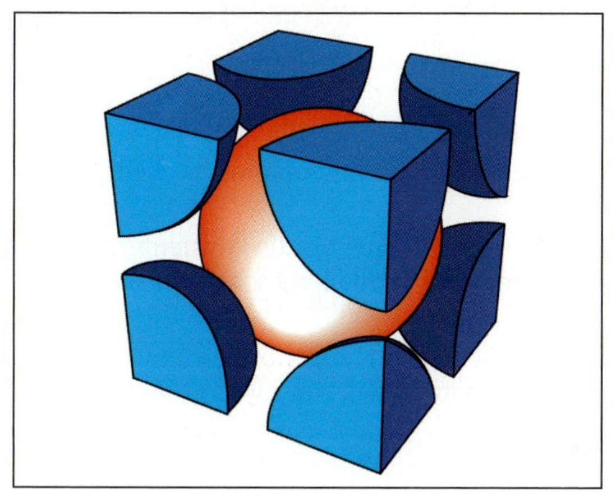

Elementarzelle Cäsiumchlorid

Man erkennt das zentrale Cäsiumion, das von acht mal 1/8 Chloridionen umgeben ist, also das Zahlenverhältnis $Cs^+ : Cl^- = 1 : 1$ wiedergibt.

(Anmerkung: Man erkennt leicht, dass sich diese Elementarzelle in alle drei Raumrichtungen repräsentativ fortsetzen lässt, ohne dass sich der Kristalltyp ändert.)

Zur Untersuchung der Kristallformen hat bereits 1912 der deutsche Physiker Max von Laue eine Methode entwickelt, diese Kristallformen genauer zu untersuchen und voneinander zu unterscheiden. Ähnlich wie Lichtstrahlen an einem Gitter (z. B. Glasscheibe mit vielen Gitterstrichen) gebeugt werden, können die kürzerwelligen Röntgenstrahlen auch durch ein Ionengitter gebeugt werden. Aus der Art der Beugung kann dann auf die Struktur zurück geschlossen werden, d. h. Lage und Abstand der Ionen können genau bestimmt werden.

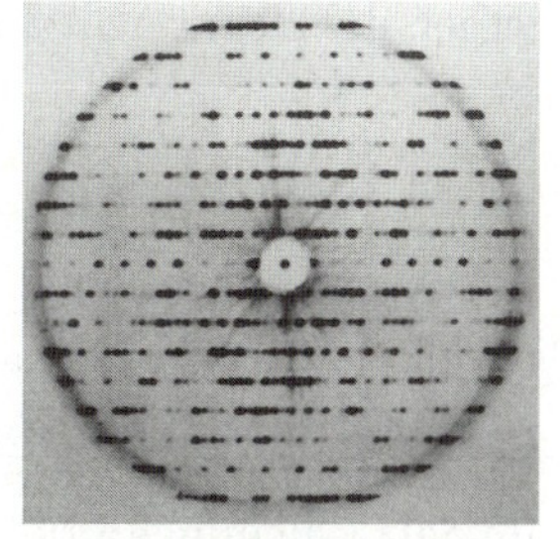

Beugung von Röntgenstrahlen an einem NaCl-Kristall

Aus diesen Untersuchungen mithilfe der Röntgenbeugung und auch mit anderen Methoden ist es möglich, die Ionenradien von denjenigen Elementen zu bestimmen, die Ionen bilden:

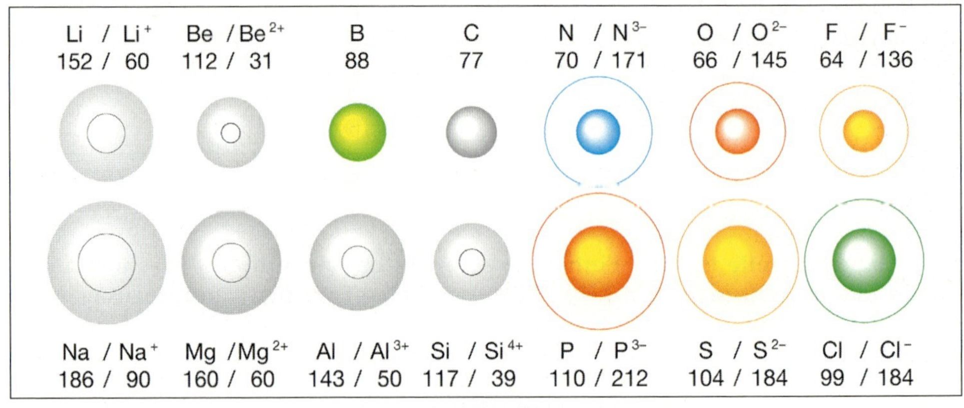

Radius der Atome und der entsprechenden Ionen, Angabe in pm (10^{-12} m)

Aus der Abbildung lassen sich folgende Gesetzmäßigkeiten erkennen:

- Innerhalb einer Gruppe nimmt der Ionenradius zu, weil jeweils eine neue Schale begonnen wird.
- Die Radien von Kationen sind kleiner als die kovalenten Radien der entsprechenden Atome, denn bei unveränderter Kernladung schwächt sich die Abstoßung der Elektronen ab.
- Anionenradien sind größer als die zugehörigen kovalenten Atomradien. Gleiche Kernladung steht in Wechselwirkung mit einer größeren Zahl von sich gegenseitig abstoßenden Elektronen.
- Die Elemente Bor und Kohlenstoff bilden keine Ionen mit Edelgaskonfiguration.

3.2.3 Formeln und Namen von Ionenverbindungen

Wie bereits erwähnt, stellt das Formelsymbol NaCl für Kochsalz eine Übereinkunft dar, die Ionen im flüssigen und festen Zustand dieses Stoffes als Zahlenverhältnis von Ionen zu interpretieren und nicht als individuelles Molekül. Für mehrfach geladene Ionen muss wegen der Elektroneutralität auf Ladungsausgleich geachtet werden.

Elektroneutralität: In einem nach außen hin elektrisch neutralen System ist die Summe der positiven Ladungen gleich der Summe der negativen Ladungen.

Beispiele

Calciumchlorid (EN-Differenz = 2,0)

Im Salz Calciumchlorid existieren zweifach positiv geladene Ca^{2+}-Ionen und einfach negativ geladene Cl^--Ionen. Die Ionen können ähnlich wie beim Beispiel des Lithiumfluorids aus einem gasförmigen Calciumchloridmolekül entstanden sein. Die hohe EN-Differenz (> 1,7) führt dazu, dass sich beim Abkühlen des Gases die angegebenen Ionen bilden, die jetzt jeweils für sich Edelgaskonfiguration aufweisen.

Um die Elektroneutralität zu gewährleisten, müssen die Ionen in folgendem Zahlenverhältnis stehen: $Ca^{2+} : Cl^- = 1 : 2$. Demnach ergibt sich folgende Summenformel: $[Ca^{2+}]_n[Cl^-]_{2n}$. Der einfacheren Schreibweise wegen kann auch hier schließlich Calciumchlorid als $CaCl_2$ geschrieben werden.

Aluminiumoxid (EN-Differenz = 2,0)

Für das Salz Aluminiumoxid gelten ähnliche Überlegungen wie beim Beispiel des Calciumchlorids, aber beide Ionen sind jetzt mehrfach geladen, um Edelgaskonfiguration zu erreichen:

Die Ionen Al^{3+} und O^{2-} müssen im Zahlenverhältnis von 2 : 3 vorliegen, um die Elektroneutralität zu gewährleisten.

Also gilt hier $[Al^{3+}] : [O^{2-}] = 2 : 3$ entsprechend $[Al^{3+}]_{2n}\ [O^{2-}]_{3n}$, kurz: Al_2O_3.

In der Formel werden zuerst die positiv geladenen Ionen genannt. Wenn diese aus einem Metallion bestehen, das nur eine mögliche Ladung aufweist, dann wird dieses Metall im Namen auch unverändert genannt (z. B. Natrium: das Ion existiert nur als Na^+).

Bei Metallen mit mehreren möglichen Ladungen wird diese Ladung durch eine römische Ziffer angegeben (z. B. Eisen, dessen Ionen als Fe^{2+}, aber auch als Fe^{3+} vorliegen können, demnach existieren Eisen(II)- und Eisen(III)-Salze).

Die dazugehörigen negativ geladenen Nichtmetallionen erhalten bei binären Verbindungen (also Verbindungen aus zwei verschiedenen Elementen) die Endung -id oft in Kombination mit dem lateinischen Namen des Nichtmetalls.

Nichtmetall	Ion	Bezeichnung
Stickstoff	N^{3-}	-nitrid
Sauerstoff	O^{2-}	-oxid
Fluor	F^-	-fluorid
Phosphor	P^{3-}	-phosphid
Schwefel	S^{2-}	-sulfid
Chlor	Cl^-	-chlorid
Selen	Se^{2-}	-selenid
Brom	Br^-	-bromid
Iod	I^-	-iodid

Beispiele für Salznamen und dazugehörige Formeln:

Metall	Ion	Nichtmetall	Ion	Salzname	Formel
Magnesium	Mg^{2+}	Iod	I^-	Magnesiumiodid	MgI_2
Calcium	Ca^{2+}	Stickstoff	N^{3-}	Calciumnitrid	Ca_3N_2
Aluminium	Al^{3+}	Fluor	F^-	Aluminiumfluorid	AlF_3
Eisen(III)	Fe^{3+}	Sauerstoff	O^{2-}	Eisen(III)-oxid	Fe_2O_3
Eisen(II)	Fe^{2+}	Chlor	Cl^-	Eisen(II)-chlorid	$FeCl_2$

3.2.4 Bildung von Ionen

Grundsätzlich hat jedes Atom eines Elements die Möglichkeit, mehrere Elektronen ab- oder aufzunehmen. Die Energiebilanz aus Ionisierungsenergie und Elektronenaffinität begrenzt jedoch die Anzahl der möglichen Ionen.

Für die Elemente der ersten beiden Hauptgruppen und der Hauptgruppenelemente der 2. und 3. Periode (dies entspricht also nur ca. 20 Elementen) kann vereinfacht folgende Elektronenkonfiguration angenommen werden:

- **Die meisten Hauptgruppenelemente geben so viel Elektronen ab bzw. nehmen so viel Elektronen auf, bis sie eine den Edelgasen gleiche Anzahl an Elektronen besitzen. Diese Regel wird Edelgaskonfiguration genannt.**

Diese Regel gilt mit Einschränkungen aber nur für die genannten Elemente und darf nicht mit einer für alle Elemente gültigen Regel verwechselt werden.

Magnesiumoxid (EN-Differenz = 2,3)

In einem leicht durchzuführenden Versuch lässt man festes metallisches Magnesium durch Entzünden an einer Flamme mit dem Sauerstoff der Luft reagieren. Die Reaktion ist so heftig, dass das Magnesium weiß aufglüht und sich auf über 2000 °C erhitzt.

Magnesium reagiert mit Sauerstoff

Für den Reaktionsablauf kann man folgende Überlegungen treffen:

Ein Magnesiumatom hat zwei Außenelektronen. Zum Erreichen der Edelgaskonfiguration müssen beide Elektronen abgegeben werden.

Die Reaktionsgleichung dazu lautet:

$$Mg_{(s)} \longrightarrow Mg^{2+} + 2\ e^-$$

(Der Index s bedeutet „solid" und kennzeichnet das Magnesium als Feststoff, flüssige Stoffe werden mit dem Index l für liquid und gasförmige Stoffe werden mit dem Index g versehen.)

Das Sauerstoffmolekül O_2 besteht aus zwei Sauerstoffatomen, die jeweils für sich doppelt negativ geladene Sauerstoffionen bilden wollen, um Edelgaskonfiguration zu erreichen. Die Reaktionsgleichung dazu lautet:

$$4e^- + O_{2(g)} \longrightarrow 2\ O^{2-}$$

Magnesium-Kationen und Sauerstoff-Anionen können jetzt ein Ionengitter ausbilden, das wegen der gleichen aber entgegengesetzten Ladung im Verhältnis 1 : 1 gebildet wird: $[Mg^{2+}]_n[O^{2-}]_n$, also MgO. Magnesiumoxid ist ein weißer Feststoff, der nach dem Versuch als weißes Pulver zurückbleibt.

Die Reaktionsgleichungen lassen sich demnach zusammenfassen zu:

$$2\ Mg_{(s)} + O_{2(g)} \longrightarrow 2\ MgO_{(s)}$$

(Man erkennt, dass zum Ausgleichen der abgegebenen und aufgenommenen Elektronen die Gleichung für das Magnesium mit 2 zu multiplizieren ist.)

Natriumchlorid (EN-Differenz = 2,1)

Erwärmt man metallisches Natrium in einem hitzefesten Reagenzglas und leitet gasförmiges Chlor (Cl_2) darüber, so reagieren die beiden Stoffe ebenfalls heftig miteinander.

Das Natriumatom kann ein Elektron abgeben:

$Na_{(s)} \longrightarrow Na^+ + e^-$ und wird zum Natriumion mit Edelgaskonfiguration.

Die beiden Chloratome im Chlormolekül können je ein Elektron aufnehmen, um Edelgaskonfiguration zu erreichen:

$2e^- + Cl_{2(g)} \longrightarrow 2\ Cl^-$ und werden zu Chloridionen.

Das bereits bekannte Natriumchloridgitter $[Na^+]_n[Cl^-]_n$ entsteht, also NaCl.

Natrium reagiert mit Chlor

Die vollständige Reaktionsgleichung lautet nach Ausgleichen der Elektronenbilanz:

$$2\ Na_{(s)} + Cl_{2(g)} \longrightarrow 2\ NaCl_{(s)}$$

Aufgaben

3. *Das Metall Cäsium muss in luftdicht verschlossenen Ampullen aufbewahrt werden, da es bei Kontakt mit Luftsauerstoff sofort anfängt, mit diesem zu reagieren (es „verbrennt“ mit Luft).*
   a. *Überprüfen Sie, ob die EN-Differenz eine Ionenbildung erlaubt.*
   b. *Erstellen Sie die einzelnen Reaktionsgleichungen für die Bildung der Ionen.*
   c. *Formulieren Sie die vollständige Reaktionsgleichung.*

4. *Lässt man eine größere Menge von Magnesiumpulver mit Luft reagieren, so findet man nicht nur Magnesiumoxid, sondern auch (gelbes) Magnesiumnitrid.*
   a. *Überprüfen Sie, ob die EN-Differenz eine Ionenbildung erlaubt.*
   b. *Erstellen Sie die einzelnen Reaktionsgleichungen für die Bildung der Ionen.*
   c. *Formulieren Sie die vollständige Reaktionsgleichung.*

3.2.5 Energiebilanz bei der Ionenbildung

Für die Gesamtbilanz der Bildung eines Ionengitters aus den Elementen müssen die einzelnen Übergänge getrennt betrachtet werden. Dies soll hier am oben genannten Beispiel der Oxidation von Magnesium mit Luftsauerstoff erfolgen. Dafür zerlegt man die gesamte Reaktion in solche Schritte, deren Größen bereits aus allgemein bekannten Daten zur Verfügung stehen:

- Schritt 1:
  Das feste Magnesium wird in einzelne gasförmige Atome überführt. Die aufzuwendende Energie nennt man Sublimationsenergie, sie beträgt 150 kJ/mol Mg.
- Schritt 2:
  Den vereinzelten Magnesiumatomen wird nacheinander jeweils das erste und zweite Elektron weggenommen, dazu ist in beiden Fällen Energiezufuhr notwendig: 1. Ionisierungsenergie = 737 kJ/mol, 2. Ionisierungsenergie = 1 451 kJ/mol.
- Schritt 3:
  Die gasförmigen Sauerstoffmoleküle werden in einzelne Atome getrennt. Die aufzuwendende Dissoziationsenergie beträgt 249 kJ/mol je mol Sauerstoffatome.
- Schritt 4:
  Den vereinzelten Sauerstoffatomen wird nacheinander ein Elektron zugeführt (Werte der Elektronenaffinität), für das erste Elektron wird eine Energie von 141 kJ/mol frei, für das zweite Elektron wird eine Energiezufuhr von 845 kJ/mol benötigt.
- Schritt 5:
  Die gebildeten Ionen fügen sich zu einem Ionengitter, dabei wird die Gitterenergie frei, sie beträgt 3 893 kJ/mol.
- Schritt 6:
  Alle aufzuwendenden und frei gewordenen Energiebeträge werden bilanziert also (+150 + 737 + 1.451 + 249 – 141 + 845 – 3 893) kJ/mol = –602 kJ/mol.

Bei diesem Prozess wird also Wärme frei (erkennbar am negativen Vorzeichen der Energie).

Dieser auch Born-Haber-Kreisprozess genannte Ablauf lässt sich natürlich bei Kenntnis der einzelnen Daten auch auf andere Ionenbildungen anwenden.

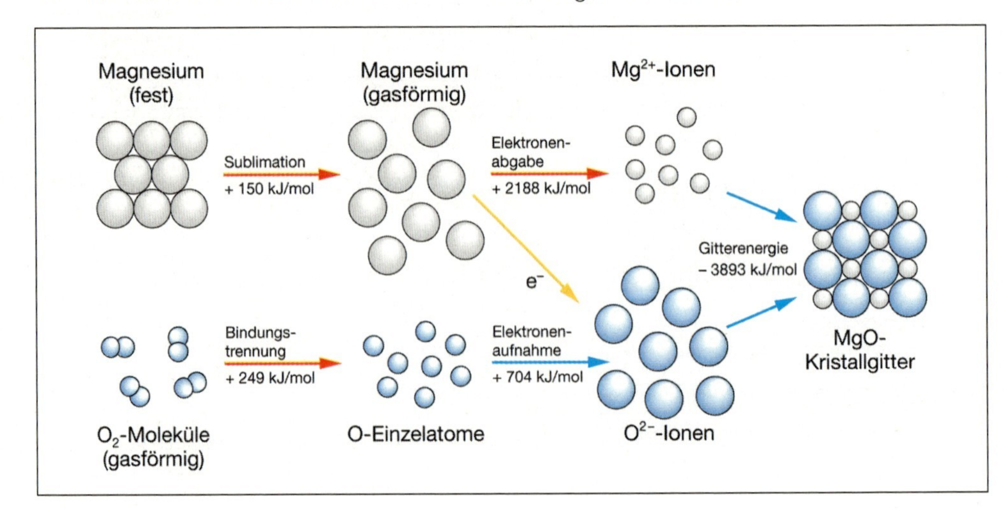

Aufgabe

5. *Berechnen Sie die freiwerdende Energie bei der Bildung von Natriumchlorid aus den Elementen:*

Sublimationsenergie	$Na_{(s)}$	$\rightarrow Na_{(g)}$	= +108 kJ/mol
Ionisierungsenergie	Na	$\rightarrow Na^+ + e^-$	= +490 kJ/mol
Dissoziationsenergie	$\frac{1}{2} Cl_2$	$\rightarrow Cl$	= +121 kJ/mol
Elektronenaffinität	$Cl + e^-$	$\rightarrow Cl^-$	= −364 kJ/mol
Gitterenergie	$Na^+ + Cl^-$	$\rightarrow [Na^+]_n[Cl^-]_n$	= −766 kJ/mol

3.2.6 Ionen in wässriger Lösung

Die Beobachtung, dass sich feste weiße Kochsalzkristalle in Wasser auflösen und damit anscheinend „verschwinden“, ist keineswegs trivial. Der schwedische Physiker Svante Arrhenius (1859–1927) stellte um 1890 die Theorie auf, dass die Salze bei der Auflösung in Wasser nicht bloß in einzelne Moleküle, sondern in einzelne Ionen mit positiver und negativer Ladung zerlegt werden. Die aus heutiger Sicht völlig richtige Überlegung stieß aber zur Zeit von S. Arrhenius auf viel Widerspruch und es dauerte lange, bis diese Theorie allgemein übernommen wurde.

Auf den vorangegangenen Seiten war zu ersehen, dass Ionen sich vor allem deshalb bilden können, weil die Gitterenergie bei der Salzbildung relativ hohe Werte annehmen kann. Wenn sich nun freiwillig Kochsalz (NaCl) in Wasser löst, dann sollte hier eine Energie zu finden sein, die in der Lage ist, die Gitterenergie zu übertreffen.

Zur Erklärung dieses Phänomens ist es wichtig, die Eigenschaften des Wassermoleküls genauer zu betrachten.

Wasser stellt einen sehr starken Dipol dar, denn die EN-Differenz zwischen Sauerstoffatom und Wasserstoffatom beträgt 1,4 und liegt demnach schon relativ nahe zur Ionenbindung. Der Winkel von 105° zwischen den beiden Wasserstoffatomen ist noch kleiner als der reine Tetraederwinkel von 109,5°, dadurch verstärkt sich zusätzlich die Stärke dieses Dipols.

Die Oberfläche des Kochsalzkristalls besteht aus abwechselnd positiv geladenen Na^+- und Cl^--Ionen. Da das Wassermolekül einen starken Dipol darstellt, richtet sich das H_2O-Molekül so aus, dass die entsprechende Dipolseite vom Salz angezogen wird.

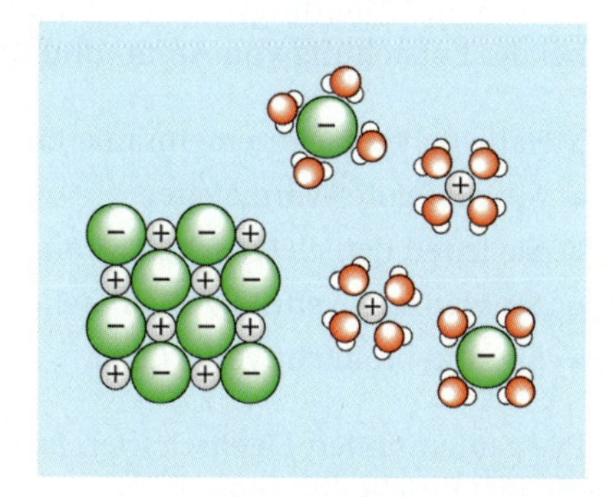

Auflösung eines Salzkristalles in Wasser

Salzkristalle sind aber auf der atomaren Oberfläche nicht vollkommen glatt und so gelingt es den Wassermolekülen nacheinander die einzelnen Natrium- und Chloridionen zu umhüllen und diese aus dem Gitter herauszulösen. Dieser Vorgang wird Hydratation oder auch Hydration genannt. Bei der Umhüllung mit Wassermolekülen wird Energie frei, diese Hydratationsenergie liefert also den Beitrag, um die Gitterenergie des Salzes zu überwinden.

So beträgt z. B. die Hydratationsenergie für Na^+ −400 kJ/mol. Das bedeutet, wenn 1 mol positiv geladene Natriumionen vollständig von Wassermolekülen umgeben sind, werden 400 kJ/mol frei.

Bei der Hydratation von 1 mol Chloridionen mit Wassermolekülen werden 380 kJ/mol frei. Zusammen werden also 780 kJ je mol NaCl frei. Diese zur Verfügung stehende Energie ist etwas größer als die Gitterenergie des NaCl mit 766 kJ/mol.

Aus diesem Grund ist es nicht möglich, Kochsalz in einem unpolaren Lösemittel, wie z. B. Benzin zu lösen (das hier in diesem Fall wie verflüssigtes Methan betrachtet werden kann), denn es steht keine Hydratationsenergie zur Verfügung, um die Gitterenergie des NaCl-Kristalls zu überwinden.

Um diesen Vorgang zu kennzeichnen, kann man das Auflösen von NaCl in Wasser folgendermaßen kennzeichnen:

$$[Na^+]_n[Cl^-]_n \longrightarrow NaCl \xrightarrow{H_2O} Na^+_{(aq)} + Cl^-_{(aq)}$$

Dabei bedeutet „aq“ (lat. aqua, Wasser) in diesem Zusammenhang, dass die entsprechenden Ionen vollständig von Wasser umgeben sind.

Aufgabe

6. *Formulieren Sie das Auflösen folgender Salze in Wasser in der Schreibweise der obigen Reaktionsgleichung:*
   a. *Magnesiumfluorid*
   b. *Eisen(III)-bromid*
   c. *Calciumfluorid*
   d. *Blei(IV)-chlorid*

3.3 Metallische Bindung

Von den mehr als 100 bekannten Elementen des Periodensystems sind alleine drei Viertel Metalle. Allerdings spielen gerade die wenigen Nichtmetalle eine bedeutende Rolle bei der Entstehung von Atom- und Ionenbindung.

Metalle haben viele gemeinsame Eigenschaften:
- Sie sind gute Wärmeleiter.
- Sie leiten den elektrischen Strom im festen und im flüssigen Zustand.
- Sie glänzen, wenn die Oberfläche glatt ist.
- Sie sind oft leicht verformbar.

Die gemeinsamen Eigenschaften lassen auf einen gemeinsamen Bindungstyp schließen, die metallische Bindung.

Im Periodensystem der Elemente nehmen die Metalle vor allem den linken unteren Bereich ein, in ihm finden sich auch alle d-Elemente (Nebengruppen) und f-Elemente (Lanthanoide und Actinoide), also Elemente, die im Prinzip, mit wenigen Ausnahmen, auf der äußersten Schale zwei s-Elektronen besitzen. Die Elektronegativität der Metalle ist relativ gering, sie besitzen wenige locker gebundene Valenzelektronen, haben dafür aber viele atomare Valenzorbitale.

3.3.1 Metallgitter

Bei den Salzen konnte durch Beugung von Röntgenstrahlen ein Ionengitter mit seiner Anordnung und den einzelnen Gitterabständen bestimmt werden. Mit der gleichen Versuchsanordnung konnte auch bei Metallen ein Gitter festgestellt werden, das aber nun mit seinen festen Gitterpunkten aus Metallatomen besteht.

Im Gegensatz zum Ionengitter besitzen alle Bausteine des Gitters dieselbe Größe. Da sich die einzelnen Metallatome voneinander nicht unterscheiden, können sie viel dichter zusammengepackt werden, als es den Ionen in einem Ionenkristall möglich ist.

Für die nähere Untersuchung der Anordnungsmöglichkeiten kann man sich die Atome als gleich große Kugeln vorstellen.

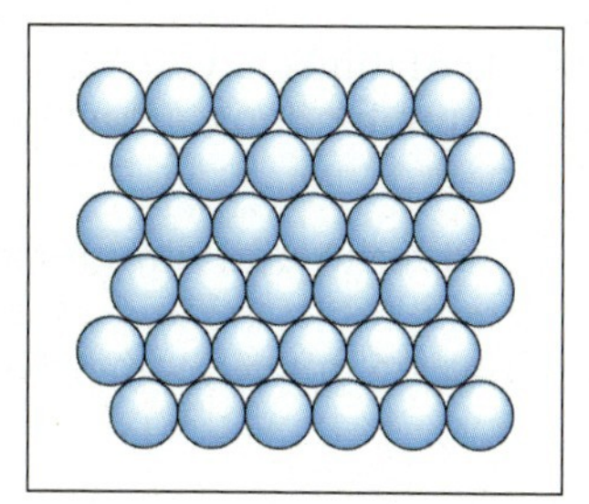

Eine Schicht mit Metallatomen

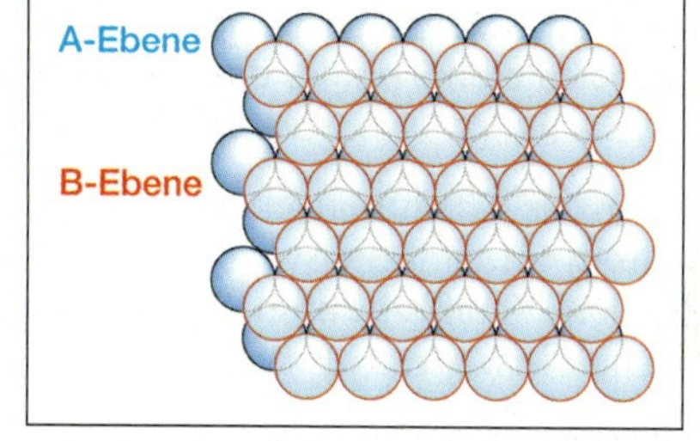

Zwei Schichten mit Metallatomen

Eine mögliche Anordnung besteht z. B. darin, alle Kugeln in einer Schicht möglichst nahe zusammenzulegen. Die zweite Schicht wird dann versetzt so darüber gelegt, dass jede hinzukommende Kugel in eine Vertiefung der unteren Schicht passt. Eine solche Anordnung wird **dichteste Kugelpackung** genannt. Bei Weiterführung der Schichten ergeben sich dann verschiedene Möglichkeiten der Kristalltyp-Unterscheidung.

Aus dieser Anordnung lässt sich auch leicht die Verschiebbarkeit der Metalle erklären, denn die jeweiligen Ebenen treffen jetzt nicht mehr auf unterschiedliche Ladungen wie beim Salzkristall.

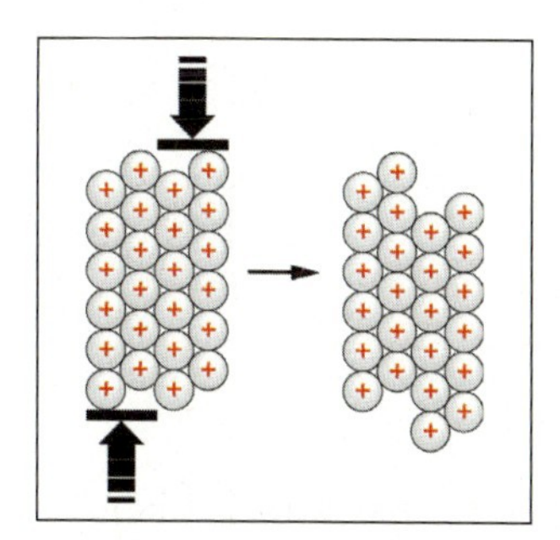

Verschiebbarkeit der Metalle

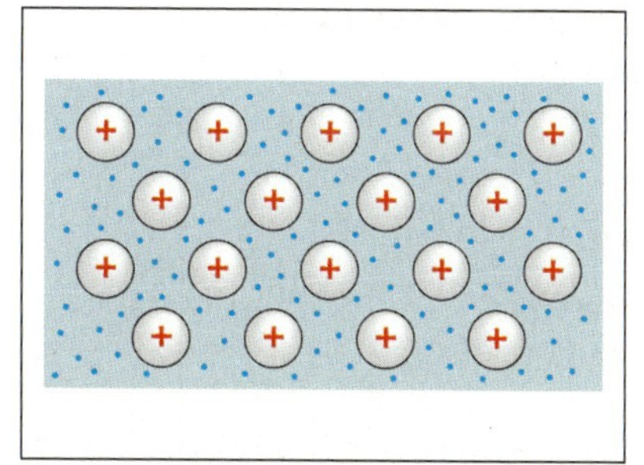

Modell der metallischen Bindung

Die Valenzelektronen der Metalle können sich frei durch die übrig bleibenden Metallrümpfe hindurchbewegen.

Die geringe Ionisierungsenergie der Elektronen ist ein Grund dafür, dass die Elektronen leicht von einem Metallatom abgegeben werden und somit nicht dauerhaft einem Atom zugeordnet werden können. Aus der Abbildung wird deutlich, dass die Elektronen wie ein Gas zwischen den Atomrümpfen hindurchfließen können. Man spricht deshalb auch von einem „Elektronengas“. Bei höherer Temperatur schwingen die Metallatome stärker um ihre Gitterplätze und behindern den Transport des „Elektronengases“. Dadurch steigt der elektrische Widerstand eines Metalls. In der Messtechnik wird dieser Effekt dazu ausgenutzt, dieTemperatur eines Stoffes über den Widerstand eines Metalldrahtes zu bestimmen. (Platin hat z. B. eine annähernd lineare Kennlinie zwischen Widerstand und Temperatur.)

Dieses Modell erklärt aber nicht, wieso es den äußeren Elektronen eines Metalls möglich ist, die aufzubringende Ionisierungsenergie zu überwinden.

3.3.2 Das Bändermodell

Eine detailliertere Beschreibung der elektrischen Leitfähigkeit von Metallen liefert das Modell der Molekülorbitale, das bereits bei der Atombindung Anwendung finden konnte.

Als Beispiel sei das Lithiumatom genommen, das kleinste und am einfachsten gebaute Metallatom im Periodensystem. Ein Lithiumatom besitzt $1s^2$ und $2s^1$ Elektronen. (Schreibweise siehe Atombindung). Diese Schreibweise wird mit den unbesetzten p-Orbitalen der 2. Schale erweitert: also $1s^2\ 2s^1\ 2p^0$.

Im ersten Schritt werden nun zwei AO des Lithiumatoms zu einem MO im Termschema kombiniert. Bei der MO-Betrachtung gelten vorerst die gleichen Regeln wie bei der MO-Atombindung, die zur Verfügung stehenden Elektronen werden in die einzelnen bindenden und antibindenden MOs aufgefüllt.

Man erkennt hier das MO-Termschema für ein Li_2-Molekül aus 2 Li-Atomorbitalen.

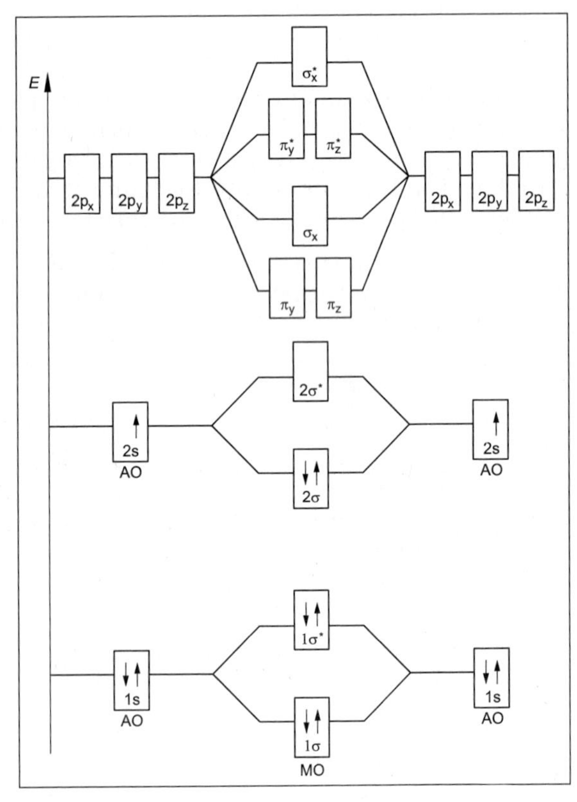

2 Li-Atome im Termschema

Im nächsten Schritt werden zwei dieser gebildeten Molekülorbitale zu einem neuen MO kombiniert, sodass sich nun vier Li-Atome im MO befinden. Aus Gründen der Vereinfachung werden nun die Kästchen weggelassen.

Da sich nach dem Pauli-Prinzip alle Elektronen in einem Molekül (das jetzt aus 4 Atomen besteht) in ihrem Energieinhalt unterscheiden müssen, werden die neu gebildeten Molekülorbitale erneut aufgespalten in ein bindendes MO mit etwas niedrigerer Energie und ein antibindendes MO mit etwas höherer Energie.

Aus der Abbildung für vier Li-Atome erkennt man, dass das 1s-Niveau voll besetzt ist. Solche Molekülorbitale tragen nicht zur Leitfähigkeit bei. Nur die teilweise besetzten Orbitale, in denen sich die Valenzelektronen aufhalten, können zur Leitfähigkeit beitragen, beim Lithium also das 2s-Molekülorbital.

Im nachfolgenden Schritt sind nun acht Lithium-Atome in einem Molekül-Orbital miteinander verbunden (siehe Abbildung).

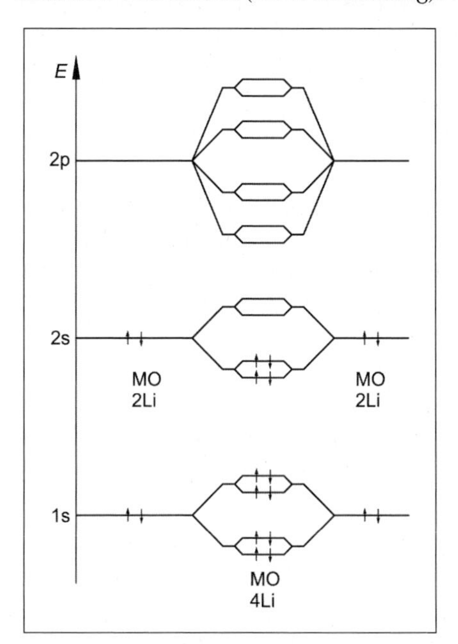

4 Li-Atome im Termschema

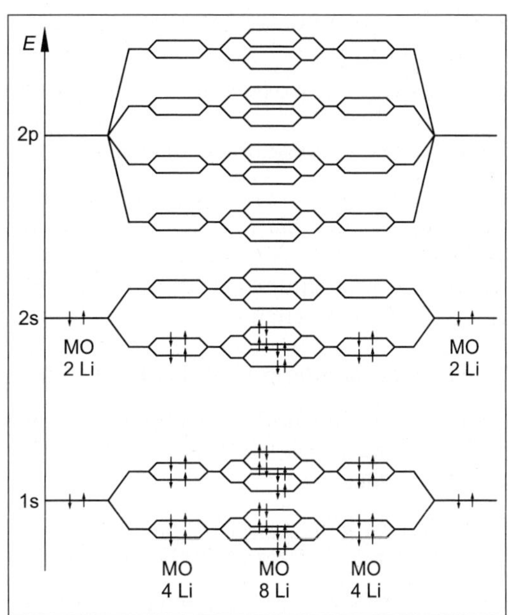

8 Li-Atome im Termschema

Wie an der obigen (maßstäblich übertriebenen) Abbildung erkennbar ist, spalten sich die Molekülorbitale immer weiter auf, dabei nähern sich die höher liegenden leeren 2s-Orbitale immer mehr den unteren leeren 2p-Orbitalen.

In einem mol Lithium existieren aber $N = 6 \cdot 10^{23}$ Li-Atome. Diese Vielzahl von Atomen führt nun beim Lithium dazu, dass sich das halb besetzte 2s-Valenzorbital des Lithiums mit den leeren 2p-Orbitalen **überlappt**.

In einer weiter vereinfachten Darstellung werden nur noch die Energieniveaus als Linien gekennzeichnet, die sich bei der Vervielfachung mit N bzw. einer sehr großen Zahl als Bänder darstellen lassen.

Deutung des Bändermodells beim metallischen Lithium mit einer großen Anzahl von Li-Atomen

- Das voll besetzte 1s-Band trägt nicht zur Leitfähigkeit bei.
- Aus dem halb besetzten 2s-Valenzband können Elektronen in das leere 2p-Leitungsband übergehen, da sich die beiden Bänder überlappen.
- Zwischen 1s- und 2s-Band liegt eine verbotene Zone, die die Elektronen nicht überwinden können.
- Alle 2s-Valenzelektronen sind an der elektrischen Leitung beteiligt.

Deutung des Bändermodells bei Isolatoren

Bei Isolatoren sind die Energieunterschiede zwischen Valenzband und Leitungsband so groß, dass es auch bei der MO-Kombination von $N = 6 \cdot 10^{23}$ Atomen nicht zu einer Überschneidung des Valenzbandes mit dem Leitungsband kommt. Die verbotene Zone zwischen Valenzband und Leitungsband ist relativ groß. Sie beträgt ca. 300 kJ/mol oder mehr. Diese Stoffe leiten nicht den elektrischen Strom.

Deutung des Bändermodells bei Halbleitern

Halbleiter, wie Silicium oder Germanium, haben die Eigenschaft, bei zunehmender Temperatur ihren elektrischen Widerstand zu verringern. Das Bändermodell liefert dazu eine sinnvolle Erklärung.

Die verbotene Zone zwischen Valenzband und Leitungsband ist sehr klein. Die typische Energiedifferenz beträgt ca. 300 kJ/mol oder weniger.

Bei Raumtemperatur können bereits einige Elektronen in das Leitungsband überspringen. Diese tragen dann zu einer relativ geringen elektrischen Leitfähigkeit bei. Bei weiterer Zufuhr von Wärmeenergie können vermehrt Elektronen aus dem Valenzband ins Leitungsband übergehen und tragen dann deshalb zunehmend zur elektrischen Leitfähigkeit bei, was mit einem Absinken des elektrischen Widerstands bei steigender Temperatur verbunden ist.

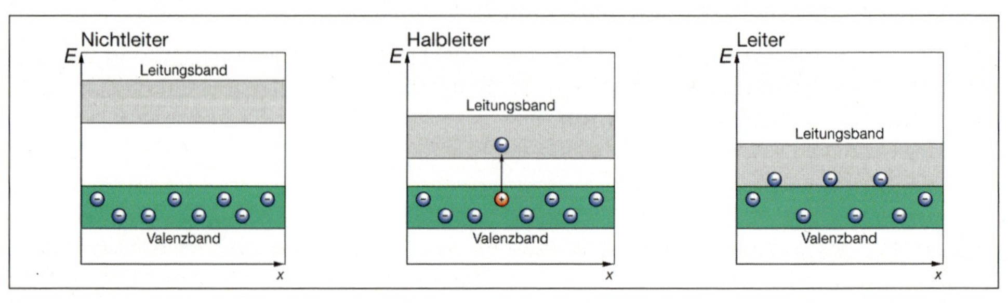

Bändermodell

3.4 Intermolekulare Kräfte, Wasserstoffbrücken

Von den Schmelz- und Siedetemperaturen der chemischen Verbindungen lässt sich oft auf die Kräfte zwischen den Molekülen zurückschließen.

Die Van-der-Waals-Kräfte können als kurzzeitige – temporäre – Bindungen verstanden werden. Sie entstehen, wenn sich im Molekül eine ungleiche Ladungsverteilung einstellt, die zwar an einem benachbarten Molekül ebenfalls einen kurzzeitigen Dipol induziert, aber nach kurzer Zeit wieder durch die thermische Bewegung der Moleküle beendet wird.

Im Kapitel 3.1.2 wurden diese Kräfte bereits erwähnt und beschrieben. Die Größe der Moleküle spielt bei dieser Bindungsart die entscheidende Rolle. Damit lassen sich nicht nur die steigenden Siedetemperaturen der elementaren Halogene mit wachsender Periode im PSE, sondern auch die steigenden Siedetemperaturen der Edelgase erklären.

Die oben genannten Stoffe haben gemeinsam, dass sie unpolar sind.

Wasserstoffverbindungen der 4. Hauptgruppe

Mithilfe der Elektronegativität und des Molekülbaus (tetraedrischer Aufbau) kann gezeigt werden, dass die Wasserstoffverbindungen der 4. Hauptgruppe, also CH_4, SiH_4, GeH_4 und SnH_4 ebenfalls unpolar sind. Es ist deshalb nicht verwunderlich, dass ihre Siedepunkte von –180 °C (= 93 K) beim Methan auf –52 °C (= 221 K) beim Stannan (auch Zinnwasserstoff genannt) anwachsen.

Wasserstoffverbindungen der Halogene

Betrachtet man jetzt die 7. Hauptgruppe der Halogene, so fällt eine Unregelmäßigkeit im Verlauf der Siedetemperaturen auf.

Es steigen zwar die Siedetemperaturen von HCl über HBr zum HI, aber das Hydrogenfluorid (auch Fluorwasserstoff genannt) fällt aus der Reihe.

Periode	Name	Formel	EN-Differenz	Siedetemperatur in Kelvin
2	Hydrogenfluorid	HF	1,8	293
3	Hydrogenchlorid	HCl	0,8	189
4	Hydrogenbromid	HBr	0,6	206
5	Hydrogeniodid	HI	0,3	222

Die EN-Differenz lässt erkennen, dass hier eine besonders stark polare Atombindung vorliegt, obwohl auch HCl und HBr polare Moleküle bilden. Die starke Polarität des HF-Moleküls reicht aber allein als Begründung für die ungewöhnlich hohe Siedetemperatur des HF nicht aus.

3.4.1 Wasserstoffbindung

Das Konzept einer neuen Bindungsart wurde erstmals 1920 von Latimer und Rodebush zur Erklärung des hohen Dipolmoments von flüssigem Hydrogenfluorid bzw. von Wasser beschrieben.

Entscheidend für die Erklärung dieses Phänomens ist das Vorhandensein von

- positiv polarisierten Wasserstoffatomen und gleichzeitig
- negativ polarisierten Fluor-, Sauerstoff- oder Stickstoffatomen.

Diese Bindung wird, da sie unbedingt Wasserstoff voraussetzt, auch Wasserstoffbrückenbindung oder kurz Wasserstoffbindung genannt.

Dazu ist auch die räumliche Voraussetzung zu erfüllen, dass sich die freien Elektronenpaare von F-, O- bzw. N-Atomen mit dem polarisiertem H-Atom überlappen können.

Wasserstoffbindung zwischen HF-Molekülen

Die Wasserstoffbindung zwischen den einzelnen HF-Molekülen kann auch folgendermaßen dargestellt werden:

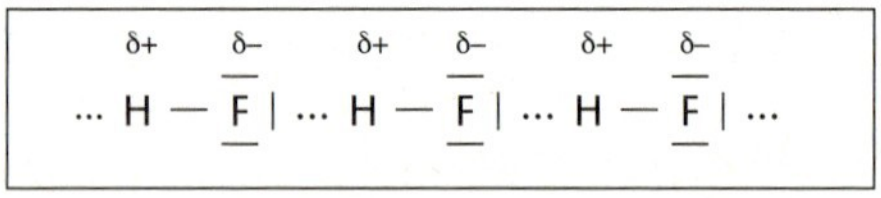

$$\cdots \overset{\delta+}{H} - \overset{\delta-}{\overline{\underline{F}}}| \cdots \overset{\delta+}{H} - \overset{\delta-}{\overline{\underline{F}}}| \cdots \overset{\delta+}{H} - \overset{\delta-}{\overline{\underline{F}}}| \cdots$$

Man kann erkennen, dass sich die Wasserstoffbindungen zwischen den einzelnen HF-Molekülen bilden und diese miteinander verknüpfen. Bei der Überführung eines Stoffs vom flüssigen in den gasförmigen Zustand sind aber alle Kräfte zu überwinden, die zwischen den einzelnen Molekülen herrschen, also in diesem Falle auch die Wasserstoffbindung. Das erklärt die ungewöhnlich hohen Siedetemperatur von Hydrogenfluorid.

Die Stärke der Wasserstoffbindung im HF-Molekül ist kleiner als die Stärke der dortigen Atombindung, sie beträgt nur etwas mehr als 5 % im Vergleich zur Atombindung im HF-Molekül. Das bedeutet, dass zur Trennung von zwei HF-Molekülen nur 5 % der Energie aufgebracht werden muss, die zur Trennung der HF-Bindung notwendig wäre.

Die Wasserstoffbindung beschränkt sich auf die stark elektronegativen Nichtmetalle der 2. Periode: das Fluor, den Sauerstoff und den Stickstoff. Die Elektronegativität des Kohlenstoffs ist bereits zu gering für eine solche Bindung, außerdem besitzt das Kohlenstoffatom kein freies Elektronenpaar zur Ausbildung der Wasserstoffbindung. Das Chlor-Atom hat zwar auch eine gleich große EN wie Stickstoff, aber die freien Elektronenpaare des Chlors sind schon zu weit vom Atomkern entfernt, da das Chlor bereits in der dritten Periode des PSE steht.

Wasserstoffbindung zwischen Wassermolekülen

Von besonderer Bedeutung ist die Wasserstoffbindung zwischen den einzelnen Wassermolekülen. Beim Aufbau des Wassermoleküls nach Lewis fällt auf, dass gleich zwei positiv polarisierte Wasserstoffatome, zwei freie Elektronenpaare am Sauerstoffatom und ein negativ polarisiertes Sauerstoffatom vorhanden sind. Wendet man nun die Regeln für die Wasserstoffbindung an, so kann man die entstehenden Bindungen so kennzeichnen:

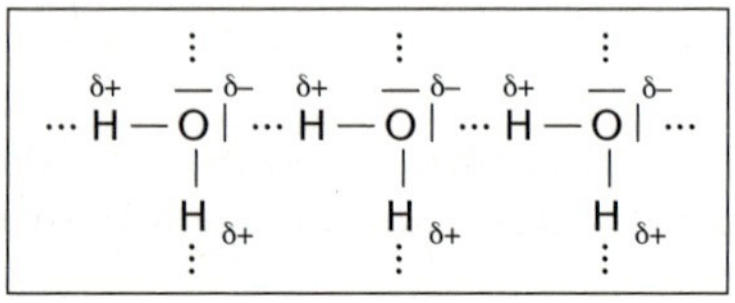

$$\cdots \overset{\delta+}{H} - \underset{\underset{\overset{|}{H^{\delta+}}}{}}{\overset{\vdots}{\overline{O}}}|^{\delta-} \cdots \overset{\delta+}{H} - \underset{\underset{\overset{|}{H^{\delta+}}}{}}{\overset{\vdots}{\overline{O}}}|^{\delta-} \cdots \overset{\delta+}{H} - \underset{\underset{\overset{|}{H^{\delta+}}}{}}{\overset{\vdots}{\overline{O}}}|^{\delta-} \cdots$$

Allerdings ist zu bedenken, dass bei dieser Art der Darstellung zwar deutlich wird, dass sich die Wassermoleküle miteinander vernetzen, aber der Winkel zwischen zwei Wasserstoffatomen im Wassermolekül beträgt ja 105° und nicht etwa 90°. In Wirklichkeit findet eine räumliche Vernetzung statt, die beim Wasser im festen Zustand – also bei Eis – zu einem Molekülgitter führt.

Die besondere räumliche Anordnung der Wasserstoffbindungen zwischen den Wassermolekülen führt dazu, dass Wasser eine außergewöhnlich hohe Siedetemperatur besitzt. Diese liegt mit 100 °C also noch höher als die Siedetemperatur des Hydrogenfluorids mit 20 °C, obwohl die Polarität beim HF stärker ausgeprägt ist als beim H_2O.

Molekülgitter: Schneeflocke

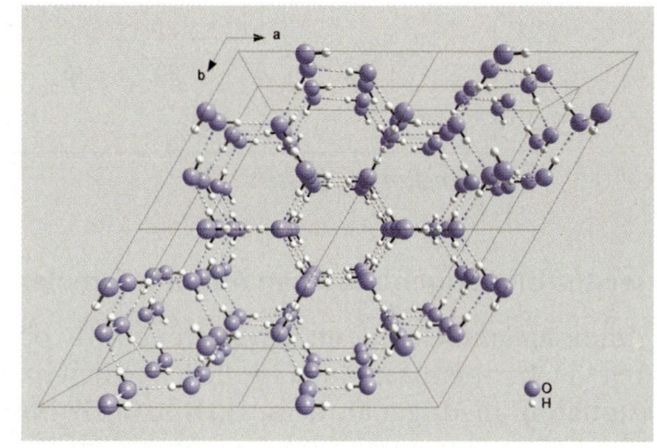

Molekülgitter: Eis

Am Molekülgitter von Eis erkennt man ebenfalls, dass durch die räumlich angeordneten Wasserstoffbindungen Hohlräume entstehen. Diese Hohlräume führen dazu, dass Wasser im festen Zustand eine geringere Dichte hat als im flüssigen Zustand. Als Konsequenz daraus ergibt sich, dass (festes) Eis auf (flüssigem) Wasser schwimmt; dies wird auch **1. Anomalie des Wassers** genannt. Im Gegensatz dazu verhalten sich fast alle anderen Stoffe: Beim Gefrieren von Stoffen aller Art sinkt nämlich der jeweils gefrorene Stoff zu Boden, die Substanz gefriert sozusagen von unten nach oben. Nur Wasser verhält sich so, dass es von oben nach unten friert und die Erklärung dazu bietet die räumlich vernetzte Wasserstoffbindung der Wassermoleküle.

Wenn Stoffe schmelzen, brechen die Gitter zusammen. Beim Wasser bleiben knapp oberhalb der Schmelztemperatur zwischen 0 und 4 °C noch Molekülverbände als Cluster übrig, die ähnlich wie beim festen Eis durch Wasserstoffbindungen miteinander verknüpft sind. Diese nehmen durch die Hohlraumbildung ein etwas größeres Volumen ein als die einzelnen Wassermoleküle, sodass die Dichte von (flüssigem) Wasser zwischen 0 und 4 °C zunimmt. Auch dies ist eine Eigenschaft, die das Wasser von (fast) allen anderen Flüssigkeiten unterscheidet (**2. Anomalie des Wassers**). Oberhalb von 4 °C sind dann kaum noch Cluster vorhanden und eine Temperaturerhöhung führt auch wieder zu einer Volumenexpansion, also zu einer Abnahme der Dichte.

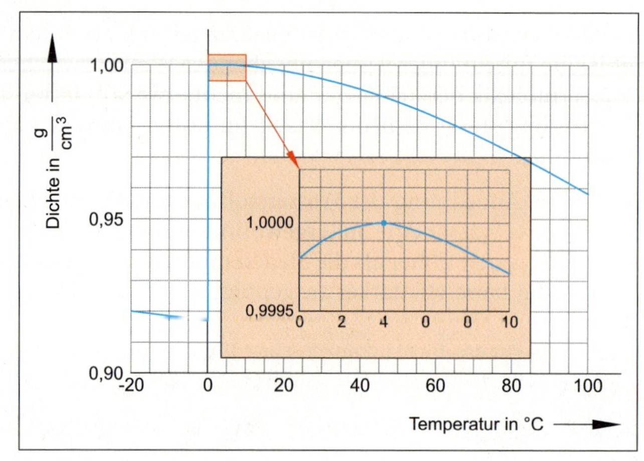

Anomalien des Wassers

Wasserstoffbindungen zwischen Ammoniakmolekülen

Das Ammoniakmolekül besitzt zwar drei positiv polarisierte Wasserstoffatome, aber nur ein freies Elektronenpaar. Auch ist die EN-Differenz zwischen dem Wasserstoff- und dem Stickstoffatom niedriger als beim H_2O- bzw. HF-Molekül. Dies führt trotzdem zu einem auffällig hohen Siedepunkt des Ammoniaks im Vergleich mit den anderen Wasserstoffverbindungen der 5. Hauptgruppe.

Eine Übersicht über die ungewöhnlich hohen Siedepunkte der Wasserstoffverbindungen der 2. Periode bietet die nachfolgende Grafik.

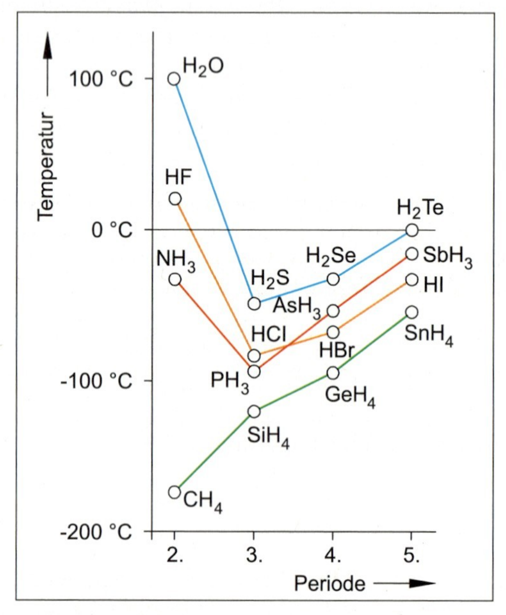

Siedetemperaturen verschiedener Wasserstoffverbindungen

3.4.2 Kräfte zwischen ungleichen Molekülen

Zum Verständnis für den Ablauf von Lösevorgängen, für physikalische und chemische Eigenschaften von Stoffen und für den Charakter chemischer Reaktionen ist es hilfreich, die jeweiligen Bindungsarten und Kräfte zu kennen und in ihrer Wirkung entsprechend einschätzen zu können.

Lösevorgänge Flüssigkeit in Flüssigkeit

Beim Vergleich von Lösungsversuchen verschiedener Flüssigkeiten kommt man zu der Feststellung, dass man die Flüssigkeiten in polare und unpolare Stoffe einteilen kann. Dabei gilt die Regel, dass polare Flüssigkeiten gut miteinander mischbar sind und dass jeweils unpolare Flüssigkeiten ebenfalls gut miteinander mischbar sind.

Bei den polaren Lösevorgängen muss aber oft auch die Wasserstoffbindung mit berücksichtigt werden. So löst sich z. B. ein einfaches Alkoholmolekül sehr gut in Wasser. Methanol als Beispiel für ein solches einfaches Alkoholmolekül besitzt folgenden Aufbau:

Methanolmolekül

Man erkennt, dass bei diesem Molekülaufbau ein Dipol entsteht: In der Abbildung ist die linke Seite des Moleküls unpolar, die rechte polar. Außerdem bieten sich Wasserstoffbindungen zum Wasser an, einerseits ist das Sauerstoffatom negativ polarisiert und andererseits das Wasserstoffatom am Sauerstoff positiv polarisiert. Daraus resultiert eine Löslichkeit in Wasser in jedem Mischungsverhältnis.

Unpolares Molekül: Pentan

Versucht man dagegen, Wasser mit einem flüssigen Kohlenwasserstoff zu mischen, z. B. Pentan, so findet nur eine sehr geringe Löslichkeit statt. Die unpolaren Pentanmoleküle gruppieren sich untereinander auf der Grundlage der Van-der-Waals-Kräfte, während die polaren Wassermoleküle durch Dipolkräfte und Wasserstoffbindung zusammengehalten werden.

(Anmerkung: Eine absolute Unlöslichkeit existiert hier nicht, da aufgrund der immer vorherrschenden Van-der-Waals-Kräfte eine sehr geringe Löslichkeit vorhanden ist.)

Obwohl Methanol einen polaren Aufbau besitzt, löst es sich auch gut im unpolaren Pentan. Als Erklärung hierfür betrachtet man den unpolaren Kohlenwasserstoffanteil im Methanol, der so groß ist, dass sich die beiden Stoffe aufgrund ihrer unpolaren Kräfte untereinander mischen.

Lösevorgänge Feststoff in Flüssigkeit

Der Lösevorgang von Kochsalz in Wasser wurde bereits beschrieben (Kapitel 3.2.6):

Ionen lösen sich dann in Wasser, wenn sie vom Dipol H_2O umgeben werden können. Dabei liegt die aufzuwendende Hydratationsenergie in der Größenordnung der zu überwindenden Ionengitterenergie. Manchmal lösen sich sogar Salze, wenn die Hydratationsenergie nicht völlig ausreicht, die Gitterkräfte zu überwinden. Die notwendige Energie wird dann aus der Umgebungswärme genommen und die Lösung kühlt sich ab. Solche Vorgänge finden statt, wenn die geordnete Struktur eines Ionengitters zugunsten einer ungeordneten Struktur der Lösung aufgegeben wird (vgl. den Begriff der Entropie aus Kapitel 4).

Bei fast allen Salzen steigt die Löslichkeit mit zunehmender Temperatur, dies allerdings in sehr unterschiedlichem Ausmaß. Die Löslichkeit von Kochsalz (NaCl) in Wasser ist z. B. kaum von der Temperatur abhängig, dagegen löst sich in 100 g Wasser bei 80 °C 10-mal mehr Kaliumnitrat (KNO_3) als bei 10 °C.

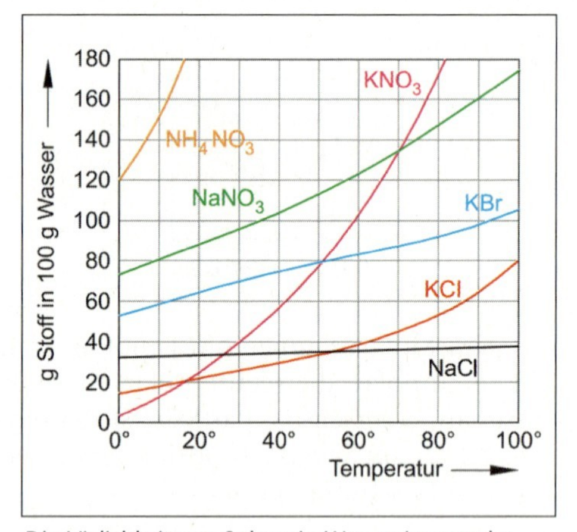

Die Löslichkeit von Salzen in Wasser ist von der Temperatur abhängig

Zucker löst sich sehr gut in Wasser. Die Ursache dafür wurde bereits bei der Löslichkeit von Alkohol in Wasser beschrieben, denn Zucker sind im Allgemeinen Stoffe mit vielen OH-Gruppen, vergleichbar also dem Methanol und diese OH-Gruppen bilden jeweils Wasserstoffbindungen zum Wasser aus.

```
   H     O
    \   //
      C
      |
  H — C — OH
      |
 HO — C — H
      |
  H — C — OH
      |
  H — C — OH
      |
    CH2OH
```

Glucose (Traubenzucker)

Lösevorgänge Gase in Wasser

Die Gase Stickstoff und Sauerstoff sind nur wenig in Wasser löslich, allerdings reicht die Löslichkeit von Sauerstoff aus, um das Leben im Wasser zu ermöglichen.

Dagegen lösen sich Hydrogenfluorid und Ammoniak wesentlich besser in Wasser. Die Ursache dafür ist, dass zwischen Wasser und diesen beiden Molekülen jeweils Wasserstoffbindungen möglich sind. Ein großer Teil dieser HF- bzw. NH_3-Moleküle ist also jeweils mit den einzelnen Wassermolekülen über Wasserstoffbindungen verknüpft.

Die gute Löslichkeit von Ammoniak in Wasser kann im sogenannten Springbrunnenversuch gezeigt werden. Dabei taucht ein mit Ammoniakgas gefüllter Glaskolben umgekehrt in ein mit Wasser gefülltes Vorratsgefäß. Bei Kontakt mit dem mit Indikator versehenen Wasser löst sich ein Teil des Gases im Wasser und erzeugt dadurch einen Unterdruck, der das restliche Wasser so lange in den Kolben einströmen lässt, bis der Kolben vollständig gefüllt ist.

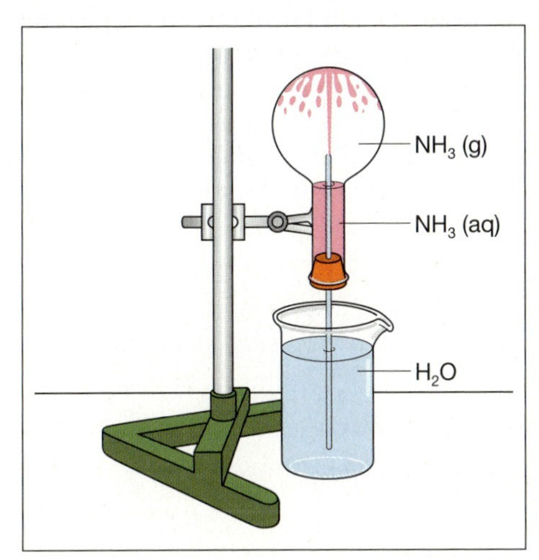

Ammoniak-Springbrunnen

Die Löslichkeit von Gasen in Flüssigkeiten ist nicht nur von den Wechselwirkungen der Moleküle untereinander, sondern auch vom Druck abhängig. Nach dem Gesetz von Henry (1775–1836) verhält sich die Löslichkeit eines Gases in einer Flüssigkeit proportional zum jeweiligen Partialdruck oberhalb der Flüssigkeit. So bewirkt die Erhöhung des Druckes von Normaldruck auf 1 bar Überdruck (also 2 bar Gesamtdruck), dass sich die Löslichkeit jedes Gases in der entsprechenden Flüssigkeit verdoppelt.

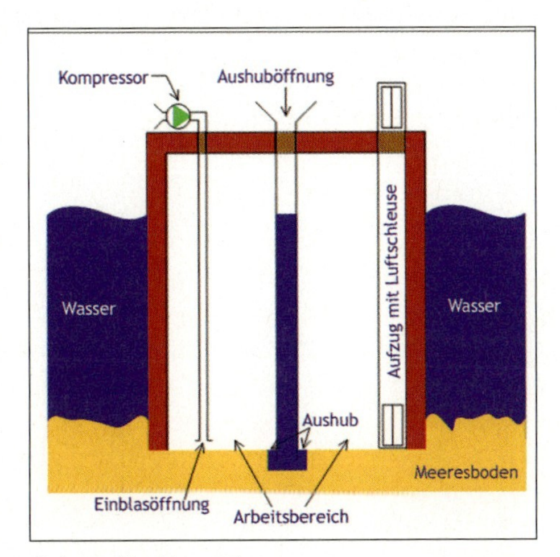

Caisson (Senkkasten)

Dieses Phänomen ist unter anderem für die sogenannte Caissonkrankheit verantwortlich: Für den Brückenbau unter Wasser wurden ab 1870 nach unten offene Behälter

(Caissons) verwendet, die beim Eintauchen in das Gewässer unter Überdruck gesetzt werden, um ein Eindringen von Wasser zu verhindern. So können Arbeiten am Fundament der Brücke im Trockenen ausgeführt werden, um z. B. Erdreich zu entfernen und Beton einzubringen. Bei dem Arbeiten unter Druck erhöht sich jedoch nach dem henryschen Gesetz nicht nur der Sauerstoffgehalt im Blut, sondern auch der Gehalt an inertem Stickstoff. Der Stickstoff diffundiert dann in Abhängigkeit von der Aufenthaltsdauer in diesen Bereichen aus dem Blut in das Gewebe. Beim Wiedereintritt an die unter Normaldruck stehende Erdoberfläche sinkt der Umgebungsdruck (Dekompression) und der gelöste Stickstoff perlt aus wie beim Öffnen einer Mineralwasserflasche. Werden die Gasblasen in den Blutgefäßen zu groß, so können sich schwerwiegende Krankheitsfolgen einstellen, die schließlich mit einer Lungenembolie tödlich enden können. Ähnliche Probleme treten auch beim Tauchen in Tiefen über 10 m auf und können zur Taucherkrankheit führen. Zur Vermeidung dieser Probleme muss der Taucher beim Auftauchen ganz bestimmte Dekompressionsphasen einhalten, um das Diffundieren des Stickstoffs in die Blutversorgung ohne Gasblasenbildung zu ermöglichen. Deshalb wurden andere Gaszusammensetzungen ausgetestet. Durch Erhöhung des Sauerstoff- und Verringerung des Stickstoffanteils in der Atemluft kann die Inertgasproblematik verringert werden, jedoch besteht nun ein erhöhtes Risiko der Sauerstoffvergiftung, also einer Überversorgung des Gewebes mit Sauerstoff. Der Zusatz von Helium zum Atemgemisch kann einen Teil der Stickstoffprobleme vermeiden, führt aber zu einer schnelleren Diffusion und damit auch zu einer erhöhten Gasblasenbildung bei der Dekompression.

Aufgabe

7. Beurteilen Sie den jeweiligen Lösevorgang von folgenden Stoffen:
   - *a. festes Bariumchlorid in Wasser*
   - *b. gasförmiges Hydrogenchlorid in Wasser*
   - *c. flüssiges Pentan und elementares Brom*
   - *d. gasförmiges Methan in Wasser*
   - *e. festes Iod und Wasser*
   - *f. feste Glucose und flüssiges Pentan*
   - *g. verflüssigtes Kohlenstoffdioxid und flüssiges Pentan*

4 Energetik (Thermodynamik)

Energie (von griech. energeia = Tatkraft) bedeutet in den Naturwissenschaften die Fähigkeit eines Stoffs oder Systems, Arbeit zu verrichten. Je nach der Quelle der Energie sprechen wir von der Verbrennungs-, Wind-, Sonnen-, geothermischen Energie oder im technischen Bereich auch von Wärme-, Kern-, elektrischer und chemischer Energie. Wir wissen, dass die Energieformen ineinander umwandelbar sind. Die Energieformen sind vielfältig. In der Chemie werden alle Vorgänge von energetischen Erscheinungen begleitet. Die Aufgabe der chemischen Energetik ist es, die Triebkraft, die Richtung und die Freiwilligkeit der Vorgänge zu erforschen. Ebenso ist es das Anliegen, effiziente Energieumwandlungsvorgänge zu suchen sowie neue (regenerative) Energiequellen zu erschließen.

4.1 Stoffliche Systeme

Zur Betrachtung der Energieumwandlungsvorgänge ist es zweckmäßig, wenn man sich auf wissenschaftliche Begriffe und Arbeitsmethoden verständigt. Was versteht man unter stofflichen Systemen?

Ein stoffliches System im chemischen Sinn sind reine Stoffe oder Stoffgemische, die der thermodynamischen Betrachtung bzw. Untersuchung unterliegen.

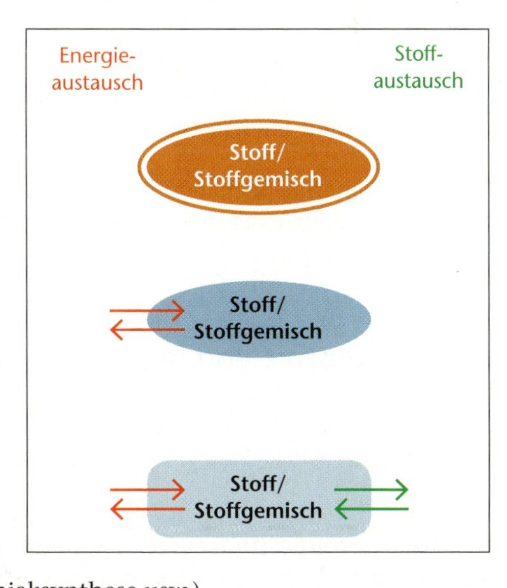

Man unterscheidet drei Arten stofflicher Systeme:

- **abgeschlossenes System:** kein Stoff- und Energieaustausch mit der Umwelt, z. B. chemische Reaktionen in einem festverschlossenen, thermisch isolierten Gefäß
- **geschlossenes System:** kein Stoffaustausch, aber energetische Wechselwirkungen mit der Umwelt, z. B. Reaktionen in wässrigen Lösungen, Gasreaktionen in geschlossenen thermisch nicht isolierten Gefäßen (Säure-Basen-Neutralisation, Fällungsreaktion usw.)
- **offenes System:** Stoff- und Energieaustausch mit der Umwelt möglich, z. B. Mehrzahl der kontinuierlich verlaufenden den chemisch-technischen Verfahren (Roheisen- und Stahlherstellung, Ammoniaksynthese usw.)

Die stofflichen Systeme sind stets durch ihre Energie gekennzeichnet: die äußere Energie, welche aus der Lage resultiert, und die innere Energie *(u)*, die vereinfacht gesehen aus drei Energieformen zusammengesetzt ist: Kernenergie (u_K), chemischer Energie (u_{ch}) und thermischer Energie (u_{th}):

$$u = u_K + u_{ch} + u_{th}$$

Da kein Energienullpunkt festgelegt werden kann, gibt es für die innere Energie keinen Absolutbetrag. Die jeweilige Energieform wird erst durch Umwandlungsvorgänge im System erkennbar.

- Umwandlungen im Atomkern führen zu Änderungen der Kernenergie, die in Wärme- oder elektrische Energie umgewandelt werden kann.
- Stoffumwandlungen durch chemische Reaktionen führen durch Umbau der chemischen Bindungen und Teilchenveränderungen zur Änderung der chemischen Energie. Sie wird z. B. in Wärme-, Licht- oder elektrische Energie umgewandelt.
- Beim Austausch der thermischen Energie mit der Umwelt erfolgen Änderungen in der kinetischen Energie der Teilchen sowie im Ordnungszustand des Systems.

Bei vielen Reaktionen kommt es häufig zu mehreren gleichzeitig ablaufenden Energieumwandlungsvorgängen. So wird chemische Energie in Strahlungsenergie, mechanischer Energie und thermische Energie umgewandelt. Schafft man spezielle Bedingungen (geschlossener Reaktionsraum mit konstantem Volumen), kann eine Form der Energieumwandlung bevorzugt werden (nur thermische Energie).

Da die innere Energie nicht messbar ist, kann nur ihre Änderung bei einer Stoffumwandlung bestimmt werden.

$$\Delta u = u_{Ende} - u_{Anfang}$$

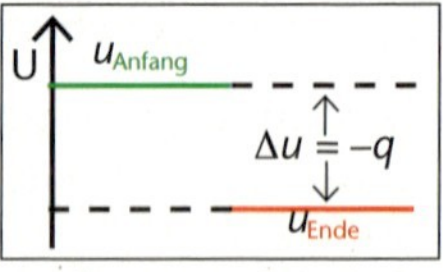

Exotherme Reaktion

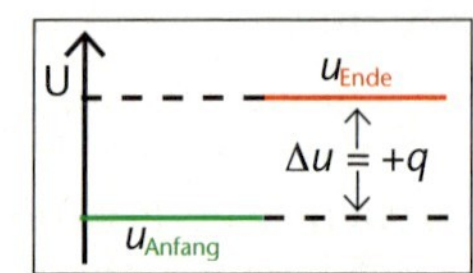

Endotherme Reaktion

Es gibt für Δu zwei Möglichkeiten:

1. $u_{Anfang} > u_{Ende} \longrightarrow \Delta u$ ist negativ $\longrightarrow$ **exotherme** Reaktion, das System gibt Energie ab.
2. $u_{Anfang} < u_{Ende} \longrightarrow \Delta u$ ist positiv $\longrightarrow$ **endotherme** Reaktion, das System nimmt Energie auf.

Ob eine exotherme oder endotherme Reaktion abläuft, hängt von der inneren Energie der Ausgangs- und Endstoffe ab.

4.2 Extensive und intensive Größen

Wenn man Zustände oder Prozesse betrachtet, ist es sinnvoll, auch hier für jeden Fall geeignete Größen zu verwenden. So wird zwischen extensiven und intensiven Größen unterschieden.

Extensive Größen sind Zustandsgrößen, auch Quantitätsgrößen, die sich mit der Größe des betrachteten Systems, also mit der Stoffmenge, ändern.

Sie setzen sich additiv aus den Untersystemen eines Systems zusammen. Solche Größen sind Masse *(m)*, Stoffmenge *(n)*, Volumen *(V)*, innere Energie *(u)*, Enthalpie *(h)*, Entropie *(s)* usw. Sie werden in Kleinbuchstaben angegeben, mit Ausnahme des Volumens.

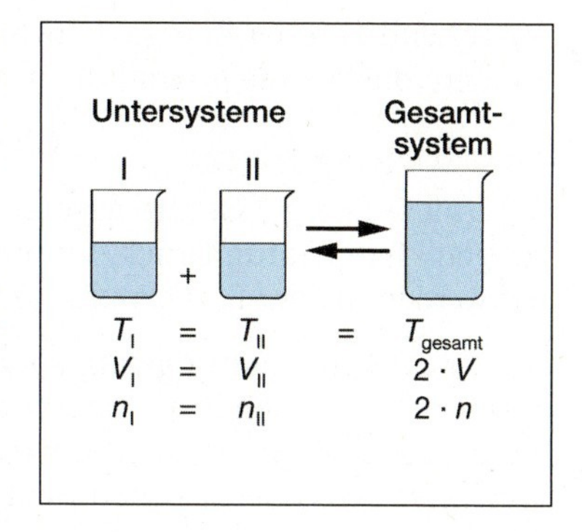

Diese Größen ändern sich beim Zusammenfügen mehrerer Untersysteme oder beim Teilen eines Systems in seine Untersysteme. Durch Division zweier extensiver Größen entstehen intensive Größen. Der Quotient aus dem Volumen *(V)* und der Stoffmenge *(n)* eines Stoffes ergibt das Molare Volumen (V_m):

$$V_m = \frac{V}{n} \; (\mathrm{l \cdot mol^{-1}})$$

Besondere Bedeutung haben die molaren Größen und die spezifischen Größen in Chemie und Technik. Sie werden durch Division einer extensiven Größe und der Stoffmenge gebildet.

Intensive Größen sind Prozessgrößen, auch Intensitätsgrößen, deren Wert in den Untersystemen und im Gesamtsystem gleich groß sind, also von der Stoffmenge unabhängig.

- **Molare Größen werden bei Verwechslungsmöglichkeiten mit dem Index m (z. B. V_m) versehen, sonst erhalten sie immer Großbuchstaben (z. B. *M*).**

Es sind Größen wie molare Masse *(M)*, Temperatur *(T)*, Potenzial *(Φ)*, elektrisches Feld *(E)* Druck *(p)*, Dichte *(ϱ)* usw.

4.3 Der erste Hauptsatz der Thermodynamik

Oder auch: Der Satz von der Erhaltung der Energie (Energieerhaltungssatz).

In der Vergangenheit und gerade jetzt, in einer Zeit, in der die fossilen Energieträger knapper werden, versucht man immer wieder diesen Energieerhaltungssatz auszuhebeln. Maschinen wie der „Magnetmotor" sollen mehr Energie liefern, als man hineinsteckt. Diese Art von Geräten und Maschinen nennt man *Perpetuum mobile 1. Art.* Bisher gab es aber noch keine dauerhaft funktionierenden Energieumwandlungsmaschinen dieser Form.

So bezeichnet man diesen thermodynamischen Lehrsatz als Erfahrungssatz, da er bisher nicht widerlegt wurde. Er lautet:

Bei einem Prozess kann Energie weder erschaffen noch vernichtet werden. Energie kann nur aus einer Form in eine andere Energieform umgewandelt werden.

In einem abgeschlossenen System ist demnach die Summe der Energien konstant. Betrachtet man aber ein geschlossenes System, bei dem ein Energieaustausch mit der Umwelt erfolgen kann, bei chemischen Reaktionen, ändert sich die innere Energie *(u)* vom Ausgangszustand u_1 in den Endzustand u_2:

$$\text{Gleichung I} \quad \Delta u = u_2 - u_1$$

Ausgehend von der Energiedefinition erfolgt die Änderung der inneren Energie in zwei Formen: die Wärme *(q)* und die Arbeit *(W)*.

$$\text{Gleichung II} \quad \Delta u = q + W$$

Die innere Energie ist also eine **Zustandsgröße**, die das System unter speziellen Bedingungen (Temperatur, Druck, Volumen usw.) charakterisiert. Sie selbst kann nicht gemessen werden, da der Bezugspunkt (Nullpunkt) fehlt, nur die Energieänderung ist messbar.

Da der Energieerhaltungssatz auch für chemische Reaktionen gilt, lässt sich ableiten, dass bei chemischen Reaktionen neben thermischer Energieänderung auch Arbeit, meist mechanische Arbeit verrichtet wird. Läuft eine Reaktion mit Volumenvergrößerung ab, verrichtet das System Arbeit (Volumenarbeit) an der Umgebung. Der Vorgang heißt Expansion.

Die Umkehrung, Volumenabnahme, wird als Kompression bezeichnet, da die Umwelt Arbeit am System verrichtet.

Volumenarbeit eines Systems ist nur möglich, wenn der auf das System wirkende Druck konstant ist (p = konstant; isobare Prozessführung). Die Volumenarbeit *(W)* lässt sich aus der Änderung des Volumens bei der Reaktion und dem herrschenden Druck berechnen. Es wird festgelegt, dass die Volumenvergrößerung gleich Abgabe von Volumenarbeit an die Umgebung bedeutet. Daher erhält die Volumenarbeit ein negatives Vorzeichen.

$$\text{Gleichung III} \quad W = -p \cdot \Delta V$$

Die Gleichung II kann nun mit Gleichung III angepasst werden. So gilt für den Energieerhaltungssatz allgemein:

$$\text{Gleichung IV} \quad \Delta u = q - p \cdot \Delta V$$

Die Änderung der inneren Energie ist während einer chemischen Reaktion gleich der Summe der bei konstantem Druck zugeführten oder entnommenen Energie in Form von Wärme und mechanischer Arbeit.

4.4 Reaktionsenergie, Reaktionsenthalpien, Heizwert/ Brennwert

Ändert sich die innere Energie eines stofflichen Systems während einer chemischen Reaktion, dann bezeichnet man diese Energie als Reaktionsenergie ($\Delta_R u$). In einem geschlossenen System, also V = konstant, kann keine Volumenarbeit erfolgen. Es ist ein isochorer Vorgang. Die Änderung der Reaktionsenergie ist gleich der Reaktionswärme *(q)*:

$$\Delta_R u = q$$

Diese Beziehung gilt jedoch nur für Reaktionen mit Volumenänderung. Bei Reaktionen, deren Reaktionspartner oder Endprodukte festen oder flüssigen Aggregatzustand besitzen, ist die isochore Prozessführung nicht möglich.

Die Reaktionsenergie ist die Energieänderung eines Systems bei konstantem Volumen.

Experiment:

In folgender Apparatur werden 10 ml Salzsäure ($c = 5\,mol \cdot l^{-1}$) mit 250 mg Zink zur Reaktion gebracht.

Beobachtungen:

Stoffumwandlung, Temperaturänderung, Volumenänderung

Errechnete Wärme:

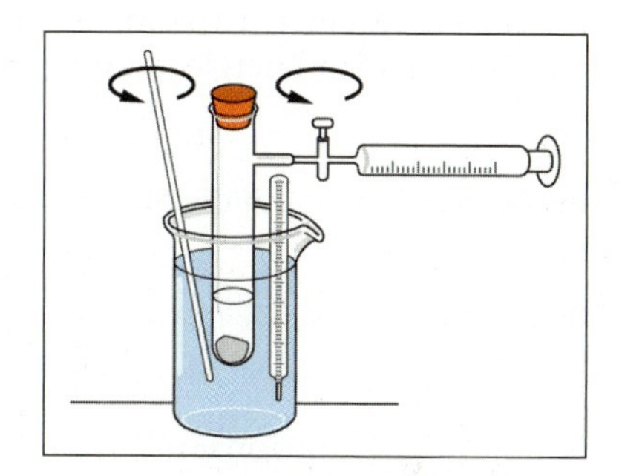

I. offener Hahn:

p = konstant
$q_p = -154{,}0\,kJ$

II. geschlossener Hahn:

V = konstant
$q_v = -156{,}3\,kJ$

Wie ist die Differenz von 2,3 kJ zu erklären?

Wenn die Prozessführung isobar gestaltet wird, kann Volumenarbeit verrichtet werden. Diese Energie geht bei Volumenvergrößerung auf die Umwelt über, bei Kompression wird Energie auf das System übertragen. In jedem Falle ist

$$\Delta_R u \neq q.$$

Die Größe von $\Delta_R u$ ist abhängig von der Volumenarbeit. Um welchen Wert ändert sich $\Delta_R u$?

Beispiel

$$Zn + 2\,H^+_{(aq)} + 2\,Cl^-_{(aq)} \longrightarrow Zn^{2+}_{(aq)} + 2\,Cl^-_{(aq)} + H_2\uparrow$$

Es wird ein Mol molekularer Wasserstoff gebildet.

$$W = -p \cdot \Delta V$$

Im Normzustand beträgt der Luftdruck p = 1013,25 hPa, das Volumen von einem Mol eines Gases entspricht 22,4 l.

$W = -1013{,}25\,hPa \cdot 22{,}4\,l \cdot mol^{-1}$

$W = -101325\,Pa \cdot 22{,}4\,l \cdot mol^{-1}$ $\quad 1\,Pa = 1\,N \cdot m^{-2};\ 1\,l = 1{,}0 \cdot 10^{-3}\,m^3$

$W = -101325\,N \cdot m^{-2} \cdot 0{,}0224\,m^3 \cdot mol^{-1}$

$W = -2269{,}68\,N \cdot m \cdot mol^{-1}$ $\quad 1\,N \cdot m = 1\,J$

$W = -2269{,}68\,J \cdot mol^{-1}$

$\underline{W = -2{,}27\,kJ \cdot mol^{-1}}$

Bei der Bildung von einem Mol Wasserstoff wird $\Delta_R u$ um die Volumenarbeit von $W = -2{,}27\,kJ$ kleiner.

Bei der Volumenänderung von einem Mol eines Gases, wird eine Volumenarbeit bei Expansion von $W = -2{,}27\,kJ$ und bei Kompression von $W = 2{,}27\,kJ$ verrichtet.

Diese Form der Prozessführung ist in der Natur und Technik die häufigste. Um diese Energieform von der Reaktionsenergie zu unterscheiden, wird sie als **Reaktionsenthalpie** ($\Delta_R H$) bezeichnet.

Reaktionsenergie und Reaktionsenthalpie sind extensive Größen. Ihr Wert ändert sich bei chemischen Reaktionen mit der Stoffmenge der Reaktionspartner. Es liegt nahe, dass man diese Größen auf die Stoffmenge der Formelumsätze bezieht. Die Division einer extensiven Größe durch die Stoffmenge ergibt eine intensive Größe. Die Reaktionsenthalpie erhält einen Großbuchstaben und ihr Formelzeichen ist $\Delta_R H$. Die Berechnung erfolgt nach dem Energieerhaltungssatz:

$$\Delta u = q - p \cdot \Delta V; \qquad q - h \text{ wenn } p = \text{konst.};$$

Bezug der Größen auf die Stoffmenge $\longrightarrow \frac{u}{n} = U; \frac{q}{n} = Q; \frac{h}{n} = H$

$$\Delta U = Q - p \cdot \Delta V; \qquad Q = \Delta_R H$$
$$\Delta U = \Delta_R H - p \cdot \Delta V$$
$$\Delta_R H = \Delta U + p \cdot \Delta V$$

Die molare Reaktionsenthalpie ist gleich der Summe der Änderung der inneren Energie und der Volumenarbeit je Mol. Bei Reaktionen ohne Volumenänderung ist $\Delta_R H \approx \Delta U$.

Exotherme Reaktion:	$Q, \Delta_R H$	< 0
Endotherme Reaktion:	$Q, \Delta_R H$	> 0
Volumenvergrößerung:	$-p \cdot \Delta V$	
Volumenverringerung:	$+p \cdot \Delta V$	

Wird Volumenarbeit verrichtet, unterscheiden sich $\Delta_R H$ und ΔU um den Wert von $W\ (p \cdot \Delta V)$. Für W gibt es drei Möglichkeiten:

W:	$= 0$;	> 0;	< 0
	$\Delta_R H = \Delta U$	$\Delta_R H < \Delta U$	$\Delta_R H > \Delta U$

Chemische Reaktionen sind Energieumwandlungen. Die freigewordene oder aufgenommene Energie wird in der Mehrzahl der Fälle als molare Reaktionsenthalpie bezeichnet. In Abhängigkeit des speziellen chemischen Vorgangs erhält diese Größe den charakteristischen Namen: Verbrennungsenthalpie, Hydratisierungsenthalpie, ..., Bildungsenthalpie.

Die **Bildungsenthalpie** ist für die Ermittlung der inneren Energie der chemischen Verbindungen von großer Bedeutung. Um vergleichbare Werte zu erhalten, wurden Bedingungen vereinbart, unter denen die Bildungsenthalpie bestimmt wird.[1] Es gelten die Standardbedingungen. Das Symbol der Bildungsenthalpie enthält den Bezug zur Enthalpieart früher $\Delta_B \boldsymbol{H}$, international $\Delta_f \boldsymbol{H}$ (**f** für engl. formation = Bildung).

---

1 *Man unterscheidet zwischen Normbedingungen, die international gleich sind, und den in der Chemie üblichen Standardbedingungen, die national abweichen können. Normbedingungen sind: p = 1 atm = 101,325 kPa = 1013,23 hPa; T = 293,15 K (0 °C).*
Standarddruck p = 1 bar = 1 000 hPa = $1{,}0 \cdot 10^5$ Pa; Standardtemperatur T = 298,15 K. (25 °C). Weiterhin gehören zu den Standardbedingungen die Standardstoffmenge für die Chemie n = 1 mol, für Lösungen die Standardstoffmengenkonzentration c = 1 M = 1 mol · l^{-1}.

Bei einfachen chemischen Reaktionen wird eine chemische Verbindung aus den Elementen gebildet. Hier bezieht man die molare Reaktionsenthalpie ($\Delta_R H$) auf die Reaktionsgleichung, bei der der Formelumsatz des gebildeten Stoffs 1 mol beträgt.

Die Bildungsenthalpie ($\Delta_f H$) ist die Energie, die bei der Bildung von einem Mol der chemischen Verbindung aus den chemischen Elementen aufgenommen oder abgegeben wird.

$$H_{2(g)} + \frac{1}{2}\,O_{2(g)} \longrightarrow H_2O_{(l)};\ \Delta_f H = -286\,kJ \cdot mol^{-1}$$

Für sehr viele Stoffe sind die Werte der Bildungsenthalpie tabellarisch erfasst.

Chemische Elemente besitzen im Allgemeinen die Bildungsenthalpie $\Delta_f H = 0$, es sei denn, sie weichen in einer Form oder Modifikation vom Grundzustand ab.

Beispiele

Sauerstoff als Disauerstoff (O_2) $\Delta_f H = 0\,kJ \cdot mol^{-1}$ oder Trisauerstoff (Ozon, O_3) $\Delta_f H = +143\,kJ \cdot mol^{-1}$;
Kohlenstoff (Grafit) $\Delta_f H = 0\,kJ \cdot mol^{-1}$ oder (Diamant) $\Delta_f H = +1{,}897\,kJ \cdot mol^{-1}$.

In der Forschung, Labortätigkeit, Wissensvermittlung in Schule und chemisch orientierten Berufen sind molare Reaktionsenthalpien von Bedeutung.

Die organische Stoffe zeichnen sich durch gute Brennbarkeit aus. Aufgrund ihres hohen Wasserstoffgehaltes wird bei ihrer Verbrennung sehr viel Wärme frei. Für diese Stoffe wird die molare **Verbrennungsenthalpie** ($\Delta_V \boldsymbol{H}$) in Tabellen angegeben.

Die molare Verbrennungsenthalpie ist die molare Reaktionsenthalpie eines Verbrennungsvorganges, bei dem der verbrennende Stoff den Stöchiometriefaktor 1 hat und das neben Kohlenstoffdioxid entstehende Wasser kondensiert vorliegt.

$$C_nH_mO_{x(s,\,l,\,g)} + n\ O_2 \longrightarrow n\ CO_{2(g)} + n\ H_2O_{(l)};\ \Delta_V H = -a\,kJ \cdot mol^{-1}$$

Die kennengelernten molaren Enthalpiearten stofflicher Systeme sind von äußeren Faktoren wie Temperatur und Druck abhängig. Es ist also immer notwendig, die Bedingungen, unter denen die Enthalpiewerte ermittelt wurden, mit anzugeben. Für eine bessere Vergleichbarkeit der Werte bezieht man sich auf die Standardwerte. In Tabellenwerken findet man die Standardenthalpien. Die Standardbedingungen werden durch einen am Symbol hochgestellten Kreis gekennzeichnet ($\Delta_R H^\circ$, $\Delta_f H^\circ$, $\Delta_V H^\circ$).

Bei der Untersuchung und Planung im industriellen Maßstab oder bei der Sicherung der Energieversorgung z. B. der Haushalte sind die $\Delta_R H$-Werte ungeeignet. Rechnet man mit den Energieinhalten von Energieträgern wie Kohle, Erdgas u. a., ist es günstiger, die Energie auf die Masse oder das Volumen in zweckmäßigen Einheiten zu beziehen. So wurden die Größen **Heizwert** und **Brennwert** eingeführt.

Der Heizwert *(H)* ist die bei einer Verbrennung maximal nutzbare Wärmemenge, bei der es nicht zu einer Kondensation des im Abgas enthaltenen Wasserdampfes kommt, bezogen auf die Masse des eingesetzten Brennstoffs.

$$H = \frac{\Delta_V H}{m}\ [kJ \cdot kg^{-1};\ kJ \cdot m^{-3}]$$

Der Heizwert eines Brennstoffs wird in sogenannten Bombenkalorimetern ermittelt. Dazu wird eine genau abgewogene Masse des Brennstoffs in ein Druckgefäß gegeben, das Gefäß mit Sauerstoff bei einem Druck von bis zu 30 bar gefüllt und der Brennstoff vollständig zu Kohlenstoffdioxid und Wasser verbrannt. Aus der Temperaturerhöhung und der Wärmekapazität des Kalorimeters wird der Heizwert berechnet.

Bombenkalorimeter

Brennstoff	Brennwert in MJ/kg	Heizwert in MJ/kg	Heizwert in kWh/kg
waldfrisches Holz	*	6,8	1,9
Holz	19	14,4–15,8	4–4,4
Papier	*	15	4,2
Holzbrikett	18,7	17,6	4,8–5,0
Holzpellets	*	18	4,9
Braunkohlebriketts	21	19,6	5,6
Steinkohle	29–32,7	27–32,7	7,5–9

Feste Brennstoffe *(*) zur Zeit nicht bekannt*

Der Brennwert entspricht der Wärmemenge bei kondensiertem Wasser, also der Standardverbrennungsenthalpie.

In älteren Tabellen findet man Angaben zum unteren und zum oberen Heizwert.[1]

<u>physiologischer Brennwert (mittlerer):</u>

1 g Kohlenhydrat	=	17 kJ
1 g Fett	=	39 kJ
1 g Eiweiß	=	17 kJ
1 g Alkohol (Ethanol)	=	30 kJ

Für Nahrungsmittel, die in unserem Organismus zur Energieversorgung dienen, wird der Energiegehalt als Nährwert in kJ pro 100 g oder als physiologischer Brennwert ($kJ \cdot g^{-1}$) angegeben. Aus diesen Angaben ist die Berechnung der notwendigen Energiemenge der Nahrung möglich, um eine ausreichende Versorgung des menschlichen Organismus zu gewährleisten. Je nach den körperlichen Voraussetzungen (Grundumsatz), dem Energiebedarf der Tätigkeit, der sportlichen Aktivität, können durch Berechnungen angepasste Ernährungspläne erstellt werden. Die Leistungsfähigkeit des Organismus wird gesteigert. Die leistungsfördernde Ernährung für einen bestimmten Tätigkeitsbereich nennt man *functional food.*

Diese thermodynamischen Größen sind Differenzen der inneren Energie der Produkte (Endzustand) und der Edukte (Ausgangszustand). Vom Wert der Energie des Ausgangszustandes gegenüber dem Endzustand ist das Vorzeichen der Größe abhängig.

1 Der obere Heizwert entspricht dem Brennwert.

4.5 Ermittlung thermodynamischer Größen

Die Standardbildungsenthalpien und Standardverbrennungsenthalpien sind charakteristische Stoffgrößen. Für die Vereinfachung der Berechnungen mit diesen Werten gibt es Tabellenwerke. Dazu werden die Enthalpien entweder kalorimetrisch oder aus gegebenen Standardbildungsenthalpien rechnerisch ermittelt.

4.5.1 Kalorimetrie

Die Kalorimetrie ist einen Messmethode, bei der Energieänderungen eines Systems durch Temperaturänderungen einer Kalorimetersubstanz (häufig eine Flüssigkeit) bestimmt werden.

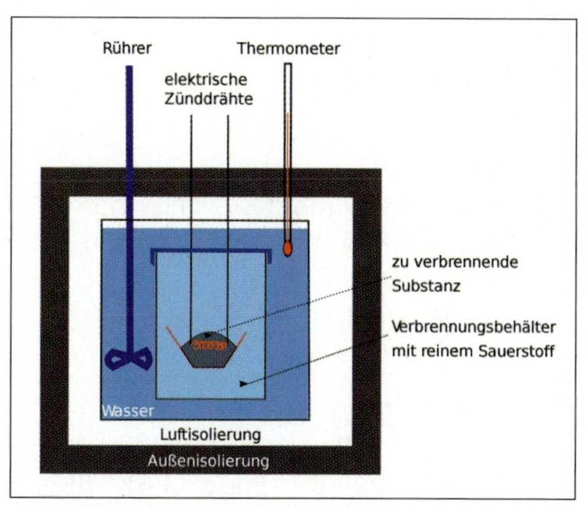

Schematische Darstellung eines Bombenkalorimeters

Dazu wird in einem Bombenkalorimeter analog der Heizwertbestimmung der zu untersuchende Vorgang in der kalorimetrischen Bombe ausgelöst. Die Wärmeänderung führt zu einer Temperaturänderung der Kalorimetersubstanz. Durch ein Rührgerät wird die Kalorimetersubstanz gleichmäßig verteilt und durchmischt. Die Temperaturmessung erfolgt mit Quecksilberthermometern (Ablesegenauigkeit 10^{-3}–10^{-4} Grad), Widerstandsthermometern oder Thermoelementen. Die Messgenauigkeit ist abhängig von der Ablesegenauigkeit der Thermometer. Die Berechnung der Energieänderung erfolgt mithilfe der ermittelten Temperaturdifferenz, der spezifischen Wärmekapazität und der Masse der Kalorimetersubstanz. Da die Temperaturdifferenz von der Masse bzw. Stoffmenge der eingewogenen Reaktionspartner abhängig ist, müssen diese Größen bei der Berechnung mit einbezogen werden. Die Grundlage der Berechnung ist folgender Zusamenhang:

Die im Kalorimeter übertragenen Wärme Q ist zur Temperaturänderung ΔT proportional.

$$Q \sim \Delta T$$

Je höher die Masse der Kalorimetersubstanz (meist Wasser) ist, desto höher muss die übertragene Wärmemenge bei gleicher Temperaturdifferenz sein. Es muss also die **Masse *(m)*** der Kalorimetersubstanz berücksichtigt werden.

Die spezifische Wärmekapazität c_p eines Stoffs gibt an, welche Wärmemenge eine bestimmte Masse (1 kg) des Stoffes aufnimmt, wenn sich seine Temperatur um 1 K erhöht. Unter Berücksichtigung dieser Größen erhält man folgende Grundgleichung:

$$Q = c_{p(H_2O)} \cdot m_{(H_2O)} \cdot \Delta T$$

Da diese Wärmemenge vom System der reagierenden Stoffe abgegeben wird, erhält sie ein negatives Vorzeichen. Diese Wärmemenge ist als extensive Größe von der Stoffmenge der Reaktionspartner abhängig. Der Quotient aus der Wärme und der Stoffmenge entspricht der molaren Reaktionsenthalpie:

$$\Delta_R H = -\frac{Q}{n} = -\frac{c_{p(H_2O)} \cdot m_{(H_2O)} \cdot \Delta T}{n}$$

Für $\boldsymbol{n}$ kann bei Verwendung der Masse der reagierenden Stoffe auch $\frac{m}{M}$ eingesetzt werden. So wird die Kalorimetergleichung für Feststoffe anwendbar:

$$\Delta_R H = -\frac{c_{p(H_2O)} \cdot m_{(H_2O)} \cdot M \cdot \Delta T}{m}$$

Beispiel 1: Berechnung der molaren Bildungsenthalpie von Eisensulfid

Es werden in einem Kalorimeter mit 500 ml Wasser als Kalorimeterflüssigkeit 4,48 g Eisen und 2,56 g Schwefel zur Reaktion gebracht. Dabei wird $\Delta T = 3{,}6\,K$ gemessen.

Berechnen Sie die molare Bildungsenthalpie.

Lösung

$Fe + S \longrightarrow FeS$

ges.: $\Delta_R H = \Delta_f H$
geg.: $M_{FeS} = 88\ g \cdot mol^{-1}$
$m_{FeS} = 7{,}84\,g$
$m_{H2O} = 500\,g$
$c_P = 4{,}19\,J \cdot g^{-1} \cdot K^{-1}$
$\Delta T = 3{,}6\,K$

$$\Delta_f H = -\frac{c_{p(H_2O)} \cdot m_{(H_2O)} \cdot \Delta T \cdot M}{m}$$

$$\Delta_f H = -\frac{4{,}19\,J \cdot g^{-1} \cdot K^{-1} \cdot 500\,g \cdot 3{,}6\,K \cdot 88\,g \cdot mol^{-1}}{7{,}84\,g}$$

$\underline{\Delta_f H = -94{,}3\,kJ \cdot mol^{-1}}$

Die kalorimetrisch ermittelte molare Bildungsenthalpie des Eisensulfids beträgt $\Delta_f H = -94{,}3\,kJ \cdot mol^{-1}$ (vergl. Tabellenwert $\Delta_f H° = -100\,kJ \cdot mol^{-1}$).

Beispiel 2: Bestimmung der Neutralisationsenthalpie

Die Neutralisationsenthalpie gibt die Energieänderung bei einer Säure-Basen-Reaktion an. Da Säuren und Basen (Hydroxidlösungen) wässrige Lösungen sind, ergibt sich nach dem Vermischen beider Lösungen ein Gesamtvolumen, welches als Kalorimeterflüssigkeit betrachtet wird. Die spezifische Wärmekapazität und die Dichte der verdünnten Lösungen sind denen des Wassers in etwa gleich. Die Messung von ΔT erfolgt dierekt in der Lösung. Die Neutralisationsreaktion wird in einem Kalorimeter ähnlich obiger Abbildung durchgeführt. Die Masse der Kalorimeterflüssigkeit entspricht $m_{(H_2O)} = \varrho_{(H_2O)} \cdot (V_B + V_S)$. Um die Wärmeabstrahlung bei einfachen Kalorimetern sehr gering zu halten, kühlt man die Lösungen ca. 3 K unter Zimmertemperatur ab.

Die chemische Reaktion verläuft nach der Reaktionsgleichung:

$H^+_{(aq)} + OH^-_{(aq)} \longrightarrow H_2O_{(l)}$

Es gilt für die Reaktionsenthalpie:

$$\Delta_R H = -\frac{c_{p(H_2O)} \cdot m_{(H_2O)} \cdot \Delta T}{n}$$

Im Neutralpunkt ist $n_{H^+} = n_{OH^-}$. Für n im Nenner der Gleichung wird die Stoffmenge der H^+ oder der OH^- entsprechend dem verwendeten Volumen der Säure oder der Basenlösung eingesetzt.

Berechnung

Die Neutralisation von 50 ml einer 1M Salzsäurelösung mit einer 1M Natriumhydroxidlösung führt zu einer ΔT von 6,56 K.

Berechnen Sie die Reaktionsenthalpie (Neutralisationsenthalpie).

Lösung

Die Neutralisation verläuft nach der Reaktion in verkürzter Ionenschreibweise:

$$H^+_{(aq)} + OH^-_{(aq)} \longrightarrow H_2O_{(l)}$$

ges.: $\Delta_R H$

geg.: $V_{HCl} = 50\,ml$ $\quad V_{NaOH} = 50\,ml$

$c_{HCl} = 1\,mol \cdot l^{-1}$ $\quad c_{NaOH} = 1\,mol \cdot l^{-1}$

$c_P = 4{,}19\,J \cdot g^{-1} \cdot K^{-1}$ $\quad \varrho_{H2O} = 1\,g \cdot ml^{-1}$

$\Delta T = 6{,}56\,K$

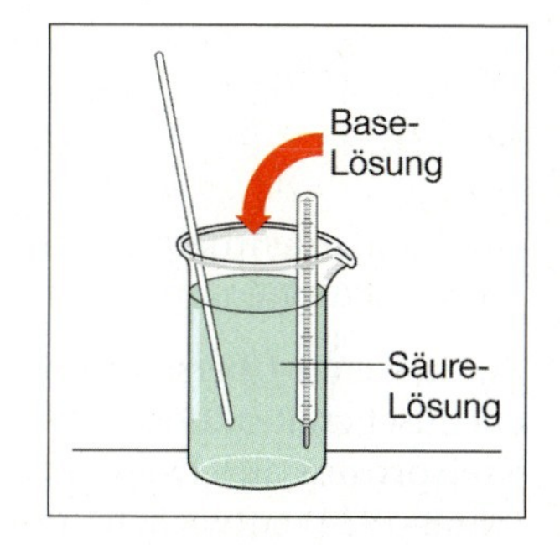

$$\Delta_R H = -\frac{c_{p(H_2O)} \cdot V_{(H_2O)} \cdot \varrho_{(H_2O)} \cdot \Delta T}{V_{(NaOH)} \cdot c_{(NaOH)}}$$

$$\Delta_R H = -\frac{4{,}19\,J \cdot g^{-1} \cdot K^{-1} \cdot 100\,ml \cdot 1\,g \cdot ml^{-1} \cdot 6{,}56\,K}{50\,ml \cdot 1\,mol \cdot l^{-1}}$$

$$\underline{\Delta_R H = -54{,}97\,kJ \cdot mol^{-1}}$$

Werden 50 ml NaOH mit 50 ml HCl neutralisiert, so beträgt die Neutralisationsenthalpie $\Delta_R H = -54{,}97\,kJ \cdot mol^{-1}$ (Tabellenwert $\Delta_R H = -55\,kJ \cdot mol^{-1}$).

4.5.2 Rechnerische Ermittlung nach dem Satz von Hess

Die kalorimetrische Bestimmung der molaren Bildungsenthalpie ist für viele Reaktionen nicht möglich. So sind die molaren Bildungsenthalpien bei komplizierten Reaktionsmechanismen, Reaktionen der Reaktionsordnung $n > 2$, sowie unvollständig verlaufenden oder sehr langsamen chemischen Vorgängen nicht experimentell zu bestimmen.

Germain Hess (1802–1850)

Hermann Heinrich Hess erkannte bereits 1840, dass die molare Reaktionsenthalpie unabhängig vom Reaktionsweg ist. Diese Erkenntnis ist im Satz von Hess zusammengefasst:

- **Die molare Reaktionsenthalpie ist nur vom Anfangs- und vom Endzustand der Reaktion abhängig, nicht vom Reaktionsweg.**

$$\Delta_R H = \sum \Delta_R H_{Ende} - \sum \Delta_R H_{Anfang}$$

oder

- **Die Standardenthalpie einer Reaktion entspricht der Summe der Standardenthalpien der Einzelreaktionen, in die die Gesamtreaktion zerlegt werden kann.**

$$\Delta_R H_{gesamt} = \Delta_R H_1 + \Delta_R H_2 + \ldots + \Delta_R H_n$$

Methan ist als Heizgas von Bedeutung. Ebenso ist Methan für chemische Synthesen in der organischen Chemie eine Schlüsselsubstanz. Für Berechnungen zur thermodynamischen Wahrscheinlichkeit einer Reaktion ist auch hier die Standardbildungsenthalpie des Methans nötig. Diese kann jedoch nicht kalorimetrisch aus den Elementen ermittelt werden, so geht man nach dem Satz von Hess einen Umweg. Bekannt sind folgende Reaktionen:

Gesucht ist die Standardbildungsenthalpie $\Delta_f H$ von Methan nach folgender Gleichung:

I. $C + 2H_2 \longrightarrow CH_4$

Gegeben sind folgende Teilreaktionen:

II. $C + O_2 \longrightarrow CO_2$; $\Delta_R H_{II} = -393{,}5\,kJ \cdot mol^{-1}$
III. $H_2 + 0{,}5\,O_2 \longrightarrow H_2O_{(l)}$; $\Delta_R H_{III} = -286{,}0\,kJ \cdot mol^{-1}$
IV. $CH_4 + 2\,O_2 \longrightarrow CO_2 + 2\,H_2O$; $\Delta_R H_{IV} = -890{,}7\,kJ \cdot mol^{-1}$

Die Standardenthalpie einer Reaktion entspricht der Summe der Standardenthalpien der Einzelreaktionen, in die die Gesamtreaktion zerlegt werden kann.

Zur besseren Übersicht über die thermodynamischen Zusammenhänge während einer chemischen Reaktion stellt man ein Schema der Teilreaktionen analog dem **Born-Haber-Kreisprozess** auf. Dieser Kreisprozess wurde von Max Born (1882–1972) und Fritz Haber (1868–1934) entwickelt, um Gitterenthalpien von Ionensubstanzen zu ermitteln und um Stabilitätsvoraussagen ableiten zu können. Er berücksichtigt die Aussagen des Satzes von Hess. Für das Beispiel der Bildung von Methan gilt das folgende Schema:

$CH_4 + 2\,O_2 \rightarrow CO_2 + 2\,H_2O$; $\Delta_R H_{IV} = -890{,}7\,kJ \cdot mol^{-1}$
↑ $\Delta_R H_I$ $+ O_2$ ↑ $\Delta_R H_{II} = -393{,}5\,kJ \cdot mol^{-}$ $+ O_2$ ↑ $2 \cdot \Delta_R H_{III} = -286{,}0\,kJ \cdot mol^{-1}$
$C + H_2$

So lässt sich für die vollständige Oxidation von Methan folgender Zusammenhang formulieren:

$$\Delta_R H_{IV} = \Delta_R H_I + \Delta_R H_{II} + \Delta_R H_{III}$$

Für $\Delta_R H_I$ wird die Differenz aus den Standardenthalpien der bekannten Reaktionen gebildet.

$\Delta_R H_I = (\Delta_R H_{II} + \Delta_R H_{III}) - \Delta_R H_{IV}$
$\Delta_R H_I = [-393{,}5\,kJ \cdot mol^{-1} + 2\,(-286\,kJ \cdot mol^{-1})] - (-890{,}7\,kJ \cdot mol^{-1})$
$\underline{\Delta_R H_I = -74{,}8\,kJ \cdot mol^{-1}}$

Die Standardbildungsenthalpie des Methans beträgt $\Delta_f H° = -74{,}0\,kJ \cdot mol^{-1}$.

4.6 Energetische Betrachtungen zu Haushalt und Industrie

In unserem Alltag laufen viele Vorgänge, ob physikalischer oder chemischer Natur, unbemerkt ab, solange der Energiefluss ungestört ist. Betrachten wir unsere Erde im Universum, wird diese ständig mit Energie überwiegend von der Sonne und natürlich auch von anderen Energiequellen des Alls versorgt. Den stärksten Einfluss auf das Leben hat das Licht, ein enger Wellenlängenbereich der elektromagnetischen Strahlung. Das „biologische Fenster" der Erdatmosphäre lässt das Licht im Spektralbereich von ca. 360–720 nm durch. In diesem Wellenlängenbereich können die Pflanzen und alle fotoaktiven Lebewesen Lichtenergie absorbieren.

Eine gewaltige Energiemenge steht im Laufe eines Jahres für die fotosynthesebetreibenden Lebewesen zur Verfügung. Die Einstrahlung, welche im fotosynthetisch wirksamen Spektralbereich die Erdoberfläche in Meeresspiegelhöhe erreicht, beträgt $1{,}6 \cdot 10^{24}\ J \cdot a^{-1}$, davon erreicht die Vegetationsfläche im wirksamen Spektralbereich eine Energiemenge von $1{,}0 \cdot 10^{24}\ J \cdot a^{-1}$. Nach Abzug aller Verluste (Absorption bei optimaler Blattstellung, Wirkungsgrad der Fotosynthese, Verlust durch Zellatmung) verbleiben der Pflanze 5,3 % der eingestrahlten Energie.

Die Effektivität sinkt aber weiter aufgrund der jeweiligen geografischen Lage, der wenig optimalen Kohlenstoffdioxidkonzentration, auf 0,1–2,4 % pro Jahr. Diese Energiemenge steht in Form von Biomasse allen weiteren Konsumenten, heterotrophen Organismen, einschließlich dem Menschen zur Verfügung. Die in der Biomasse gebundene, nun chemische Energie steht mit 0,1 % für das nachfolgende Nahrungskettenglied bereit. Der Energiefluss vollzieht sich nun durch die Nahrungsketten und Nahrungsnetze bis hin zum Endkonsumenten bzw. Destruenten.

Wir decken unseren Energiebedarf aus der aufgenommenen Nahrung. Die Nahrungsmittelenergie wird als physikalischer Brennwert angegeben. Dieser entspricht der Energie, die man durch einen Verbrennungsvorgang in einem Kalorimeter ermittelt. Er ist zum Vergleich der Brennwerte verschiedener Nahrungsmittel geeignet. Für eine gezielte, der körperlichen Leistung entsprechende Ernährung ist der physiologische Brennwert von Bedeutung. Darunter versteht man die im Organismus aus den Nährstoffen freigesetzte Energie (siehe Tabelle physiologischer Brennwert, Kalorimetrie).

Die Lichtenergie wird absorbiert, in chemische Energie der Assimilate umgewandelt und bei jedem heterotrophen Umwandlungsschritt erreicht das nächste Lebewesen nur 0,1 % der Energie. Die Differenz verbleibt im Organismus oder ist Wärmestrahlung.

Die auf diesem Wege in den vergangenen Erdzeitaltern gespeicherte überschüssige Energie liegt uns als fossile Brennstoffe vor. Diese Brennstoffe bestimmen gegenwärtig unseren Wohlstand. Mit ihrem drastischen Verbrauch sind wir gezwungen, in der Energiepolitik umzudenken, neue Energiequellen zu erschließen, energieintensive Verfahren der chemischen Industrie und der Metallurgie zu modernisieren. Die theoretischen Grundlagen liefert die chemische Thermodynamik.

Chemisch-technische Verfahren unterliegen ebenso wie die Naturvorgänge energetischen Aspekten. Sie werden bei wesentlich höheren Temperaturen durchgeführt als die Milchsäuregärung bei der Muskelarbeit. Grundlage sind die durch chemische Reaktionen verrichtete Volumenarbeit, die Reaktionsenthalpien, Brenn- und Heizwerte.

Bedeutung der Reaktionsenthalpien: Die Berechnung der Reaktionsenthalpien der geplanten Reaktionen zeigt, ob ein exo- oder endothermer Vorgang vorliegt. Für den geplanten Prozess wird eine Energiebilanz benötigt, die jeglichen Energiebedarf berücksichtigt (endotherme Vorgänge, Arbeitstemperatur des Katalysators, Vorwärmen der

Ausgangsstoffe, Wärmeabstrahlung usw.). Die Quellen der Wärmeenergie müssen erschlossen werden (die Art des Energieträgers, die Möglichkeit des Einsatzes von Wärmetauschern usw.). Die **Reaktionsenthalpien** helfen bei der Wahl des Energieträgers und lassen Möglichkeiten der Kopplung exo- und endothermer Vorgänge diskutieren.

Bedeutung der Heizwerte: Erdgas, Heizöl, Kohle usw. sind Gemische mehrerer energiereicher Stoffe. Es wird der Heizwert des Gemisches kalorimetrisch bestimmt und zur Mengenberechnung des Energieträgers für den chemisch-technischen Prozess benutzt (z. B. Koksbedarf einer Eisenhütte, Masse der Holzpellets für die Wärmeversorgung einer Wohnungsgenossenschaft usw.).

Für den Einsatz eines Energieträgers gilt:

- Je höher der Wasseranteil des Brennstoffs ist (Nässe), desto niedriger ist sein Heizwert.
- Je höher der Wasserstoffanteil des Brennstoffs ist (in organischen Stoffen gebunden, in Gasgemischen molekular), desto höher sind Heiz- und Brennwert.

4.7 Der zweite Hauptsatz der Thermodynamik

Betrachtet man aufmerksam die Vorgänge in der Natur, das Funktionieren von Wärmekraftmaschinen, chemische Reaktionen im Labor oder in der Chemieindustrie, stellt man fest: Viele Vorgänge laufen freiwillig ab und andere nur, wenn Arbeit verrichtet wird. Welche Triebkräfte bewirken die Spontanität oder hemmen die Vorgänge?

Nach dem ersten Hauptsatz der Thermodynamik wissen wir: Die Summe der Energien ist konstant, die Energieformen werden ineinander umgewandelt. Wir wissen weiter, dass endotherme Vorgänge nur unter Aufwand von Energie in Gang kommen, aber dass auch die stark exotherme Reaktion von Wasserstoff mit Sauerstoff erst eine Aktivierung erfahren muss, um selbstständig ablaufend Wasser zu bilden.

Experiment:

Mischt man in einem bestimmten Verhältnis festes Ammoniumthiocyanat und festes Bariumhydroxid mit Zimmertemperatur, bemerkt man einen starken Geruch nach Ammoniak, die Kristalle lösen sich in vorher nicht beobachtbarem Wasser und die Temperatur sinkt (siehe Abbildung).

Diese Reaktion verläuft offensichtlich endotherm. Sie kommt spontan in Gang, ohne zusätzlich aufgewendete Arbeit.

Es liegt nahe, nach einer Triebkraft zu suchen, die die Spontanität mancher Vorgänge erklärt und mit der die Richtung einer Reaktion erklärbar bzw. voraussagbar wird. Die Reaktionsgleichung zum eben betrachteten Vorgang ist folgende:

$$2\ NH_4SCN_{(s)} + Ba(OH)_{2(s)} \longrightarrow 2\ NH_{3(g)}\uparrow + 2\ H_2O_{(l)} + Ba^{2+}_{(aq)} + 2\ SCN^-_{(aq)}$$

feste Stoffe	$\longrightarrow$	Gas	Flüssigkeit	Ionen in der Lösung
Kristalle	$\longrightarrow$	freibewegliche Moleküle		freibewegliche Ionen
höchstes Maß an Ordnung	$\longrightarrow$		Unordnung	

Schlussfolgerung: Bei dieser Reaktion nimmt die Unordnung zu.

Bei naturwissenschaftlicher Betrachtungsweise bedarf es einer großen Zahl an gleichen Beobachtungen, ehe man eine sichere Aussage treffen kann, gar ein Gesetz formulieren.

Weitere Beispiele für Reaktionen mit Zunahme der Unordnung sind:

- Verbrennung fester Stoffe
- Reaktion von Metalloxiden mit Säuren
- Auflösen von Metallen in Säuren bei Freisetzung von Wasserstoff
- Auflösen von Salzen in Wasser

Diese Vorgänge haben ein weiteres gemeinsames Merkmal, sie laufen überwiegend in die Richtung mit gleichmäßiger Verteilung der Teilchen und der Energie. Die meisten Vorgänge verlaufen irreversibel (unumkehrbar) in die Richtung, in der im Vergleich zu den Ausgangszuständen die Endzustände mit geringerer Ordnung wahrscheinlicher sind.

Eine weitere Gruppe von Vorgängen sind die reversibel (umkehrbar) verlaufenden, d. h. die übertragene Wärme und die verrichtete Arbeit (Volumenarbeit) der Hin- und der Rückreaktion unterscheiden sich im Vorzeichen. Solche Vorgänge sind aber nur unter Idealbedingungen möglich. So ist mit Ausnahme der Aggregatzustandsänderungen die Mehrzahl der Vorgänge richtungsorientiert, irreversibel.

4.7.1 Die Entropie

1885 wurde von Rudolph Julius Emeanuel Clausius, deutscher Physiker (1822–1888) und vom britischen Physiker Sir William Thomson, später als Lord Kelvin bekannt (1824–1907), eine neue Größe eingeführt, die **Entropie**.

Die Entropie *(S)* ist ein Maß für die Wahrscheinlichkeit eines Zustandes von Systemen.

Eine Zustandsänderung ist umso wahrscheinlicher, wenn Energie und Stoffe gleichmäßig, ungeordnet, werden. Nimmt die Unordnung in einem System zu, steigt die Entropie.

Die Entropie lässt Aussagen über die Richtung bzw. die Wahrscheinlichkeit von Zustandsänderungen zu.

Für ein geschlossenes System gilt, die Änderung der Entropie ΔS des stofflichen Systems ist gleich dem Quotienten der übertragenen Energie in einem reversiblen Prozess (Q_{rev}) und der Temperatur *(T)*, bei der die Wärmeübertragung abläuft.

$$\Delta S = \frac{Q_{(rev)}}{T} \; [J \cdot K^{-1}]$$

Aus den Tabellen für thermodynamische Größen lassen sich für alle Stoffe, auch für chemische Elemente, Entropiewerte ablesen. Am absoluten Nullpunkt $T = 0$ ($\vartheta = -273{,}15\,°C$) ist die Entropie $S = 0$, da die Teilchenbewegung null ist und das höchste Maß an Ordnung erreicht wird. Steigt die Temperatur nimmt die Teilchenbewegung in allen Formen zu und die Entropie steigt. Die Entropie eines Stoffs ist immer größer als null. Für eine Zustandsänderung wird die Entropieänderung wie folgt berechnet:

$$\Delta_R S = \sum S_{Ende} - \sum S_{Anfang}$$

Ist das System der reagierenden Stoffe kein abgeschlossenes System, können die Standardreaktionsentropien ($\Delta_R S$) kleiner als null sein.

Mit der Entropie lässt sich der **2. Hauptsatz der Thermodynamik** nach Clausius (1822–1888)[1] formulieren:

„Die Wärme kann nicht von selbst aus einem kälteren in einen wärmeren Körper übergehen."

Wenn die Entropie mit einbezogen wird, ergibt sich die gegenwärtige Fassung (auch Entropiesatz genannt):

Rudolf J. E. Clausius

Bei Vorgängen in einem abgeschlossenen System bleibt die Entropie *S* bei ideal umkehrbarem (reversiblen) Verlauf konstant, beim tatsächlichen Ablauf in Natur und Technik nimmt sie stets zu.

4.7.2 Freie Enthalpie

Bisher lernten wir, dass eine chemische Reaktion bevorzugt dann abläuft, wenn

a) die Standardreaktionsenthalpie kleiner null ist, eine exotherme Reaktion vorliegt, oder

b) die Standardreaktionsentropie größer wird, die Unordnung im System steigt.

Nachdem wir die Frage, ob die Reaktion möglich ist, beantworten können, werfen sich weitere auf:

- Bei welcher Temperatur läuft die Reaktion ab?
- Wie wird die Gleichgewichtslage durch die Temperatur beeinflusst?
- Welche Konzentrationen der Ausgangsstoffe und Produkte liegen im chemischen Gleichgewicht vor?

Zur Beantwortung dieser Fragen wurde von Josiah Willard Gibbs (1839–1903) die neue Zustandsgröße – die **freie Enthalpie** ($\Delta_R G$) auch **gibbssche Energie** *(G)* genannt – eingeführt. Aus dem Zusammenhang heraus, dass die stofflichen Systeme bei chemischen Reaktionen meist geschlossen oder offen sind, stehen sie mit der Umwelt durch Energieübertragung in Wechselbeziehung. Die Entropie der Umgebung ändert sich durch Wärmeübertragung zwischen System und Umwelt. Die Entropieänderung der Umwelt ist auf die Reaktionsenthalpie zurückzuführen. Gibbs verknüpfte die Zustandsgrößen Reaktionsenthalpie, Reaktionsentropie und die Reaktionstemperatur miteinander. Diese Beziehung wird als **Gibbs-Helmholtz-Gleichung** bezeichnet, da sie auf die Arbeit beider Physiker zurückgeht.

$$G = H - T \cdot S$$

▶ **Für die Änderung der freien Enthalpie gilt bei isobarer Prozessführung (p = konstant):**

$$\Delta_R G = \Delta_R H - T\Delta_R S$$

1 *Rudolf Julius Emanuel Clausius, 1822–1888, deutscher Physiker, Entdecker des 2. Hauptsatzes der Thermodynamik*

Diese Gleichung lässt folgende Aussagen zu:

1. Es kann der freiwillige Ablauf einer chemischen Reaktion vorausgesagt werden. Dazu müssen die Bedingungen **$\Delta_R H < 0$ und $\Delta S > 0$** sein. Bei $T = 298{,}15\,K$ ist in jedem Fall **$\Delta_R G < 0$.**
   Wenn **$\Delta_R G < 0$**, dann erfolgt die Reaktion spontan, freiwillig. Die Reaktion verläuft **exergonisch** (sie kann unter Abgabe von Arbeit ablaufen).
2. Sind **$\Delta_R H > 0$ und $\Delta S < 0$**, dann ist die freie Enthalpie positiv **$\Delta_R G > 0$.** Der Vorgang ist **endergonisch**, er kann nur unter Aufwand von Arbeit erzwungen werden.
3. Ist die freie Enthalpie **$\Delta_R G = 0$**, dann befindet sich das System im chemischen Gleichgewicht. Die Reaktion läuft nicht ab.
4. Es kann die Temperatur ermittelt werden, bei der die Reaktion möglich wird.

Beispiel 1

Erfolgt die Oxidation von Schwefel unter Standardbedingungen freiwillig?

Die Oxidation von Schwefel erfolgt nach folgender Reaktionsgleichung:

$$S + O_2 \longrightarrow SO_2$$

Zur Bestimmung der freien Enthalpie wird die Standardreaktionsenthalpie und die Entropieänderung errechnet.

$\Delta_R H = \sum \Delta_R H_{Ende} - \sum \Delta_R H_{Anfang}$

$\Delta_R H = \Delta_f H_{SO_2} - (\Delta_f H_S + \Delta_f H_{O_2})$

$\Delta_R H = -297\,kJ \cdot mol^{-1} - (0\,kJ \cdot mol^{-1} + 0\,kJ \cdot mol^{-1})$

$\Delta_R H = -297\,kJ \cdot mol^{-1}$

Die Entropieänderung:

$\Delta S = S_{SO_2} - (S_S + S_{SO_2})$

$\Delta S = 248\,J \cdot K^{-1} \cdot mol^{-1} - (32\,J \cdot K^{-1} \cdot mol^{-1} + 205\,J \cdot K^{-1} \cdot mol^{-1})$

$\Delta S = 11\,J \cdot K^{-1} \cdot mol^{-1}$

Nach der Gibbs-Helmholtz-Gleichung ergibt sich die freie Enthalpie:

$\Delta_R G = \Delta_R H - T\Delta S$

$\Delta_R G = -297\,kJ \cdot mol^{-1} - 298{,}15\,K \cdot 0{,}011\,kJ \cdot K^{-1} \cdot mol^{-1}$

$\underline{\Delta_R G = -300{,}28\,kJ \cdot mol^{-1}}$

Die freie Enthalpie für die Oxidation von Schwefel beträgt $\Delta_R G = -300{,}28\,kJ \cdot mol^{-1}$. Da $\Delta_R G < 0$ ist, läuft die Reaktion unter Standardbedingungen freiwillig ab. Sie verläuft exergonisch. Es wird aber keine Aussage über die Akitivierungsenergie und die Geschwindigkeit der Reaktion gemacht.

Beispiel 2

Erfolgt der Zerfall von Wasser in Wasserstoff und Sauerstoff unter Standardbedingungen freiwillig?

$2\ H_2O_{(l)} \longrightarrow 2\ H_2 + O_2$

$\Delta_R H = (2\Delta_f H_{H_2} + \Delta_f H_{O_2}) - 2\ \Delta_f H_{H_2O(l)}$

$\Delta_R H = (2 \cdot 0\,kJ \cdot mol^{-1} + 0\,kJ \cdot mol^{-1}) - 2(-286\,kJ \cdot mol^{-1})$

$\Delta_R H = 572\,kJ \cdot mol^{-1}$

Die Entropieänderung: $J \cdot K^{-1} \cdot mol^{-1}$

$\Delta S = (2S_{H_2} + S_{O_2}) - 2S_{H_2O(l)}$

$\Delta S = (2 \cdot 131\ J \cdot K^{-1} \cdot mol^{-1} + 205\ J \cdot K^{-1} \cdot mol^{-1}) - 2 \cdot 70\ J \cdot K^{-1} \cdot mol^{-1}$

$\Delta S = 327\ J \cdot K^{-1} \cdot mol^{-1}$

Nach der Gibbs-Helmholtz-Gleichung ergibt sich die freie Enthalpie:

$\Delta_R G = \Delta_R H - T\Delta S$

$\Delta_R G = 572\,kJ \cdot mol^{-1} - 298{,}15\ K \cdot 0{,}327\ J \cdot K^{-1} \cdot mol^{-1}$

$\underline{\Delta_R G = 474{,}5\,kJ \cdot mol^{-1}}$

Die freie Enthalpie für die Zeretzung von Wasser beträgt $\Delta_R G = 474{,}5\,kJ \cdot mol^{-1}$.
Da $\Delta_R G > 0$ ist, läuft die Reaktion nicht freiwillig, sondern nur unter Aufwand von Arbeit ab. Sie verläuft endergonisch.

4.8 Zusammenfassung

Hauptsätze der Thermodynamik

1. Hauptsatz: Bei einem Prozess kann Energie weder erschaffen noch vernichtet werden. Energie kann nur aus einer Form in eine andere Energieform umgewandelt werden.

2. Hauptsatz: Bei Vorgängen in einem abgeschlossenen System bleibt die Entropie S bei ideal umkehrbarem (reversiblen) Verlauf konstant, beim tatsächlichen Ablauf in Natur und Technik nimmt sie stets zu (auch Entropiesatz genannt).

Triebkräfte der chemischen Reaktionen

Nach dem 1. und 2. Hauptsatz der Thermodynamik ergeben sich folgende Aussagen zu den Triebkräften einer chemischen Reaktion:

1. Alle Systeme streben den energetisch günstigsten Zustand, das Energieminimum an.
2. Die Richtung der Reaktion wird im Wesentlichen von der Entropie bestimmt. Unter natürlichen Bedingungen verlaufen alle Reaktionen freiwillig in Richtung der Entropiezuname.
3. Die freie Enthalpie gibt an, ob eine Reaktion freiwillig, spontan abläuft, $\Delta_R G < 0$, sich im Gleichgewicht befindet, $\Delta_R G = 0$, oder nur unter Aufwand von Arbeit stattfindet, $\Delta_R G > 0$.

Thermodynamische Größen

Thermodynamische Größen sind Zustandsfunktionen, die unter Berücksichtigung spezifischer Bedingungen ein System charakterisieren.

Zu den thermodynamischen Größen gehören:

- innere Energie *(U)*: $\Delta u = u_{\text{Ende}} - u_{\text{Anfang}}$
- Volumenarbeit *(W)*: $W = -p \cdot \Delta V$
- Enthalpie *(H)*: $\Delta_R H = \Delta U + p \cdot \Delta V$; $\Delta_R H = \sum \Delta_R H_{\text{Ende}} - \sum \Delta_R H_{\text{Anfang}}$; $\Delta_R H = -\frac{c_{p(H_2O)} \cdot m_{(H_2O)} \cdot \Delta T}{n}$
- Heizwert/Brennwert: $H = \frac{\Delta VH}{m}$; $[kJ \cdot kg^{-1}; kJ \cdot m^3]$
- Entropie *(S)*: $\Delta S = \frac{Q_{(rev)}}{T}\ [J \cdot K^{-1}]$; $\Delta_R S = \sum S_{\text{Ende}} - \sum S_{\text{Anfang}}$;
- freie Enthalpie *(G)*: $\Delta_R G = \Delta_R H - T\Delta_R S$

Aufgaben

1. *Vergleichen Sie das offene System und das abgeschlossene System hinsichtlich Energie- und Stoffaustausch sowie praktischer Bedeutung.*

2. *Bei welcher Reaktion findet Volumenarbeit statt? Begründen Sie Ihre Aussage.*
   a. $C_{(s)} + O_{2(g)} \rightarrow CO_{2(g)}$
   b. $4\ NH_{3(g)} + 5\ O_{2(g)} \rightarrow 4\ NO_{(g)} + 6\ H_2O_{(g)}$

   Berechnen Sie im zutreffenden Fall die Volumenarbeit.

3. *In einem Kalorimeter werden gleiche Volumen Chlorwasserstoffsäure (HCl) und Natriumhydroxidlösung zur Reaktion gebracht.*

   Berechnen Sie die molare Reaktionsenthalpie aus folgenden Messwerten: $V_{HCl} = 50\ ml$; $c_{HCl} = 1{,}0\ mol \cdot l^{-1}$; $V_{NaOH} = 50\ ml$; $c_{NaOH} = 1{,}0\ mol \cdot l^{-1}$; $\Delta T = 6{,}70\ K$.

   Welche Temperaturerhöhung ergibt sich, wenn die Konzentration der Lösungen auf $2{,}0\ mol \cdot l^{-1}$ *erhöht wird?*

   Kalorimetergleichung: $\Delta_R H = -\frac{c_{p(H_2O)} \cdot m_{(H_2O)} \cdot \Delta T}{n}$

4. *Gegeben sind folgende Verbrennungsenthalpien:*
   a. $CH_3OH_{(l)} + 3/2\ O_2 \rightarrow CO_2 + 2\ H_2O_{(l)}$; $\Delta_R H = -725\ kJ \cdot mol^{-1}$
   b. $C_{(Grafit)} + O_{2(g)} \rightarrow CO_{2(g)}$; $\Delta_R H = -394\ kJ \cdot mol^{-1}$
   c. $H_{2(g)} + 1/2\ O_{2(g)} \rightarrow H_2O_{(l)}$; $\Delta_R H = -286\ kJ \cdot mol^{-1}$

   Berechnen Sie daraus die Standartbildungsenthalpie für Methanol:
   $C_{(s)} + 2H_{2(g)} + 1/2O_2 \rightarrow CH_3OH$

▶

5. *Branntkalk ist ein wichtiger Stoff im Bauwesen.*

   Er wird nach folgender Reaktionsgleichung hergestellt:
   $CaCO_3 \rightarrow CaO + CO_2$

   Berechnen Sie die Reaktionsenergie für die Herstellung von 112 t Branntkalk.

   Diese Energiemenge wird durch die Verbrennung von Zechenkoks (C) bereitgestellt.

   Berechnen Sie die Mindestmasse an Zechenkoks, die für die Herstellung von 112 t Branntkalk notwendig ist.

   Bei welcher Temperatur verläuft die Reaktion freiwillig ($\Delta G < 0$)?

6. *Aus der Reaktionsenthalpie lässt sich der Heizwert ableiten.*

   $H = \frac{\Delta_R H}{m}\ [kJ \cdot kg^{-1}]$

   Die Reaktionstemperatur für die chemische Reaktion
   $2\ NaHCO_3 \rightarrow Na_2CO_3 + H_2O + CO_2; \quad \Delta_R H = +\ 83{,}8\ kJ \cdot mol^{-1}$
   wird durch Verbrennen von Braunkohlenbriketts mit einem Heizwert von 21 000 kJ · kg^{-1} erreicht.

   Berechnen Sie die Masse an Kohle, die für die Herstellung von 1 t Soda (Natriumcarbonat) mindestens eingesetzt werden muss.

   Berechnen Sie ferner das Volumen an Erdgas mit einem Heizwert von 34 700 kJ · m^{-3}, das für die gleiche Masse Soda eingesetzt werden müsste.

7. *Wieviel Wärme erhält man bei der Verbrennung von 1 kg Propan?*

   $C_3H_8 + 5O_2 \rightarrow 3CO_2 + 4\ H_2O$

   Welches Volumen an Wasser kann man mit dieser Wärmeenergie von 15 °C auf 60 °C erwärmen?

8. *Nennen Sie die Triebkräfte der chemischen Reaktion.*

9. *Gegeben sind die folgenden Reaktionen.*

   a. *Kohlenstoff wird zu Kohlenstoffdioxid verbrannt.*

   b. *Ammoniak bildet sich bei der Reaktion von Stickstoff mit Wasserstoff.*

   c. *Methansäure wandelt sich unter bestimmten Bedingungen in Wasser und Kohlenmonoxid um.*

   Gegeben sind die folgenden Standardentropiewerte $\Delta S°$ in der Einheit 1 J · K^{-1}:
   1. –201; 2. +138; 3. +3

   Geben Sie die Reaktionsgleichungen für oben genannte Vorgänge an.

   Ordnen Sie die angegebenen Standardentropiewerte den einzelnen Reaktionen zu und begründen Sie Ihre Entscheidung.

10. *Was bedeuten:* a. $\Delta G = 0$; b. $\Delta G > 0$; c. $\Delta G < 0$;

11. *Ist die Synthese von Methanol nach folgender Reaktionsgleichung*

    $CO_{(g)} + 2\ H_{2(g)} \rightarrow CH_3OH_{(g)}$

    unter Standardbedingungen möglich? Beweisen Sie rechnerisch.

VERSUCH

Bestimmung von Reaktionsenthalpien

1. Neutralisationsenthalpie

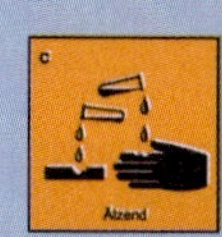

Materialien: 2 ineinander gestellte Pappbecher, Thermometer (1/10 K), 2 Messzylinder (100 ml); Kalilauge (0,5 mol · l^{-1}; C), Schwefelsäure (0,25 mol · l^{-1}).

Durchführung:

1. Messen Sie 100 ml Schwefelsäure und 100 ml Kalilauge ab, bestimmen Sie die Temperatur.

2. Gießen Sie beide Lösungen in den Pappbecher und bestimmen Sie die Endtemperatur.

Aufgaben:

a. Notieren Sie Ihre Beobachtungen.

b. Berechnen Sie die Reaktionswärme *Q* und die molare Neutralisationsenthalpie.

c. Führen Sie eine Fehlerbetrachtung durch.

2. Lösungsenthalpie

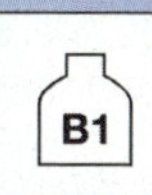

Materialien: 2 ineinander gestellte Pappbecher, Thermometer (1/10 K), Messzylinder (100 ml), Waage;
Ammoniumchlorid (Xn), Calciumchlorid ($CaCl_2 \cdot 6\ H_2O$; Xi), Natriumchlorid, Natriumhydroxid (C).

Durchführung:

1. Geben Sie 100 ml Wasser in den Pappbecher und messen Sie die Temperatur.

2. Fügen Sie dann unter Rühren 5 g Ammoniumchlorid hinzu und messen Sie den Temperaturverlauf bis sich alles gelöst hat.

3. Wiederholen Sie den Versuch mit Calciumchlorid, Natriumchlorid und Natriumhydroxid.

Aufgaben:

a. Notieren Sie Ihre Beobachtungen.

b. Berechnen Sie die molaren Lösungsenthalpien.

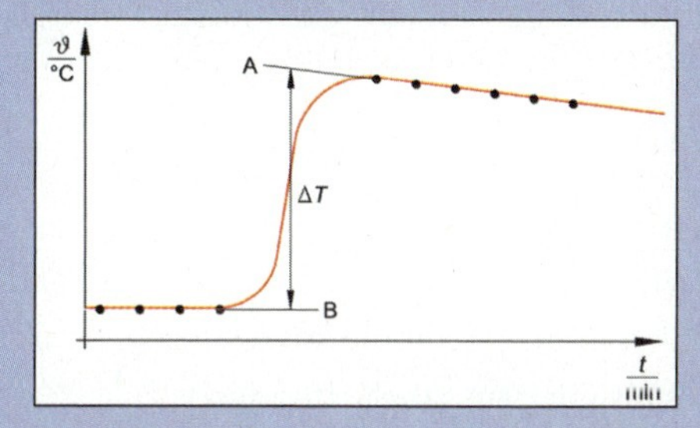

Temperaturverlauf einer exothermen Reaktion

3. Reaktionsenthalpie einer Redoxreaktion

Materialien: 2 ineinander gestellte Pappbecher, Thermometer (1/10 K), Messzylinder (50 ml), Waage;
Kupferpulver, Silbernitrat-Lösung (0,1 mol · l^{-1}).

Durchführung:

1. Geben Sie 50 ml Silbernitrat-Lösung in den Pappbecher und messen Sie die Temperatur.
2. Fügen Sie dann etwa 2 g Kupferpulver hinzu. Unter leichtem Rühren wird der Temperaturverlauf etwa fünf Minuten lang verfolgt.

Aufgaben:

a. Notieren Sie Ihre Beobachtungen.
b. Formulieren Sie die Reaktionsgleichung.
c. Begründen Sie, weshalb das Kupferpulver nicht genau abgewogen werden muss.
d. Berechnen Sie die Masse an Kupfer, die mindestens zugesetzt werden muss.
e. Berechnen Sie die molare Reaktionsenthalpie bezogen auf 1 mol Kupferionen und auf 1 mol Silberionen.

4. Bildungsenthalpie

Materialien: Kalorimeter, Thermometer (1/10 K), Watte, Eisendraht, Gasbrenner, Reibschale mit Pistill, Waage;
Gemisch aus Eisenpulver und Schwefelpulver im Massenverhältnis 7 : 4.

Durchführung:

1. Etwa 3 g des Gemisches werden genau gewogen und in ein kleines Reagenzglas gefüllt. Dieses wird in ein größeres Reagenzglas gestellt, auf dessen Boden sich etwas Watte befindet, und in ein Kalorimeter mit 200 ml Wasser getaucht.
2. Messen Sie die Wassertemperatur und starten Sie die Reaktion mithilfe des glühenden Eisendrahtes. Messen Sie den Temperaturverlauf.

Aufgaben:

a. Notieren Sie Ihre Beobachtungen.
b. Formulieren Sie die Reaktionsgleichung.
c. Berechnen Sie die Reaktionsenthalpie für die Reaktion von 1 mol Eisen.
d. Vergleichen Sie Ihr Ergebnis mit dem tabellierten Wert.
Begründen Sie auftretende Abweichungen.

Endotherme Reaktionen

5. Feststoffreaktion

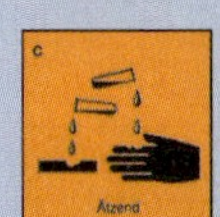

Materialien: Erlenmeyerkolben (100 ml, weit), Holzbrett, Thermometer, Stopfen, 2 große Kunststofflöffel, Universalindikatorpapier;
Bariumhydroxid-Octahydrat ($Ba(OH)_2 \cdot 8\ H_2O$; T, C), Ammoniumthiocyanat (NH_4SCN; Xn).

Durchführung:

1. Tropfen Sie Wasser auf das Brett, sodass eine kleine Pfütze entsteht.
2. Geben Sie je zwei Löffel Bariumhydroxid und Ammoniumthiocyanat in den Erlenmeyerkolben. Schließen Sie den Kolben mit dem Stopfen. Durchmischen Sie die Salze durch Schütteln.
3. Stellen Sie den Kolben auf das Brett und heben Sie nach kurzer Wartezeit den Erlenmeyerkolben hoch.
4. Prüfen Sie den Gasraum mit einem feuchten Universalindikatorpapier und messen Sie die Temperatur.

Aufgaben:

a. Notieren Sie Ihre Beobachtungen.
b. Formulieren Sie die Reaktionsgleichung.
c. Erklären Sie den spontanen Ablauf der Reaktion.
d. Begründen Sie, weshalb wasserfreies Bariumhydroxid und Bariumhydroxid-Lösung für diesen Versuch nicht geeignet sind.

6. Endotherme Gasbildung

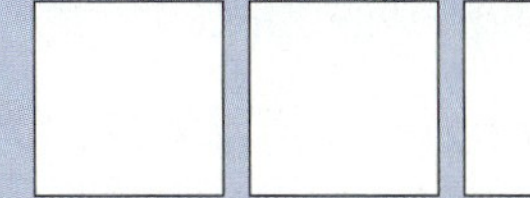

Materialien: Becherglas (200 ml), Thermometer (1/10 °C), Messzylinder (50 ml);
Kaliumhydrogencarbonat-Lösung (2 mol · l^{-1}), Calciumchlorid-Lösung (1 mol · l^{-1}).

Hinweis: Die Lösungen sollten am Vortag angesetzt werden, da beim Lösen erhebliche Temperatureffekte auftreten.

Durchführung:

1. Messen Sie 50 ml der beiden Lösungen ab und bestimmen Sie die Temperatur.
2. Gießen Sie die Kaliumhydrogencarbonat-Lösung in das Becherglas.
3. Geben Sie langsam die Calciumchlorid-Lösung dazu und messen Sie den Temperaturverlauf über einen Zeitraum von 10 Minuten. Achten Sie darauf, dass der Ansatz nicht überschäumt.

▶

Aufgaben:

a. Notieren Sie Ihre Messwerte und Beobachtungen.

b. Stellen Sie den Temperaturverlauf grafisch dar.

c. Stellen Sie die Reaktionsgleichung auf.

7. Kältepackung

      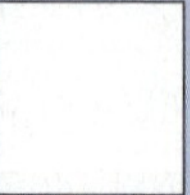  

Materialien: verschiedene Laborgeräte, Kunststoffbeutel;
Natriumchlorid, Ammoniumchlorid (Xn), Calciumchlorid (wasserfrei, Xi).

Kältepackungen sind überall verfügbar. Häufig besteht die Kältepackung aus einem unterteilten Kunststoffbeutel. Auf der einen Seite befindet sich ein Salz, beispielsweise Ammoniumnitrat und auf der anderen Seite Wasser. Durch festes Drücken des Beutels platzt die Trennwand, und der endotherme Lösungsvorgang oder die endotherme Reaktion kann beginnen.

Durchführung:

1. Planen Sie die Herstellung einer Kältepackung.

2. Setzen Sie Ihre Idee praktisch um und protokollieren Sie.

3. Entwickeln Sie Ihren Aufbau weiter. Verwenden Sie dazu auch andere Salze.

Aufgaben:

a. Formulieren Sie die Reaktionsgleichungen und begründen Sie den endothermen Verlauf des Vorganges.

b. Manche Bierfässer können unabhängig vom Ort gekühlt werden. Recherchieren Sie das Funktionsprinzip.

c. Es gibt auch die Möglichkeit mit Wärmepackungen Wärme durch chemische Reaktionen zu entwickeln.
Recherchieren Sie nach Beispielen und erläutern Sie an einem Beispiel die zugrunde liegende chemische Reaktion.

5 Reaktionskinetik

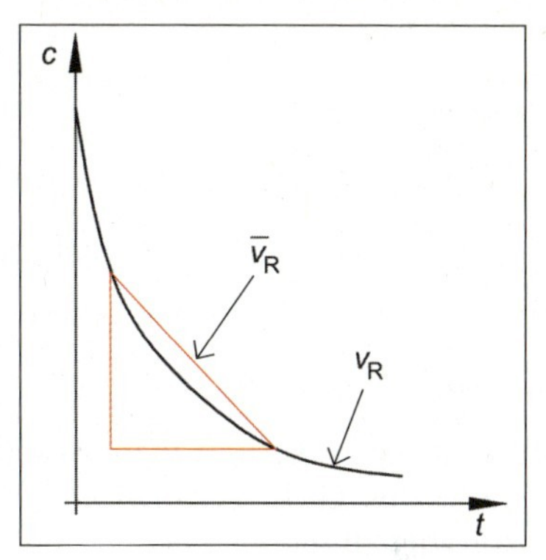

Momentan- und Durchschnittsgeschwindigkeit

In allen bisherigen energetischen Betrachtungen spielte der Faktor Zeit keine Rolle. Die Änderung der freien Enthalpie (gibbsche Energie) ΔG_R machte lediglich darüber eine Aussage, ob ein Reaktionsablauf prinzipiell freiwillig (spontan) stattfindet oder nicht. Aus der Erfahrung im Alltag wissen wir aber, dass Reaktionspartner wie Mehl, Zucker, Fett, wenn überhaupt, bei Zimmertemperatur nur sehr langsam mit Sauerstoff reagieren, obwohl diese Reaktionen exergonsich verlaufen. Auch die Höhe des Betrages von ΔG_R ist offensichtlich kein Maß für den zeitlichen Ablauf einer Reaktion. So verläuft bei T = 298 K die Oxidation von Stickstoffmonoxid (NO) zu Stickstoffdioxid (NO_2) sehr rasch, obwohl ΔG_R nur schwach negativ ist. Bei einem Knallgasgemisch kommt es dagegen unter den gleichen Bedingungen zu keiner Reaktion der Reaktionspartner, obwohl die Reaktion stark exergonisch ist. Während ΔG_R eine Aussage über die **Stabilität** eines Reaktionssystems macht, sagt die **Reaktivität** eines Reaktionspartners gegenüber anderen Reaktionspartnern etwas über den zeitlichen Verlauf einer Reaktion aus. Die Begriffe „stabil" und „instabil" sind also energetische Aussagen und beziehen sich auf $\Delta_R G$, die Begriffe „reaktionsträge" und „reaktionsfähig" beschreiben dagegen die Reaktivität eines Systems. Die Lehre vom zeitlichen Verlaufchemischer Reaktionen bezeichnet man als **Reaktionskinetik**. Die Geschwindigkeit, mit der chemische Reaktionen ablaufen, definiert man als **Reaktionsgeschwindigkeit**.

5.1 Reaktionsgeschwindigkeit

Bei chemischen Reaktionen verändern sich in bestimmten Zeitabständen ***(Δt)*** die Stoffmengen ***(Δn)***.

Man definiert deshalb als (durchschnittliche) Reaktionsgeschwindigkeit den Quotienten aus Δn und Δt. Als Symbol für die Reaktionsgeschwindigkeit soll in Zukunft $\boldsymbol{v_R}$ verwendet werden. Da bei vielen Reaktionen das Volumen V konstant bleibt, z.B. bei Reaktionen in verdünnten Lösungen, kann anstelle der Stoffmengenveränderung Δn die Änderung der Stoffmengenkonzentration Δc eingesetzt werden. Es gilt also für die Durchschnittsgeschwindigkeit der Differenzenquotient aus Δn (bzw. Δc) und Δt:

$$\overline{v}_R = \frac{\Delta n}{\Delta t} \text{ und für } V = \text{konstant } \overline{v}_R = \frac{\Delta c}{\Delta t}$$

Die Reaktionsgeschwindigkeiten der verschiedenen Reaktionspartner einer Reaktionsgleichung hängen über die stöchiometrischen Faktoren zusammen. Betrachten wir z. B. die Reaktion zwischen Wasserstoff und Sauerstoff:

$$2\ H_2 + O_2 \longrightarrow 2\ H_2O$$

Die Reaktionsgleichung sagt aus, dass im gleichen Zeitraum die Wasserstoffmoleküle doppelt so schnell verbraucht werden wie die Sauerstoffmoleküle, bzw. genauso viele Wassermoleküle entstehen, wie Wasserstoffmoleküle verschwinden. Es gelten also folgende Beziehungen zwischen den Reaktionsgeschwindigkeiten der Edukte bzw. des Produkts (Δc der Edukte erhält ein negatives Vorzeichen, da die Konzentration abnimmt, Δc der Produkte dagegen ein positives Vorzeichen, da die Konzentration zunimmt):

$$\bar{v}_R = -\frac{1}{2}\frac{\Delta c(H_2)}{\Delta t} = -\frac{\Delta c(O_2)}{\Delta t} = \frac{1}{2}\frac{\Delta c(H_2O)}{\Delta t}$$

Für die allgemeine Reaktionsgleichung:

$aA + bB \longrightarrow cC + dD$ ergibt sich dann folgender Zusammenhang:

$$\bar{v}_R = -\frac{1}{a}\frac{\Delta c(A)}{\Delta t} = -\frac{1}{b}\frac{\Delta c(B)}{\Delta t} = \frac{1}{c}\frac{\Delta c(C)}{\Delta t} = \frac{1}{d}\frac{\Delta c(D)}{\Delta t}$$

Für Δt gegen 0 erhält man anstelle der Durchschnittsgeschwindigkeit v_R die Momentangeschwindigkeit v_R als Differenzialquotienten dc/dt und damit für die allgemeine Reaktionsgleichung:

$$v_R = \lim_{\Delta t \to 0}\frac{\Delta c}{\Delta t} = \frac{dc}{dt} = -\frac{1}{a}\frac{dc(A)}{dt} = -\frac{1}{b}\frac{dc(B)}{dt} = \frac{1}{c}\frac{dc(C)}{dt} = \frac{1}{d}\frac{dc(D)}{dt}$$

Da eine Reaktion zwischen den Reaktionspartnern nur zustande kommt, wenn die Teilchen zusammenstoßen, hängt die Reaktionsgeschwindigkeit von allen Faktoren ab, die die Zahl und Intensität dieser Zusammenstöße pro Zeiteinheit beeinflussen. Die wichtigsten Einflüsse sind folgende:

- Die Zahl der Stoffteilchen pro Volumeneinheit, also die Stoffmengenkonzentration $c(X)$.
- Bei Gasen ist die Stoffmenge $c(X)$ direkt proportional zum Druck p[1] und daher ist die Reaktionsgeschwindigkeit vom Druck p abhängig.
- Die Temperatur T, da T proportional zur kinetischen Energie E_{Kin} und damit zur Geschwindigkeit der Teilchen ist.[2] Die Geschwindigkeit der Teilchen beeinflusst wiederum die Intensität der Zusammenstöße und damit die Wahrscheinlichkeit einer Reaktion.
- Stoffe, die die Aktivierungsenergie E_A beeinflussen, also Kataysatoren, Inhibitoren und Aktivatoren (vgl. Kap. 5.8).
- Vor allem bei festen Stoffen die Stoffbeschaffenheit, wie Verteilungsgrad und Oberflächenbeschaffenheit.
- Die Größe der Grenzfläche, bei Reaktionen von Stoffen, die sich in verschiedenen Phasen befinden.
- Bei größeren Molekülen Lage und Häufigkeit von reaktiven Stellen, sog. aktive Zentren.

---

1 vgl. allgemeine Gasgleichung: $p \cdot V = n \cdot R \cdot T$ *bzw.* $p = c \cdot R \cdot T$

2 $T \sim E_{Kin} = M(X) \cdot v^2/2$

5.2 Konzentrationsabhängigkeit der Reaktionsgeschwindigkeit

5.2.1 Reaktionsordnung

Lässt man Kohlenstoff oder Schwefel in reinem Sauerstoff reagieren, läuft die Verbrennung wesentlich schneller als in Luft ab. So wie in diesem Fall beeinflusst die Konzentration in der Regel den zeitlichen Ablauf von Reaktionen. Die Abhängigkeit der Reaktionsgeschwindigkeit von der Konzentration kann man experimentell bestimmen. Man bezeichnet diesen empirisch gefundenen Zusammenhang als **Zeit-** oder **Geschwindigkeitsgesetz**.

Allgemein findet man, dass die Reaktionsgeschwindigkeit proportional zur Konzentration ist, also:

$$V_R \sim c^n$$

wobei n als **Reaktionsordnung** bezeichnet wird. Ist $n = 0$ spricht man von einer nullten Ordnung, für $n = 1$ von einer ersten Ordnung, etc. Sind an einer Reaktion mehrere Stoffe A, B, C, etc. beteiligt, lautet das Geschwindigkeitsgesetz in seiner allgemeinsten Form:

$$v_R \sim c(A)^n \cdot c(B)^m \cdot c(C)^k$$

Die Reaktionsordnung ist dann n-ter. Ordnung bezüglich des Stoffes A, m-ter. Ordnung bezüglich des Stoffes B und k-ter. Ordnung bezüglich des Stoffes C. Die Gesamtordnung entpricht der

$$\sum n + m + k$$

Die Reaktionsordnung kann zwar in manchen Fällen mit den stöchiometrischen Faktoren der Reaktionsgleichung identisch sein. Allgemein gilt aber:

- **Zwischen den stöchiometrischen Faktoren der Reaktionsgleichung und der Reaktionsordnung besteht grundsätzlich kein direkter Zusammenhang.**

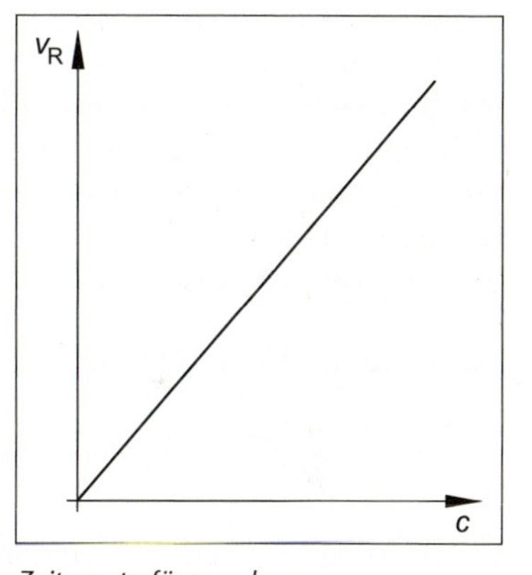

Zeitgesetz für $v_R = k \cdot c$

Den Proportionalitätsfaktor zwischen Reaktionsgeschwindigkeit und Konzentration bezeichnet man als **Geschwindigkeitskonstante *k***, deren Einheiten von dem jeweiligen Zeitgesetz abhängen. Für die Reaktion

$$A + B \longrightarrow C$$

könnte das Zeitgesetz bezüglich des Stoffes A also z. B. folgendermaßen aussehen:

$$v_R = \frac{dc(A)}{dt} = -k_1 \cdot c(A) \cdot c(B) \text{ oder } \frac{dc(A)}{dt} = -k_2 \cdot c(A)$$

Im 1. Fall würde es sich dann um eine Reaktion zweiter Ordnung (Gesamtordnung) und im 2. Fall um eine Reaktion erster Ordnung handeln. Es wäre aber durchaus denkbar, andere Reaktionsordnungen zu finden.

Zur experimentellen Ermittlung von Konzentrationsveränderungen benutzt man oft Stoffeigenschaften der Edukte oder Produkte, die sich direkt proportional zur Konzentration des zu bestimmenden Stoffs verhalten und die empirisch leicht zu ermitteln sind. Dazu gehören z. B.:

- Änderung der Leitfähigkeit,
- Farbänderungen; die Extinktion (Absorption) ist direkt proportional zur Konzentration,[1]
- Schwerlöslichkeit (Fällungsreaktionen),
- Entstehen/Verschwinden von Gasen,
- Veränderung des pH-Wertes etc.

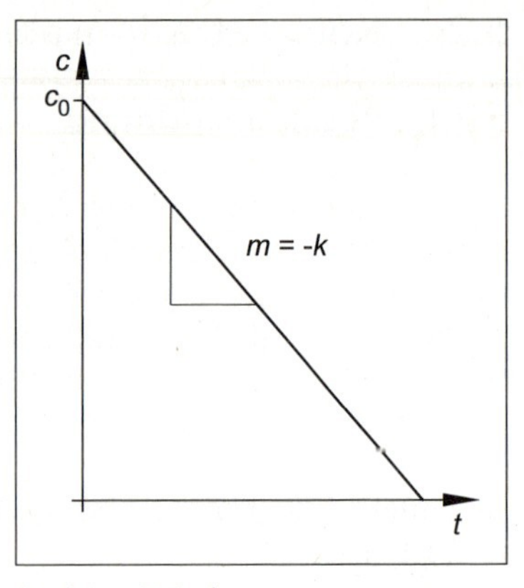

Reaktion 0. Ordnung

Um eine Aussage über die Veränderung der Konzentration im zeitlichen Verlauf zu erhalten, muss man die Zeitgesetze integrieren. Dies soll im Folgenden für eine Reaktion nullter, erster bzw. zweiter Ordnung durchgeführt werden.

Reaktion nullter Ordnung

Der einfachste Fall ist eine Reaktion nullter Ordnung. Eine solche Reaktionsordnung erhält man z. B. an Grenzflächen wie den Oberflächen von Katalysatoren. Während der Reaktion ist die Reaktionsfläche des Katalysators vollständig besetzt, also gesättigt, da die reagierenden Teilchen nach ihrer Reaktion immer wieder durch neue Teilchen ersetzt werden. Zwar nimmt im Reaktionsraum, also z. B. der Lösung, die Konzentration der Teilchen ab, die Konzentration an der Oberfläche des Katalysators bleibt jedoch konstant. Solange die Konzentration in der Lösung also noch groß genug ist, ist die Reaktionsgeschwindigkeit praktisch konstant. Alle heran diffundierenden Teilchen werden sofort umgesetzt (vgl. auch Versuch 3 Hydrolyse von Harnstoff).

Das Zeitgesetz für ein Edukt lautet dann für diesen Fall:

$\frac{dc}{dt} = -k \cdot c^0 = k$, d. h. die Reaktionsgeschwindigkeit ist unabhänig von c.

Durch Integrieren ergibt sich daraus:

$\int dc = -k \cdot \int dt \longrightarrow c = -k \cdot t +$ Konstante und mit $c_0 =$ Konstante für $t = 0 \longrightarrow c = -k \cdot t + c_0$

Trägt man c in Abhängigkeit von der Zeit auf, erhält man ein Gerade. Die Steigung m der Geraden ist $m = -k$, der Achsenabschnitt ist c_0. Die Einheit der Geschwindigkeitskonstanten k lautet: $[mol \cdot l^{-1} \cdot s^{-1}]$.

---

1 *Extinktion E (englisch absorbance A) ist ein Begriff aus der Fotometrie. Hierbei wird Licht definierter Wellenlänge und Intensität unter vorgegebenen Bedingungen durch zwei Reaktionsgefäße (Küvetten) geleitet. Die eine Küvette enthält nur das Lösungsmittel (Vergleichsküvette), die andere zusätzlich den gelösten Stoff (Messküvette). Absorbiert der gelöste Stoff bei der gewählten Wellenlänge, verringert sich die eingestrahlte Intensität im Vergleich zur Vergleichsküvette. Man misst die Intensitäten der Vergleichsküvette (I_o) und der Messküvette (I) nach dem Durchgang durch die Lösung bzw. durch das Lösungsmittel. Die Exinktion E ist dann definiert als $E = \log (I_o/I)$. Für E gilt: $E \sim c$ (Lambert-Beersches Gesetz).*

Ergibt sich also experimentell ein linearer Zusammenhang zwischen der Konzentration und der Zeit, liegt eine Reaktion nullter Ordnung vor. Erhält man bei der Auswertung keinen linearen Zusammenhang, muss es sich um eine Reaktion höherer Ordnung handeln.

Reaktion erster Ordnung

Das Zeitgesetz für ein Edukt wird durch folgende Gleichung dargestellt:

$\frac{dc}{dt} = -k \cdot c^1$ und integriert $\int \frac{dc}{c} = -k \int dt \longrightarrow \ln c = -k \cdot t +$ Konstante; mit $\ln c_0$ für $t = 0$

$\longrightarrow \ln c = -k \cdot t + \ln c_0$. Die Gleichung lässt sich auch als e-Funktion schreiben:

$\longrightarrow c = c_0 \cdot e^{-k \cdot t}$

Trägt man also $\ln c$ in Abhängigkeit von der Zeit t auf, erhält man ein Gerade. Die Steigung m der Geraden ist $m = -k$, der Achsenabschnitt ist $\ln c_0$. Die Einheit der Geschwindigkeitskonstanten k lautet: $[s^{-1}]$.

Bestimmt man also experimentell einen linearen Zusammenhang zwischen $\ln c$ und der Zeit t, liegt eine Reaktion erster Ordnung vor. Erhält man bei der Auswertung keinen linearen Zusammenhang, muss es sich um eine Reaktion höherer Ordnung handeln.

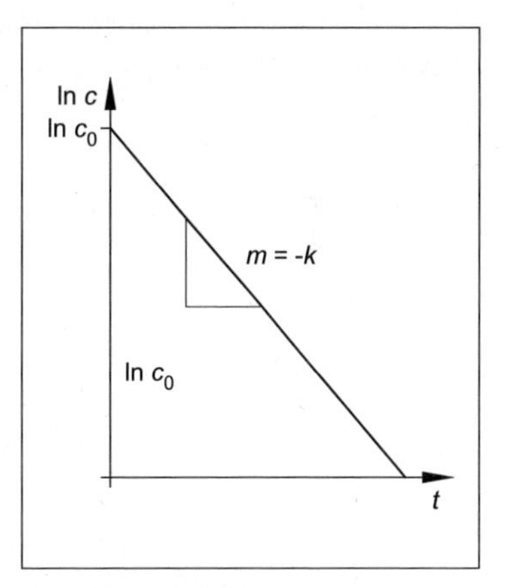

Reaktion 1. Ordnung

Trägt man die Konzentration in Abhängigkeit der Zeit auf, ergibt sich ein exponentieller Verlauf. Dieser Verlauf entspricht exakt dem radioaktiven Zerfall und wie dort kann die Halbwertszeit $t_{1/2}$ rechnerisch und grafisch bestimmt werden. Für die Halbwertszeit gilt ja die Bedingung:

$$c_{t_{1/2}} = \frac{c_0}{2}, \text{ eingestzt in } c = c_0 \cdot e^{-k \cdot t} \longrightarrow c_{t_{1/2}} = c_0 \cdot e^{-k \cdot t_{1/2}} = \frac{c_0}{2}$$

daraus ergibt sich zwischen $t_{1/2}$ und k der folgende Zusammenhang:

$$k = \frac{\ln 2}{t_{1/2}} = \frac{0{,}693}{t_{1/2}}$$

Reaktion zweiter Ordnung

Auf die Reaktion zweiter Ordnung soll nur kurz eingegangen werden. Das Zeitgesetz für ein Edukt wird durch folgende Gleichung dargestellt:

$$\frac{dc}{dt} = -k \cdot c^2 \text{ und integriert } \int \frac{dc}{c^2} = -k \int dt \longrightarrow \frac{1}{c} = -k \cdot t + \text{Konstante,}$$

$$\text{und mit } \frac{1}{c_0} \text{ für } t = 0$$

$$\longrightarrow \frac{1}{c} = -k \cdot t + \frac{1}{c_0}$$

Auch hier erhält man eine Gerade, wenn man $1/c$ gegen t aufträgt. Die Steigung m entspricht wieder $-k$.

Aufgaben

1. *Eine Reaktion verläuft nach folgender Reaktionsgleichung $2\,A + 2\,B \rightarrow C + D$.*

   Die Reaktionsgeschwindigkeit wird abhängig von der Konzentration c(A) bestimmt.

   Das experimentelle Ergebnis lautet:
   - *Verdoppelt man die Konzentration von c(A), verdoppelt sich die Reaktionsgeschwindigkeit.*
   - *Verdoppelt man die Konzentration von c(B), erhöht sich die Reaktionsgeschwindigkeit um das Vierfache.*

   Formulieren Sie für die Reaktion das Zeitgesetz.

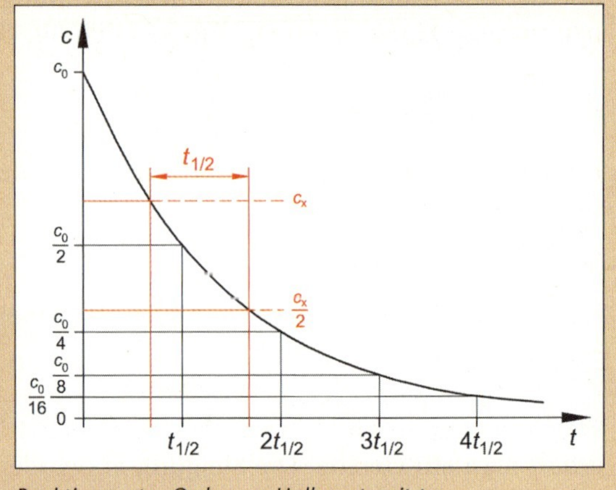

Reaktion erster Ordnung; Halbwertszeit $t_{1/2}$

2. a. *Informieren Sie sich über Aufbau und Wirkungsweise eines Fotometers (vgl. auch Versuch 2).*
   b. *Was versteht man unter folgenden Begriffen:*
      - *Extinktion,*
      - *Extinktionskoeffizient?*
   c. *Von welchen Parametern ist der Extinktionskoeffizient abhängig?*
   d. *Weshalb ist die Extinktion E direkt proportional zu der Konzentration c?*

3. *Wasserstoffperoxid (H_2O_2) zerfällt zu Wasser und Sauerstoff nach einer Reaktion 1. Ordnung. Die Ausgangskonzentration c_0 beträgt $c_0(H_2O_2) = 2{,}5$ mol/l. Nach 10 min. beträgt $c(H_2O_2) = 0{,}9$ mol/l, nach 20 min $c(H_2O_2) = 0{,}32$ mol/l.*
   a. *Stellen Sie die Reaktionsgleichung auf.*
   b. *Tragen Sie ln $c(H_2O_2)$ in Abhängigkeit von der Zeit t auf.*
   c. *Bestimmen Sie grafisch die Geschwindigkeitskonstante und berechnen Sie daraus die Halbwertszeit $t_{1/2}$.*
   d. *Tragen Sie $c(H_2O_2)$ in Abhängigkeit von der Zeit t auf.*
   e. *Bestimmen Sie grafisch die Halbwertszeit $t_{1/2}$ und berechnen Sie daraus die Geschwindigkeitskonstante k.*

4. *Eine Reaktion verläuft nach folgender Gleichung:*

   $A + B \rightarrow C + D$.

   Die Konzentration wird in Abhängigkeit von der Zeit gemessen. Man erhält folgende experimentellen Ergebnisse:

t(min)	0	10	20	30	40	60	120	180	240
c(A) (mol · l^{-1})	0,300	0,218	0,166	0,138	0,114	0,088	0,051	0,037	0,029

Bestimmen Sie grafisch die Reaktionsordnung.

VERSUCH

1. Landoltscher Zeitversuch

Gefahrenhinweise:

       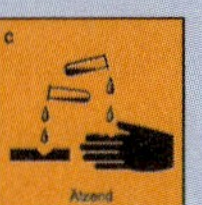 

Reagenzien: Kaliumiodat (KIO_3), Natriumsulfit (Na_2SO_3) (wasserfrei), wasserlösliche Stärke, Ethanol (ω (Ethanol) = 96 %), konzentrierte Schwefelsäure (H_2SO_4), 2-Hydroxybenzoesäure (Salicylsäure)

Geräte: Messzylinder, Bechergläser, Pipette, Stoppuhr

Versuchsdurchführung:

Zunächst werden folgende drei Lösungen angesetzt:

Lösung I: 8,5 g Kaliumiodat werden in 2 l Wasser gelöst.

Lösung II: Zunächst löst man 1,16 g Natriumsulfit in ca. 500 ml Wasser. Danach wird 1 g Salicylsäure in 10 ml Ethanol gelöst. Die beiden Lösungen werden zusammengegeben und auf ein Lösungsvolumen von V = 2 l mit Wasser aufgefüllt. Zum Schluss fügt man ca. 4 g konz. Schwefelsäure hinzu.

Lösung III: 5 g wasserlösliche Stärke werden in ca. 100 ml angelöst und kurz aufgekocht.

In ein Becherglas gibt man 100 ml der Lösung II, fügt 10 ml (abgekühlte) Lösung III hinzu und durchmischt die beiden Lösungen. Danach werden 100 ml der Lösung I abgemessen und zu der gemischten Lösung II und III im Becherglas hinzugefügt. Die Zeit bis zur Blaufärbung wird gemessen.

Den Versuch wiederholt man mit Verdünnungen der Lösung I, z. B. 50 ml Lösung I + 50 ml Wasser bzw. 25 ml Lösung I + 75 ml Wasser.

2. Bestimmung der Reaktionsordnung

Gefahrenhinweise:

      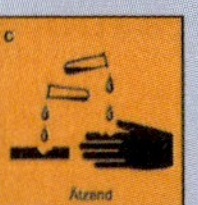

Reagenzien: Natronlauge (c(NaOH) = 1 mol/l), Kristallviolett (c(KV) = $5 \cdot 10^{-5}$ mol/l)

Geräte: Fotometer, Küvetten (Schichtdicke d = 0,5 cm), Pipetten, Stoppuhr

Versuchsdurchführung:

In die Messküvette werden jeweils 1 ml Kristallviolettlösung bzw. Natronlauge pipettiert, kurz durchmischt und die Extinktion bestimmt. Die Vergleichsküvette enthält dest. Wasser. Es wird bei einer Wellenlänge λ = 560 nm gemessen. Die Extinktion E wird in Abhängigkeit von der Zeit ermittelt.

▶

Auswertung:

a. Bestimmen Sie die Reaktionsordnung.

b. Ermitteln Sie grafisch die Geschwindigkeitskonstante k und die Halbwertszeit $t_{1/2}$.

3. Enzymatische Hydrolyse von Harnstoff

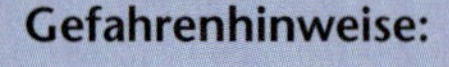

Gefahrenhinweise:

Reagenzien: Kohlensäurediamid (Harnstoff), Urease

Geräte: Erlenmeyerkolben, Leitfähigkeitsprüfer, Netzgerät, Voltmeter, Amperemeter, Stoppuhr, Thermometer, Stativmaterial, Rührwerk mit Magnetrührer

Versuchsdurchführung:

In drei Erlenmeyerkolben werden je 10 g, 20 g und 40 g Harnstoff in einem Lösungsvolumen von je 100 ml gelöst und im Wasserbad auf die gleiche Ausgangstemperatur gebracht ($T \approx 293$ K). (Hinweis: Das Lösen von Harnstoff verläuft endotherm, d. h. $\Delta H > 0$). Zu jedem Erlenmeyerkolben wird vor der Messung 50 mg Urease hinzugefügt und während der Messung durch Rühren suspendiert. Die Spannung wird mit $U \approx 2$ V Wechselstrom vorgegeben und die Stromstärke I gemessen.

Auswertung:

a. Die Leitfähigkeit L ist proportional zur Zahl der Teilchen/Volumeneinheit und damit proportional zur Konzentration. Sie ergibt sich als Quotient aus der Stromstärke I und der Spannung U. L wird in Abhängigkeit der Zeit in einem Schaubild aufgetragen ($t = 0 \ldots 20$ min.).

b. Die Messreihe wird für eine Enzymmenge von m(Urease) = 100 mg wiederholt.

5.2.2 Reaktionsmolekularität

Betrachtet man z. B. die Reaktionsgleichung

$$3\,Cu + 8\,HNO_3 \longrightarrow 3\,Cu(NO_3)_2 + 2\,NO + 4\,H_2O$$

so erkennt man, dass es unmöglich ist, dass die elf „richtigen“ Teilchen zu einem bestimmten Zeitpunkt (mit genügend großer Geschwindigkeit) zusammenstoßen. Schon das gleichzeitige Zusammentreffen von drei Teilchen ist ca. 1 000-mal unwahrscheinlicher als ein Zweierstoß. Das gleichzeitige Zusammentreffen von vier Reaktionspartnern ist ca. $1 \cdot 10^8$-mal unwahrscheinlicher als ein Zweierstoß. Die Reaktionsordnung kann deshalb, wie schon erwähnt, nicht aus der Reaktionsgleichung abgeleitet werden. Viele Reaktionen, so auch die angeführte, laufen in mehreren Teilschritten ab. Diese Teilschritte bezeichnet man auch als **Elementarreaktionen**. Kennt man diese Elementarreaktionen, so kann man diese nach der Zahl der jeweiligen Teilchen (vereinfacht: Moleküle) folgendermaßen einteilen:

- monomolekulare Reaktionen, d. h. ein Teilchen (Molekül) zerfällt nach der Reaktionsgleichung: $A \longrightarrow B + ...$,
- bimolekulare Reaktionen, d. h. zwei Teilchen (Moleküle) gleicher oder verschiedener Art sind an der Reaktion beteiligt, also
  $2\,A \longrightarrow B + C + ...$
  oder $A + B \longrightarrow C + D + ...$,
- trimolekulare Reaktionen, d. h. drei Teilchen (Moleküle) sind an der Reaktion beteiligt,
  also $3\,A \longrightarrow B + C + ...$
  oder $2\,A + B \longrightarrow C + D + ...$,
  usw.

  Eine höhere Molekularität ist unwahrscheinlich.

Für die Reaktion des Kupfers mit der Salpetersäure findet man folgende Teilreaktionen:

a) $2\,HNO_3 \longrightarrow H_2O + 2\,NO + 3\,O$

b) $O + Cu \longrightarrow CuO$

c) $CuO + 2\,HNO_3 \longrightarrow Cu(NO_3)_2 + H_2O$

Alle Teilreaktionen sind hier bi- bzw. trimolekular.

Für die Reaktionsgeschwindigkeit sind die langsamsten Elementarreaktionen entscheidend. So findet man experimentell für die Reaktion zwischen Stickstoffmonoxid und Wasserstoff zu Stickstoff und Wasser:

$$2\,NO + 2\,H_2 \longrightarrow N_2 + 2\,H_2O$$

mit den Elementarreaktionen:

a) $NO + H_2 \longrightarrow NOH_2$

b) $NOH_2 + NO \longrightarrow N_2 + H_2O_2$

c) $H_2O_2 + H_2 \longrightarrow 2\,H_2O$

das Geschwindigkeitsgesetz:

$$v = k \cdot c^2(NO) \cdot c(H_2)$$

Dies erklärt sich daraus, dass die ersten beiden Teilreaktionen sehr langsam, die dritte Teilreaktionen dagegen sehr schnell verläuft, also für die Reaktionsordnung nicht relevant ist.

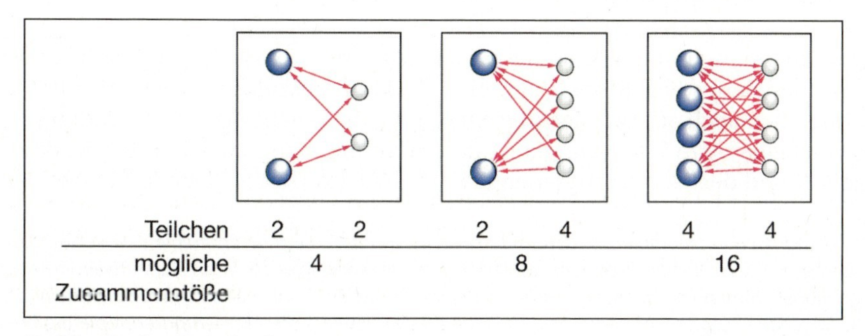

Stoßtheorie: A + B ⟶ C + D

Für Elementarreaktionen kann man die Reaktionsordnung mithilfe der **Stoßtheorie** aus der Reaktionsgleichung ableiten. Die Stoßtheorie macht bezüglich einer Elementarreaktion folgende Aussagen:

- Die reagierenden Teilchen bewegen sich abhängig von der Reaktionstemperatur mit unterschiedlichen Geschwindigkeiten.
- Bei steigendender Temperatur nimmt die Geschwindigkeit der Teilchen zu.
- Damit eine chemische Reaktion stattfinden kann, müssen die entsprechenden Teilchen aufeinandertreffen.
- Die Stoßenergie muss mindestens so groß sein, dass eine Reaktion ausgelöst wird. Die Energie benötigt man, um Bindungen zu spalten. Die Anzahl der wirksamen Stöße soll als effektive Stöße z_{eff} bezeichnet werden.
- Bei gegebener Temperatur ist die Zahl der Zusammenstöße z und damit die Zahl der effektiven Zusammenstöße z_{eff} proportional zur Zahl der Teilchen/Volumeneinheit, d. h. zur Konzentration c.
- Wird eine bestimmte Mindesttemperatur unterschritten, ist z_{eff} praktisch gleich 0, und zwar unabhängig von der Konzentration c.
- Bei komplexeren Teilchen spielt für einen effektiven Zusammenstoß auch die relative räumliche Lage der zusammenstoßenden Teilchen eine Rolle.

N(A)	N(B)	z
1	1	1 · 1
2	1	2 · 1
2	3	2 · 3
...	...	...
...	...	...
N(A)	N(B)	N(A) · N(B)
$z_{eff} \sim z$ und damit $z_{eff} \sim N(A) \cdot N(B)$ bzw. $z_{eff} \sim n(A) \cdot n(B)$ bzw. $z_{eff} \sim c(A) \cdot c(B)$		

Stoßtheorie: A + B ⟶ C + D

Für die Elementarreaktion A + B ⟶ C + D ergibt sich also folgender Zusammenhang zwischen Reaktionsgeschwindigkeit v_R und Konzentration c(A) und c(B) (vgl. Tab. Stoßtheorie für A + B ⟶ C + D): $v_R \sim z_{eff}$

Da $z_{eff} \sim n(A) \cdot n(B)$ bzw. bei konstanten Volumen V $z_{eff} \sim c(A) \cdot c(B)$ ist, gilt deshalb: $v_R \sim c(A) \cdot c(B)$. Führt man noch den Proportionalitätsfaktor k ein und definiert man für abnehmende Konzentrationen ein negatives Vorzeichen, erhält man $v_R = -k \cdot c(A) \cdot c(B)$, d. h. man erhält denselben Zusammenhang zwischen Reaktionsgeschwindigkeit und Konzentration wie für eine Reaktion zweiter Ordnung. Für Elementarreaktionen stimmen also Reaktionsmolekularität und Reaktionsordnung miteinander überein, d. h. eine monomolekulare Reaktion entspricht einer Reaktion erster Ordnung, eine bimolekulare Reaktion einer Reaktion zweiter Ordnung etc.

5.3 Aktivierungsenergie

Im Zusammenhang mit der Stoßenergie wurde erwähnt, dass die Stoßenergie oberhalb eines Mindestwertes liegen muss, um eine Reaktion auszulösen. Diese Mindestenergie bezeichnet man auch als **Aktivierungsenergie E_A**, die zugehörige Geschwindigkeit als $\boldsymbol{v}_A$. In der *Abbildung Aktivierungsenergie* ist der Zusammenhang zwischen der Reaktionsenthalpie $\Delta_R H$ und der Aktivierungsenergie E_A für eine exotherme Reaktion aufgezeigt.[1]

1 *Anmerkung: Genaugenommen müsste man anstelle von $\Delta_R H$ die freie Enthalpie $\Delta_R G$ verwenden, denn die Entropie $\Delta_R S$ ist für die Reaktionsgeschwindigkeit mitentscheidend. Auch die Aktivierungsenergie E_A ist genaugenommen von der Temperatur abhängig: Zwischen E_A und der Aktivierungsenthalpie $\Delta_R H$ besteht folgender Zusammenhang: $\Delta H = E_A - R \cdot T$ in [J · mol⁻¹]; die Aktivierungsentropie ergibt sich zu $\Delta S = R \cdot \ln(A/T) - 205{,}9$ in [J · mol⁻¹ · K⁻¹] (vgl. Kap. 5.4).*

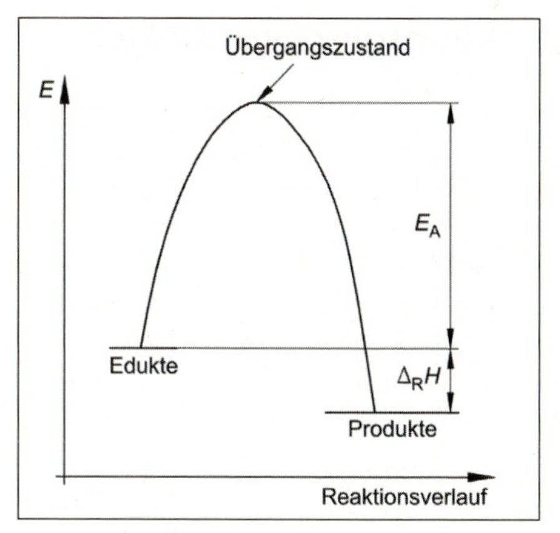

Aktivierungsenergie

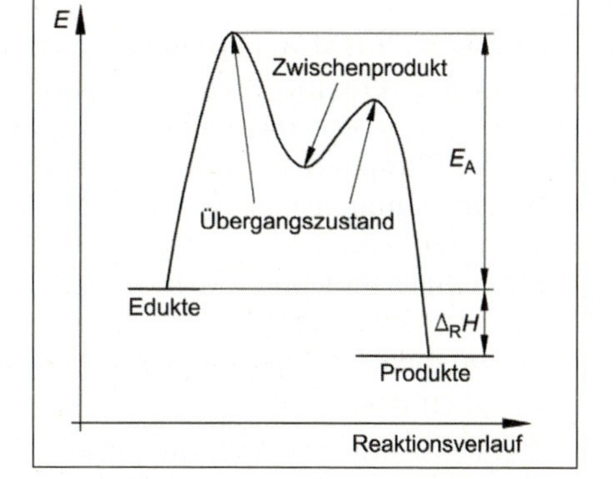

Energie/Reaktionsverlauf mit Zwischenprodukt

Man erkennt, dass die Höhe der Aktivierungsenergie keinen Einfluss auf die Reaktionsenthalpie hat, denn $\Delta_R H$ stellt lediglich die Energiedifferenz zwischen Edukten und Produkten dar. Sie macht ***keine*** Aussage darüber, wie man von dem Energiezustand der Edukte zu dem Energiezustand der Produkte gelangt. Für endotherme Reaktionen wird in der Literatur manchmal die Summe aus Aktivierungsenergie und $\Delta_R H$ als Aktivierungsenergie angegeben. Der energiereichste Zustand bei der Reaktion der Edukte zu den Produkten ist durch den höchsten Punkt in dem Energie/Reaktionsverlaufs-Diagramm (vgl. Abb.: Energie/Reaktionsverlauf mit Zwischenprodukt) gekennzeichnet. Man bezeichnet diesen Zustand der höchsten potenziellen Energie als **Übergangszustand** oder **aktivierten Komplex**. Der Übergangszustand ist nicht mit einem energiereichen **Zwischenprodukt** zu verwechseln, welches durch eine „Mulde" im Energie-Reaktionsverlaufs-Diagramm erkennbar ist. Im Gegensatz zum Zwischenprodukt kann der Übergangszustand nicht als Reaktionsprodukt isoliert werden.

Je höher der Übergangszustand liegt, desto kleiner ist die Reaktionsgeschwindigkeit, da nur wenige energiereiche Teilchen diese „Energiebarriere" überwinden können. Reaktionen mit kleiner Aktivierungsenergie haben bei sonst gleichen Parametern eine höhere Reaktionsgeschwindigkeit als Reaktionen mit höherer Aktivierungsenergie. In der Regel benötigt man hohe Aktivierungsenergien für Festkörperreaktionen, vor allem für solche, bei denen starke Bindungen, wie Ionenbindungen, gelöst werden müssen. Aber auch für Reaktionen zwischen manchen Molekülen sind immer dann hohe Aktivierungsenergien nötig, wenn es sich um energiearme Atombindungen handelt, die homolytisch gespalten werden. Während schon relativ kleine Aktivierungsenergien für die Reaktion zwischen Wasserstoff und Sauerstoff (Doppelbindung) ausreichen, benötigt man für die analoge Reaktion zwischen Wasserstoff und Stickstoff wegen der Dreifachbindung des Stickstoffmoleküls bereits sehr hohe Aktivierungsenergien. Niedrige Aktivierungsenergien findet man meistens bei Reaktionen, die in homogenen Lösungen ablaufen, wie die heterolytische Aufspaltung von Bindungen bei Protolysen, Fällungsreaktionen und bei einer Reihe von Redoxreaktionen.

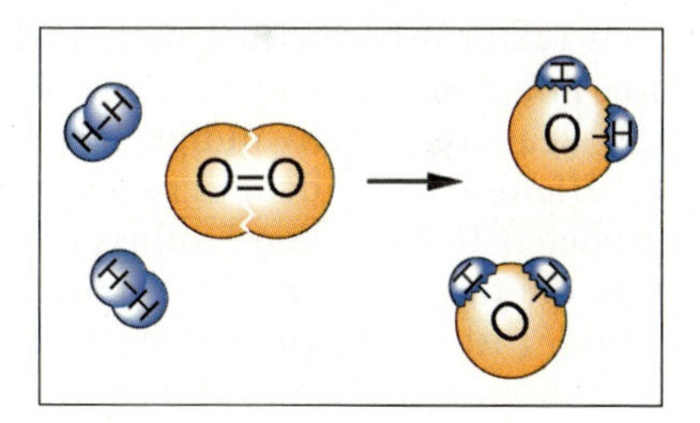

Trennung von Bindungen

Auf die quantitative Berechnung bzw. grafische Bestimmung der Aktivierungsenergie wird im nächsten Abschnitt eingegangen.

5.4 Temperaturabhängigkeit der Reaktionsgeschwindigkeit

Nach der **van't Hoff'schen**[1] **Regel**, auch **RGT-Regel** (Reaktionsgeschwindigkeit-Temperatur-Regel) genannt, erhöht sich die Reaktionsgeschwindigkeit bei einer Temperaturerhöhung um 10 K auf das Doppelte. Zunächst bedeutet dies, dass die Geschwindigkeitskonstante k u. a. von der Temperatur abhängig sein muss, d. h. $k = f(T)$. Qualitativ kann man sich den Einfluss einer Temperaturerhöhung auf die Reaktionsgeschwindigkeit folgendermaßen klar machen:

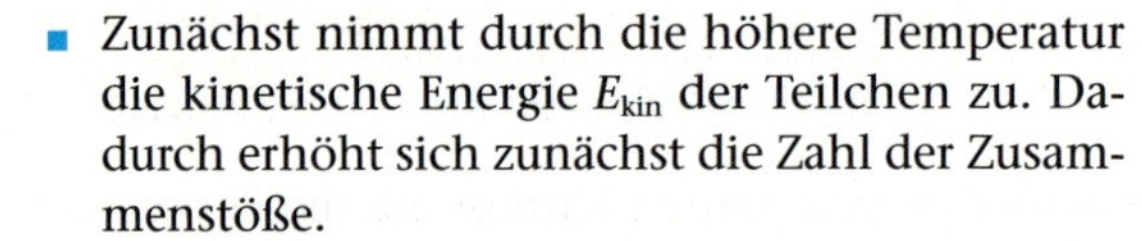

- Zunächst nimmt durch die höhere Temperatur die kinetische Energie E_{kin} der Teilchen zu. Dadurch erhöht sich zunächst die Zahl der Zusammenstöße.

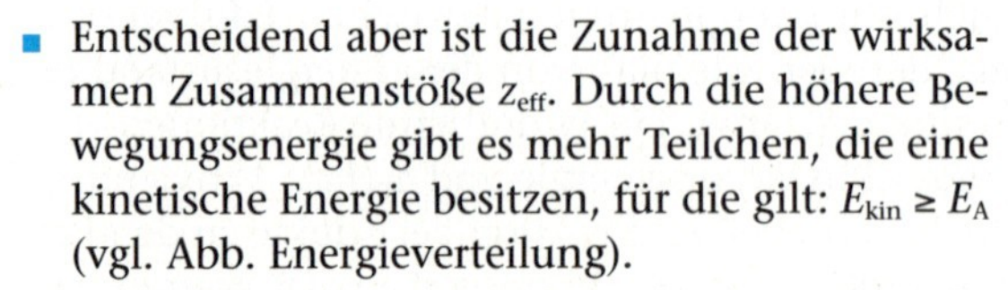

- Entscheidend aber ist die Zunahme der wirksamen Zusammenstöße z_{eff}. Durch die höhere Bewegungsenergie gibt es mehr Teilchen, die eine kinetische Energie besitzen, für die gilt: $E_{kin} \geq E_A$ (vgl. Abb. Energieverteilung).

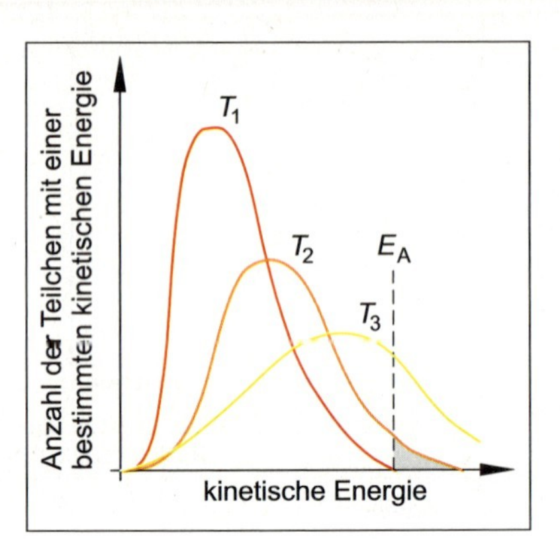

Energieverteilung bei verschiedenen Temperaturen: $T_3 > T_2 > T_1$
Eine geringe Temperaturerhöhung bewirkt eine starke Zunahme des Anteils an reaktionsfähigen Teilchen (vergleiche die Flächenanteile rechts von E_A für T_1, T_2 und T_3).

Einen quantitativen Zusammenhang zwischen Geschwindigkeitskonstante k und der Temperatur T liefert die Arrheniusgleichung[2]. Sie lautet:

$$k(T) = A \cdot e^{\frac{-E_A}{R \cdot T}} \text{ bzw. } \ln k(T) = -\frac{E_A}{R \cdot T} + \ln A$$

Den Faktor A bezeichnet man auch als **Stoßfaktor**. Er beinhaltet in erster Linie die Abhängigkeit der Reaktionsgeschwindigkeit von der Stoffbeschaffenheit, z. B. dem Zerteilungsgrad, oder bei größeren Teilchen den Einfluss räumlicher Faktoren, die für einen wirksamen Stoß entscheidend sind. E_A ist die besprochene Aktivierungsenergie (in J/mol), T die Temperatur (in K) und R die allgemeine Gaskonstante.

Die Aktivierungsenergie E_A kann grafisch bestimmt werden, indem man $\ln k$ in Abhängigkeit von $1/T$ aufträgt. Man erhält dann eine Gerade. Die Steigung ist $m = -E_A/R$ bzw. $E_A = -m \cdot R$. Der Achsenabschnitt ist $b = \ln A$ bzw. $A = e^b$.

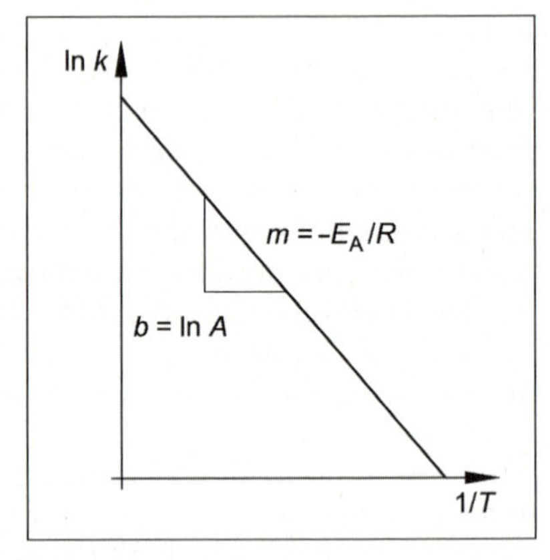

Bestimmung von E_A

1 *Van't Hoff, 1852–1911, niederländischer Chemiker.*
2 *S. Arrhenius, 1859–1927, schwedischer Chemiker.*

Für kleine Temperaturintervalle kann die Aktivierungsenergie E_A als konstant betrachtet werden. Für zwei verschiedene Temperaturen T_1 und T_2 erhält man dann die beiden Gleichungen:

$$k(T_1) = A \cdot e^{\frac{-E_A}{R \cdot T_1}} \text{ bzw. } k(T_2) = A \cdot e^{\frac{-E_A}{R \cdot T_2}}$$

und daraus durch Umformung:

$$\ln \frac{k(T_1)}{k(T_2)} = \frac{-E_A}{R}\left(\frac{1}{T_1} - \frac{1}{T_2}\right)$$

Die experimentell bestimmten Aktivierungsenergien liegen sehr oft in einem Bereich von $E_A = 50\,kJ/mol$. Daraus lässt sich zunächst ableiten, dass offensichtlich viele Reaktionen nach einem ähnlichen Reaktionsschema ablaufen. Teilt man den Wert für die (molare) Aktivierungsenergie durch die Avogadrozahl N_A erhält man als Aktivierungsenergie/Teilchen $E_A^* \approx 10^{-19}\,J$/Teilchen. Dies ist ungefähr das 50-Fache der mittleren kinetischen Energie der Teilchen bei $T = 293$ K. Daran erkennt man, dass nur ein kleiner Teil der Zusammenstöße zu wirksamen Reaktionen führen kann. Die Erhöhung der Temperatur führt dann, wie bereits erwähnt, zu einer Steigerung der Anzahl der schnelleren Teilchen, sodass mehr Teilchen den Grenzwert von E_A^* erreichen und eine Reaktion auslösen können.

Aufgaben

5. *Worin besteht der wesentliche Unterschied zwischen einem Übergangszustand und einem Zwischenprodukt?*

6. *Die mittlere kinetische Energie eines Teilchens betrage bei $T = 288$ K, $E_{Kin} = 1{,}5 \cdot 10^{-21}$ J/Teilchen. Die Aktivierungsenergie für diese Reaktion ist $E_A = 100\,kJ/mol$.*

   Um wie viel mal größer ist die benötigte Aktivierungsenergie/Teilchen als die mittlere kinetische Energie dieses Teilchens?

7. *Aktivierungsenergien benötigt man unter anderem zum Spalten von Elektronenpaarbindungen.*
   a. *Welches Zwischenprodukt erhält man wahrscheinlich bei der Spaltung von Brommolekülen mithilfe von Licht?*
   b. *Welche Wellenlänge des sichtbaren Lichts benötigt man für die Spaltung von einem Brommolekül? Hinweis: Berechnen Sie zunächst die Reaktionsenthalpie $\Delta_R H$ für diese Reaktion.*

8. *Für eine Reaktion wurde folgende Temperaturabhängigkeit der Geschwindigkeitskonstanten gemessen:*

T(K)	273	298	313	333	353
$k(l \cdot mol^{-1} \cdot s^{-1}) \cdot 10^5$	3,59	30,40	91,80	340	1120

   a. *Aus welcher Angabe kann man die Reaktionsordnung bestimmen? Um welche Ordnung handelt es sich?*
   b. *Tragen Sie die ln k-Werte gegen den reziproken Wert der Temperatur T auf.*
   c. *Ermitteln Sie grafisch aus der Steigung die Aktivierungsenergie E_A.*
   d. *Wie groß ist der Stoßfaktor A (für T = 298 K) und welche Einheiten hat er?*

9. *a.* *Die RGT-Regel soll für eine Reaktion exakt zutreffen. Die niedrigere Temperatur sei $T_1 = 293$ K. Berechnen Sie für diese Reaktion die Aktivierungsenergie E_A in kJ/mol.*

b. *Um das Wievielfache erhöht sich die Geschwindigkeit einer Reaktion, wenn die Temperatur um 40 K steigt und die Geschwindigkeit sich bei einer Erhöhung um $\Delta T = 10$ K verdreifacht?*

10. *Für eine Reaktion ermittelt man experimentell eine Reaktionsordnung von eins.*

Die Aktivierungsenergie ist $E_A = 95$ kJ/mol, der Stoßfaktor beträgt $A = 6 \cdot 10^{11}\ s^{-1}$, die Halbwertszeit ist $t_{1/2} = 1$ min.

a. *Berechnen Sie die Geschwindigkeitskonstante k.*

b. *Bei welcher Temperatur läuft diese Reaktion ab?*

11. *Zwischen der Reaktionsgeschwindigkeit v_R und der Reaktionszeit t besteht ein proportionaler Zusammenhang. Es gilt $v_R \sim 1/t$.*

Erhöht man für eine Reaktion die Temperatur um $\Delta T = 10$ K, verdreifacht sich die Reaktionsgeschwindigkeit. Welche Zeit benötigt diese Reaktion bei $T = 370$ K, wenn sie bei $T = 350$ K in 18 s beendigt war?

VERSUCH

4. Bestimmung der Aktivierungsenergie

Gefahrenhinweise:

Versuchsdurchführung:

Führen Sie den Versuch „Bestimmung der Reaktionsordung“ aus Kapitel 5.2, S. 141 bei den Temperaturen $T = 293$ K (298 K, 303 K, 308 K) durch. Zusätzliche Geräte: Wasserbad, Thermometer.

Auswertung:

a. Ermitteln Sie für jede Temperatur die zugehörige Geschwindigkeitskonstante *k*.

b. Tragen Sie in eine Tabelle die Werte zu folgenden Größen ein: T; $1/T$; k und ln k.

c. Tragen Sie in einem Schaubild die Geschwindigkeitskonstante *k* in Abhängigkeit von $1/T$ auf.

d. Ermitteln Sie grafisch die Aktivierungsenergie E_A.

5. Temperaturabhängigkeit der Reaktionsgeschwindigkeit

Gefahrenhinweise:

Reagenzien: Calciumcarbonat ($CaCO_3$), Salzsäure (ω (HCl) = 10 %)

Geräte: Becherglas, Waage, Stoppuhr

▶

Versuchsdurchführung:

Ein Becherglas befindet sich in einem Wasserbad und auf einer Waage. In das Becherglas werden ca. 5–10 g Calciumcarbonat gegeben. Dann fügt man ca. 10–20 ml Salzsäure hinzu und misst die Zeit bis der Massenverlust $\Delta m = 1$ g beträgt.

Die Messung wird mit jeweils der gleichen Menge Calciumcarbonat und Salzsäure bei $T = 293$ K und $T = 303$ K durchgeführt.

5.5 Chemisches Gleichgewicht (Massenwirkungsgesetz MWG)

5.5.1 Reversible Reaktionen

Im Allgemeinen verlaufen chemische Reaktionen nicht vollständig ab, d.h. neben den Produkten liegt immer noch ein Teil der Edukte vor. Man bezeichnet diese Reaktionen als **reversibel** oder **umkehrbar**. Eine typische reversible Reaktion aus der anorganischen Chemie ist die Bildung von Hydrogeniodid oder dessen Rückreaktion zu Wasserstoff und Iod. Aber auch die Synthese von Ammoniak aus den Elementen verläuft unvollständig. Dasselbe gilt für die Knallgasreaktion. Ein Beispiel aus der organischen Chemie ist die Esterbildung aus Alkohol und Säure bzw. die Spaltung des Esters. Reversible Reaktionen werden durch einen Doppelpfeil gekennzeichnet. Die Reaktion der Edukte zu den Produkten **(Hinreaktion)** wird wie bisher von links nach rechts gelesen, gekennzeichnet durch den üblichen Reaktionspfeil. Die Reaktion der Produkte zu den Edukten **(Rückreaktion)** verläuft von rechts nach links und ist durch den Rückpfeil gekennzeichnet. Die angeführten Beispiele lassen sich also folgendermaßen beschreiben:

a) $N_2 + 3\,H_2 \rightleftarrows 2\,NH_3$

b) $H_2 + I_2 \rightleftarrows 2\,HI$

c) $2\,H_2 + O_2 \rightleftarrows 2\,H_2O$

d) Alkohol + Säure $\rightleftarrows$ Ester + H_2O

Führt man z.B. die Synthese von Hydrogeniodid bei $T = 723$ K durch, erhält man ausgehend von den Ausgangskonzentrationen $c_o(I_2) = c(H_2) = 1$ mol/l die Hydrogeniodidkonzentration $c(HI) = 1{,}56$ mol/l und für $c(H_2) = c(I_2) = 0{,}22$ mol/l. Für die Rückreaktion gilt: Ausgehend von einer Hydrogeniodidkonzentration $c_o(HI) = 2$ mol erhält man bei der gleichen Temperatur $c(H_2) = c(I_2) = 0{,}22$ mol/l und $c(HI) = 1{,}56$ mol/l, also dieselben Werte wie für die Hinreaktion (vgl. Kap. 5.5.4).

Die Synthese von Wasser aus den Elementen ergibt bei $T = 2000$ K 96 % Wasser. Untersucht man die Aufspaltung von Wasser in die Elemente bei derselben Temperatur, so zeigt sich, dass nur 4 % der Wassermoleküle reagiert haben, also auch hier wieder dasselbe Ergebnis wie für die Hinreaktion.

Modell eines dynamischen Gleichgewichtes

Zwei ungleich starke Mannschaften haben die Aufgabe, alle Bälle über das Netz zum Gegner zu werfen.

Nach einiger Zeit wird ein Gleichgewichtszustand erreicht: Bei der schwächeren Mannschaft liegen mehr Bälle am Boden, bei der stärkeren Mannschaft weniger.

Pro Minute fliegen in jeder Richtung gleich viele Bälle über das Netz.

Begründen lassen sich diese unvollständigen Reaktionen damit, dass nicht nur die Edukte wirksam zusammenstoßen und Produkte bilden, sondern dass es auch zwischen den Produkten zu Zusammenstößen kommt, die bei genügend hoher kinetischer Energie zur Entstehung von Edukten führen. Durch diese Hin- und Rückreaktion stellt sich ein Gleichgewicht zwischen Edukten und Produkten eins. Für einen äußeren Betrachter erscheinen ab einem bestimmten Zeitpunkt die Konzentrationen aller beteiligten Stoffe als konstant. Diesen Zustand bezeichnet man als **chemisches Gleichgewicht**. Chemisches Gleichgewicht bedeutet aber keinesfalls, wie schon aus den Zahlenwerten der angeführten Beispiele entnommen werden kann, dass alle beteiligten Stoffe dieselbe Konzentration besitzen. Es bedeutet auch nicht, dass ab diesem Zeitpunkt keine chemischen Reaktionen mehr stattfinden, denn sowohl Produkt- als auch Eduktteilchen stoßen nach wie vor wirksam aufeinander und führen zu Edukten bzw. Produkten. Ist der Gleichgewichtszustand erreicht, werden in demselben Zeitraum genauso viele Produktteilchen gebildet, wie gleichzeitig wieder zerfallen. Es handelt sich also beim chemischen Gleichgewicht nicht um ein statisches, sondern um ein sogenanntes **dynamisches Gleichgewicht**. Quantitative Aussagen zu diesem Gleichgewichtszustand lassen sich mithilfe der Reaktionskinetik oder durch thermodynamische Überlegungen machen.

5.5.2 Kinetische Herleitung des Massenwirkungsgesetzes (MWG)

Betrachten wir die allgemeine Reaktionsgleichung einer Elementarreaktion:

$$aA + bB \rightleftarrows cC + dD$$

so kann man sowohl für die Hin- als auch für die Rückreaktion die Reaktionsmolekularität bzw. die Reaktionsordnung formulieren, da die beiden für Elementarreaktionen identisch sind.

Für die Hinreaktion gilt:

$$v_{Hin} = -k_{Hin} \cdot c(A)^a \cdot c(B)^b$$

und für die Rückreaktion:

$$v_{Rück} = k_{Rück} \cdot c(C)^c \cdot c(D)^d$$

Während die Reaktionsgeschwindigkeit der Hinreaktion am Anfang ($t = 0$) am größten ist, da die Konzentrationen der Stoffe A und B zu diesem Zeitpunkt den höchsten Wert besitzen, ist die Reaktionsgeschwindigkeit der Rückreaktion zu diesem Zeitpunkt $v_{Rück} = 0$, da noch keine Stoffe C und D vorhanden sind. Im Verlauf der Reaktion nehmen die Konzentrationen der Stoffe A und B ab, damit sinkt die Reaktionsgeschwindigkeit v_{Hin}, für die Rückreaktion gilt das Gegenteil, d. h. $v_{Rück}$ steigt. Ab einem bestimmten Zeitpunkt ist der Betrag von v_{Hin} gleich groß wie der Betrag von $v_{Rück}$ und damit gilt:

$$|v_{Hin}| = |v_{Rück}| = k_{hin} \cdot c(A)^a \cdot c(B)^b = k_{Rück} \cdot c(C)^c \cdot c(D)^d$$

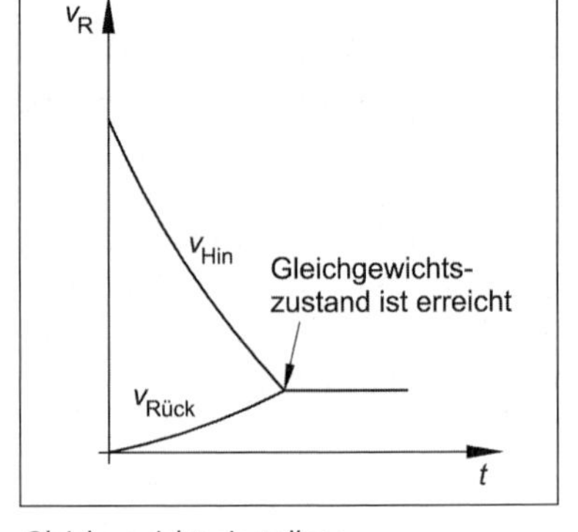

Gleichgewichtseinstellung

Ist dieser Zustand erreicht, geht die Reaktion zwar weiter (mit derselben Geschwindigkeit), allerdings ändern sich die Konzentrationen der Reaktionspartner nicht mehr, da in demselben Zeitintervall genauso viele Produkte gebildet werden, wie gleichzeitig wieder zu den Edukten zurückreagieren, d. h. die Zusammensetzung des Reaktionsgemisches ändert sich nicht mehr. Es ist also ein dynamisches Gleichgewicht zwischen Edukten und Produkten erreicht. Es ist natürlich völlig gleichgültig von welcher Seite aus die Reaktion gestartet wird. Für eine reversible Reaktion ist das Verhältnis der Gleichgewichtskonzentrationen im Gleichgewichtszustand bei gegebener Temperatur konstant.

Ein Beispiel ist die Reaktion von Hydrogeniodid zu Iod und Wasserstoff: $H_2 + I_2 \rightleftarrows 2\,HI$

Gleichgültig, ob man von je einem mol Wasserstoff und Iod ausgeht oder ob man zwei mol Hydrogeniodid miteinander reagieren lässt, nach Einstellung des Gleichgewichtszustands erhält man immer dieselben Gleichgewichtskonzentrationen der Stoffe Hydrogeniodid, Iod und Wasserstoff.

Die beiden Geschwindigkeitskonstanten k_{Hin} und $k_{Rück}$ lassen sich zu einer Konstanten zusammenfassen. Man bezeichnet den Quotienten aus k_{Hin} und $k_{Rück}$ als **Gleichgewichtskonstante** bzw. **Massenwirkungskonstante K.**

$$K = \frac{k_{Hin}}{k_{Rück}} = \frac{c(C)^c \cdot c(D)^d}{c(A)^a \cdot c(B)^b}$$

Diese Beziehung zwischen den Konzentrationen der Reaktionspartner bezeichnet man als **Massenwirkungsgesetz (MWG)**. Die zentrale Aussage des MWG ist, dass bei einer gegebenen Temperatur (und bei Gasreaktionen bei gegebenem Druck) das Verhältnis der Produktkonzentrationen zu den Eduktkonzentrationen konstant ist.

Die Einheit der Gleichgewichtskonstante ergibt sich aus der jeweiligen Reaktionsgleichung.

Wichtig: Bei allen Konzentrationen, die im MWG auftreten, handelt es sich um Gleichgewichtskonzentrationen und nicht mehr um die ursprünglichen Ausgangskonzentrationen. Deshalb sollten Ausgangskonzentrationen immer klar indiziert werden, also $c(X)_0$. Ohne einen Index sind im Zusammenhang mit dem chemischen Gleichgewicht immer die Gleichgewichtskonzentrationen gemeint!

Die Konsequenzen aus dem MWG sind u. a. folgende:

- Ist $K > 1$, liegt das Gleichgewicht auf der Seite der Produkte, d. h. rechts, bezogen auf die Reaktionsgleichung.
- Ist $K < 1$, liegt das Gleichgewicht auf der Seite der Edukte, d. h. links.
- Ist der Wert von K ungefähr 1, liegen im Gleichgewicht ungefähr dieselben Konzentrationen an Produkten und Edukten vor (gilt nur für die spezielle Gleichung $A + B \rightleftarrows C + D$).

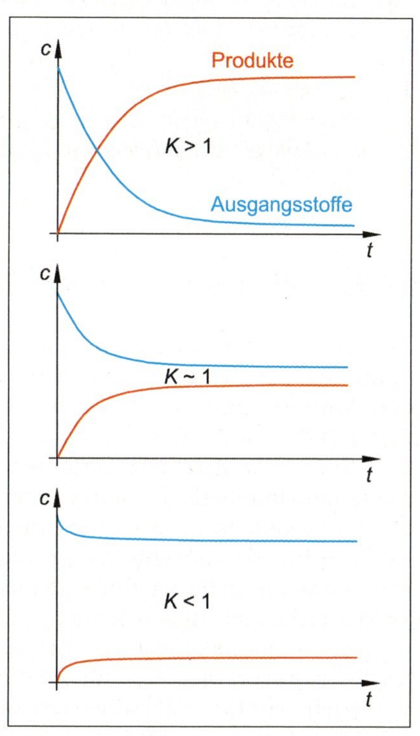

Einstellung des Gleichgewichts für die Reaktion $A + B \rightleftarrows C + D$ bei unterschiedlichen K-Werten

- Erhöht (erniedrigt) man die Eduktkonzentration, müssen, damit der konstante Wert von K wieder erreicht wird, mehr (weniger) Produkte gebildet werden. Man sagt auch, die **Gleichgewichtslage** verschiebt sich nach rechts (links).
- Erhöht (erniedrigt) man die Produktkonzentration, müssen mehr (weniger) Edukte gebildet werden. Die Gleichgewichtslage verschiebt sich nach links (rechts).

Das kinetisch hergeleitete MWG gilt streng genommen nur für Elementarreaktionen. Es lässt sich aber durch thermodynamische Überlegungen zeigen, dass es für jede beliebige Reaktionsgleichung, unabhängig von der jeweiligen Reaktionsordnung, Gültigkeit besitzt (vgl. nächstes Kap.).

Aufgaben

12. *Wieso verlaufen Reaktionen, bei denen Gase entstehen oder bei denen Stoffe ausgefällt werden, in offenen Systemen vollständig nach rechts zu den Produkten, obwohl $K \neq \infty$ ist? Nennen Sie Beispiele.*

13. *Erhitzt man Kalk (Calciumcarbonat) entsteht ein Gleichgewicht zwischen Kalk und den Produkten gebrannter Kalk (Calciumoxid) und Kohlenstoffdioxid.*
    a. *Stellen Sie die Reaktionsgleichung auf.*
    b. *Wie verschiebt sich das Gleichgewicht, wenn laufend Kohlenstoffdioxid entweicht?*

14. *Begründen Sie mithilfe der Reaktionskinetik, weshalb bei einer exothermen Reaktion das Gleichgewicht aufseiten der Produkte liegt.*

15. *Gegeben ist die Reaktion $A + B \rightleftarrows C + D$. Skizzieren Sie in einem Schaubild den Verlauf der Reaktionsgeschwindigkeiten in Abhängigkeit von der Zeit für die Hin- und Rückreaktion, wenn das Gleichgewicht aufseiten der Edukte liegt.*

5.5.3 Thermodynamische Herleitung des Massenwirkungsgesetzes (MWG)

Aus thermodynamischer Sicht wird ein Gleichgewicht ausgebildet, wenn bei einer gegebenen Temperatur sowohl die Hinreaktion als auch die Rückreaktion exergonisch sind. Man könnte argumentieren, dass beide Reaktionsrichtungen nicht gleichzeitig exergonisch sein können. Aber offensichtlich gibt es bei vielen Reaktionen einen Zustand, bei dem die freie Enthalpie des gesamten Systems, also aller Edukte und Produkte, ein Minimum hat. Und dieser Zustand entspricht nicht einem vollständigen Umsatz der Edukte zu den Produkten. Dies wird deutlich, wenn man die Reaktionszahl λ einführt. λ ist ein Maß für das Fortschreiten der Reaktion von den Edukten zu den Produkten, also $\lambda = c(\text{Produkte})/(c(\text{Produkte}) + c(\text{Edukte}))$. Bei einem vollständigen Umsatz der Edukte zu den Produkten ist $\lambda = 1$, wenn die Edukte gar nicht reagieren ist $\lambda = 0$. Es gilt also: $0 \leq \lambda \leq 1$. Trägt man die gesamte freie Enthalpie G_{gesamt} in Abhängigkeit von λ auf, erhält man eine Kurve, die G_{gesamt} für jedes Mischungsverhältnis von Edukten und Produkten wiedergibt. Für drei Fälle sollen die Kurven betrachtet werden:

- Bei einem (nahezu) vollständigen Umsatz der Edukte zu den Produkten liegt der tiefste Punkt ($dG/d\lambda = 0$) (nahe) bei $\lambda = 1$, d. h. ganz rechts (Abb. Freie Enthalpie a)).

- Werden mehr Produkte gebildet als im Gleichgewicht noch Edukte vorhanden sind, liegt der tiefste Punkt der Kurve ($dG/d\lambda = 0$) näher bei den Produkten (Abb. Freie Enthalpie b))
- Werden weniger Produkte gebildet, als im Gleichgewicht noch Edukte vorhanden sind, liegt der tiefste Punkt der Kurve ($dG/d\lambda = 0$) näher bei den Edukten (Abb. Freie Enthalpie c))

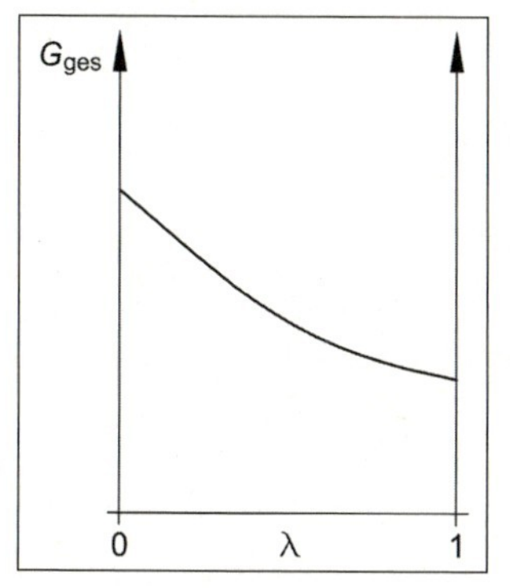

a) vollständige Reaktion

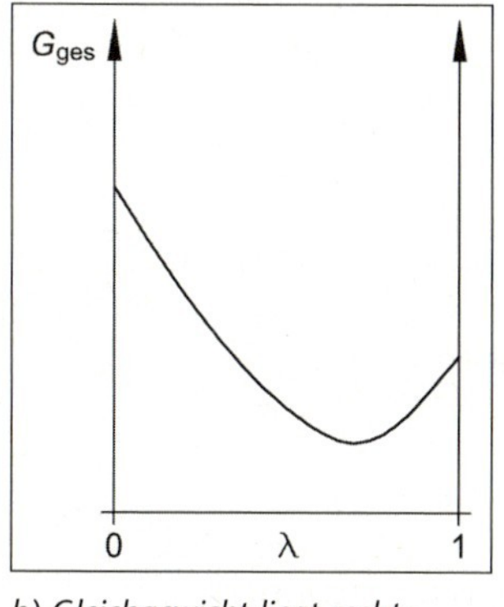

b) Gleichgewicht liegt rechts

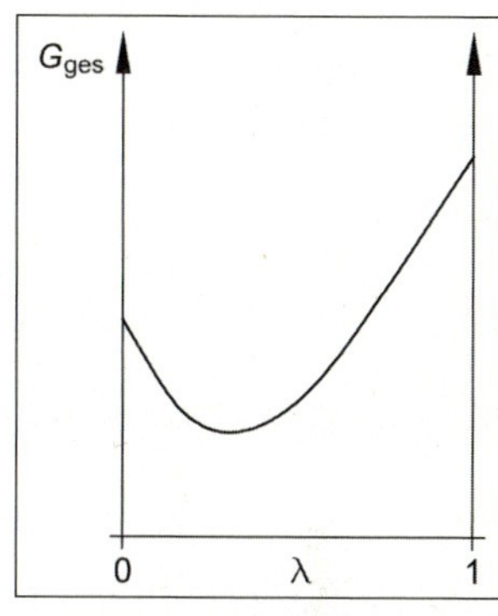

c) Gleichgewicht liegt links

Die freie Enthalpie G lässt sich in zwei Anteile aufspalten:

- einen konzentrations- und temperaturunabhängigen Teil G^o. Er entspricht der freien Enthalpie bei Standardbedingungen ($T = 298$ K, $p = 1{,}013$ bar, $n(X) = 1$ mol), auch freie molare Standardenthalpie genannt. Für eine beliebige Stoffmenge n ergibt sich dann für die freie Standardenthalpie $n \cdot G^o$.
- einen konzentrations- und temperaturabhängigen Teil G^*. Für ein Mol ergibt sich aus Schlussfolgerungen des 2. Hauptsatzes der Thermodynamik $G^* = R \cdot T \cdot \ln c$ bzw. für beliebige Stoffmengen $n \cdot G^* = n \cdot R \cdot T \cdot \ln c$[1]. R ist wie üblich die allgemeine Gaskonstante, T die absolute Temperatur und c die Stoffmengenkonzentration.

Allgemein erhält man für einen beliebigen Reaktionsteilnehmer für seine freie Enthalpie also den Ausdruck:

$$n \cdot G = n \cdot G^0 + n \cdot G^* = n \cdot G^0 + n \cdot R \cdot T \cdot \ln c$$

---

1 *Betrachtet man ein ideales Gas, so gilt: $G = H - T \cdot S$. Bildet man das totale Differenzial dG, folgt daraus: $dG = dU + p \cdot dV + V \cdot dp - T \cdot dS - S \cdot dT$. Leistet das Gas Arbeit gegen einen äußeren Druck, gilt $dU = dq - p \cdot dV$ und damit $dG = dq + V \cdot dp - T \cdot dS - S \cdot dT$. Da $T \cdot dS = dq$ ist, ergibt sich $dG = V \cdot dp - S \cdot dT$ und bei isothermen Bedingungen, also $dT = 0$, wird $dG = V \cdot dp$ bzw. unter Berücksichtigung der allgemeinen Gasgleichung $dG = R \cdot T \cdot dp/p$ (für ein mol eines idealen Gases). Integriert man die linke und rechte Seite, mit G^o bzw. p_o (= 1 bar) als untere Grenzen, wird daraus $G - G^o = R \cdot T \cdot \ln(p/p_o)$ oder nach G aufgelöst: $G = G^o + R \cdot T \cdot \ln p$. Da die allgemeine Gasgleichung auch für gelöste Stoffe in Lösungen anwendbar ist und $p \sim n/V \sim c$ ist, gilt analog für Lösungen der Ausdruck $G = G^o + R \cdot T \cdot \ln c$.*

Für die Reaktion: $aA + bB \rightleftarrows cC + dD$, (die kleinen Buchstaben sind wieder die stöchiometrischen Faktoren) folgt daraus für die freie Reaktionsenthalpie $\Delta_R G$:

$$\Delta_R G = c \cdot G_c + d \cdot G_D - a \cdot G_A - b \cdot G_B$$

bzw.

$$\Delta_R G = (c \cdot G_c^0 + d \cdot G_D^0 - a \cdot G_A^0 - b \cdot G_B^0) - (c \cdot R \cdot T \cdot \ln c(C) + d \cdot R \cdot T \cdot \ln c(D) - a \cdot R \cdot T \cdot \ln c(A) - b \cdot R \cdot T \cdot \ln c(B))$$

mit

$$(c \cdot G_c^0 + d \cdot G_D^0 - a \cdot G_A^0 - b \cdot G_B^0) = \Delta_R G^o$$

wird daraus

$$\Delta_R G = \Delta_R G^o + R \cdot T \cdot \ln \frac{c(C)^c \cdot c(D)^d}{c(A)^a \cdot c(B)^b}$$

Im Gleichgewichtszustand ist $\Delta_R G = 0$ und daraus folgt:[1]

$$0 = \Delta_R G^o + R \cdot T \cdot \ln \frac{c(C)^c \cdot c(D)^d}{c(A)^a \cdot c(B)^b}$$

Da $\Delta_R G^o$ eine Konstante ist, muss der Ausdruck

$$R \cdot T \cdot \ln \frac{c(C)^c \cdot c(D)^d}{c(A)^a \cdot c(B)^b} \text{ auch konstant sein, also: } K = \frac{c(C)^c \cdot c(D)^d}{c(A)^a \cdot c(B)^b}$$

für eine gegebene Temperatur T bzw. $\Delta_R G^o = -R \cdot T \cdot \ln K$

Diese Beziehung zwischen $\Delta_R G$ und der Gleichgewichtskonstanten K bezeichnet man auch als van't Hoff'sche Reaktionsisotherme.

Während bei der kinetischen Herleitung das MWG nur für Elementarreaktionen hergeleitet werden konnte, zeigt die thermodynamische Herleitung, dass die stöchiometrischen Faktoren einer beliebigen Gleichung immer als Exponenten der Konzentrationen erscheinen und damit das MWG direkt aus der Reaktionsgleichung hergeleitet werden kann.

Da $\Delta_R G^o$ aus den Enthalpien bzw. Entropien der Reaktionspartner berechnet werden kann, lässt sich die Gleichgewichtskonstante K auch aus thermodynamischen Größen bestimmen, denn durch Umformen erhält man:

$$\Delta_R G^o = -R \cdot T \cdot \ln K \longrightarrow \mathrm{K} = e^{\frac{-\Delta_R G^o}{R \cdot T}}$$

Ist $\Delta_R G^o < 0$, wird $K > 1$, d. h. exergonische Reaktionen verlaufen zur Seite der Produkte. Umgekehrt liegt das Gleichgewicht auf der Seite der Edukte, wenn $\Delta_R G^o > 0$ ist, es sich also um endergonische Abläufe handelt. Für die Gleichgewichtskonstante erhält man dann Werte $K < 1$. Stark exergonische Reaktionen verlaufen ganz nach rechts, bei stark endergonischen Reaktionen reagieren die Edukte praktisch gar nicht.

1 *Die Einheit von K ergibt sich aus der Reaktionsgleichung; die Einheit von $\Delta_R G^o$ ergibt sich formal zu Energieeinheit/mol, bezieht sich aber immer auf einen Reaktionsumsatz der Reaktionsgleichung.*

Aufgaben

16. *Die Gleichgewichtskonstante für die Reaktion von Ethen (C_2H_4) mit Wasser zu Ethanol (C_2H_5OH) ist zu berechnen.*
    a. *Stellen Sie die Reaktionsgleichung auf.*
    b. *Berechnen Sie die Reaktionsenthalpie, die Reaktionsentropie und die freie Reaktionsenthalpie bei Standardbedingungen.*
    c. *Bestimmen Sie die Gleichgewichtskonstante bei Standardbedingungen.*
17. *Für die Reaktion: $4\ HCl + O_2 \rightleftarrows 2\ H_2O + 2\ Cl_2$ hat die Gleichgewichtskonstante bei $T = 525$ K einen Wert von $K = 490$ l/mol. Berechnen Sie die freie Reaktionsenthalpie bei Standardbedingungen.*

5.5.4 Quantitative Betrachtungen zum chemischen Gleichgewicht

Sind die Gleichgewichtskonzentrationen bekannt bzw. experimentell bestimmbar, lässt sich damit die Gleichgewichtskonstante K berechnen. Umgekehrt kann man bei gegebenem K die Gleichgewichtskonzentrationen ermitteln.

Berechnung der Gleichgewichtskonstanten

Betrachten wir das schon erwähnte Beispiel der Synthese von Hydrogeniodid. Die Ausgangskonzentrationen von Iod und Wasserstoff sind $c_o(I_2) = c_o(I_2) = 1$ mol/l. Die Gleichgewichtskonzentration bei $T = 723$ K wird mit $c(HI) = 1{,}56$ mol/l gemessen. Wie groß ist die Gleichgewichtskonstante?

Zunächst berechnet man die Gleichgewichtskonzentration des Wasserstoffs und des Iods:

Da laut Reaktionsgleichung die $c(HI)$ doppelt so groß ist wie die Konzentration des verbrauchten Wasserstoffs bzw. des verbrauchten Iods, gilt für die Gleichgewichtskonzentrationen: $c(H_2) = c(I_2) = (0{,}1 - 0{,}156/2)$ mol/l $= 0{,}022$ mol/l. Das MWG für diese Reaktion lautet:

$$K = \frac{c(HJ)^2}{c(H_2) \cdot c(J_2)} = \frac{1{,}56^2}{0{,}22 \cdot 0{,}22} \frac{mol^2/l^2}{mol^2/l^2} \approx 50$$

Die Gleichgewichtskonstante K ist also in diesem Fall dimensionslos.

Berechnung von Gleichgewichtskonzentrationen

Als Beispiel soll hier die Esterreaktion dienen:

$$\text{Alkohol (A)} + \text{Säure (S)} \rightleftarrows \text{Ester (E)} + H_2O$$

Die Gleichgewichtskonstante K hat bei $T = 298$ K den Wert $K = 4$, auch sie ist dimensionslos.

Die Ausgangskonzentration von Alkohol und Säure sind $c_o(A) = c_0(S) = 1$ mol/l.

Die gesuchte Gleichgewichtskonzentration des Ester sei $c(E) = x$ mol/l. Da laut Reaktionsgleichung immer auch ein Molekül Wasser gebildet wird, wenn ein Molekül Ester entsteht, gilt auch für die Gleichgewichtskonzentration des Wassers: $c(H_2O) = x$ mol/l.

Wenn x mol/l Ester gebildet werden, müssen laut Reaktionsgleichung x mol/l Alkohol bzw. Säure verbraucht werden. Die Gleichgewichtskonzentrationen sind demnach:

$c(A) = c(S) = (1 - x)$ mol/l. Die Gleichgewichtskonzentrationen werden wieder in das MWG eingesetzt und man erhält:

$$K = \frac{c(E) \cdot c(H_2O)}{c(A) \cdot c(S)} = \frac{x^2}{(1-x) \cdot (1-x)} \frac{\text{mol}^2/\text{l}^2}{\text{mol}^2/\text{l}^2} = 4$$

Löst man die Gleichung nach x auf, erhält man $x = 2$ mol/l und $x = 0{,}667$ mol/l. Der erste Wert ist chemisch gesehen sinnlos, da x höchstens den Wert 1 mol/l haben kann. Mit dem zweiten Wert erhält man dann folgende Gleichgewichtskonzentrationen:

$$c(E) = c(H_2O) = 0{,}667\,\text{mol/l und } c(A) = c(S) = (1 - 0{,}667)\,\text{mol/l} = 0{,}333\,\text{mol/l}$$

Verschiebung der Gleichgewichtslage

Wie verändert nun die Erhöhung (Erniedrigung) der Ausgangskonzentrationen die Gleichgewichtslage für eine bestimmte Reaktion bei einer bestimmten Temperatur?

Dies soll wieder am Beispiel der Estersynthese demonstriert werden.

Die Reaktion wird bei den gleichen Bedingungen wie oben durchgeführt, als einzige Veränderung wird die Ausgangskonzentration der Säure auf c_0 (S) = 2 mol/l erhöht. Die Gleichgewichtskonzentation der Säure wird dann $c(S) = (2 - x)$ mol/l. In das MWG eingesetzt erhält man für die Gleichgewichtskonzentrationen der Reaktanden folgende Werte:

$c(E) = c(H_2O) = 0{,}845$ mol/l und $c(A) = (1 - 0{,}845)$ mol/l $= 0{,}155$ mol/l bzw. $c(S) = (2 - 0{,}845)$ mol/l $= 1{,}155$ mol/l. Setzt man diese Werte ins MWG ein, ergibt sich wieder der Wert K = 4.

Man erkennt, wie sich die Gleichgewichtslage in Richtung der Produkte verschiebt. Durch die Erhöhung der Ausgangskonzentration der Säure erhält man statt 66 % beinahe 85 % Ausbeute an Ester. In der Tabelle sind für weitere Kombinationen die Ausbeuten an Ester zusammengestellt.

$c_0(S)$ mol/l	$c_0(A)$ mol/l	$c(E)$ mol/l	$c(H_2O)$ mol/l	$c(A)$ mol/l	$c(S)$ mol/l	$\omega(E)$ %
1	1	0,667	0,667	0,333	0,333	66,7
2	1	0,845	0,845	0,155	1,155	84,5
10	1	0,974	0,974	0,026	9,026	97,4
5	5	3,333	3,333	1,667	1,667	66,7

Verschiebung der Gleichgewichtslage (A = Alkohol, S = Säure, E = Ester; K = 4)

Aufgaben

18. Gesucht ist die Gleichgewichtskonstante K für die Reaktion $N_2 + 3\ H_2 \rightleftarrows 2\ NH_3$.

a. Wie lautet das MWG?

b. Wie groß ist K, wenn für die Gleichgewichtskonzentrationen folgende Werte experimentell bestimmt wurden: $c(H_2) = 1{,}8\ mol/l$, $c(N_2) = 2{,}5\ mol/l$ und $c(NH_3) = 3{,}6\ mol/l$?

19. Wie groß ist die Gleichgewichtskonzentration des Esters, wenn man von folgenden Ausgangskonzentrationen ausgeht: $c_o(Alkohol) = 6\ mol/l$ und $c_o(Säure) = 2\ mol/l$? Die Gleichgewichtskonstante ist $K = 4$.

20. Chlor reagiert mit Bromidionen nach folgender Gleichung:

$Cl_2 + 2\ Br^- \rightleftarrows 2\ Cl^- + Br_2$. Die Gleichgewichtskonzentration von Brom ist $c(Br_2) = 0{,}0998\ mol/l$. Die Konzentrationen der Ausgangsstoffe beträgt $c_o(Chlor) = 0{,}1\ mol/l$ bzw. $c_o(Br^-) = 0{,}2\ mol/l$.

a. Stellen Sie das MWG für diese Reaktion auf.

b. Wie groß ist die Gleichgewichtskonstante K?

6. Verschiebung der Gleichgewichtslage (Kaliumdichromat)

VERSUCH

Gefahrenhinweise:

   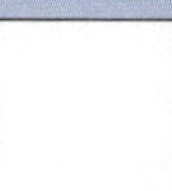     

Reagenzien: Kaliumchromat (K_2CrO_4), Kaliumdichromat ($K_2Cr_2O_7$), Schwefelsäure ($c(H_2SO_4) = 1\ mol/l$), Kalilauge ($c(KOH) = 1\ mol/l$)

Geräte: Bechergläser, Pipette

Versuchsdurchführung:

Eine konzentrierte Kaliumchromatlösung wird hergestellt. Die Lösung wird tropfenweise bis zum Farbumschlag mit der Schwefelsäure versetzt. Anschließend wird tropfenweise Kalilauge bis zum Farbumschlag zugefügt.

Eine konzentrierte Kaliumdichromatlösung wird hergestellt. Die Lösung wird bis zum Farbumschlag verdünnt.

Auswertung:

1. Stellen Sie die Reaktionsgleichungen auf.
2. Weshalb kommt es beim Verdünnen der Kaliumdichromatlösung zu einem Farbumschlag?

▶

7. Verschiebung der Gleichgewichtslage (Eisen(III)-thiocyanat)

Gefahrenhinweise:

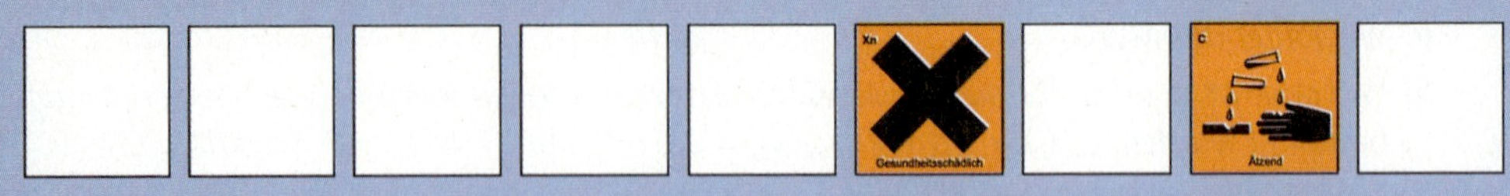

Reagenzien: Eisen(III)-chlorid ($FeCl_3$), Ammoniumthiocyanat (NH_4SCN) bzw. Kaliumthiocyanat (KSCN)

Geräte: Bechergläser, Erlenmeyerkolben

Versuchsdurchführung:

Es werden 200 ml verdünnte Eisen(III)-chloridlösung und 200 ml verdünnte Ammoniumthiocyanatlösung (Kaliumthiocyanatlösung) hergestellt. Die Lösungen werden zusammengegeben und so lange mit destilliertem Wasser verdünnt, bis die Farbe nur noch schwach rosa ist. Die Lösung wird auf drei Erlenmeyerkolben verteilt. Zum ersten Kolben wird festes Eisen(III)-chlorid zum zweiten Kolben festes Ammoniumthiocyanat (Kaliumthiocyanat) gegeben, umgerührt und die Farbänderung mit dem dritten Kolben verglichen.

Auswertung:

1. Stellen Sie die Reaktionsgleichung zwischen den Eisen(III)-ionen und den Thiocyanationen auf.
2. Begründen Sie die Farbverschiebungen.

8. Estergleichgewicht

Gefahrenhinweise:

Reagenzien: Ethanol (C_2H_5OH), Ethansäure (CH_3COOH), 2-Propanon (Aceton), $(CH_3)_2CO$), konz. Schwefelsäure (H_2SO_4), Natronlauge ($c(NaOH) = 1\,mol/l$), Phenolphthalein, Universalindikator

Geräte: Destillationsapparatur mit Heizpilz und Rückflusskühler, Erlenmeyerkolben, Reagenzglas, Pipette, Bürette, Siedesteinchen

Versuchsdurchführung:

60 ml Aceton, 1 mol Ethansäure und 1 mol Ethanol werden in einen Messzylinder gegeben und das Gesamtvolumen bestimmt. Die Lösung wird in einen Glasschliffkolben mit zwei Stutzen überführt. Anschließend werden ca. 2 ml konz. Schwefelsäure und einige Siedesteinchen zugefügt. Die Lösung wird am Rückflusskühler zum Sieden gebracht und es werden sofort mit einer Pipette ca. 7–8 ml der Lösung entnommen. Die entnommene Lösung wird in ein Reagenzglas gegeben und in Eiswasser gekühlt. 5 ml der gekühlten Lösung werden genau abpipettiert und mit Natronlauge gegen Phenolphthalein oder Universalindikator bis zum Äquivalenzpunkt ($pH \approx 8–10$) titriert. Nach weiteren 10 min. wird die nächste Probe gezogen und die Säurekonzentration bestimmt. Nach einer Stunde werden die Proben im Abstand von 20 min. entnommen und nach zwei Stunden werden noch zwei Proben im Abstand von 30 min. gezogen.

▶

Auswertung:

1. Informieren Sie sich über die Funktion der Schwefelsäure (vgl. Kap. 5.8).
2. Berechen Sie die Ausgangskonzentration c_0(Ethansäure)? (Anm.: Die Erhöhung der Säurekonzentration durch die Schwefelsäure kann vernachlässigt werden.)
3. Tragen Sie in einem Schaubild die Konzentration der Ethansäure gegen die Zeit auf.
4. Ermitteln Sie aus dem Schaubild die Gleichgewichtskonzentration c(Ethansäure).
5. Berechnen Sie die Gleichgewichtskonstante K für die Esterreaktion.

5.6 Prinzip des kleinsten Zwangs (Prinzip von Le Chatelier)

Wie wir schon gesehen haben, hängt die Lage des Gleichgewichts einer bestimmten Reaktion u.a. von den Ausgangskonzentrationen der Edukte ab. Aber auch weitere Größen beeinflussen das chemische Gleichgewicht. Dies sind

- die Temperatur

und, wenn gasförmige Stoffe an der Reaktion beteiligt sind,

- der Druck.

Henri Le Chatelier

Der Einfluss von Konzentrations-, Temperatur- und Druckveränderungen (bei Gasen) auf das chemische Gleichgewicht wurde von Le Chatelier[1] als allgemeine Gesetzmäßigkeit formuliert. Es lautet:

Prinzip von Le Chatelier (Prinzip des kleinsten Zwangs):

Wird auf ein System, welches sich im Gleichgewicht befindet, ein äußerer Zwang ausgeübt, versucht das System diesem äußeren Zwang auszuweichen. Dies führt (im Allgemeinen) zu einem neuen Gleichgewicht (einer neuen Gleichgewichtslage).

Als „äußeren Zwang“ kommen im Zusammenhang mit einer Reaktion infrage:

- Konzentrationserhöhungen bzw. Konzentrationserniedrigungen der Edukte bzw. der Produkte,
- Temperaturerhöhungen bzw. Temperaturerniedrigungen des Reaktionsgemisches,
- Druckerhöhungen bzw. Druckerniedrigungen des Reaktionsraumes (bei Gasen),
- theroretisch auch Volumenveränderungen bei Gasen. Diese sind aber über die allgemeine Gasgleichung umgekehrt proportional zum Druck und werden deshalb nicht gesondert betrachtet.

1 *Henri Le Chatelier, 1850–1936, franz. Chemiker.*

Konzentrationsveränderungen (MWG)

Die Veränderung der Gleichgewichtslage durch Konzentrationserhöhung (Konzentrationserniedrigung) der Edukte (Produkte) wurde schon angesprochen. So führt z.B. eine Erhöhung der Eduktkonzentration bei der Esterreaktion zu einer Verschiebung der Gleichgewichtslage zur Produkteseite, also zur Erhöhung der Ausbeute an Ester bzw. an Wasser. Der äußere Zwang nach Le Chatelier ist in diesem Fall die Konzentrationserhöhung der Edukte. Das System, d.h. das Reaktionsgemisch aus Ester, Wasser, Säure und Alkohol versucht dem äußeren Zwang der Konzentrationserhöhung der Edukte auszuweichen, indem es einen Teil der zugeführten Edukte dadurch entfernt, dass es mehr Produkte bildet. Die Anwendung des Prinzips von Le Chatelier führt also qualitativ zu demselben Ergebnis, wie die formale Aussage aus dem MWG. Sie lautet: Erhöht man die Konzentrationen im Nenner des MWG (Edukte), müssen Edukte solange zu Produkten (den Größen im Zähler des MWG) reagieren, bis wieder der Wert der Gleichgewichtskonstanten K für diese Reaktion erreicht ist, d.h. die Gleichgewichtslage verschiebt sich nach rechts. Die gleiche Auswirkung hat die Störgröße einer Produktverringerung.

Störungen des Gleichgewichts durch Verringerung der Eduktkonzentrationen führen wie ausgeführt zur Verschiebung der Gleichgewichtslage nach links. Eine Erhöhung der Produktkonzentration verschiebt die Gleichgewichtslage gleichfalls nach links.

Temperaturveränderungen (MWG)

Während Konzentrationsveränderungen lediglich einen Einfluss auf die Gleichgewichtslage, d.h. die Gleichgewichtskonzentrationen haben, jedoch am Wert der Gleichgewichtskonstanten K für eine bestimmte Temperatur nichts verändern, ist die Gleichgewichtskonstante K von der Temperatur abhängig.

Erhöht man die Temperatur eines Reaktionsgemisches, versucht das System dem äußeren Zwang Temperaturerhöhung auszuweichen. Es verringert die zugeführte Wärmemenge dadurch, dass es verstärkt Reaktionspartner bildet, die für ihre Bildung Energie benötigen, also energiereicher sind. Bei einer endothermen Reaktion, d.h. $\Delta_R H > 0$, stehen die energiereichen Stoffe auf der rechten Seite; also führt in diesem Fall eine Temperaturerhöhung zur verstärkten Bildung von Produkten. Eine Temperaturerniedrigung würde zur verstärkten Bildung von Edukten führen. Ist dagegen $\Delta_R H < 0$, d.h. bei einer exothermen Reaktion, sind die Verhältnisse gerade umgekehrt: Eine Temperaturerhöhung begünstigt die Bildung der Edukte, eine Temperaturerniedrigung die Bildung der Produkte.

Die qualitativen Aussagen des Prinzips von Le Chatelier zum Einfluss von Temperaturveränderungen auf die Gleichgewichtskonstante und damit auf die Gleichgewichtskonzentrationen lassen sich auch quantitativ formulieren:

Im Kap. 5.5.3 wurde folgender Zusammenhang zwischen der freien Standardreaktionsenthalpie und der Gleichgewichtskonstante K abgeleitet:

$\Delta_R G^o = -R \cdot T \cdot \ln K$. Aus der Thermodynamik kennen wir den Zusammenhang zwischen der freien Standardreaktionsenthalpie, der Standardreaktionsentropie und der Standardreaktionsenthalpie, nämlich $\Delta_R G^o = \Delta_R H^o - T \cdot \Delta_R S^o$. Daraus folgt:

$$\Delta_R H^o - T \cdot \Delta_R S^o = -R \cdot T \cdot \ln K$$

und daraus

$$\ln K = -\frac{\Delta_R H^o}{R \cdot T} + \frac{\Delta_R S^o}{R}$$

$\Delta_R H^\circ$ und $\Delta_R S^\circ$ sind von der Temperatur unabhängig, d.h. konstant. Die Gleichgewichtskonstante ist also umgekehrt proportional zur Temperatur.

Für zwei verschiedene Temperaturen T_1 und T_2 gilt dann:

$$\ln K_1 = -\frac{\Delta_R H^\circ}{R \cdot T_1} + \frac{\Delta_R S^\circ}{R} \quad \textit{und} \quad \ln K_2 = -\frac{\Delta_R H^\circ}{R \cdot T_2} + \frac{\Delta_R S^\circ}{R}$$

oder

$$\ln \frac{K_2}{K_1} = -\frac{\Delta_R H^\circ}{R} \cdot \left(\frac{1}{T_2} - \frac{1}{T_1}\right)$$

Man bezeichnet diese Gleichung auch als die van't Hoff'sche Gleichung (van't Hoff'sche Reaktionsisobare).[1] Sie ist die quantitative Formulierung des Prinzips vom kleinsten Zwang.

Mithilfe der van't Hoffschen Gleichung können Gleichgewichtskonstanten für beliebige Temperaturen berechnet werden, sofern für eine bestimmte Temperatur K bekannt ist und auch der Wert von $\Delta_R H^\circ$ zur Verfügung steht. Kennt man die Gleichgewichtskonstanten einer Reaktion für zwei verschiedene Temperaturen, kann umgehrt $\Delta_R H^\circ$ bestimmt werden.

Dies soll an folgendem Beispiel der Reaktion von Kohlenstoffdioxid mit Wasserstoff gezeigt werden.

Beispiel

Für die Reaktion: $CO_2 + H_2 \rightleftarrows CO + H_2O$ in der Gasphase hat die Gleichgewichtskonstante bei $T_1 = 800$ K den Wert $K_1 = 0{,}283$ und bei $T_2 = 900$ K den Wert $K_2 = 0{,}503$.

a) Wie groß ist die Reaktionsenthalpie?

$$\Delta_R H^0 = \frac{-R \cdot \ln \frac{K_2}{K_1}}{\left(\frac{1}{T_2} - \frac{1}{T_1}\right)} = \frac{-8{,}314 \text{ J} \cdot \text{mol}^{-1}\text{ K}^{-1} \cdot \ln \frac{0{,}503}{0{,}283}}{\left(\frac{1}{900} - \frac{1}{800}\right) \text{K}^{-1}} = 34{,}429 \text{ kJ/mol}$$

Aus der van't Hoff'schen Gleichung folgt:

$$\ln \frac{K_2}{K_1} = -\frac{\Delta_R H^\circ}{R} \cdot \left(\frac{1}{T_2} - \frac{1}{T_1}\right)$$

b) Wie groß ist die Gleichgewichtskonstante K_3 bei $T_3 = 1\,000$ K?

Durch Umstellen der van't Hoff'schen Gleichung erhält man:

$$\ln K_3 = -\frac{\Delta_R H^\circ}{R} \cdot \left(\frac{1}{T_3} - \frac{1}{T_2}\right) + \ln K_2 = \frac{-34\,429 \text{ J} \cdot \text{mol}^{-1}}{8{,}314 \text{ J} \cdot \text{mol}^{-1} \cdot \text{K}^{-1}} \cdot \left(\frac{1}{1\,000 \text{ K}} - \frac{1}{900 \text{ K}}\right) +$$

$$\ln 0{,}503 = -0{,}227 \longrightarrow K_3 = 0{,}797$$

---

1 *Die Standardreaktionsenthalpie ist genaugenommen von der Temperatur abhängig. Für nicht allzu große Temperaturintervalle kann man sie aber als konstant betrachten. Im Folgenden wird für alle Fälle die Reaktionsenthalpie mit der Standardreaktionsenthalpie gleichgesetzt.*

Druckveränderungen (MWG)

Der Einfluss von Druckveränderungen auf die Gleichgewichtskonstante *K* bzw. die Gleichgewichtskonzentrationen hat nur für Reaktionen eine Bedeutung, an denen ein oder mehrere Reaktionspartner im gasförmigen Zustand vorliegen.

Fritz Haber (Ammoniaksynthese)

Wendet man das Prinzip von Le Chatelier auf Gasreaktionen an, so versucht ein Reaktionsgemisch, dem äußeren Zwang einer Druckveränderungen entgegenzuwirken. Dies geschieht dadurch, dass es bei einer Druckerhöhung verstärkt Stoffe bildet, die den Druck vermindern, indem sie kleinere Volumina einnehmen. Bei einer Druckerniedrigung werden diejenigen Stoffe bevorzugt gebildet, die einen größeren Raum beanspruchen und dadurch der Druckerniedrigung entgegengerichtet sind. Ein auch für die Praxis wichtiges Beispiel ist die Ammoniaksynthese nach dem **Haber-Bosch-Verfahren**[1]:

$$N_2 + 3\,H_2 \rightleftarrows 2\,NH_3$$

Erhöht man den Druck, verschiebt sich das Gleichgewicht nach rechts, d.h. die Ausbeute an Ammoniak steigt. Der Grund ist, dass auf der rechten Seite die geringere Anzahl von Gasteilchen steht als auf der Seite der Edukte. Das Reaktionsgemisch versucht also der Störgröße Druckerhöhung dadurch auszuweichen, dass es Stoffe mit kleineren Stoffmengen und damit kleineren Volumina bildet.

Auf Reaktionspartner, die im festen bzw. flüssigen Zustand vorliegen, haben Druckveränderungen keinen Einfluss, da deren Volumen praktisch druckunabhängig ist.

Es kommt demnach zu keiner Gleichgewichtsveränderung, wenn keiner der Reaktionspartner ein Gas ist.

Darüber hinaus kann auch der Fall eintreten, dass zwar Reaktionspartner Gase sind, eine Druckveränderung aber dennoch keine Gleichgewichtsverschiebung zur Folge hat. Dies ist immer dann der Fall, wenn die Summe der stöchiometrischen Faktoren der gasförmigen Edukte gleich groß ist wie die Summe der stöchiometrischen Faktoren der gasförmigen Produkte.

Beispiel: Reaktion von Wasserstoff mit Chlor

$$H_2 + Cl_2 \rightleftarrows 2\,HCl$$

Alle Reaktionspartner sind gasförmig. Da auf der linken und rechten Seite die Summe der stöchiometrischen Faktoren gleich groß ist, würde z.B. bei einer Verlagerung des Gleichgewichts nach rechts eine bestimmte Anzahl der Edukte verschwinden, auf der rechten Seite aber dieselbe Menge an Gasteilchen gebildet werden. Die gesamte Anzahl der Gasteilchen bleibt konstant, d.h. eine Verschiebung des Gleichgewichts wirkt der Störgröße Druckveränderung nicht entgegen.

Carl Bosch (Ammoniaksynthese)

1 *Fritz Haber, 1868–1934, dt. Chemiker; Carl Bosch, 1874–1940, dt. Chemiker.*

Ganz anders bei folgender Reaktion, die auch als **Boudouardreaktion** bezeichnet wird[1]:

$$C + CO_2 \rightleftarrows 2\,CO$$

Da ein Reaktionspartner, nämlich der Kohlenstoff, ein Festkörper ist, bewirkt eine Druckerhöhung eine Verschiebung des Gleichgewichts zum Kohlenstoffdioxid, denn die Gesamtzahl der Gasteilchen verringert sich und die verstärkte Bildung von Edukten ist der Störgröße Druckerhöhung entgegengerichtet.

Für Gase verwendet man oft anstelle der Gleichgewichtskonstanten K die **Gleichgewichtskonstante K_p**.

Der Zusammenhang zwischen K_p und der Gleichgewichtskonstanten K soll im Folgenden dargestellt werden. Aus der allgemeinen Gasgleichung ergibt sich durch Umformen:

$p = R \cdot T \cdot n \cdot V^{-1} = c \cdot R \cdot T$. In einem Gasgemisch besteht zwischen dem **Partialdruck p(X)**, also dem Druck, den die Komponente X ausüben würde, wenn sie das ganze Gasvolumen allein einnehmen würde, und der Konzentration des Stoffes X, c(X), dann die Beziehung: $p(x) = c(X) \cdot R \cdot T$. Formuliert man wieder für die allgemeine Gleichung: $aA + bB \rightleftarrows cC + dD$ das MWG und ersetzt die Konzentrationen durch die Beziehung zwischen Partialdruck und Konzentration, erhält man:

$$K = \frac{c(C)^c \cdot c(D)^d}{c(A)^a \cdot c(B)^b} = \frac{\left[\frac{p(C)}{R \cdot T}\right]^c \cdot \left[\frac{p(D)}{R \cdot T}\right]^d}{\left[\frac{p(A)}{R \cdot T}\right]^a \cdot \left[\frac{p(B)}{R \cdot T}\right]^b}$$

Man fasst die Faktoren mit $R \cdot T$ zusammen und definiert: $\Delta n = c + d - a - b$. Dann erhält man:

$$K = \frac{p(C)^c \cdot p(D)^d}{p(A)^a \cdot p(B)^b} \cdot (R \cdot T)^{-\Delta n}$$

Den Ausdruck mit den Partialdrücken bezeichnet man auch als die druckabhängige Gleichgewichtskonstante **K_p**. Zur Unterscheidung der beiden Gleichgewichtskonstanten heisst die konzentrationsabhängige Gleichgewichtskonstante K auch **K_c**.[2]

Der Zusammenhang zwischen den beiden lautet dann:

$$K_c = K_p \cdot (R \cdot T)^{-\Delta n}$$

Das Prinzip von Le Chatelier ist in der Praxis von großer Bedeutung. Am Beispiel der beiden bereits erwähnten Reaktionen, nämlich der Boudouardreaktion und der Ammoniaksynthese nach Haber-Bosch soll dies abschließend nochmals dargestellt werden.

Boudouardreaktion

Bei der Synthese von Kohlenstoffmonoxid aus Kohlenstoffdioxid und Kohlenstoff handelt es sich um eine endotherme Reaktion. Hohe Temperaturen begünstigen also die Enstehung von Kohlenstoffmonoxid, tiefe Temperaturen verschieben die Gleichgewichtslage zur Seite der Edukte, das heißt, es wird verstärkt Kohlenstoff und Kohlenstoffdioxid gebildet.

1 *Octave Boudouard, 1891–1957, franz. Chemiker.*

2 *Exakterweise wird die konzentrationsabhängige Konstante als K_c, die druckabhängige Konstante als K_p und die thermodynamisch ermittelte Konstante als K bezeichnet.*

Die Entstehung von Kohlenstoffmonoxid ist u. a. bei der Herstellung von Eisen im Hochofenprozess erwünscht. Kohlenstoffmonoxid ist dort ein wichtiges Reduktionsmittel (vgl. Kap. 8).

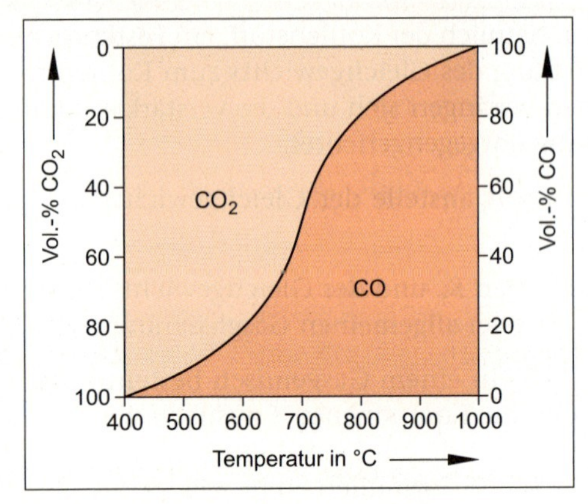

Boudouardgleichgewicht in Abhängigkeit von der Temperatur

Druckerhöhungen ziehen beim Boudouardgleichgewicht eine verstärke Bildung der Edukte nach sich. Dies ist einer der Gründe für das Entstehen von feinverteiltem Kohlenstoff im Dieselmotor. Da Dieselmotoren Selbstzünder sind, müssen im Dieselmotor höhere Drücke als im Benzinmotor herrschen. Die Folge ist eine verstärkte Rußentwicklung.

Ammoniaksynthese (Haber-Bosch-Verfahren)

Im Gegensatz zum Boudouardgleichgewicht ist die Ammoniaksynthese aus den Elementen eine exotherme Reaktion. Dies bedeutet, dass niedrige Temperaturen die Ausbeute von Ammoniak begünstigen, hohe Temperaturen dagegen die Gleichgewichtslage ganz zu den Edukten verschieben. So geht z. B. bei T = 1000 K und Normdruck die Ausbeute an Ammoniak gegen Null. Allerdings benötigt man zum Aufspalten der Dreifachbindung des Stickstoffs relativ hohe Aktivierungsenergien, sodass die Synthese erst bei höheren Temperaturen (T > 1000 K) mit merklicher Reaktionsgeschwindigkeit abläuft.

Die Gleichgewichtslage lässt sich jedoch auch bei höheren Temperaturen nach rechts verschieben, indem man den Druck erhöht. Eine Druckerhöhung begünstigt die Entstehung der Stoffe mit kleineren Volumina, also Ammoniak.

Die großtechnische Erzeugung von hohen Drücken ist allerdings mit hohen Kosten verbunden. Deshalb setzt man zur Erniedrigung der Aktivierungsenergie und damit der benötigten Temperatur Katalysatoren ein (vgl. Kap. 5.8).

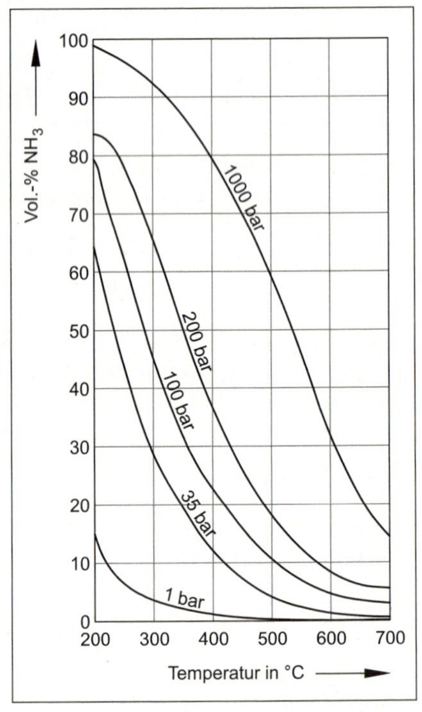

Ammoniakgleichgewicht in Abhängigkeit von Temperatur und Druck

Aufgaben

21. *Wie ändert sich die Gleichgewichtslage des Boudouardgleichgewichts, wenn bei $T = 298$ K der Druck erhöht wird?*

22. *Kohlenstoffmonoxid und Wasser reagieren bis zum Gleichgewicht zu Kohlenstoffdioxid und Wasserstoff.*
    a. *Berechnen Sie die Standardreaktionsenthalpie.*
    b. *Wie wirkt sich eine Druckerhöhung bei einer konstanten Temperatur ($T > 373$ K) auf die Gleichgewichtslage aus?*

23. *Gegeben ist die Reaktionsgleichung: $2\ CO_2 \rightleftarrows 2\ CO + O_2$. Die Volumenanteile der beteiligten Gase sind: $\Phi(CO_2) = 88{,}72\,\%$, $\Phi(CO) = 7{,}52\,\%$, $\Phi(O_2) = 3{,}76\,\%$. Der Gesamtdruck beträgt $p = 1{,}013$ bar, die Temperatur $T = 2\,273$ K.*
    a. *Berechnen Sie die Partialdrücke der Gase. (Hinweis: Bei idealen Gasen gilt: $\Phi(X) = n(x)/n_{gesamt}$.)*
    b. *Berechnen Sie die Gleichgewichtskonstante K_p.*
    c. *Berechnen Sie die Gleichgewichtskonstante K_c.*

24. *Wie verschiebt sich die Gleichgewichtslage beim Brennen von Kalk*
    a. *durch eine Druckerhöhung?*
    b. *durch eine Temperaturerhöhung?*

25. *Für die Reaktion $CO_2 + H_2 \rightleftarrows CO + H_2O$ sind für verschiedene Temperaturen folgende Gleichgewichtskonstanten K_p' gegeben:*

T(K)	1 050	1 300	1 400	1 600
K_p'	0,86	1,81	2,22	4

    a. *Berechnen Sie die Gleichgewichtskonstanten K_p für die Reaktion von Kohlenstoffmonoxid mit Wasser zu Kohlenstoffdioxid und Wasserstoff.*
    b. *Zeichnen Sie ein Schaubild, in welches Sie die K_p-Werte in Abhängigkeit von der Temperatur eintragen.*
    c. *Ermitteln Sie grafisch den K_p-Wert für $T = 1\,200$ K.*
    d. *Ermitteln Sie den zugehörigen K_c-Wert.*

26. *Wie groß ist der Gleichgewichtsdruck von Ammoniak, wenn der Gleichgewichtsdruck von Stickstoff $p(N_2) = 0{,}65717$ bar und der von Wasserstoff $p(H_2) = 0{,}2038$ bar ist? Die Gleichgewichtskonstante hat den Wert $K_p = 5{,}34 \cdot 10^2$ bar^{-2}.*

27. *Welchen Einfluss hat*
    a. *eine Druckerhöhung,*
    b. *eine Temperaturerhöhung auf die Synthese von Hydrogeniodid aus den Elementen?*
    c. *Wie groß ist die Gleichgewichtskonstante für diese Reaktion, wenn die Geschwindigkeitskonstanten $k_{Hin} = 1{,}6 \cdot 10^{-2} \frac{l}{mol \cdot s}$ und $k_{Rück} = 3 \cdot 10^{-4} \frac{l}{mol \cdot s}$ betragen.*

28. a. *Welche weiteren Möglichkeiten außer Temperatur- bzw. Druckveränderungen gibt es, um die Ausbeute des Ammoniaks beim Haber-Bosch-Verfahren zu erhöhen?*

b. *Weshalb kann man die Ammoniaksynthese nicht bei tiefen Temperaturen durchführen?*

29. *Die Gase Stickstoffdioxid (braune Farbe) und Distickstofftetraoxid (farblos) stehen miteinander im Gleichgewicht.*

a. *Stellen Sie die Reaktionsgleichung auf.*

b. *Berechnen Sie die Standardreaktionsenthalpie.*

c. *Wie verändert sich die Farbe des Gemisches bei Druckerhöhung bzw. bei Temperaturerhöhung?*

30. *Zur Herstellung von Schwefelsäure benötigt man Schwefeltrioxid. Dieses stellt man durch Oxidation mit Sauerstoff aus Schwefeldioxid her (alle Stoffe sind gasförmig).*

a. *Stellen Sie die Reaktionsgleichung auf und berechnen Sie die Standardreaktionsenthalpie.*

b. *Welche Bedingungen müssen gewählt werden, um eine möglichst hohe Schwefeltrioxidausbeute zu erreichen?*

VERSUCH

9. Verschiebung der Gleichgewichtslage durch Druck- bzw. Temperaturveränderungen

Gefahrenhinweise:

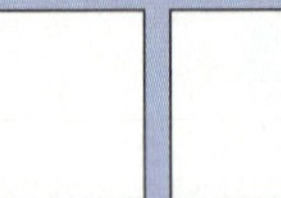

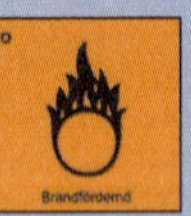

Reagenzien: Blei(II)-nitrat ($Pb(NO_3)_2$), Kupfer, Salpetersäure (konz.)

Geräte: Reagenzglas (schwer schmelzbar), Reagenzgläser, Kolbenprober mit Hahn, Becherglas

Versuchsdurchführung:

a. Gewinnung des Stickstoffdioxids: Zunächst erhitzt man in einem schwer schmelzbaren Reagenzglas eine gute Spatelspitze Blei(II)-nitrat (alternativ: Kupferspäne und Salpetersäure (konz.) ohne Erhitzen), fängt das entstehende braune Gas im Kolbenprober auf und schließt den Hahn.

b. Druckveränderungen: Durch Eindrücken des Stempels des Kolbenprobers erhöht man den Druck auf das Gasgemisch.

c. Temperaturveränderungen: Vom Kolbenprober füllt man das Gas in zwei kleinere Reagenzgläser um, die man am Bunsenbrenner zuschmilzt.

Man füllt in zwei Bechergläser Wasser und gibt die beiden abgeschmolzenen Glasampullen hinein. In ein Becherglas gibt man Eiswürfel, das andere erhitzt man vorsichtig auf maximal 50 °C.

▶

Auswertung:

1. Berechnen Sie die Standardreaktionsenthalpie und erklären Sie damit die Gleichgewichtsverschiebung bei einer Temperaturerhöhung.
2. Erklären Sie die Verschiebung der Gleichgewichtslage durch Druckerhöhung mit dem Prinzip von Le Chatelier.

10. Verschiebung der Gleichgewichtslage durch Temperaturveränderungen

Gefahrenhinweise:

Reagenzien: Kohlenstoffdioxid, Wasser

Geräte: Erlenmeyerkolben, Gaseinleitrohr, Thermometer, Leitfähigkeitsprüfer, Magnetrührer mit Heizplatte, Netzgerät, Amperemeter

Versuchsdurchführung:

Der Erlenmeyerkolben wird mit 200 ml Wasser gefüllt, der Magnetrührer zugefügt und auf die Heizplatte gestellt. In das Wasser tauchen das Thermometer und der Leitfähigkeitsprüfer. Über das Gaseinleitungsrohr wird Kohlenstoffdioxid eingeleitet und die Leitfähigkeit (bzw. Stromstärke bei konstanter Gleichspannung) gemessen. Wenn sich die Leitfähigkeit nicht mehr ändert, d. h. die Lösung mit Kohlenstoffdioxid gesättigt ist, wird die Zufuhr von Kohlenstoffdioxid eingestellt.

Das Wasser wird bis auf ca. 60 °C erwärmt und die Leitfähigkeit gemessen.

Auswertung:

1. Weshalb verändert sich die Leitfähigkeit beim Einleiten von Kohlenstoffdioxid?
2. Weshalb verändert sich die Leitfähigkeit beim Erwärmen?

(Hinweis: Kohlensäure reagiert mit Wasser; vgl. Kap. 7.)

5.7 Heterogene chemische Gleichgewichte

Bei den bisherigen chemischen Gleichgewichten lagen bis auf wenige Ausnahmen alle Reaktionspartner in der gleichen Phase vor. Man bezeichnet solche Gleichgewichte auch als **homogene Gleichgewichte**. Handelt es sich um Gleichgewichte zwischen verschiedenen Phasen, spricht man von **heterogenen Gleichgewichten.** Beispiele sind Gleichgewichte zwischen Gasen und Flüssigkeiten oder zwischen Feststoffen und Lösungen. Man kann dann die konstante „Konzentration“ der Feststoffs bzw. der Lösung oder des Lösungsmittels mit in die Gleichgewichtskonstante einbeziehen.[1]

1 *Genaugenommen setzt man die Aktivität der flüssigen oder festen Phase $a = 1$. (vgl. dazu auch Kap. 8.6.1)*

5.7.1 Heterogenes Gleichgewicht zwischen Gasen und Festkörpern

Ein Beispiel für ein solches heterogenes Gleichgewicht ist der Zerfall von Calciumcarbonat zu Calciumoxid und Kohlenstoffdioxid: $CaCO_3 \rightleftarrows CaO + CO_2$.

Das MWG lautet:

$$K = \frac{c(CaO) \cdot c(CO_2)}{c(CaCO_3)}$$

Da es sich bei Calciumoxid und Calciumcarbonat um Feststoffe handelt, sind ihre „Konzentrationen", d.h. ihre Dichten konstant (bzw. ihre Aktivitäten $a = 1\,\text{mol/l}$). Man kann dann eine neue Konstante K' bilden und erhält:

$$K_c = \frac{c(CaO) \cdot c(CO_2)}{c(CaCO_3)} \longrightarrow K_c' = K_c \cdot \frac{c(CaCO_3)}{c(CaO)} = c(CO_2) \text{ bzw. } K'_p = p(CO_2)$$

Die Berechnung der Gleichgewichtskonzentrationen ergibt sich aus der Reaktionsgleichung.

Beispiel

Ein Zahlenbeispiel zur oberen Reaktionsgleichung: Das Kohlenstoffdioxid, welches im Gleichgewicht mit den beiden Feststoffen Calciumoxid und Calciumcarbonat steht, hat bei $T = 1\,073$ K einen Partialdruck $p(CO_2) = 0{,}2273$ bar. Man erhitzt 20 g Calciumcarbonat in einem abgeschlossenen Behälter auf $T = 1\,073$ K. Das Endvolumen des Kohlenstoffdioxids beträgt $V = 5$ l. Wieviel Gramm Calciumcarbonat und Calciumoxid liegen im Gleichgewicht vor?

$$n(CaO) = n(CO_2) = \frac{p(CO_2) \cdot V(CO_2)}{R \cdot T} = 0{,}0127\,\text{mol und}$$

$$n(CaCO_3) = n_0(CaCO_3) - n(CO_2) = 0{,}1871\,\text{mol und damit}$$

$$m(CaO) = 0{,}712\,\text{g und } m(CaCO_3) = 18{,}725\,\text{g}.$$

Die Gleichgewichtskonstanten sind dann $K_p' = p(CO_2) = 0{,}2273$ bar und $K_c' = 2{,}5 \cdot 10^{-3}$ mol/l.

5.7.2 Heterogenes Gleichgewicht zwischen Lösungen und Salzen

Ein weiteres Beispiel für ein heterogenes Gleichgewicht sind die Vorgänge, die an der Oberfläche eines Salzes mit den in der Lösung vorliegenden Ionen stattfinden. Aus dem Ionengitter des ausgefällten Salzes lösen sich fortlaufend Ionen, andererseits werden aus der Lösung ständig Ionen eingefangen und wieder ins Ionengitter eingebaut. Es bildet sich also ein dynamisches Gleichgewicht zwischen gelösten Ionen und dem Kristallgitter des festen Salzes. Die allgemeine Reaktionsgleichung der reversiblen Reaktion eines festen Salzes ($AB_{(s)}$) mit den zugehörigen gelösten Ionen lautet:

$A_aB_{b\,(s)} \rightleftarrows aA^{b+}{}_{aq} + bB^{a-}{}_{aq}$ und das zugehörige MWG damit

$$K = \frac{c(A^{b+}{}_{aq})^a \cdot c(B^{a-}{}_{aq})^b}{c(A_aB_{b(s)})}.$$

Bezieht man die konstante „Konzentration" des festen Salzes $A_aB_{b(s)}$ wieder in die Gleichgewichtskonstante ein, erhält man eine neue Konstante $\boldsymbol{K_L}$. Man bezeichnet diese

Konstante auch als **Löslichkeitsprodukt K_L**, den negativen Logarithmus von K_L als **$pK_L = -\log K_L$**. Dies bedeutet, dass solange ungelöstes Salz als Niederschlag vorliegt das Produkt der Ionenkonzentrationen[1] konstant ist:

$$K \cdot c(A_aB_{b(s)}) = \boldsymbol{K_L} = c(A^{b+}{}_{aq})^a \cdot c(B^{a-}{}_{aq})^b$$

Mithilfe des Löslichkeitsproduktes kann die **Löslichkeit** (in der Regel als Massenkonzentration $\beta(X)$ oder als Stoffmengenkonzentration $c(X)$ angegeben) eines Salzes z. B. im Lösungsmittel Wasser berechnet werden. Dies soll an folgenden Beispielen demonstriert werden.

Fällung von Bleichromat

Beispiel 1

Das Löslichkeitsprodukt von Calciumsulfat hat bei $T = 298$ K den Wert $K_L = 6{,}1 \cdot 10^{-5}\,mol^2 \cdot l^{-2}$. Wie groß ist die Löslichkeit von Calciumsulfat (in mol/l)?

Zunächst gilt bei konstantem Volumen aus der Reaktionsgleichung die Beziehung: $c(CaSO_4) = c(Ca^{2+}) = c(SO_4^{2-})$. Aus $K_L = c(Ca^{2+}) \cdot c(SO_4^{2-})$ erhält man damit $K_L = c(Ca^{2+})^2$ und für $c(Ca^{2+}) = \sqrt{K_L} = 7{,}8 \cdot 10^{-3}$ mol/l. Da $c(CaSO_4) = c(Ca^{2+})$ ist, beträgt die Löslichkeit von Calciumsulfat gleichfalls $c(CaSO_4) = 7{,}8 \cdot 10^{-3}$ mol/l.

Beispiel 2

Das Löslichkeitsprodukt von Bariumfluorid hat bei $T = 298$ K den Wert $K_L = 1{,}7 \cdot 10^{-8}\,mol^3 \cdot l^{-3}$. Wie groß ist die Löslichkeit von Bariumfluorid (in mol/l)?

Bei konstantem Volumen erhält man aus der Reaktionsgleichung den folgenden Zusammenhang zwischen den Konzentrationen: $c(BaF_2) = c(Ba^{2+}) = \frac{1}{2} \cdot c(F^-)$. Das Löslichkeitsprodukt lautet: $K_L = c(Ba^{2+}) \cdot c(F^-)^2$. Mit $c(F^-) = 2 \cdot c(Ba^{2+})$ ergibt sich daraus:

$K_L = c(Ba^{2+}) \cdot (2 \cdot c(Ba^{2+})^2 = 4 \cdot c(Ba^{2+})^3$. Die Konzentration von $c(Ba^{2+})$ bzw. $c(BaF_2)$ ist dann $c(Ba^{2+}) = c(BaF_2) = 1{,}6 \cdot 10^{-3}$ mol/l.

Salz	K_L bei 25 °C	pK_L
AgBr	$5 \cdot 10^{-13}\,mol^2 \cdot l^{-2}$	12,3
AgCl	$2 \cdot 10^{-10}\,mol^2 \cdot l^{-2}$	9,7
Ag_2CO_3	$8 \cdot 10^{-12}\,mol^3 \cdot l^{-3}$	11,1
AgI	$8 \cdot 10^{-17}\,mol^2 \cdot l^{-2}$	16,1
Ag(OH)	$2 \cdot 10^{-8}\,mol^2 \cdot l^{-2}$	7,7
Ag_2S	$6 \cdot 10^{-50}\,mol^3 \cdot l^{-3}$	49,2
$BaCO_3$	$5 \cdot 10^{-9}\,mol^2 \cdot l^{-2}$	8,3
$Ba(OH)_2$	$5 \cdot 10^{-3}\,mol^3 \cdot l^{-3}$	2,3
$BaSO_4$	$1 \cdot 10^{-10}\,mol^2 \cdot l^{-2}$	10,0
$CaCO_3$	$9 \cdot 10^{-9}\,mol^2 \cdot l^{-2}$	8,0
$Ca(OH)_2$	$4 \cdot 10^{-6}\,mol^3 \cdot l^{-3}$	5,4
$CaSO_4$	$6{,}1 \cdot 10^{-5}\,mol^2 \cdot l^{-2}$	4,2
$CdCO_3$	$5 \cdot 10^{-12}\,mol^2 \cdot l^{-2}$	11,3
CdS	$2 \cdot 10^{-28}\,mol^2 \cdot l^{-2}$	27,7
CuS	$6 \cdot 10^{-36}\,mol^2 \cdot l^{-2}$	35,2
$Fe(OH)_3$	$4 \cdot 10^{-40}\,mol^4 \cdot l^{-4}$	39,4
FeS	$5 \cdot 10^{-18}\,mol^2 \cdot l^{-2}$	17,3
$Mg(OH)_2$	$1 \cdot 10^{-11}\,mol^3 \cdot l^{-3}$	11,0
NiS	$1 \cdot 10^{-24}\,mol^2 \cdot l^{-2}$	24,0
$PbCl_2$	$2 \cdot 10^{-5}\,mol^3 \cdot l^{-3}$	4,7
PbI_2	$1 \cdot 10^{-9}\,mol^3 \cdot l^{-3}$	9,0
PbS	$1 \cdot 10^{-28}\,mol^2 \cdot l^{-2}$	28,0
$PbSO_4$	$2 \cdot 10^{-8}\,mol^2 \cdot l^{-2}$	6,7

Löslichkeitsprodukte einiger Salze

1 *Auch hier müssten genaugenommen wieder die Aktivitäten verwendet werden, um Wechselwirkungen zwischen den Ionen zu berücksichtigen. Deshalb weichen die gemessenen von den berechneten Werten des Löslichkeitsprodukten K_L vor allem bei schwerlöslichen Salzen voneinander ab.*

Gibt man zu einer gesättigten Salzlösung weitere Ionen des Salzes hinzu, wird sein Löslichkeitsprodukt überschritten. Kationen und Anionen reagieren dann solange miteinander, bis der konstante Wert K_L wieder erreicht ist. Die Löslichkeit des Salzes nimmt damit als unmittelbare Folge des Prinzips von Le Chatelier ab. Das Reaktionsgemisch versucht dem äußeren Zwang Konzentrationserhöhung der gelösten Ionen dadurch entgegenzuwirken, dass es verstärkt den Feststoff bildet. Es bildet sich also ein (zuätzlicher) Niederschlag an Salz.

Beispiel

Wie groß ist die Löslichkeit von Calciumsulfat (in mol/l), wenn man zu 1 l einer gesättigten Lösung von Calciumsulfat 1,743 g Kaliumsulfat hinzufügt?

(Voraussetzungen:
- Kaliumsulfat löst sich vollständig,
- das Volumen wird als konstant betrachtet und
- die Konzentration der zugefügten Ionenart (Sulfationen) ist sehr viel größer als die aus dem Löslichkeitsprodukt stammende Anzahl von Ionen.

Die Stoffmengenkonzentration der in Form von Kaliumsulfat zugefügten Sulfatkonzentration ist $c(K_2SO_4) = c(SO_4^{2-}) = 0{,}01$ mol/l. Aus $K_L = c(Ca^{2+}) \cdot c(SO_4^{2-}) = c(Ca^{2+}) \cdot (0{,}01$ mol/l) berechnet sich $c(Ca^{2+}) = c(CaSO_4) = K_L/0{,}01$ mol/l $= 6{,}1 \cdot 10^{-3}$ mol/l.

Aufgaben

31. *Wie viel Gramm Calciumsulfat lösen sich in 1 l Wasser?*

32. *Aus einer gesättigten Lösung von Silbercarbonat, die mit Kohlenstoffdioxid versetzt wird, fällt ein Niederschlag aus. Interpretieren Sie das Ergebnis.*

33. *In eine Lösung, die Kupfer(II)-ionen, Blei(II)-ionen und Silberionen enthält, wird Dihydrogensulfid (H_2S) eingeleitet. In welcher Reihenfolge fallen die jeweiligen Sulfide aus?*

34. *Bei $T = 298$ K ist das Löslichkeitsprodukt von Magnesiumsulfid $K_L = 2 \cdot 10^{-15}$ mol$^2 \cdot$ l^{-2}. Fällt ein Niederschlag von Magnesiumsulfid aus, wenn in einem Liter einer Lösung die Stoffmenge von gelöstem Magnesiumnitrat $c = 1 \cdot 10^{-3}$ mol/l und die Stoffmenge von gelöstem Natriumsulfid $c = 1{,}5 \cdot 10^{-4}$ mol/l beträgt?*

35. *Eine Lösung ist mit Blei(II)-chlorid gesättigt. Welche Konzentration an Sulfidionen benötigt man, um Blei(II)-sulfid auszufällten? (pK_L(Blei(II)-sulfid) = 27,46; pK_L (Blei(II)-chlorid) = 4,66)*

36. *Wie groß ist das Löslichkeitsprodukt von Silberphosphat (Ag_3PO_4), wenn die Massenkonzentration bei $T = 293$ K den Wert $\beta(Ag_3PO_4) = 0{,}0065$ g/l hat?*

VERSUCH

11. Fällung von schwerlöslichen Salzen

Gefahrenhinweise:

Reagenzien: Blei(II)-nitrat ($Pb(NO_3)_2$), Kaliumiodid (KI), Kaliumchromat (K_2CrO_4), Silbernitrat ($AgNO_3$)

Geräte: Erlenmeyerkolben

Versuchsdurchführung:
Verdünnte Lösungen der angebenen Salze werden hergestellt. Von folgenden Lösungen werden etwa gleiche Volumenanteile zusammengegeben:

a. Blei(II)-nitrat und Kaliumchromat

b. Blei(II)-nitrat und Kaliumiodid

c. Silbernitrat und Blei(II)-nitrat

d. Der Niederschlag aus b. wird abfiltriert und mit Silbernitratlösung versetzt.

Auswertung:

1. Interpretieren Sie die Ergebnisse.

12. Löslichkeitsprodukt von Blei(II)-iodid

Gefahrenhinweise:

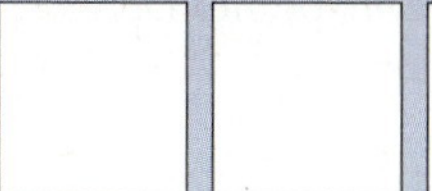       

Reagenzien: Blei(II)-nitrat ($Pb(NO_3)_2$), Kaliumiodid (KI)

Geräte: Erlenmeyerkolben

Versuchsdurchführung:
Es werden folgende Blei(II)-nitratlösungen hergestellt:

$c_1 = 2 \cdot 10^{-3}$ mol/l; $c_2 = 1 \cdot 10^{-3}$ mol/l; $c_3 = 0{,}5 \cdot 10^{-3}$ mol/l.

Es werden folgende Kaliumiodidlösungen hergestellt:

$c_A = 2 \cdot 10^{-2}$ mol/l; $c_B = 1{,}5 \cdot 10^{-2}$ mol/l; $c_C = 1 \cdot 10^{-2}$ mol/l.

Für alle neun Kombinationen werden jeweils 1 ml der Blei(II)-nitratlösung und der Kaliumiodidlösung miteinander gemischt und die Lösungsgemische nach ca. 20 min. auf eine Fällung überprüft.

Auswertung:
Für die Kombinationen mit schwachem Niederschlag wird das Löslichkeitsprodukt berechnet.

5.8 Katalyse

Das Wort **Katalyse** bzw. **Katalysator** wurde im Zusammenhang mit der Reaktionsgeschwindigkeit zum ersten Mal von Berzelius[1] verwendet. Der aus dem Griechischen stammende Begriff Katalyse bedeutet an sich „Auflösen", lässt sich aber am besten mit „Auslösen" oder „in Gang setzen" übersetzen. Berzelius beobachtete, dass viele Reaktionen erst durch Zugabe bestimmter Stoffe mit merklicher Reaktionsgeschwindigkeit ablaufen. Der heutige Katalysebegriff ist sehr viel weiter gefasst. Die allgemeine Definition lautet:

Ein Katalysator ist ein Stoff, der die Reaktionsgeschwindigkeit beeinflusst. Am Ende der Reaktion liegt er im gleichen Zustand wie zu Beginn der Reaktion vor.

Die Definition sagt nur etwas über den Einfluss des Katalysators auf die Reaktionsgeschwindigkeit aus, d. h. er kann diese erhöhen oder erniedrigen. Über den Zustand des Katalysators macht sie lediglich die Aussage, dass dieser am Anfang und Ende gleich ist. Sie macht keine Angabe über die Beschaffenheit und über mögliche Veränderungen des Katalysators während der Reaktion. Aussagen wie *„Kataysatoren reagieren nicht"* oder *„sie sind nicht an der Reaktion beteiligt"* sind deshalb falsch. Des Weiteren kann man der Definition entnehmen, dass Katalysatoren nur eine Auswirkung auf die Reaktionsgeschwindigkeit, d. h. auf die *Kinetik* der Reaktion haben, *thermodynamische* Größen, wie die Enthalpie oder die freie Enthalpie jedoch **nicht** beeinflussen.

Das Verhalten von Katalysatoren kann mithilfe der **Zwischenstoffhypothese** plausibel gemacht werden. Danach geht der Katalysator im einfachsten Fall mit einem Edukt zunächst einen **Edukt-Katalysator-Komplex** (Übergangszustand[2] oder energiereiches Zwischenprodukt) ein. Dieser Komplex reagiert dann in einem zweiten (oder in zusätzlichen) Schritt(en) mit einem oder weiteren Eduktpartnern zu den Produkten. Der Katalysator wird dabei freigesetzt und liegt wieder in der ursprünglichen Form vor.

In der Gesamtgleichung schreibt man den Katalysator über die Reaktionspfeile. Den einfachen Fall einer Zwei-Schritt-Katalyse kann man dann für die Reaktion $A + B \rightleftarrows AB$ folgendermaßen formulieren:

$$\begin{array}{lcl} A + Kat & \rightleftarrows & AKat \text{ (Zwischenprodukt)} \\ AKat + B & \rightleftarrows & AB + Kat \\ \hline A + B & \overset{Kat}{\rightleftarrows} & AB \end{array}$$

Beispiel

Ein konkretes Beispiel ist die Oxidation von Methanol mit dem Katalysator Kupfer.

Die Gesamtgleichung ohne Katalysator lautet:

$$2\,CH_3OH \text{ (Methanol)} + O_2 \rightleftarrows 2\,CH_2O \text{ (Methanal)} + 2\,H_2O$$

und die Teilgleichungen mit dem Zwischenprodukt:

$$\begin{array}{lcr} 2\,Cu + O_2 & \rightleftarrows & 2\,CuO \\ 2\,CH_3OH + 2\,CuO & \rightleftarrows & 2\,CH_2O + 2\,H_2O + 2\,Cu \\ \hline 2\,CH_3OH + O_2 & \overset{Cu}{\rightleftarrows} & 2\,CH_2O + 2\,H_2O \end{array}$$

---

1 J. Berzelius, 1779–1848, schwedischer Chemiker.

2 Vgl. organische Chemie: Reaktionsmechanismen.

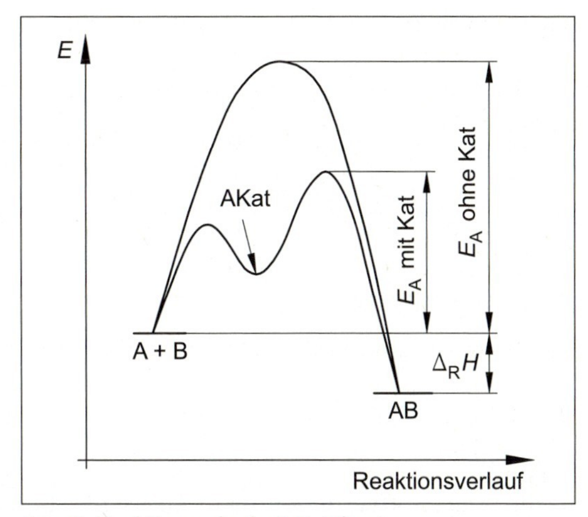

Energie/Reaktionsverlauf mit Katalysator

Jeder Teilschritt benötigt eine Aktivierungsenergie. Der Katalysator setzt die Aktivierungsenergie natürlich sowohl für die Hin- als auch für die Rückreaktion herab. Er verändert deshalb (bei sonst gleichen Bedingungen wie Temperatur, Konzentration, Druck) auch nicht die Gleichgewichtslage. Er hat nur Einfluss darauf, wie schnell sich das Gleichgewicht einstellt.

Ist die Summe dieser Aktivierungsenergien kleiner als die benötigte Aktivierungsenergie ohne Katalysator, wird die Reaktionsgeschwindigkeit erhöht. In diesem Fall spricht man von einer **positiven Katalyse**. Ist dagegen die Summe dieser Aktivierungsenergien größer als die benötigte Aktivierungsenergie ohne Katalysator, wird die Reaktionsgeschwindigkeit erniedrigt. In diesem Fall spricht man von einer **negativen Katalyse**.

Die Katalyse lässt sich nach verschiedenen Kriterien einteilen. Die wichtigsten Gruppen der Katalyse sind:

- **homogene Katalyse:** Edukt und Katalysator liegen in der gleichen Phase vor. Beispiele sind mischbare Flüssigkeiten ohne Phasengrenze oder Gasgemische (vgl. auch Versuch 14 Homogene Katalyse).
- **heterogene Katalyse:** Edukt und Katalysator bilden verschiedene Phasen. In der Regel ist der Katalysator fest oder ist zumindest auf der Oberfläche eines Festköpers fixiert. Die Edukte liegen als Lösung oder Gas vor (vgl. auch Versuch 17 Heterogene Katalyse).
- **Autokatalyse:** In diesem Fall wird kein Katalysator zum Reaktionsgemisch hinzugefügt, sondern ein entstehendes Produkt wirkt als Katalysator. Die Reaktionsgeschwindigkeit wird also im Verlauf der Reaktion durch die Zunahme des Katalysators immer größer (vgl. auch Versuch 16 Autokatalyse).

Katalysatoren lassen sich auch nach ihrem chemischen Aufbau einteilen. So erhält man folgende Gruppen von Katalysatoren:

- Metalle, wie Kupfer, Eisen, Chrom, Nickel, Cobalt, Vanadium, Molybdän und Mangan. Diese sind besonders für Redoxreaktionen geeignet. Edle Metalle, wie Platin, Palladium und Silber, werden gerne für Hydrierungs- und Dehydrierungsreaktionen sowie für Reaktion mit molekularem Sauerstoff verwendet.
- Metallsalze, vor allem Oxide, Sulfide und Chloride, also z. B. Aluminiumoxid oder Eisen(III)-oxid,
- anorganische Verbindungen wie Zeolithe und keramische Stoffe,
- biochemische Verbindungen, man bezeichnet sie als **Biokatalysatoren** oder **Enzyme**.

Katalysatoren sind von den sogenannten **Aktivatoren** bzw. **Inhibitoren** abzugrenzen. Aktivatoren erhöhen zwar auch die Reaktionsgeschwindigkeit, wirken also wie positive Katalysatoren, sie werden aber während der Reaktion verbraucht oder zumindest irreversibel verändert. Dies trifft auch auf die Inhibitoren zu, welche die Reaktionsgeschwindigkeit wie negative Katalysatoren herabsetzen.

Stoffe, welche die Aktivität der Katalysatoren verringern, bezeichnet man als **Katalysator-** oder **Kontaktgifte**. Solche Kontaktgifte sind u.a. Schwermetalle, Schwefel und Halogene. Sie wirken in erster Linie bei heterogenen Katalysatoren, indem sie die aktiven Stellen an der Oberfläche des Katalysators blockieren und damit eine Wechselwirkung zwischen dem Edukt und dem Katalysator erschweren oder unmöglich machen.

Beispiele für Katalysen

Katalysatoren sind Voraussetzung für die Durchführung einer Vielzahl chemischer Reaktionen. Exemplarisch wird auf einige näher eingegangen. Dies sind

- die Ammoniaksynthese,
- die Synthese von Schwefelsäure,
- die Schadstoffverringerung in Abgasen, z.B. Abgaskatalysatoren für Verbrennungsmotoren,
- die Fetthydrierung.

Der große Bereich der enzymatischen Katalyse – Voraussetzung für nahezu alle biochemischen Prozesse – wird an dieser Stelle nicht näher behandelt (vgl. auch Versuch 17 Heterogene Katalyse).

Ammoniaksynthese (Haber-Bosch-Verfahren)

Die zentrale Bedeutung des Ammoniaks für die Herstellung einer Vielzahl chemischer Produkte wie Salpetersäure, synthetische Textilfaser (z.B. Polyamide, Polyurethane), Farb- und Explosivstoffe wurde bereits erwähnt. Auch die Problematik der Ammoniaksynthese aus den Elementen wurde angesprochen. Um die für die Spaltung der Dreifachbindung des Stickstoffs benötige Aktivierungsenergie herabzusetzen und um dadurch die Ammoniakausbeute bei gegebenem Druck und gegebener Temperatur zu erhöhen, verwendet man geeignete Katalysatoren. Da es sich bei der Ammoniaksynthese um ein großtechnisches Produkt handelt, spielen bei der Auswahl der Katalysatoren auch ökonomische Aspekte eine Rolle.

Als Haber und Bosch das nach ihnen benannte Verfahren im frühen 20. Jahrhundert entwickelten, suchten sie nach Stoffen, die vor allem gegen die hohen Temperaturen und die hohen Drücke resistent waren und auch in genügend großen Mengen hergestellt werden konnten. Am geeignetsten erwiesen sich Mischkatalysatoren aus Eisen(III)-oxid und Aluminiumoxid. Heute kommen noch Beimischungen aus Oxiden des Calciums und des Magnesiums hinzu. Sie erhöhen die Lebensdauer des Katalysators. In der Abbildung sind nochmals alle Bedingungen für die Herstellung von Ammoniak zusammengestellt. Man erkennt, dass bei der Synthese die Einstellung des Gleichgewichts ständig gestört wird. Man entzieht nämlich dem Reaktionsgemisch laufend Ammoniak, indem man das Gasgemisch so weit abkühlt, dass sich Ammoniak infolge seines höheren Siedepunkts verflüssigt. Die abgegebene Wärme wird zurückgewonnen und wieder zum Erwärmen des Reaktionsgemisches auf die benötigte Reaktionstemperatur von $T \approx 673$ K benutzt.

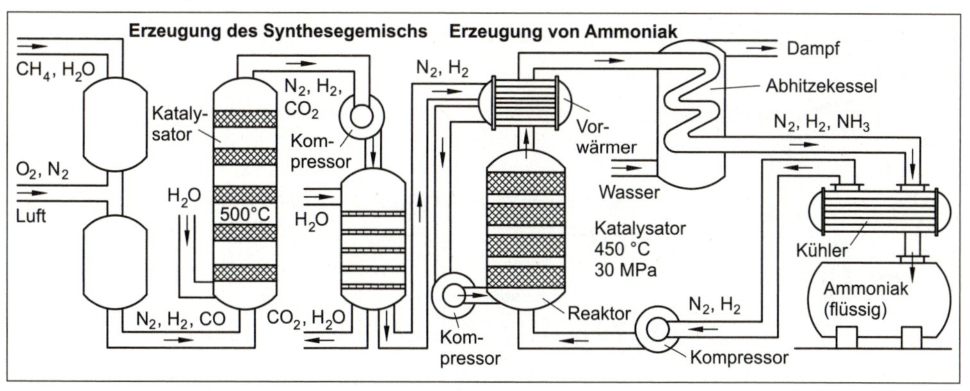

Technische Ammoniaksynthese

Schwefelsäuresynthese

Neben Ammoniak gehört Schwefelsäure zu den wichtigsten synthetischen Stoffen. Ein Verfahren zur Herstellung von Schwefelsäure (H_2SO_4) ist das Doppelkontaktverfahren. Die technische Herstellung von Schwefelsäure gliedert sich im Wesentlichen in fünf Teile:

- Herstellung von Schwefeldioxid (SO_2) durch Oxidation (Rösten) des Erzes Pyrit (FeS_2) oder durch Verbrennen von elementarem Schwefel,
- katalytische Oxidation von Schwefeldioxid (SO_2) zu Schwefeltrioxid (SO_3),
- Reaktion (Absorption) von Schwefeltrioxid mit konzentrierter Schwefelsäure zu Dischwefelsäure ($H_2S_2O_7$),
- Oxidation des schwefeldioxidhaltigen Restgases zu Schwefeltrioxid an einem zweiten Kontakt (deshalb Doppelkontaktverfahren) mit anschließender zweiter Absorption in konzentrierter Schwefelsäure,
- Reaktion der Dischwefelsäure mit Wasser zu Schwefelsäure.

Ohne Katalysator ist die Reaktionsgeschwindigkeit erst bei Temperaturen oberhalb 900 K ausreichend groß. Bei diesen Temperaturen liegt das Gleichgewicht jedoch ganz auf der Seite des Schwefeldioxids. Ein geeigneter Katalysator ist Platin, in der Praxis verwendet man jedoch in der Regel das wesentlich kostengünstigere Vanadium(V)-oxid (V_2O_5), das beinahe genauso wirksam wie Platin ist.

Die zugehörigen Teilgleichungen lauten:

$$4\ FeS_2 + 11\ O_2 \rightleftarrows 8\ SO_2 + 2\ Fe_2O_3$$

$$2\ SO_2 + O_2 \overset{V_2O_5}{\rightleftarrows} 2\ SO_3$$

$$SO_3 + H_2SO_4 \rightleftarrows H_2S_2O_7$$

$$H_2S_2O_7 + H_2O \rightleftarrows 2\ H_2SO_4$$

Abgasreinigung bei Verbrennungsmotoren

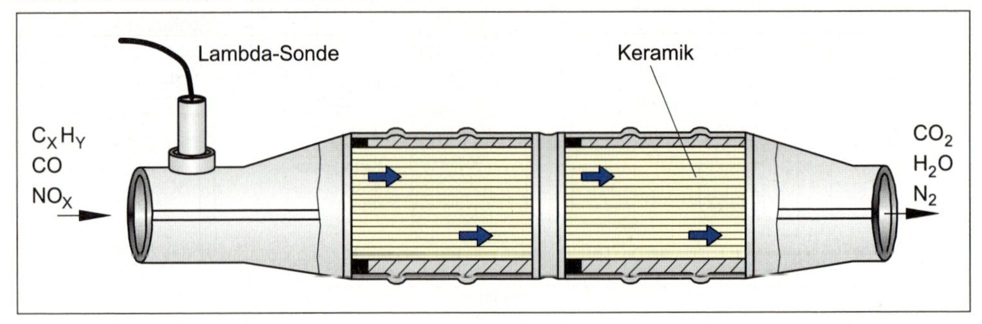

Schema des Dreiwegekatalysators

Bei der Verbrennung von Kohlenwasserstoffen in Verbrennungsmotoren entstehen neben Kohlenstoffdioxid und Wasser noch Kohlenstoffmonoxid und Stickstoffoxide (NO_x). Daneben enthalten die Abgase noch unverbrannte Kohlenwasserstoffe (C_xH_y). Der „Dreiwegekatalysator" hat die Aufgabe, die Konzentration der drei umweltschädlichen Abgasbestandteile (CO, NO_x und C_xH_y) zu verringern. Die verwendeten Katalysatoren bestehen aus einem Gemisch aus Platin, Palladium, Iridium und Rhodium. Platin wirkt dabei als Oxidationskatalysator, Rhodium als Reduktionskatalysator. Als Grundlage für das Katalysatorengemisch verwendet man eine wabenförmige Keramikstruktur, die mit einer Aluminiumoxidschicht (wash coat) zur zusätzlichen Oberflächenvergrößerung belegt ist. Das Katalysatorgemisch wird dann auf dieser Aluminiumoxidschicht fixiert. Eine Elektrode, deren Potenzial sauerstoffabhängig ist (vgl. Elektrochemie), erfasst die jeweilige Zusammensetzung des Abgasgemisches und verändert dann bei Bedarf den Sauerstoffanteil im Benzin-Luft-Gemisch. Die Elektrode bezeichnet man auch als Lambda-Sonde (vgl. Aufgabe 40).

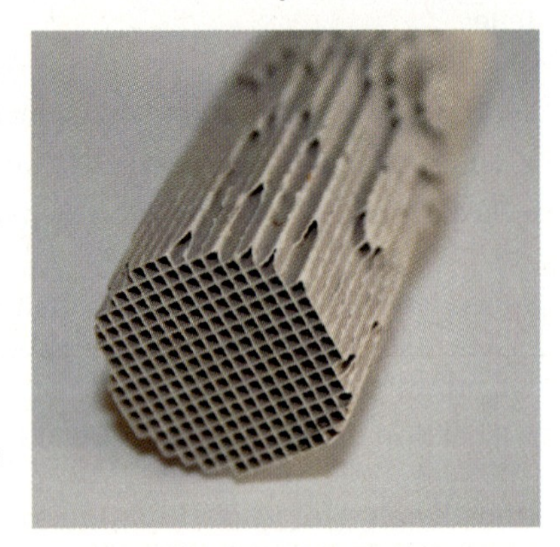

Dreiwegekatalysator auf Keramikträger

Von den möglichen katalysierten Reaktionen des Abgases werden drei exemplarisch genannt:

- Verringerung des (gesättigten) Kohlenwasserstoffs:

$$C_xH_y + (x + y/4)\, O_2 \underset{}{\overset{\text{Kat}}{\rightleftarrows}} x\, CO_2 + y/2\, H_2O$$

- Verringerung des Kohlenstoffmonoxids:

$$2\, CO + O_2 \overset{\text{Kat}}{\rightleftarrows} 2\, CO_2$$

- Verringerung der Stickoxide (exemparisch NO):

$$N_2O + CO \overset{\text{Kat}}{\rightleftarrows} N_2 + CO$$

$$\text{oder} \quad 2\, NO \overset{\text{Kat}}{\rightleftarrows} N_2 + O_2$$

Fetthärtung

Reaktionen mit Wasserstoff mithilfe eines Katalysators sind auch in der organischen Chemie von größter Bedeutung. Eine solche katalytische Hydrierung ist die Härtung von Fett durch Anlagerung (Addition) von Wasserstoff an eine Doppelbindung (vgl. organische Chemie). Aus Fetten mit Kohlenstoff-Kohlenstoff-Doppelbindungen, sogenannte ungesättigten Fette, werden Fette mit Kohlenstoffeinfachbindungen, sogenannte gesättigte Fette. Die gesättigten Fette lassen sich leichter in ein Kristallgitter einlagern als die ungesättigten Fette. Deshalb besitzen sie einen höheren Schmelzpunkt. Die öligen Fette werden „hart (gehärtet)“ (vgl. organische Chemie). Als Katalysator wird heute silberbehaftetes Nickel verwendet.

In der folgenden Reaktionsgleichung wird das ungesättigte Fett durch eine Doppelbindung, das gesättigte durch eine Einfachbindung symbolisiert:

$$>C=C< + H_2 \overset{Ni}{\rightleftarrows} -\overset{|}{\underset{|}{C}}-\overset{|}{\underset{|}{C}}-$$

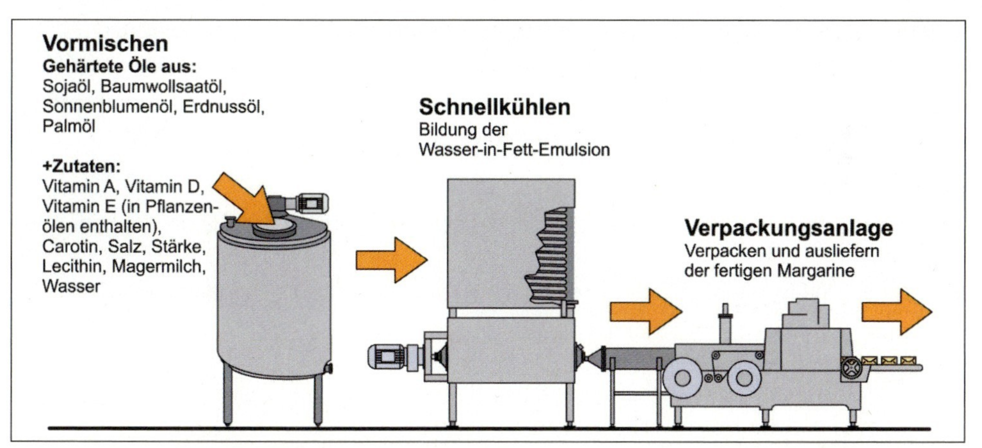

Beispiel für Fetthärtung (Herstellung von Margarine)

Aufgaben

37. *Welchen Einfluss hat ein Katalysator auf die Reaktionsenthalpie?*
38. *Informieren Sie sich über das Ostwald-Verfahren zur Herstellung von Salpetersäure (Temperatur, Druck, Katalysator) und begründen Sie die in der Praxis gewählten Reaktionsbedingungen.*
39. *Die Luftzahl γ ist ein Maß für das Verhältnis von Luft (Sauerstoff) und Benzin. Liegt ein stöchiometrisches Gemisch vor, ist $\gamma = 1$, bei Luft(Sauerstoff)überschuss ist $\gamma > 1$, man spricht auch von einem mageren Gemisch. Bei Benzinüberschuss ist $\gamma < 1$, man spricht auch von einem fetten Gemisch. Informieren Sie sich, welcher Zusammenhang zwischen γ und der Leistung eines Motors besteht.*
40. *Weshalb ist der Dreiwegekatalysator auf den ersten Kilometern nach einem Neustart des Fahrzeugs nicht besonders effektiv? Weshalb emittieren Dieselmotoren weniger Stickstoffoxide und weniger Kohlenstoffmonoxid als ein Benzinmotor ohne Katalysator?*
41. *Nicht entschwefeltes Benzin enthält je nach Herkunft beträchtliche Mengen an organisch gebundenem Schwefel. Welche unerwünschten Reaktionen können durch den Katalysator gefördert werden?*
42. *Informieren Sie sich über die Funktion der „Döbereinerschen Zündmaschine“.*

VERSUCH

13. Verbrennen von Zucker (Saccharose)

Gefahrenhinweise:

Reagenzien: Kaliumthiocyanat (KSCN), Eisen(III)-sulfat ($Fe_2(SO_4)_3$), Würfelzucker, Zigarettenasche, Salzsäure (ω(HCl) = 15 %)

Geräte: Reagenzgläser, Reagenzglashalter, Bunsenbrenner, Trichter mit Filter

Versuchsdurchführung:

a. Würfelzucker wird auf einem Spatel über der Bunsenbrennerflamme kurz erhitzt.

b. Würfelzucker wird mit Asche versetzt und über der Bunsenbrennerflamme erhitzt.

c. Würfelzucker wird mit Eisen(III)-sulfat versetzt und über die Flamme gehalten.

d. Zigarettenasche wird mit ca. 1–2 ml Salzsäure versetzt, filtriert und zum Filtrat Kaliumthiocyanat gegeben.

Auswertung:

1. Welches Kation wird im Teilversuch d) nachgewiesen? Formulieren Sie die Reaktionsgleichung.

2. Welcher Stoff ist offensichtlich der eigentliche Katalysator für die Oxidation von Zucker?

14. Homogene Katalyse

Gefahrenhinweise:

Reagenzien: Kalium-Natriumtartrat ($\beta(KNaC_4H_4O_6 \cdot 4\ H_2O)$ = 25 g/300 ml), Wasserstoffperoxid ($\omega(H_2O_2)$ = 6 %), Kobalt(II)-cloridlösung ($\beta(CoCl_2 \cdot 6\ H_2O)$ = 4 g/100 ml)

Geräte: Reagenzgläser, Reagenzglashalter, Bunsenbrenner, Trichter mit Filter

Versuchsdurchführung:

Das Wasserbad wird auf 60 °C erwärmt. Zwei Reagenzgläser werden mit je 12 ml Kalium-Natriumtartratlösung und 4 ml Wasserstoffperoxidlösung befüllt und 5 min. im Wasserbad erwärmt. Man nimmt die beiden Reagenzgläser aus dem Wasserbad und fügt zu einem Reagenzglas 10 ml Kobalt(II)-chloridlösung. Das andere Reagenzglas dient zum Vergleich.

Hinweis: Die Reaktion kann heftig verlaufen!

Auswertung:

1. Welche Reaktionsprodukte enstehen?

2. Wie erklären sich die Farbänderungen während der Reaktion?

3. Welche Farbe hat der Katalysator-Edukt-Komplex?

▶

15. „Blue-Bottle"-Versuch

Gefahrenhinweise:

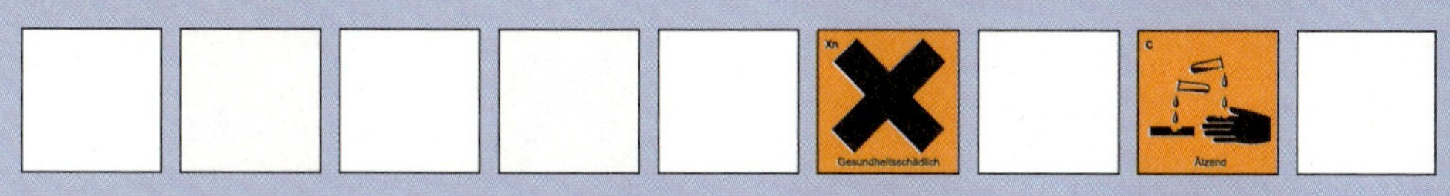

Reagenzien: Glucose ($C_6H_{12}O_6$), Natriumhydroxid, Methylenblau

Geräte: Rund- oder Erlenmeyerkolben, Messzylinder, Pipette

Versuchsdurchführung:

Lösung I: 0,2 g Methylenblau in 100 ml Wasser lösen.

Lösung II: 5 g Natriumhydroxid und 40 g Glucose in 400 ml Wasser lösen.

Lösung II in einen Rundkolben geben und 5 ml Methylenblaulösung zufügen.

Nach dem Entfärben wird die Lösung kräftig geschüttelt.

Der Vorgang des Entfärbens und Färbens kann mehrmals wiederholt werden.

Auswertung:

1. Welche Reaktion wird katalysiert?
2. Weshalb entfärbt sich die Lösung?
3. Weshalb färbt sich die Lösung wieder nach dem Schütteln?

16. Autokatalyse

Gefahrenhinweise:

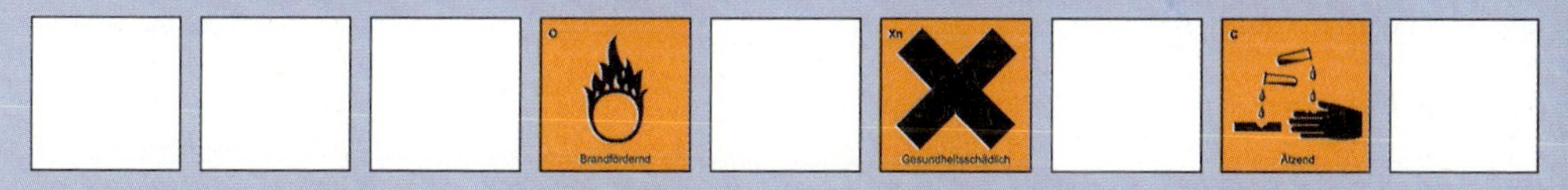

Reagenzien: Oxalsäure ($C_2H_2O_4$), Kaliumpermanganat ($c(KMnO_4) = 1 \cdot 10^{-3}$ mol/l), Mangan(II)-chlorid ($MnCl_2$), konz. Schwefelsäure

Geräte: Bechergläser, Messkolben, Messzylinder, Pipette, Stoppuhr

Versuchsdurchführung:

Lösung I: 8 g Oxalsäure in 500 ml Wasser lösen,

Lösung II: Kaliumpermanganatlösung.

In zwei 250 ml Bechergläser werden jeweils 150 ml der Lösung I und 5 ml konz. Schwefelsäure gegeben. Zu einem Becherglas gibt man 50 ml der Lösung II und misst die Zeit, bis die violette Farbe des Kaliumpermanganats verschwindet. Zum zweiten Becherglas gibt man auch 50 ml der Lösung II und zusätzlich etwas Mangan(II)-chlorid.

Auswertung:

1. Weshalb entfärbt sich das Reaktionsgemisch im zweiten Becherglas schneller?
2. Wie lautet die komplette Reaktionsgleichung? (Vgl. Kap. 8.)

▶

17. Heterogene Katalyse und Biokatalyse

Gefahrenhinweise:

Reagenzien: Wasserstoffperoxid ($\omega(H_2O_2) = 10\,\%$), Mangandioxid (MnO_2), Kartoffel, Katalase

Geräte: Reagenzgläser, Messer, Spatel, Pipetten

Versuchsdurchführung:

In drei Reagenzgläser gibt man je 5 ml Wasserstoffperoxidlösung. Zum Reagenzglas 1 gibt man eine Spatelspitze Mangandioxid (Braunstein). Zum Reagenzglas 2 ein Stück einer rohen Kartoffel und zum Reagenzglas 3 etwas Katalase.

Auswertung:

1. Formulieren Sie die Reaktionsgleichung.
2. Was ist zu beobachten, wenn man anstelle der rohen Kartoffel eine gekochte Kartoffel hinzufügt? Welche Schlussfolgerung kann man daraus ziehen?

6 Donator-Akzeptor-Prinzip

Obwohl bei chemischen Reaktionen Millionen verschiedener Produkte entstehen, kann man die Reaktionsabläufe auf wenige Grundprinzipien zurückführen. Ein wichtiges Reaktionsprinzip ist das **Donator-Akzeptor-Prinzip**. Dabei wird vom **Donator (Spender)** ein Teilchen abgegeben, welches vom **Akzeptor (Empfänger)** aufgenommen wird.

In den folgenden Kapiteln werden Reaktionstypen behandelt, die alle nach diesem Donator-Akzeptor-Prinzip ablaufen. Dies sind:

- Säure-Base-Reaktionen (Protolysen nach Brønsted[1]),
- Redoxreaktionen,
- Komplexreaktionen.

Bei allen drei Reaktionstypen handelt es sich darüber hinaus um typische reversible Gleichgewichtsreaktionen, sodass die Erkenntnisse aus dem chemischen Gleichgewicht entsprechend angewendet werden können.

Bevor die Reaktionstypen im Einzelnen behandelt werden, sollen in einem Überblick die Gemeinsamkeiten und Unterschiede der Reaktionen dargestellt werden.

Die Vergleichskriterien sind:

- Art des übertragenen Teilchens,
- Donator, Akzeptor,
- Donator- bzw. Akzeptorstärke,
- Gleichgewichtslage und Reaktionsverlauf,
- Konzentrationsabhängigkeit,
- quantitative Aussagen.

	Säure-Base-Reaktionen (Protolysen)	Redoxreaktionen	Komplexreaktionen
übertragene Teilchen	Protonen	Elektronen	Elektronenpaare
Donator	Säure	Reduktionsmittel	Lewisbase[2]
Akzeptor	Base	Oxidationsmittel	Lewissäure
Donatorstärke	Tendenz der Protonenabgabe	Tendenz der Elektronenabgabe	harte und weiche[3] Lewisbasen
Akzeptorstärke	Tendenz der Protonenaufnahme	Tendenz der Elektronenaufnahme	harte und weiche Lewissäuren

1 *J. Brønsted, 1879–1947, dänischer Physiker.*

2 *Benannt nach dem amerikanischen Physikochemiker G. N. Lewis, 1875–1946.*

3 *Prinzip wurde von dem amerikanischen Physiker R. G. Pearson entwickelt.*

	Säure-Base-Reaktionen (Protolysen)	Redoxreaktionen	Komplexreaktionen
Gleichgewichtslage	abhängig von relativer Stärke der Reaktionspartner	abhängig von relativer Stärke der Reaktionspartner	abhängig von relativer Stärke der Reaktionspartner
Konzentrations-abhängigkeit der **Donator-** bzw. **Akzeptorstärke**	ja	ja	ja
quantitative **Zusammenhänge**	Henderson-Hasselbalch-gleichung[1]	Nernstsche Gleichung[2]	–

Denator-Akzeptor-Prinzip

Beispiel für eine Protolyse (Salzsäure und Kalk (Schneckengehäuse))

Beispiel für Redoxreaktion (Wasserstoff (flüssig) reagiert mit Sauerstoff (flüssig) zu Wasser)

---

1 *Benannt nach L. J. Henderson, amerikanischer Physikochemiker, K. A. Hasselbalch, dänischer Physikochemiker.*
2 *Benannt nach W. Nernst, 1864–1941, deutscher Physikochemiker.*

7 Protolysen

7.1 Grundlagen Säuren und Basen

7.1.1 Ursprüngliche Definitionen

Die Bezeichnungen „Säure“ und „Base“ sind historisch schon sehr alt. Zunächst fasste man Stoffe mit ähnlichen Wirkungen, wie saurer Geschmack oder seifige Konsistenz, in den Stoffklassen Säure und Base zusammen. Aus naheliegenden Gründen suchte man schon früh nach Möglichkeiten, die Identifizierung der Säuren bzw. Basen mithilfe des Geschmacks durch optische Methoden zu ersetzen. Unter anderem war es Boyle[1], der erkannte, dass sauer schmeckende bzw. seifige Stoffe die Farbe von bestimmten pflanzlichen Stoffen, wie z. B. Lackmus, veränderten. Mittels dieser **Indikatoren** war es jetzt möglich, Säuren und Basen unabhängig von ihrem Geschmack zu klassifizieren. Allerdings dauert es nahezu weitere hundert Jahre bis Lavoisier[2] als erster versuchte, Gemeinsamkeiten im Stoffaufbau der verschiedenen Säuren bzw. Basen zu finden.

Er erkannte, dass die Oxide von Nichtmetallen, wie Kohlenstoff, Stickstoff und Schwefel, mit Wasser unter Bildung von Säuren reagierten. Er definierte deshalb Säuren als Verbindungen, die Sauerstoff[3] enthalten. Ganz abgesehen davon, dass Metalloxide mit Wasser nicht sauer, sondern basisch reagierten, erkannte man bald, dass manche Säuren, wie Salzsäure und Blausäure, überhaupt keinen Sauerstoff enthielten. Es war Davy[4], der erkannte, dass nicht der Sauerstoff, sondern der Wasserstoff dasjenige Element ist, welches in allen Säuren enthalten ist. Ausgehend davon definierte Liebig[5] Säuren als wasserstoffhaltige Stoffe, bei denen der Wasserstoff durch Metalle ersetzt werden kann. Eine analoge Definition für Basen existierte nicht. Die Säuredefinition von Liebig war Ausgangspunkt für **Arrhenius**, der feststellte, dass die zuvor in den Säuren gebundenen Wasserstoffatome als Wasserstoffionen vorliegen. Seine Definitionen für Säuren und Basen lautete:

Säuren sind Wasserstoffverbindungen, die in wässriger Lösung Wasserstoffionen (H^+) abspalten.

Er erkannte, dass basisch wirkende Verbindungen, wie Kalium- und Natriumhydroxid, OH-Gruppen enthielten und in Wasser zu Hydroxidionen (OH^-) dissoziierten. Seine Basendefinition lautete deshalb analog zu der Säuredefinition:

Basen sind Hydroxyverbindungen, die in wässriger Lösung Hydroxidionen (OH^-) abspalten.

---

1 *R. Boyle, 1627–1681, englischer Physiker.*
2 *A. L. Lavoisier, 1743–1794, französischer Chemiker.*
3 *Oxygenium aus dem griechischen für „sauer“ und „erschaffen“.*
4 *H. Davy, 1778–1829, englischer Chemiker.*
5 *J. Liebig, 1803–1873, deutscher Chemiker.*

Vor allem bei der Basendefinition erkannte man schon bald Widersprüche. So enthält z. B. Ammoniak (NH_3) überhaupt keine Hydroxygruppen, reagiert aber eindeutig basisch. Auch die Alkalisalze von Alkoholen (Alkoholate) reagieren (stark) alkalisch, obwohl auch sie keine Hydroxygruppen besitzen.

Auch die Annahme, dass Protonen (H^+-Ionen) isoliert in wässrigen Lösungen existieren, erwies sich als nicht haltbar. Unter Einbeziehung dieser Kritikpunkte gelangte Brønsted zu einer immer noch gültigen Definition von Säuren und Basen.

7.1.2 Brønstedsäuren und Brønstedbasen

Brønsted gelang es, eine Definition für Säuren und Basen aufzustellen, die zumindest für protonige[1] Lösungsmittel allgemeine Gültigkeit besitzt. Sie ist sogar auf Reaktionen anwendbar, an denen überhaupt kein Lösungsmittel beteiligt ist.

Säuredefinition nach Brønsted:

Säuren sind Teilchen, die Wasserstoffionen (Protonen) abgeben können.
Kurzdefinition: Säuren sind Protonenspender (Protonendonatoren).

Basendefinition nach Brønsted:

Basen sind Teilchen, die Wasserstoffionen (Protonen) aufnehmen können.
Kurzdefinition: Basen sind Protonenempfänger (Protonenakzeptoren).

Säure- bzw. Baseteilchen können neutrale (Moleküle) oder geladene Stoffe (Ionen) sein.

Johannes Nikolaus Brønsted

Um Protonen abgeben zu können, müssen Säuren über mindest ein kovalent gebundenes Wasserstoffatom verfügen. Um Protonen aufnehmen zu können, müssen Basen ein Bindungselektronenpaar zur Verfügung stellen, d. h. sie müssen mindestens ein freies, nicht gebundenes Elektronenpaar besitzen. Erst im Moment der Protonenabgabe wirken Teilchen als Säure, zuvor besitzen sie nur die Fähigkeit, Protonen abzugeben. Andererseits wirken Teilchen erst im Moment der Protonenaufnahme als Base, zuvor besitzen sie nur die Fähigkeit, Protonen aufzunehmen.

Besitzen also Teilchen sowohl kovalent gebundenen Wasserstoff als auch freie Elektronenpaare, sind sie sowohl potenzielle (mögliche) Säuren als auch potenzielle (mögliche) Basen. Solche Teilchen bezeichnet man als **Ampholyte**.

Ampholyte sind Teilchen, die sowohl Protonen aufnehmen als auch abgeben können. Sie sind Protonenspender *und* Protonenempfänger.

Bevor wir uns die Konsequenzen aus der brønstedschen Säure-Base-Definition im Einzelnen klar machen, soll eine weitere Säure-Base-Definition nach Lewis kurz vorgestellt werden.

---

1 Protonige Lösungsmittel sind solche, die mindestens ein ionisierbares Wasserstoffatom enthalten.

7.1.3 Lewissäuren und Lewisbasen

Zur gleichen Zeit wie Brønsted stellte Lewis seine Theorie der Säuren und Basen auf.

Nach seiner Vorstellung sind Säuren Teilchen, die Elektronenpaare aufnehmen (akzeptieren), und Basen Teilchen, welche diese Elektronenpaare zur Verfügung stellen.

Als Ergebnis entsteht eine Elektronenpaarbindung (kovalente Bindung).

Säuredefinition nach Lewis:

Säuren sind Teilchen, die Elektronenpaare aufnehmen können.
Kurzdefinition: Säuren sind Elektronenpaarempfänger (Elektronenpaarakzeptoren).

Basendefinition nach Lewis:

Basen sind Teilchen, die Elektronenpaare spenden können.
Kurzdefinition: Basen sind Elektronenpaarspender (Elektronenpaardonatoren).

Die Voraussetzung für eine Lewissäure ist, dass das Elektronenpaar aufgenommen werden kann. Die Lewissäure muss also mindestens ein unbesetztes Orbital besitzen. Die Lewisbase muss, wie die Brønstedbase, mindestens ein freies Elektronenpaar zur Verfügung stellen können.

Ein Beispiel soll die Reaktion zwischen Lewissäure und Lewisbase plausibel machen:

$$BF_3 \text{ (Bortrifluorid)} + NH_3 \text{ (Ammoniak)} \rightleftarrows F_3B - NH_3$$

(neue kovalente Bindung)

Als Lewissäuren kommen also grundsätzlich infrage:

- Teilchen, denen mindestens zwei Elektronen zum vollständigen Elektronenoktett fehlen, also z.B. Halogenide des Bors und des Aluminiums, wie BF_3 und $AlCl_3$,
- sämtliche Kationen,
  z.B. $Ag^+ + 2\,NH_3 \rightleftarrows [Ag(NH_3)_2]^+$ (Diamminkomplex),
- Verbindungen mit polaren Doppelbindungen, wie Schwefeldioxid und Kohlenstoffdioxid,
  z.B. $SO_2 + H_2O \rightleftarrows H_2SO_3$,
- Teilchen, die ein Elektronenpaar in nicht besetzte d-Orbitale aufnehmen können,
  z.B. $SiF_4 + 2\,F^- \rightleftarrows [SiF_6]^{2-}$ (Fluorokomplex).

Allerdings sind die meisten Brønstedsäuren nicht gleichzeitig auch Lewissäuren, da sie infolge mangelnder Elektronpaarlücken keine Elektronenpaare aufnehmen können.

Als Lewisbasen kommen grundsätzlich infrage:

- alle Brønstedbasen, da sie wie die Lewisbasen mindestens ein freies Elektronenpaar besitzen. So ist z.B. Ammoniak (NH_3) aufgrund seines freien Elektronenpaares sowohl eine Brønstedbase als auch eine Lewisbase.
- Moleküle aus Elementen der 2. Periode mit Doppel- oder Dreifachbindungen, die mit Lewissäuren einen π-Komplex bilden können,
  z.B. $H_2C = CH_2 + Kat^+ \longrightarrow H_2C = CH_2$ (π-Komplex), wobei Kat^+ an die Doppelbindung gebunden ist ($|$ Kat^+)

Im Vergleich mit den Brønstedsäuren bzw. Brønstedbasen ergeben sich für die Lewissäuren bzw. Lewisbasen sowohl Vor- als auch Nachteile.

Vorteile des Lewisansatzes:

- Der Lewisansatz geht über den von Brønsted hinaus. Er erweitert den Säure-Base-Begriff auch auf nicht protonige Lösungsmittel und integriert zusätzliche Stoffklassen wie z. B. Kationen in das Konzept.
- Die Bildung von Komplexen wird als typische Reaktion zwischen Säuren und Basen beschrieben.
- Alle Brønstedbasen sind auch Lewisbasen.

Dennoch besitzt der Lewisansatz zwei entscheidende Nachteile gegenüber Brønsted.

Nachteile des Lewisansatzes:

- Während durch die brønstedsche Definition auch alle „klassischen" Säuren, wie Hydrogenchlorid, Salpetersäure, Schwefelsäure, erfasst werden, sind diese Verbindungen nach Lewis keine Säuren mehr.
- Quantitative Aussagen über Säure- bzw. Basenstärken sind mit dem Lewisansatz nicht möglich. Diese quantitativen Betrachtungen sind jedoch, wie in den folgenden Abschnitten gezeigt wird, mit der Brønsted-Definition vor allem für wässrige Lösungen problemlos möglich.

In den folgenden Abschnitten wird deshalb ausschließlich der Ansatz von Brønsted weiter vertieft.

Aufgaben

1. *Welche der folgenden Teilchen sind Lewissäuren bzw. Lewisbasen:*
   Na^+, SO_4^{2-}, Cl^-, CO_2, Mg^{2+}, NH_3, H_2O, Al^{3+}, SO_2, Fe^{3+}, Br^-, H^+, PO_4^{3-}?
2. *Formulieren Sie die Säure-Base-Reaktion nach Lewis zwischen folgenden Reaktionspartnern:*
   a. *Schwefeldioxid und Hydroxidionen,*
   b. *Wasser und Kohlenstoffdioxid,*
   c. *Aluminiumchlorid und Chloridionen,*
   d. *Kupfer(II)-ionen und ein Überschuss von Ammoniak.*
3. *Weshalb ist Hydrogenchlorid keine Lewissäure, dagegen aber das H^+-Ion?*
4. *Informieren Sie sich über die Begriffe „harte" und „weiche" Lewissäuren und Lewisbasen.*

7.2 Protolysegleichungen

Die Protonenabgabe der Brønstedsäuren bzw. die Protonenaufnahme der Brønstedbasen lassen sich auch als Teilgleichungen formulieren:

Säuren: $\text{H–A (Säure)} - H^+ \rightleftarrows A^-$ bzw.

Basen: $\text{B| (Base)} + H^+ \rightleftarrows \text{B–H}^+$ und für

Ampholyte: $\text{H–B|} - H^+ \rightleftarrows \text{B|}^-$ oder $\text{H–B|} + H^+ \rightleftarrows \text{H–B–H}^+$

Man erkennt, dass durch die Protonenabgabe jede Säure zur potenziellen Base bzw. durch die Protonenaufnahme jede Base zur potenziellen Säure wird. Säuren können nur Protonen abgeben, wenn andere Teilchen, also Basen, diese Protonen aufnehmen. Dasselbe gilt für Basen: Basen können nur Protonen aufnehmen, wenn andere Teilchen, also Säuren, die Protonen abgeben. Fasst man die Teilgleichungen zusammen, erhält man die Gesamtgleichung für eine **Protolyse**. Man definiert:

Reaktionen bei den Protonen übertragen werden, bezeichnet man als Protolysen.

Die Gesamtgleichung lautet:

$H–A + B| \rightleftarrows A^- + B–H^+$

Aus der Protolysegleichung sieht man, dass es Teilchen gibt, die sich jeweils nur durch ein Proton voneinander unterscheiden. Es sind dies einerseits HA und A^- und andererseits BH^+ und B. Solche Teilchen bezeichnet man auch als **korrespondierende (konjugierte)** Säuren und Basen. Korrespondierende Säure und Base bilden zusammen ein **Säure-Base-Paar**.

Aus den Teilgleichungen für Protonenabgabe und Potonenaufnahme ergeben sich also folgende Säure-Base-Paare:

HA/A^-, BH^+/B und für den Ampholyten HB/B^- bzw. H_2B^+/HB.

Man erkennt, dass an jeder Protolyse zwei Säure-Base-Paare beteiligt sind.

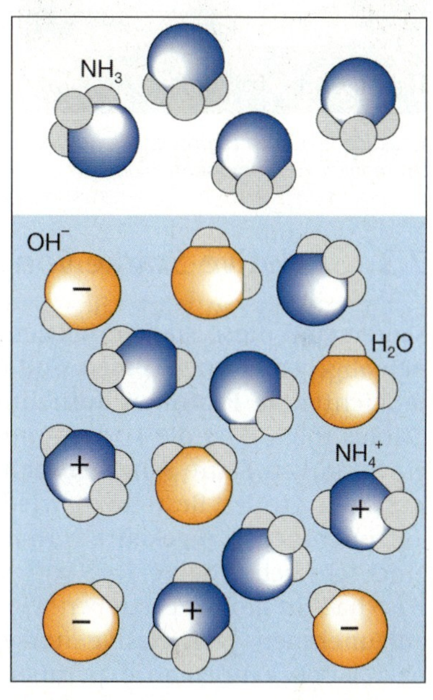

Protolyse zwischen Ammoniak und Wasser

Beispiele

für Protolysegleichungen und beteiligte Säure-Base-Paare:

Protolysen:	Säure-Base-Paare:
a) $NH_3 + HCl \rightleftarrows NH_4^+ + Cl^-$	HCl/Cl^- und NH_4^+/NH_3
b) $NH_3 + H_2O \rightleftarrows NH_4^+ + OH^-$	NH_4^+/NH_3 und H_2O/OH^-
c) $HCl + H_2O \rightleftarrows H_3O^+ + Cl^-$	H_3O^+/H_2O und HCl/Cl^-
d) $H_2O + H_2O \rightleftarrows H_3O^+ + OH^-$	H_3O^+/H_2O und H_2O/OH^-

Ammoniak im Beispiel b) könnte grundsätzlich auch als Säure reagieren, d. h. Ammoniak ist ein typischer Ampholyt. Die Gleichung würde dann lauten:

$NH_3 + H_2O \rightleftarrows NH_2^- + H_3O^+$.

Welche der möglichen Reaktionen jedoch abläuft, hängt von der relativen Stärke der beteiligten Säuren bzw. Basen ab. Man erkennt dies auch an den Reaktionen b) und c). Im ersten Fall ist Wasser die Säure, im zweiten Fall ist Wasser die Base. Offensichtlich ist bei der Protolyse b) Wasser die relativ stärkere Säure als Ammoniak, d. h. Wasser ist

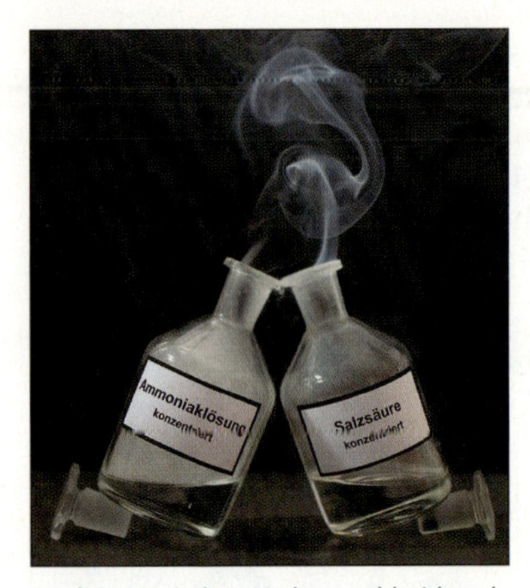

Reaktion zwischen Hydrogenchlorid und Ammoniak zu Ammoniumchlorid

die Brønstedsäure und Ammoniak die Brønstedbase. Im Fall c) ist dagegen Wasser eine relativ schwächere Säure als Hydrogenchlorid und ist deshalb in dieser Reaktion die Base und damit ist Hydrogenchlorid die Säure.

Sowohl Säuren als auch Basen können neutral, positiv oder negativ geladen sein.

So ist zum Beispiel Hydrogenchlorid (HCl) eine **Neutralsäure**, Hydrogencarbonat (HCO_3^-) ist eine **Anionensäure** und das Ammoniumion eine **Kationensäure**. Ammoniak (NH_3) ist dagegen eine **Neutralbase**, das Pentaaquahydroxyeisen(II)-ion $[Fe(H_2O)_5OH]^{2+}$ ist eine **Kationenbase** und das Phosphation ist eine **Anionenbase**.

7.3 Relative Stärke von Säuren und Basen, Säure-Base-Reihe

Säuren sind umso stärker, je leichter sie Protonen abgeben können. Basen sind umso stärker, je leichter sie Protonen aufnehmen können. Daraus folgt, dass die korrespondierende Base einer starken Säure sehr schwach ist, d. h. sie hat kein großes Bestreben, wieder Protonen aufzunehmen. Umgekehrt verhält es sich mit einer schwachen Säure. Ihre korrespondierende Base hat ein großes Bestreben wieder Protonen aufzunehmen. Die relative Stärke von Säuren bzw. Basen kann man experimentell dadurch bestimmen, dass man unterschiedliche Säuren und Basen miteinander reagieren lässt.

Säurestärke nimmt ab ↓	Säure	Base	Basenstärke nimmt zu ↓
	$HClO_4$	ClO_4^-	
	HCl	Cl^-	
	H_2SO_4	HSO_4^-	
	H_3O^+	H_2O	
	HNO_3	NO_3^-	
	...	...	
	...	...	
	H_2O	OH^-	
	OH^-	O^{2-}	
	...	...	
	...	...	

Säure-Base-Paare

Da alle Protolysen Gleichgewichtsreaktionen sind, kann man aus der Gleichgewichtslage Rückschlüsse auf die Säure- bzw. Basenstärke ziehen. Je weiter das Gleichgewicht auf der rechten Seite der Reaktionsgleichung, also auf der Seite der Produkte liegt, desto stärker sind die beteiligten Säuren und Basen auf der Eduktseite. Liegt das Gleichgewicht auf der linken Seite, also bei den Edukten, handelt es sich um schwache Säuren und Basen.

Säuren und Basen lassen sich in einer Tabelle nach abnehmender Säure- bzw. zunehmender Basenstärke ordnen. Dabei ordnet man immer die korrespondierende Säure und Base, also das Säure-Base-Paar nebeneinander an. Diese systematische Abfolge der Säure-Base-Paare bezeichnet man als Säure-Base-Reihe (Säure-Base-Tabelle), wie sie hier dargestellt wird.

Wie für alle Gleichgewichtsreaktionen lassen sich auch für Protolysen quantitative Aussagen mithilfe der Gleichgewichtskonstanten K machen. Für die allgemeine Säure-Base-Reaktion $HA + B \rightleftarrows A^- + BH^+$ ergibt sich für das chemische Gleichgewicht:

$$K = \frac{c(A^-) \cdot c(BH^+)}{c(HA) \cdot c(B)}$$

Der Wert der Gleichgewichtskonstante ist also ein quantitatives Maß für die Säure- bzw. Basenstärke der beteiligten Reaktionspartner. Da die Gleichgewichtskonstante K umso größer (kleiner) wird, je stärker (schwächer) die Ausgangssäure **und** die Ausgangsbase ist, ist es sinnvoll immer nur **dieselbe** Base vorzugeben, wenn man unterschiedliche Säurestärken miteinander vergleichen möchte. Umgekehrt gilt dies natürlich auch für den Vergleich verschiedener Basenstärken. Beschränkt man sich auf Protolysen in wässrigen Lösungen, ist Wasser entweder als Base oder als Säure vorgegeben. Für die Gleichung $HA + H_2O \rightleftarrows H_3O^+ + A^-$ ergibt sich daraus für die Gleichgewichtskonstante:

$$K_1 = \frac{c(A^-) \cdot c(H_3O^+)}{c(HA) \cdot c(H_2O)}$$

Und für die Gleichung $B + H_2O \rightleftarrows BH^+ + OH^-$ erhält man:

$$K_2 = \frac{c(BH^+) \cdot c(OH^-)}{c(B) \cdot c(H_2O)}$$

Man sieht übrigens auch, dass in wässrigen Lösungen von Säuren und Basen immer Hydroniumionen bzw. Hydroxidionen auftreten. Sie werden die entscheidenden Größen dafür sein, wie stark sauer oder basisch (alkalisch) eine wässrige Lösung ist.

Folgende Hinweise sind für die weitere Betrachtung von Protolysen noch wichtig:

- Wässrige Lösungen von Hydroxiden, speziell von Natrium- und Kaliumhydroxid bezeichnet man auch als Laugen.
- Löst man Salze in Wasser, kann Wasser sowohl Lösungsmittel als auch Reaktionspartner sein. Zwar laufen beide Vorgänge, d. h. einerseits der Lösungsvorgang und andererseits die Protolyse, in der Realität gleichzeitig ab. Es ist jedoch sinnvoll, die beiden Vorgänge getrennt zu betrachten. Zunächst formuliert man den Lösungsvorgang, in dem man Wasser über den Reaktionspfeil schreibt, und im zweiten Schritt folgt die Protolyse. An einem Beispiel soll dies gezeigt werden.

Beispiel

Reaktion von Kaliumoxid (K_2O) mit Wasser:

a) Wasser als Lösungsmittel: $K_2O \xrightleftharpoons{H_2O} 2\,K^+ + O^{2-}$

b) Wasser als Reaktionspartner: $O^{2-} + H_2O \rightleftarrows OH^- + OH^-$

Aufgaben

5. *Welche der folgenden Teilchen sind Säuren, Basen bzw. Ampholyte? Geben Sie die zugehörigen Teilgleichungen an:*

   a. H_2O, b. SO_4^{2-}, c. NH_3, d. OH^-, e. H_3O^+, f. ClO^-, g. O^{2-}.

6. *Formulieren Sie für folgende Reaktionspartner die Protolysegleichungen:*

   a. Hydrogenchlorid und Ammoniak

   b. Kaliumhydrogencarbonat (wässrige Lösung) und Natronlauge

   c. Kaliumhydrogencarbonat (wässrige Lösung) und Salzsäure

   d. Natriumchlorid (wässrige Lösung) und Schwefelsäure

   e. Dinatriumhydrogenphospat (wässrige Lösung) und Ammoniak (wässrige Lösung). (Hinweis: Für die relative Stärke von Säuren und Basen siehe Säure-Base-Tabelle.)

7. *Gibt man zu Natriumethanoat (Natriumsalz der Ethansäure) Salzsäure, bemerkt man einen deutlichen Geruch nach Essigsäure (Ethansäure). Erklären Sie dies mithilfe einer entsprechenden Reaktionsgleichung.*

8. *Man löst Natriumcarbonat in Wasser.*
   a. *Welche Funktionen hat das Wasser?*
   b. *Wie lautet die Protolysegleichung?*

7.4 Säure- und Basenkonstanten

Wie im letzten Abschnitt ausgeführt, beschränken sich die weiteren Aussagen auf wässrige Lösungen von Säuren und Basen. Betrachtet man darüber hinaus nur **verdünnte** wässrige Lösungen, d.h. ist Wasser in großem Überschuss vorhanden, kann man die Wasserkonzentration als konstant betrachten. Es gilt also: $c_o(H_2O) \approx c_{Gl}(H_2O) = \text{konstant}$.

Die maximale Abweichung vom realen Wert soll kurz überschlagen werden.

Geht man von einer Dichte des Wassers von $\rho = 1\,g/ml$ aus, erhält man für die Ausgangskonzentration $c_o(H_2O) = 1000\,g/(18\,g \cdot mol^{-1} \cdot l) = 55{,}56\,mol/l$.

Legt man als maximale Ausgangskonzentration für die Säure als Reaktionspartner für Wasser eine Ausgangskonzentration von $c_o(HA) = 1\,mol/l$ fest und geht man zusätzlich von einer extrem starken Säure aus, wäre die max. Gleichgewichtskonzentration der Hydroniumionen $c_{Gl} \approx 1\,mol/l$. Die Konzentration des Wassers würde sich also um ca. 1 mol/l auf $c(H_2O) = 54{,}5\,mol/l$ verringern (Volumenveränderungen werden vernachlässigt). Der max. Fehler beträgt also ca. 2%. Die analoge Überlegung gilt für eine Base.

Für die Vorgaben $0 \leq c(HA)_o \leq 1\,mol/l$ und $0 \leq c(B)_o \leq 1\,mol/l$ lässt sich die konstante Wasserkonzentration mit der Gleichgewichtskonstanten K zu einer neuen Konstanten definieren. Diese neue Konstante heißt dann für Säuren **Säurekonstante K_S** und für Basen **Basenkonstante K_B**. Die Säure- bzw. Basenkonstante ist wie die Gleichgewichtskonstante nur noch von der Temperatur abhängig. Prinzipiell lassen sich auch andere konstante Reaktionspartner anstelle des Wassers wählen. Man würde dann natürlich andere Säure- bzw. Basenkonstanten erhalten.

Für verdünnte wässrige Lösungen von Säuren gilt dann:

Säurekonstante

$$K_s = K_1 \cdot c(H_2O) = \frac{c(A^-) \cdot c(H_3O^+)}{c(HA)}$$

und für verdünnte wässrige Lösungen von Basen entsprechend:

Basenkonstante

$$K_B = K_2 \cdot c(H_2O) = \frac{c(BH^+) \cdot c(OH^-)}{c(B)}.$$

Für korrespondierende Säure und Base gilt darüber hinaus:

$$HA + H_2O \rightleftarrows A^- + H_3O^+ \text{ und } A^- + H_2O \rightleftarrows HA + OH^-.$$

Daraus folgt, dass das Produkt aus Säurekonstante K_S und Basenkonstante K_B gleich groß ist, wie das Produkt aus Hydroxid- und Hydroniumkonzentration:

$$K_s \cdot K_B = \frac{c(A^-) \cdot c(H_3O^+)}{c(HA)} \cdot \frac{c(HA) \cdot c(OH^-)}{c(A^-)} = c(H_3O^+) \cdot c(OH^-)$$

Da sich K_S- bzw. K_B-Werte durch viele Zehnerpotenzen unterscheiden können, ist es sinnvoll, anstelle dieser Werte nur deren Exponenten zu verwenden. Man bezeichnet den negativen dekadischen Logarithmus von K_S bzw. K_B als pK_S bzw. pK_B.

$$pK_S = -\log K_S \text{ und } pK_B = -\log K_B$$

Mithilfe der $K_S(pK_S)$- und $K_B(pK_B)$-Werte lassen sich nun alle gängigen Säure-Base-Paare in der Säure-Base-Tabelle relativ zueinander anordnen und die Gleichgewichtslage für beliebige Kombinationen von Säuren und Basen vorhersagen.

Säure			Base	
Formel	Bezeichnung	pK_S	Formel	pK_B
$HClO_4$	Perchlorsäure	–9	ClO_4^-	23
HCl	Hydrogenchlorid	–6	Cl^-	20
H_2SO_4	Schwefelsäure	–3	HSO_4^-	17
H_3O^+	Hydroniumion	–1,74	H_2O	15,74
HNO_3	Salpetersäure	–1,32	NO_3^-	15,32
$HClO_3$	Chlorsäure	0	ClO_3^-	14
HSO_4^-	Hydrogensulfation	1,92	SO_4^{2-}	12,08
H_2SO_3	Schweflige Säure	1,96	HSO_3^-	12,04
H_3PO_4	Phosphorsäure	1,96	$H_2PO_4^-$	12,04
$[Fe(H_2O)_6]^{3+}$	Hexaaquaeisen(III)-ion	2,2	$[Fe(H_2O)_5OH]^{2+}$	11,8
HF	Hydrogenfluorid	3,14	F^-	10,86
$HCOOH$	Methansäure	3,7	$HCOO^-$	10,3
CH_3COOH	Ethansäure	4,76	CH_3COO^-	9,24
$[Al(H_2O)_6]^{3+}$	Hexaaquaaluminiumion	4,9	$[Al(H_2O)_5OH]^{2+}$	9,1
H_2CO_3	Kohlensäure	6,46	HCO_3^-	7,54
H_2S	Dihydrogensulfid	7,05	HS^-	6,95
HSO_3^-	Hydrogensulfit	7,20	SO_3^{2-}	6,80
$H_2PO_4^-$	Dihydrogenphosphat	7,21	HPO_4^{2-}	6,79
$HClO$	Hypochlorige Säure	7,25	ClO^-	6,75
NH_4^+	Ammonium	9,24	NH_3	4,76
HCN	Hydrogencyanid	9,31	CN^-	4,69
$[Zn(H_2O)_6]^{2+}$	Hexaaquazinkion	9,66	$[Zn(OH(H_2O)_5]^+$	4,34

Säure			Base	
Formel	Bezeichnung	pK_S	Formel	pK_B
C_6H_5OH	Hydroxybenzol	9,98	$C_6H_5O^-$	4,02
HCO_3^-	Hydrogencarbonat	10,32	CO_3^{2-}	3,68
HPO_4^{2-}	Hydrogenphosphat	12,32	PO_4^{3-}	1,68
HS^-	Hydrogensulfid	12,92	S^{2-}	1,08
H_2O	Wasser	15,74	OH^-	−1,74
NH_3	Ammoniak	23	NH_2^-	−9
OH^-	Hydroxid	24	O^{2-}	−10

Säure-Base-Tabelle

Zur Säure-Base-Tabelle noch folgende Anmerkungen:

- Bei allen Säuren, die mit Basen reagieren, welche unterhalb der korrespondierenden Base der Säure stehen, liegt das Gleichgewicht auf der rechten Seite. Dies ist umso ausgeprägter, je weiter sie auseinanderliegen.
- Man erkennt den „nivellierenden" Charakter des Wasser, d. h. die stärkste Säure in wässriger Lösung ist H_3O^+, die stärkste Base OH^-.
- Die Summe von pK_S und pK_B korrespondierender Säuren ist immer 14 (vgl. oben).
- Mehrprotonige Säuren, wie z. B. die Phosphorsäure oder die Schwefelsäure haben mehrere pK_S-Werte.
- Auch Kationen, wie z. B. Fe^{3+} können Säuren sein. Dies erklärt sich aus der Abgabe von Protonen aus der Hydrathülle.
- Die angegebenen pK_S- bzw. pK_B-Werte gelten für $T = 298$ K.

Säurestärke	pK_S
sehr stark	$\le -1{,}74$
stark	$-1{,}74 < pK_S \le 1$
mittelstark	$1 < pK_S \le 3{,}5$
schwach	$3{,}5 < pK_S \le 15{,}74$
sehr schwach	$> 15{,}74$

pK_S-Wert und Säurestärke

Die pK_S- bzw. pK_B-Werte dienen auch zur groben Einteilung der Säuren bzw. Basen in die Kategorien: sehr stark, stark, mittelstark, schwach und sehr schwach (vgl. Tabelle).

Protolysegrad

Die Säure- und Basenkonstante bzw. die pK_S- und pK_B-Werte sind zwar Kennzahlen für das Ausmaß der Protolyse. Vor allem aber bei schwachen Säuren (Basen) hängt die Gleichgewichtslage auch von der Verdünnung ab. Verdünnung bedeutet ja nichts anderes als eine Erhöhung der Eduktkonzentration von Wasser. Dies führt nach dem Prinzip des kleinsten Zwangs (Prinzip von Le Chatelier) zu einer Verschiebung der Gleichgewichtslage zur Produktseite. Ein Maß für die Dissoziation der Säure (Base) ist der **Protolysegrad α**.

Der Protolysegrad (Säurebruch bzw. Basenbruch) α gibt den Bruchteil der Säure (Base) an, der einer Protolyse unterliegt.

Für schwache Säuren gilt: $$\alpha = \frac{c(A^-)}{c(HA) + c(A^-)}$$

Für schwache Basen gilt: $$\alpha = \frac{c(BH^+)}{c(B) + c(BH^+)}$$

Dabei ist $c(A^-) + c(HA) = c_o$ (Ausgangskonzentration der Säure) bzw. $c(B) + c(BH^+) = c_o$ (Ausgangs-Konzentration der Base).

Aus der Definition für den Protolysegrad folgt, dass für den Protolysegrad α gilt: $0 < \alpha < 1$.

Bei starken Säuren (Basen) mit negativen pK_S (pK_B)-Werten ist der Protolysegrad schon bei geringen Verdünnungen nahezu $\alpha = 1$. Bei schwächeren Säuren (Basen) nähert sich der Protolysegrad bei genügend hoher Verdünnung $\alpha = 1$ (vgl. Tab. Protolysegrad α).

Für schwache Säuren (Basen) kann der Protolysegrad mithilfe der Säurekonstanten berechnet werden. Vernachlässigt man die Hydroniumionen aus dem Wasser, gilt für die Säurekonstante K_S:

$$K_S = \frac{c(A^-) \cdot c(H_3O^+)}{c(HA)} = \frac{c(A^-)^2}{c(HA)}$$

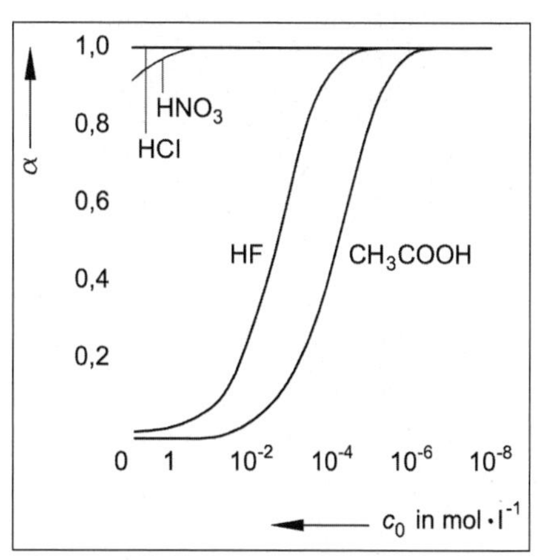

Protolysegrad α in Abhängigkeit von c_o(Säure)

Durch Umformen des Protolysegrades erhält man: $$\frac{c(A^-)}{c(HA)} = \frac{\alpha}{1-\alpha}$$

Eingesetzt in K_S ergibt sich daraus: $K_S = \frac{\alpha \cdot c(A^-)}{1-\alpha}$ und

mit $c(A^-) = \alpha \cdot c_o(HA) \longrightarrow K_S = \frac{\alpha^2 \cdot c_o(HA)}{1-\alpha}$

Ist der Protolysegrad sehr klein, vereinfacht sich dieser Ausdruck zu $K_S = \alpha^2 \cdot c_o(HA)$ und damit wird:

$$\alpha = \sqrt{\frac{K_S}{c_o(HA)}}$$

Der Zusammenhang zwischen dem Protolysegrad und der Säurekonstanten wurde zum ersten Mal von Ostwald formuliert.[1] Da der Protolysegrad von der Verdünnung abhängt, also nicht konstant ist, ist er im Gegensatz zu den Säure- und Basekonstanten, keine geeignete Größe für die Säure- bzw. Basenstärke.

Zwei Protolysen sollen besonders hervorgehoben werden. Es sind dies die **Neutralisation** und die **Autoprotolyse** des Wassers.

---

1 *Ostwaldsches Verdünnungsgesetz: W. Ostwald, 1853–1932, dt. Chemiker.*

Neutralisation

Starke Säuren bzw. starke Basen sind nahezu vollständig zu Hydronium- bzw. Hydroxidionen dissoziiert. Gibt man also äquivalente Stoffmengen einer starken Säure und einer starken Base zusammen, erhält man Wasser. Da bei dem entstandenen Ampholyt Wasser die Basenkonstante exakt gleich groß ist wie die Säurekonstante, enthält das Reaktionsgemisch genau gleich viele Hydroniumionen wie Hydroxidionen. Man bezeichnet die Reaktion zwischen äquivalenten Mengen einer starken Säure und einer starken Base als **Neutralisation**.

T (K)	K_W ($mol^2 \cdot l^{-2}$)
283	$0{,}36 \cdot 10^{-14}$
291	$0{,}74 \cdot 10^{-14}$
298	$1{,}00 \cdot 10^{-14}$
303	$1{,}89 \cdot 10^{-14}$
323	$5{,}6 \cdot 10^{-14}$
373	$74 \cdot 10^{-14}$

Temperaturabhängigkeit des Ionenproduktes K_W

Beispiel: Natronlauge + Salzsäure

$$Na^+OH^- + H_3O^+Cl^- \longrightarrow Na^+Cl^- + H_2O$$

Die rechte Seite der Reaktionsgleichung entspricht dabei einer Kochsalzlösung, die man durch Auflösen der äquivalenten Stoffmenge an Natriumchlorid erhält.

Oft wird der Begriff Neutralisation auch auf die Reaktion zwischen äquivalenten Stoffmengen beliebiger Säuren und Basen erweitert. Allerdings reagieren die wässrigen Lösungen der Reaktionsprodukte je nach Kombination nicht mehr neutral, sondern sauer oder basisch (vgl. Kap. 7.5).

Autoprotolyse des Wassers

Als Ampholyt reagiert Wasser mit sich selbst: $H_2O + H_2O \rightleftarrows H_3O^+ + OH^-$, wobei das Gleichgewicht ganz auf der linken Seite liegt.

Für die Säurekonstante gilt aus der Säure-Base-Tabelle:

$$K_S = 10^{-pK_S} = \frac{c(OH^-) \cdot c(H_3O^+)}{c(H_2O)} = 10^{-15{,}74}\ mol/l$$

Da es sich bei Wasser um eine sehr schwache Säure handelt, kann man für $c(H_2O)$ die Ausgangskonzentration von $c_o(H_2O) = 55{,}55\ mol/l$ einsetzen und mit in die Säurekonstante einbeziehen. Man erhält dann die neue Konstante K_W. Diese Konstante bezeichnet man auch als das Ionenprodukt des Wassers. Auch K_W ist natürlich temperaturabhängig. Bei $T = 298$ K gilt:

$$K_w = K_S \cdot 55{,}55\ mol/l = c(H_3O^+) \cdot c(OH^-) = 10^{-14}\ mol^2/l^2$$

Da die Hydronium- und die Hydroxidionenkonzentration gleich groß ist ($K_B(H_2O) = K_S(H_2O)$) folgt daraus:

$$c(H_3O^+) \cdot c(OH^-) = \sqrt{10^{-14}\ mol/l} = 10^{-7}\ mol/l$$

Man erkennt also, dass selbst in reinstem destillierten Wasser Ionen vorhanden sind. Dies lässt sich auch durch Leitfähigkeitsmessungen experimentell nachweisen.

Aufgaben

9. *Berechnen Sie die K_S bzw. K_B-Werte folgender Säuren und Basen:*
   a. *Ethansäure*
   b. *Ammoniak*
   c. *Natriumethanoat (Salz der Ethansäure)*

10. a. *Berechnen Sie den Protolysegrad einer Ethansäure für folgende Ausgangskonzentrationen c_0(Ethansäure): 1 mol/l, 0,01 mol/l, $1 \cdot 10^{-4}$ mol/l.*
    Wie ändert sich der Protolysegrad mit der Verdünnung? Lässt sich dies mit dem Prinzip des kleinsten Zwangs (Prinzip von Le Chatelier) begründen?
    b. *Berechnen Sie den Protolysegrad des Natriumsalzes des Ethansäure (Hinweis: vollständige Dissoziation des Salzes wird vorausgesetzt). Die Ausgangskonzentration c_0(Salz) = 0,1 mol/l.*

11. *Welcher Wert ergibt sich für die Summe aus pK_S und pK_B eines korrespondierenden Säure-Base-Paares bei T = 298 K und T = 323 K?*

12. *Wie ändert sich der Protolysegrad aus Aufg. 10 b., wenn die Salzlösung auf T = 323 K erwärmt wird? (K_S (bei T = 323 K) = $1{,}5 \cdot 10^{-5}$ mol · l^{-1}; vgl. auch Aufg. 11.).*

13. *Informieren Sie sich über die Begriffe Widerstand R und Leitfähigkeit L. Welcher Zusammenhang besteht zwischen der Leitfähigkeit L und dem Protolysegrad α?*

VERSUCH

1. Bestimmung des Protolysegrades

Gefahrenhinweise:

Reagenzien: konz. Essigsäure (Eisessig), deionisiertes Wasser

Geräte: Becherglas (250 ml), Becherglas (1000 ml), Leitfähigkeitsprüfer, Rührwerk mit Magnetrührer, Amperemeter, Voltmeter, Gleichspannungsquelle

Versuchsdurchführung:

In das Becherglas (250 ml) gibt man Eisessig ($V \approx 10$ ml). Die beiden Platindrähte des Leitfähigkeitsprüfers sollten vollständig in den Eisessig eintauchen. Bei konstanter Spannung wird mit deionisiertem Wasser schrittweise auf V = 100 ml verdünnt und dabei die Stromstärke I ermittelt. Anschließend wird die Lösung in das große Becherglas übertragen und schrittweise auf V = 1000 ml verdünnt und wiederum die Stromstärke I bei konstantem V gemessen. Die Leitfähigkeit wird als Funktion der (abnehmenden) Konzentration aufgetragen.

7.5 pH-Wert, pOH-Wert

Wie oben gezeigt, hat der Reaktionspartner Wasser eine nivellierende Wirkung auf Säuren und Basen. Die Folge ist, dass in wässrigen Lösungen die stärkste Säure das Hydroniumion und die stärkste Base das Hydroxidion ist. Stärkere Säuren bzw. Basen reagieren nahezu vollständig zu Hydronium- bzw. Hydroxidionen. Zur quantitativen Beschreibung der Stärke einer wässrigen Lösung einer Säure bzw. Base kann deshalb die Angabe der Hydroniumionenkonzentration $c(H_3O^+)$ bzw. der Hydroxidionenkonzentration $c(OH^-)$ herangezogen werden. Das Produkt der beiden Konzentrationen ist konstant und besitzt bei $T = 298$ K den Wert von $K_W = 10^{-14}$ $mol^2 \cdot l^{-2}$ (vgl. Kap. 7.4).

Da sich wie bei den K_S- bzw. K_B-Werten die Hydronium- bzw. Hydroxidionenkonzentration durch viele Zehnerpotenzen unterscheiden können, ist es auch hier sinnvoll, anstelle dieser Werte nur deren Exponenten zu verwenden. Man bezeichnet den negativen dekadischen Logarithmus von $c(H_3O^+)$ bzw. $c(OH^-)$ als **pH** bzw. **pOH**.

pH = –log $c(H_3O^+)$ und pOH = –log $c(OH^-)$

7.5.1 Berechnung von pH- und pOH-Werten

Kennt man die Säurekonstante (Basenkonstante) und die Ausgangskonzentration $c_o(HA)$ bzw. $c_o(B)$ lassen sich pH- und pOH-Wert einer wässrigen Lösung berechnen. Für starke Säuren (Basen) und für schwache Säuren (Basen) kann die Berechnung vereinfacht werden. Zunächst soll für den einfachen Fall einer einprotonigen Säure (Base) die allgemeine Lösung dargestellt werden.

A. Einprotonige Säuren (Basen)

Für die Protolyse gilt: $HA + H_2O \rightleftarrows H_3O^+ + A^-$ mit der Ausgangskonzentration $c_o(HA)$.

Da im Gleichgewicht $c(H_3O^+) = c(A^-)$ ist (Vernachlässigung der Autoprotolyse des Wassers), gilt für K_S:

$$(1) \quad K_s = \frac{c(H_3O^+) \cdot c(H_3O^+)}{c(HA)} = \frac{c(H_3O^+)^2}{c_0(HA)_0 - c(H_3O^+)}$$

Löst man die Gleichung nach der Hydroniumionenkonzentration $c(H_3O^+)$ auf, erhält man eine quadratische Gleichung mit zwei Lösungswerten, von denen ein Wert chemisch sinnvoll ist. Der pH-Wert ergibt sich dann aus pH = –log $c(H_3O^+)$.

Für die Base erhält man analog:

$$(2) \quad K_B = \frac{c(OH^-) \cdot c(OH^-)}{c(B)} = \frac{c(OH^-)^2}{c_0(B) - c(OH^-)}$$

Den pH-Wert für die Base erhält man aus den Beziehungen pOH = –log $c(OH^-)$ und pH + pOH = 14.

Starke Säuren (Basen)

Die Berechnung des pH-Wertes lässt sich für starke Säuren und Basen stark vereinfachen.

Da starke Säuren nahezu vollständig mit der Base Wasser zu Hydroniumionen reagieren, ist die Ausgangskonzentration $c_o(HA)$ ungefähr gleich groß wie die Gleichgewichtskonzentration der Hydroniumionen: $c_0(HA) \approx c(H_3O^+)$. Die Hydroniumionen aus der schwachen Säure Wasser sind vernachlässigbar, allerdings nur solange $c_0(HA) > 10^{-7}$ mol/l ist. Damit gilt: $pH = -\log (H_3O^+) \approx -\log c_0(HA)$.

Auch für starke Basen gilt entsprechend: $c_0(B) \approx c(OH^-)$ und damit
$pOH = -\log (OH^-) \approx -\log c_0(B)$ und
$pH = 14 - pOH$.

An zwei Beispielen soll die Berechnung des pH-Wertes starker einprotoniger Säuren (Basen) demonstriert werden.

Beispiel 1: Säure

Gegeben ist eine Salzsäure mit $c_0(HCl) = 0{,}1$ mol/l. Da Hydrogenchlorid eine starke Säure ist gilt: $c(H_3O^+) \approx c_0(HCl) = 10^{-1}$ mol/l. Der pH-Wert ist also: $pH = -\log 10^{-1} = 1$.

Beispiel 2: Base

Natronlauge mit $c_0(NaOH) = 0{,}1$ mol/l. Da Natriumhydroxid in Wasser praktisch vollständig dissoziiert ist, gilt:

$c_0(NaOH) \approx c(OH^-) = 0{,}1$ mol/l. Der pOH-Wert ist damit: $pOH = -\log 10^{-1} = 1$ und daraus folgt für den pH-Wert: $pH = 14 - pOH = 13$.

Um die Abweichung von den exakt berechneten pH-Werten zu ermitteln, werden für beide Beispiele die pH-Werte über die hergeleitete Beziehungen (1) und (2) berechnet. Die Ergebnisse sind bis auf drei Stellen hinter dem Komma identisch.

Schwache Säuren (Basen)

Da schwache Säuren nur in sehr geringem Umfang mit der Base Wasser zu Hydroniumionen reagieren, ist die Ausgangskonzentration $c_0(HA)$ ungefähr gleich groß wie die Gleichgewichtskonzentration $c(HA)$. Die Gleichung (1) lautet dann:

$$K_S = \frac{c(H_3O^+) \cdot c(H_3O^+)}{c(HA)} \approx \frac{c(H_3O^+)^2}{c_0(HA)}$$

Daraus folgt:

$$c(H_3O^+) = \sqrt{K_S \cdot c(HA)} \text{ und } pH = \frac{pK_S - \log c_0(HA)}{2}$$

Für Basen gilt analog: $pOH = \dfrac{pK_B - \log c_0(B)}{2}$

Dazu folgen zwei weitere Beispiele:

Beispiel 1:

Gegeben ist eine Ethansäure mit $c_0(HCl) = 0{,}1$ mol/l. Für die schwache Säure Ethansäure ergibt sich dann für den pH-Wert: $pH = (4{,}76 - \log 0{,}1) : 2 = 2{,}88$.

Beispiel 2:

Gegeben ist die schwache Base mit $c_0(NH_3) = 0{,}1$ mol/l. Der pOH-Wert berechnet sich zu $pOH = (4{,}76 - \log 0{,}1) : 2 = 2{,}88$ und $pH = 11{,}12$.

Auch diese Werte weichen von den exakt berechneten nur geringfügig ab.

Mittelstarke Säuren (Basen)

Für mittelstarke Säuren (Basen) ergeben sich bei beiden Ansätzen (d. h. Behandlung als schwache bzw. als starke Säure (Base)) doch beträchtliche Abweichungen. Hier müssen die exakten Formeln (1) und (2) verwendet werden.

B. Mehrprotonige Säuren

Komplizierter erweist sich die Berechnung der pH-Werte mehrprotoniger Säuren. Im Folgenden werden deshalb nur zwei einfache Fälle behandelt.

Fall 1:

Es handelt sich um eine starke mehrprotonige Säure geringer Konzentration, deren K_S-Werte nicht allzu weit auseinander liegen. Dann gilt:

$$c(H_3O^+) \approx 2 \cdot c_o(HA)$$

Beispiel: Schwefelsäure mit $c_o(H_2SO_4) = 1 \cdot 10^{-4}$ mol/l. Dann ist $c(H_3O^+) = 2 \cdot 10^{-4}$ mol/l und der pH-Wert = 3,7.

Fall 2:

Es handelt sich um eine schwache mehrprotonige Säure geringer Konzentration, deren K_S-Werte mehrere Einheiten auseinander liegen. Dann ist der Beitrag der zweiten Protolysestufe vernachlässigbar und es gilt:

$$pH = (pK_S\ (1.\ Stufe) - \log c_o(HA)) : 2$$

Beispiel: Dihydrogensulfid mit $c_o(H_2S) = 1 \cdot 10^{-2}$ mol/l. Für den pH-Wert ergibt sich: $pH = (7{,}05 - \log 1 \cdot 10^{-2}) : 2 = 4{,}52$

pH-Skala

Bevor noch auf die Berechnung der pH-Werte von Salzlösungen eingegangen wird, soll zunächst ermittelt werden, innerhalb welcher Grenzen pH-Werte in wässrigen Lösungen zu erwarten sind. Diese **pH-Skala** erhält man, wenn man sich nochmals die Bedingungen für verdünnte wässrige Lösungen von Säuren (Basen) klar macht.

Als höchste Konzentration einer Säure ist $c_o(HA)$ = 1 mol/l vorgegeben. Damit kann die Hydroniumionenkonzentration maximal $c(H_3O^+)$ = 1 mol/l erreichen. Als höchste Konzentration für eine Base ist $c_o(B)$ = 1 mol/l vorgegeben.[1] Aus

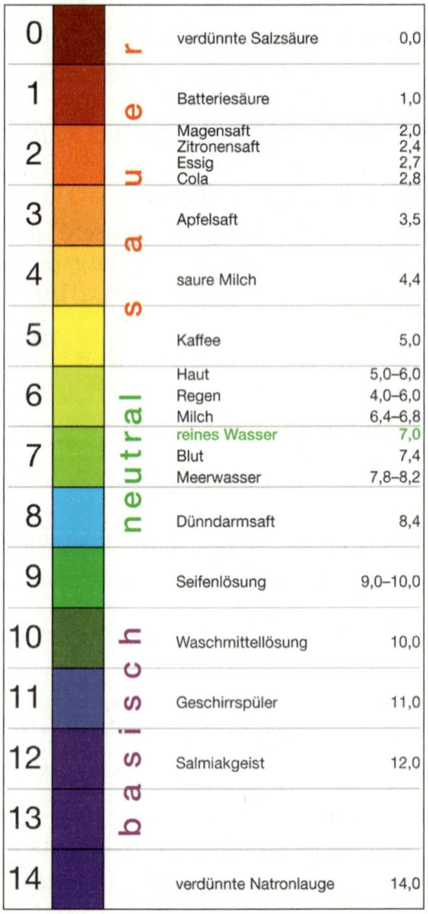

[1] *Dies gilt genaugenommen nur für einstufige Säuren und Basen. Bei mehrstufigen starken Säuren bzw. Basen müssen die Ausgangskonzentrationen unter 1 mol/l liegen. Sonst erhält man negative pH-Werte bzw. pH-Werte über 15.*

pH		Lösung	pH-Wert
0	sauer	verdünnte Salzsäure	0,0
1	sauer	Batteriesäure	1,0
2	sauer	Magensaft Zitronensaft Essig Cola	2,0 2,4 2,7 2,8
3	sauer	Apfelsaft	3,5
4	sauer	saure Milch	4,4
5	sauer	Kaffee	5,0
6	neutral	Haut Regen Milch	5,0–6,0 4,0–6,0 6,4–6,8
7	neutral	reines Wasser Blut Meerwasser	7,0 7,4 7,8–8,2
8	neutral	Dünndarmsaft	8,4
9		Seifenlösung	9,0–10,0
10	basisch	Waschmittellösung	10,0
11	basisch	Geschirrspüler	11,0
12	basisch	Salmiakgeist	12,0
13	basisch		
14		verdünnte Natronlauge	14,0

pH-Skala

dem Ionenprodukt berechnet sich daraus: $c(H_3O^+) = 1 \cdot 10^{-14}$ mol/l. Die Werte von $c(H_3O^+)$ liegen also bei:

$$10^{-14}\,\text{mol/l} \leq c(H_3O^+) \leq 1\,\text{mol/l} \text{ und für } c(OH^-)\text{: } 10^{-14}\,\text{mol/l} \leq c(OH^-) \leq 1\,\text{mol/l}$$

Die pH-Skala (pOH-Skala) reicht also von:

$$14 \leq \text{pH} \leq 0 \text{ bzw. } 14 \leq \text{pOH} \leq 0$$

Den Bereich $0 \leq \text{pH} < 7$ definiert man als sauer, pH = 7 als neutral und $7 < \text{pH} \leq 14$ als basisch oder alkalisch.

C. Salzlösungen

Beim Lösen von Salzen entstehen Anionen und Kationen, die selber als Brønstedsäuren bzw. Brønstedbasen reagieren können. Die Berechnung von pH-Werten oder zumindest die qualitative Einordnung der Salzlösungen in die Kategorien „sauer“, „neutral“ oder „basisch“ ist dann einfach, wenn bei der Dissoziation

- eine vollständige Dissoziation vorausgesetzt wird,
- nur eine Säure bzw. eine Base entsteht,
- entweder das Kation oder Anion eine sehr schwache Säure bzw. Base ist,
- der K_S-Wert des Kations ungefähr gleich groß wie der K_B-Wert des Anions.

Löst man z. B. die Natrium- oder Kaliumsalze des Hydrogenchlorids, also NaCl oder KCl in Wasser, entsteht neben dem Alkalikation (Na^+, K^+) noch das Chloridion (Cl^-). Das Alkalikation ist – im Gegensatz zum Aluminium- bzw. Eisenkation – eine sehr schwache Säure. Und das Chloridion ist als konjugierte Base des Hydrogenchlorids eine sehr schwache Base, wesentlich schwächer noch als die Base Wasser. Eine wässrige Lösung dieser Alkalisalze reagiert also weder sauer noch alkalisch, d. h. sie ist neutral. Der pH-Wert ist pH = 7.

Ganz anders sieht es beim Lösen von Alkalisalzen von schwächeren Säuren aus, wie z. B. von Natriumphosphat (Na_3PO_4) oder Kaliumcarbonat (K_2CO_3) oder Natriumethanoat (CH_3COONa). Lösungen dieser Salze reagieren basisch. Der Grund dafür ist: Sowohl das Carbonatanion als auch das Phosphatanion und das Ethanoation reagieren als Basen mit Wasser zu Hydrogencarbonat bzw. Hydrogenphosphat, Ethansäure und Hydroxidionen.

Zunächst geht man wieder für alle genannten Salze von einer vollständigen Dissoziation aus, also z. B. $Na_2CO_3 \longrightarrow CO_3^{2-} + 2\,Na^+$. Dann gilt:

$$CO_3^{2-} + H_2O \rightleftarrows HCO_3^- + OH^- \text{ bzw. } PO_4^{3-} + H_2O \rightleftarrows HPO_4^{2-} + OH^-$$

$$CH_3COO^- + H_2O \rightleftarrows CH_3COOH + OH^-$$

Im Gegensatz zum Hydrogencarbonat und zum Hydrogenphosphat, die beide Ampholyte sind, ist die Berechnung des pH-Wertes von wässrigen Lösungen des Ethansäureanions unproblematisch.

Gegeben ist eine Natriumethanoatlösung mit $c_0(CH_3COONa) = 0{,}1$ mol/l. Für die schwache Base Ethanoat ergibt sich dann für den pOH-Wert:

$$\text{pOH} = (9{,}24 - \log 0{,}1) : 2 = 5{,}12 \text{ und daraus pH} = 8{,}88$$

Löst man Ammoniumchlorid (NH_4Cl) in Wasser entsteht das Ammoniumkation (NH_4^+), welches mit Wasser zusätzliche Hydroniumionen liefert, d. h. die Lösung reagiert sauer:

$$NH_4^+ + H_2O \rightleftarrows NH_3 + H_3O^+$$

Kombiniert man allerdings ein sauer wirkendes Kation mit einem alkalisch wirkenden Anion, wie z. B. Ammoniumethanoat ($CH_3COONH_4^+$), reagiert die Lösung ebenfalls wieder neutral, da der pK_s-Wert der Säure (NH_4^+) und der pK_B-Wert der Base (CH_3COO^-) ungefähr gleich groß sind.

D. Ampholyte

Wie schon erwähnt, lässt sich der pH-Wert von Salzen, bei denen Ampholyte entstehen, entweder nur qualitativ angeben oder die Berechnung ist sehr aufwendig. Einige dieser experimentell ermittelten pH-Werte sind in der Tabelle zusammengefasst.

Ampholyt	c_0 (in $mol \cdot l^{-1}$)			
	10^{-1}	10^{-2}	10^{-3}	10^{-4}
HSO_4^-	1,54	2,19	3,03	4,00
$H_2PO_4^-$	4,68	4,79	5,13	5,61
HPO_4^{2-}	9,74	9,52	9,09	8,59
HCO_3^-	8,46	8,45	8,41	8,15

pH-Werte von Ampholytlösungen

Für schwache Ampholyte lässt sich über folgende Überlegungen eine näherungsweise Berechnung herleiten:

Ampholyte (Am) bilden in wässrigen Lösungen die beiden folgenden Gleichgewichte (die Autoprotolyse des Ampholyten: $Am + Am \rightleftarrows HA + B$ wird vernachlässigt):

a) Ampholyt als Säure: $Am + H_2O \rightleftarrows B + H_3O^+$

b) Ampholyt als Base: $Am + H_2O \rightleftarrows HA + OH^-$

Die Säure- bzw. Basenkonstante K_S bzw. K_B sind damit:

$$K_s = \frac{c(H_3O^+) \cdot c(B)}{c_0(Am)} \text{ bzw. } K_B = \frac{c(OH^-) \cdot c(HA)}{c_0(Am)}$$

Teilt man K_S durch K_B und geht man von etwa gleich großen Säure- und Basenkonzentrationen aus, also $c(HA) \approx c(B)$, erhält man unter Berücksichtigung des Ionenproduktes des Wasser K_W:

$$\frac{K_S}{K_B} = \frac{c(H_3O^+) \cdot c(B)}{c(OH^-) \cdot c(HA)} \text{ und mit } c(B) \approx c(HA) \text{ und } K_W = c(H_3O^+) \cdot c(OH^-)$$

$$\frac{K_S}{K_B} = \frac{c(H_3O^+)^2}{K_W} \longrightarrow c(H_3O^+) = \sqrt{\frac{K_S \cdot K_W}{K_B}}$$

Zwischen konjugierter Säure und Base besteht die Beziehung $K_W = K_B \cdot K_{S_2}$, wobei K_{S_2} die Säurekonstante der Säure BH^+ ist. Daraus folgt:

$$c(H_3O^+) = \sqrt{K_S \cdot K_{S_2}} \text{ oder } pH = \frac{pK_S + pK_{S_2}}{2}$$

Beispiel: pH-Wert einer Natriumhydrogenphosphatlösung ($c(Na_2HPO_4) = 0{,}1\,mol/l$)

pK_S (HPO_4^{2-}) = 12,32, pK_{S_2} ($H_2PO_4^-$) = 7,21

Der pH-Wert ergibt sich zu: pH = (12,32 + 7,21) : 2 = 9,77

Die hergeleitete Beziehung kann auch näherungsweise für die Berechnung von Salzen verwendet werden, die eine schwache Säure und eine schwache Base enthalten, wie z. B. Ammoniumcarbonat ($(NH_4)_2CO_3$) oder Ammoniumcyanid (NH_4CN).

Aufgaben

14. *Wie groß ist der pH-Wert folgender Lösungen (c_o(Verbindung) = 0,1 mol/l):*

a. $HClO_3$

b. HCl

c. $NaOH$

d. $Ba(OH)_2$

e. K_2O?

(Anmerkung: Für c., d. und e. wird eine vollständige Dissoziation der Salze vorausgesetzt.)

15. *Wie groß ist der pH-Wert einer Lösung, wenn man 2 g Calciumhydroxid ($Ca(OH)_2$) in Wasser löst (V(Lösung) = 1 l)? Calciumhydroxid soll zu 60 % dissoziiert sein.*

16. *Welchen pH-Wert besitzt eine chlorige Säure ($HClO_2$) mit der Ausgangskonzentration $c_o(HClO_2)$ = 0,1 mol/l und dem pK_S-Wert 1,87?*

(Hinweis: Die chlorige Säure soll

a. *wie eine starke Säure,*

b. *wie eine schwache Säure,*

c. *wie eine mittelstarke Säure behandelt werden.)*

17. *Wie groß ist der pH-Wert einer Natriumethanoatlösung mit $c_o(CH_3COONa)$ = 0,02 mol/l?*

18. *Wie groß ist der pH-Wert einer Ammoniumcyanidlösung mit $c_o(NH_4CN)$ = 0,1 mol/l?*

19. *Berechnen Sie den pH-Wert einer Methansäure (HCOOH) mit $c_o(HCOOH)$ = 0,01 mol/l. Behandeln Sie einmal die Methansäure als schwache und einmal als mittelstarke Säure.*

20. *Berechnen Sie den pH-Wert einer schwefligen Säure mit $c_o(H_2SO_3)$ = 0,01 mol/l.*

21. *Konzentrierte Ethansäure hat eine Dichte $\rho = 1{,}04$ g/ml. Der Massenanteil beträgt $\omega = 95\,\%$.*

a. *Berechnen Sie die Stoffmengenkonzentration c(Ethansäure).*

b. *Aus V = 25 ml dieser konzentrierten Ethansäure wird eine verdünnte Ethansäurelösung mit V(Lösung) = 1 l hergestellt.*

Berechnen Sie die Konzentration der verdünnten Lösung.

c. *Welchen pH-Wert hat die verdünnte Ethansäurelösung?*

22. *Geben Sie für die Lösungen folgender Salze an, ob sie „sauer", „basich" oder „neutral" reagieren und begründen Sie Ihre Antwort:*

a. *Kaliumcarbonat,* b. *Natriumnitrat,* c. *Eisen(III)-chlorid,* d. *Kaliumhydrogencarbonat,* e. *Ammoniumcarbonat.*

23. *Eine wässrige Lösung von Natriumethanoat hat den pH-Wert von pH = 9,1. Wie groß war die Ausgangskonzentration c_o(Natriumethanoat)?*

24. *Wie groß ist der pH-Wert einer Schwefelsäure mit $c_o(H_2SO_4) = 1 \cdot 10^{-4}$ mol/l?*

25. *Welchen pH-Wert erhält man, wenn man eine Eisen(III)-chloridlösung von $c_o(FeCl_3)$ = 0,1 mol/l herstellt?*

26. *In V = 250 ml sind 2,5 g Natriummethanoat gelöst. Wie groß ist der pH-Wert?*

27. *Wie groß ist die Säurekonstante K_S von salpetriger Säure (HNO_2) (schwache Säure), wenn eine Natriumnitritlösung mit $c_o(NaNO_2)$ = 0,1 mol/l einen pH-Wert von pH = 8,15 hat?*

28. *Zeigen Sie, dass gilt: $pK_S\,(HA) + pK_B\,(A^-) = 14$*

29. *Eine Perchlorsäure mit der Ausgangskonzentration $c_o(HClO_4) = 1 \cdot 10^{-9}$ mol/l hat nach der Berechnung als starke Säure den pH-Wert 9, d.h. die Lösung wäre basisch. Wo liegt der Denkfehler?*

7.5.2 Experimentelle Bestimmung von pH-Werten

Zur experimentellen Bestimmung von pH-Werten gibt es folgende beiden Methoden:

- mithilfe von **pH-Farbindikatoren**,
- mithilfe von Spannungsmessungen unter Einsatz einer Glaselektrode („**pH-Meter**").

pH-Farbindikatoren

Um zur pH-Messung eingesetzt werden zu können, müssen Indikatoren mindestens folgende drei Eigenschaften besitzen:

- Da Säuren und Basen definitionsgemäß in dieser Eigenschaft nur mit anderen Säuren und Basen reagieren, müssen Indikatoren selber Säure-Base-Paare sein. Die Indikatoren lassen sich in Kurzform angeben als Indikatorsäure **HInd** bzw. als korrespondierende Base **Ind⁻**. Das Indikatorsäure-Base-Paar lautet also **HInd/Ind⁻**.
- Die Farbe von HInd muss sich von der Farbe von Ind⁻ unterscheiden, d.h. **Farbe (HInd) ≠ Farbe (HInd)**.

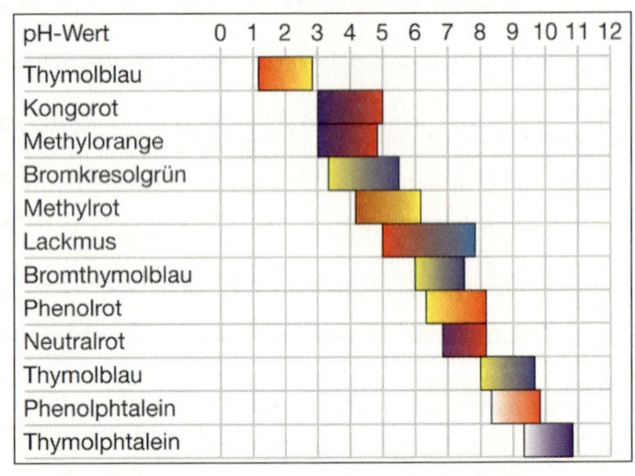

Umschlagbereiche von pH-Indikatoren

- Die Farbänderung sollte bei einem möglichst geringen Überschuss von HInd bzw. Ind⁻ zu erkennen sein. Für die Praxis gilt ein Verhältnis von $c(\text{HInd}) : c(\text{Ind}^-) = 10 : 1$ bzw. von $c(\text{Ind}^-) : c(\text{HInd}) = 10 : 1$ für die Erkennung der jeweiligen Farbe ausreichend. Der Bereich, in dem der Indikator seine Farbe ändert, bzw. eine Mischfarbe ergibt, wird als **Umschlagsbereich** bezeichnet.

Für wässrige Lösungen erhält man also folgende Reaktion mit dem Indikator:

$$\text{HInd} + H_2O \rightleftarrows \text{Ind}^- + H_3O^+$$

Man erkennt, dass sich die Gleichgewichtslage und damit das Verhältnis von HInd zu Ind⁻ in Abhängigkeit von der Hydroniumionenkonzentration verschiebt. Bei einer Erniedrigung des pH-Wertes verlagert sich das Gleichgewicht zu den Edukten, eine Erhöhung bewirkt eine Verschiebung zu den Produkten. Der Farbumschlag, d. h. der Umschlagsbereich hängt dabei vom jeweiligen pK_S-Wert des Indikators ab. Es gilt nämlich für die Säurekonstante K_S des Indikators:

$$K_s = \frac{c(H_3O^+) \cdot c(Ind^-)}{c_o(HInd)}$$

und mit pH = –log $c(H_3O^+)$ und pK_S = –log K_S ⟶ pH = pK_S + log $\frac{c(Ind^-)}{c(HInd)}$.

Berücksichtigt man die Vorgaben für den Umschlagsbereich, erhält man für das Einsatzgebiet eines Indikators:

$$\text{pH (Umschlagsbereich)} = \text{p}K_S \text{ (Indikator)} \pm 1.$$

Fügt man also einen bestimmten Indikator zu einer Lösung einer Säure bzw. Base, lässt sich damit nur bestimmen, ob der pH-Wert der Lösung kleiner, größer oder gleich dem pK_S-Wert des betreffenden Indikators ist. Für die genaue pH-Bestimmung benötigt man deshalb in der Regel mehrere Indikatoren.

Arten von Indikatoren

- Einprotonige Indikatoren (HInd): Sie besitzen einen pK_S-Wert und damit einen Umschlagsbereich für das Säure-Base-Paar HInd/Ind^-.
- Zweiprotonige Indikatoren (H_2Ind): Sie besitzen zwei pK_S-Werte und damit zwei Umschlagsbereiche, nämlich pK_{S_1} für das Säure-Base-Paar H_2Ind/$HInd^-$ und pK_{S_2} für das Säure-Base-Paar $HInd^-$/Ind^{2-}.
- Universalindikatoren: Sie sind ein Gemisch aus farblich aufeinander abgestimmten Einzelindikatoren. Sie umfassen entweder den gesamten Bereich der pH-Skala, also von $0 \leq \text{pH} \leq 14$, oder bestimmte Bereiche der pH-Skala, die dann entsprechend genauer differenziert sind.

Mit entsprechend großem Aufwand lassen sich mithilfe von Indikatoren pH-Werte bis ΔpH = ± 0,2 genau bestimmen. Indikatoren werden entweder als Lösung oder als mit der Indikatorlösung imprägniertes Indikatorpapier angeboten. Da jede Zugabe von Indikator zu der zu messenden Lösung eine Veränderung des ursprünglichen pH-Wertes bedeutet, sollte man möglichst niedrige Dosierungen verwenden. Dies bedeutet, dass alle in der Praxis eingesetzten Indikatoren eine hohe Farbintensität aufweisen sollten.

pH-Meter

Die zweite Möglichkeit, pH-Werte zu messen, ist die Verwendung eines „pH-Meters“. Hierzu verwendet man eine Glaselektrode, deren genauer Aufbau und Funktionsweise im Kap. 8.6.2 beschrieben ist. Die Glaselektrode liefert ein pH-abhängiges gut reproduzierbares Spannungssignal. Die gemessene Spannung ist direkt proportional zum pH-Wert. Neue Glaselektroden liefern innerhalb eines pH-Bereiches von pH = 1–11 pro ΔpH = 1 eine Spannung von ca. U = 58 mV. Sie können im Prinzip auch für stärker alkalische Lösungen eingesetzt werden, sind aber dort nicht mehr ganz so empfindlich.

pH-Messung mit Indikatorpapier

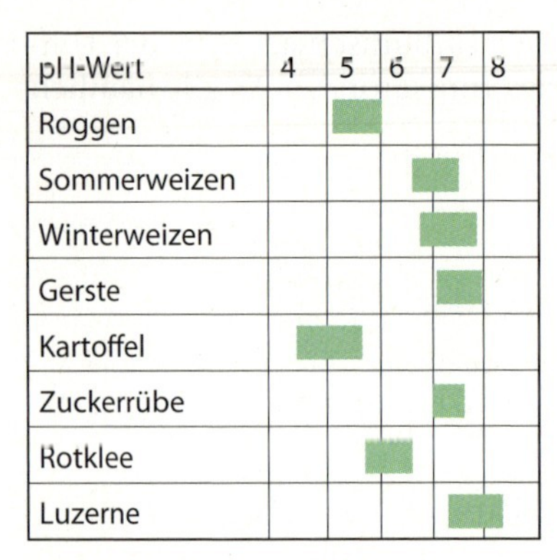

Ideale pH-Bereiche von Böden

Ein pH-Meter ist nichts anderes als ein hochohmiges Voltmeter, wobei die Spannung direkt in pH-Einheiten angegeben wird.

Die Vorteile der pH-Messung mit Glaselektroden gegenüber der Messung mit Indikatoren liegen auf der Hand. Die wichtigsten sind:

- Die Messung ist wesentlich genauer. pH-Werte können bis $\Delta pH = 0{,}02$ genau gemessen werden.
- Die Lösung wird nicht durch irgendwelche Indikatorfarbstoffe verändert, die bei Weiterverwendung der Lösung wieder mühsam entfernt werden müssen.
- Der pH-Wert kann kontinuierlich gemessen werden und damit wichtige Größen, wie Äquivalenzpunkt, pK_S- und pK_B-Werte experimentell bestimmt werden.
- Das Spannungssignal kann im Rahmen einer Prozesssteuerung genutzt werden.

pH-Wert in Umwelt und Technik

Für viele chemische, biochemische und technische Vorgänge ist der pH-Wert von größter Bedeutung. So sind z. B. alle Prozesse, die in Organismen ablaufen, von bestimmten pH-Bereichen abhängig. Alle Biokatalysatoren (Enzyme) besitzen bestimmte pH-Minima, pH-Maxima und pH-Optima.

Auch chemische und elektrochemische Vorgänge, wie etwa die Korrosion von Metallen (vgl. Kap. 8.9), werden durch bestimmte pH-Werte gefördert oder gehemmt.

Leitungswasser sollte neutral bis schwach alkalisch sein. Bei pH-Werten unter pH = 7 wird die oxidative Zerstörung von Kupferrohrleitungen gefördert.

Weg der Nahrung	pH-Wert
Mund	6,8–7,0
Speiseröhre	7,0
Magen	2,0
Darm	8,0

Physiologische pH-Werte

Die meisten Pflanzen benötigen Böden mit pH-Werten um den Neutralpunkt, einige bevorzugen leicht saure oder alkalische Böden. Vor allem stark saure Böden setzen aus dem Boden Aluminiumionen frei, die das feine Wurzelsystem der Pflanze schädigen.

Bei der Herstellung von Produkten, wie Leder, Bier und galvanischen Überzügen ist der pH-Wert eine wichtige Größe. Die Veränderung der Löslichkeit von chemischen Stoffen bei verschiedenen pH-Werten nutzt man bei der Isolierung und Herstellung chemischer und pharmazeutischer Produkte.

Darüber hinaus ist schon lange bekannt, dass niedrige pH-Werte das Wachstum von bestimmten Mikroorganismen verhindern oder zumindest hemmen. Ansäuern oder Einlegen in Säure (meistens Ethansäure (Essigsäure)) sind deshalb schon seit Jahrtausenden angewandte Konservierungsmethoden für Lebensmittel.

Aufgaben

30. *Informieren Sie sich*

a. über die Funktionsweise und den Aufbau einer pH-Glaselektrode.

b. Wie wird die pH-Elektrode kalibriert?

c. Was versteht man in diesem Zusammenhang unter einer Pufferlösung?

31. *Welche Farben müssten die Indikatoren: Phenophthalein, Methylorange, Bromthymolblau und Thymolphthalein in Lösungen von*

a. Kaliumchlorid,

b. Natriumethanoat (Natriumacetat),

c. Ammoniumchlorid,

d. Ammoniumethanoat (Ammoniumacetat),

e. Natriumhydroxid

anzeigen?
(Hinweis: Alle gelösten Reagenzien sollen die Konzentration $c = 0,1$ mol/l haben.)

32. *Berechnen Sie die theoretischen pH-Werte der im Versuch 2. und 3. gemessenen Werte und vergleichen Sie diese mit den experimentell ermittelten Werten. Begründen Sie mögliche Unterschiede.*

2. Bestimmung von pH-Werten mit Universalindikator

Gefahrenhinweise:

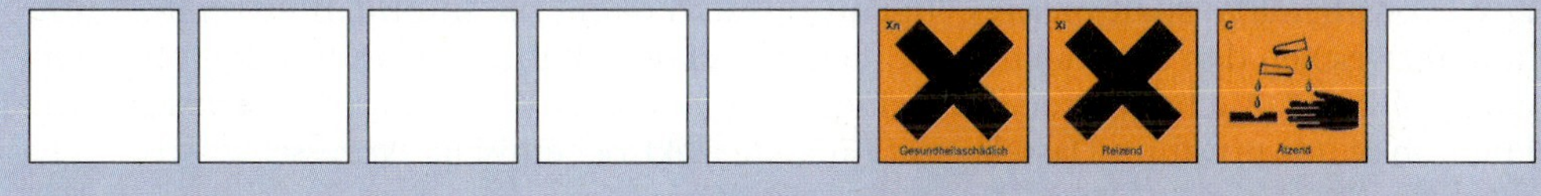

Reagenzien: Universalindikatoren (für den gesamten pH-Bereich und für Teilbereiche der pH-Skala; Flüssigindikator und pH-Papier); Lösungen von Kaliumchlorid, Natriumhydrogencarbonat, Ammoniumchlorid, Kaliumdihydrogenphosphat, Ethansäure, Natriumcarbonat, Aluminiumchlorid, Eisen(III)-chlorid, Ammoniak, Natriumethanoat; alle Lösungen sollen die Konzentration $c = 0,1$ mol/l haben.

Geräte: Messkolben, Bechergläser

Versuchsdurchführung:

Die Lösungen der angegeben Verbindungen werden hergestellt. Der pH-Wert wird mithilfe von Universalindikatoren bestimmt.

3. Führen Sie die Messungen des Versuches 2. mit einem pH-Meter durch.

VERSUCHE

4. Herstellung von Phenolphthalein

Gefahrenhinweise:

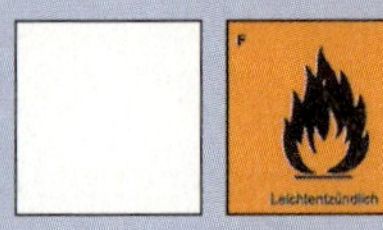 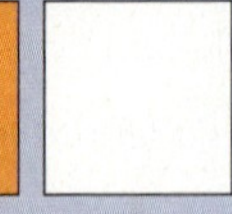      

Reagenzien: Phenol, Phthalsäureanhydrid, Schwefelsäure (konz.), Natronlauge ($c(NaOH)$ = 1 mol/l), Ethansäure ($c(CH_3COOH)$ = 1 mol/l), Methanol

Geräte: Reagenzglas, Bunsenbrenner, Bechergläser, Filterpapier, Trichter

Versuchsdurchführung:

In das Reagenzglas gibt man Phenol bis zu einer Höhe von ca. 1 cm. Dies erwärmt man vorsichtig über der kleinen Bunsenbrennerflamme, bis das Phenolphthalein geschmolzen ist (Fp. ≈ 41 °C). Zur Schmelze gibt man eine Spatelspitze Phthalsäureanhydrid und einige Tropfen konz. Schwefelsäure (!). Das Gemisch wird 10–30 s vorsichtig weiter erhitzt, bis eine rotgefärbte Schmelze entsteht. Man lässt die Schmelze erkalten, versetzt sie mit Methanol ($V \approx 5$ ml) und schüttelt kräftig. Die Lösung müsste farblos sein. Sie wird abfiltriert und ihre Wirksamkeit mit Natronlauge bzw. der Ethansäure getestet.

7.6 Pufferlösungen

Es wurde bereits darauf hingewiesen, dass es für viele biologische Systeme und für die Herstellung chemischer und pharmazeutischer Produkte wichtig ist, den pH-Wert unabhängig von der Zugabe von Säuren und Basen einigermaßen konstant zu halten. So ist z. B. der Mineralhaushalt unseres Organismus und damit die Informationsverarbeitung in und zwischen den Neuronen sowie die Muskelkontraktion von bestimmten pH-Bereichen abhängig. Auch die Bedeutung eines konstanten pH-Wertes für das Wachstum von Pflanzen wurde erwähnt. Dasselbe gilt für viele elektrochemische Prozesse.

Systeme, die trotz der Einbringung von Säuren und Basen von außen ihren pH-Wert konstant halten können, bezeichnet man als **Puffer** oder, da es sich um wässrige Lösungen handelt, als **Pufferlösungen (Puffersysteme)**.

Pufferlösungen beinhalten eine (schwache) Säure und deren konjugierte Base. Die Ausgangskonzentrationen der Puffersäure und der Pufferbase sind idealerweise gleich groß oder zumindest ähnlich. Es gilt also: $c_0(HA) \approx c_0(A^-)$.

Handelt es sich um eine relativ schwache Säure HA bzw. um eine relativ schwache Base A^-, d. h. liegen die pK_S- bzw. die pK_B-Werte zwischen $4 \leq pK_S\ (pK_B) \leq 10$, gilt für die Ausgangskonzentration $c_0(HA) \approx$ Gleichgewichtskonzentration $c(HA)$ und analog für die konjugierte Base $c_0(A^-) \approx c(A^-)$. Am Beispiel eines Ethansäure/Ethanoat-(Essigsäure/Acetat)-Puffers soll dies verdeutlicht werden.

Die konjugierte Base der Ethansäure findet man in Form eines löslichen Salzes der Ethansäure, z. B. des Natriumethanoats (Natriumacetat). Für die Ethansäure gilt:

$$HA + H_2O \rightleftarrows A^- + H_3O^+$$

Geht man von einer Ausgangskonzentration c_0(Ethansäure) = 0,1 mol/l aus, ist der Protolysegrad

$$\alpha = \sqrt{\frac{4{,}76}{0{,}1}} = 1{,}3\,\%$$

Da zu der Ethansäure ja noch die konjugierte Base A^- hinzugegeben wird, verschiebt sich das Gleichgewicht noch weiter nach links, sodass der Protolysegrad noch kleiner wird. Betrachtet man die Base Ethanoat, so gilt:

$$A^- + H_2O \rightleftarrows HA + OH^-$$

Der Protolysegrad α der Base hat einen Wert < 1 ‰. Durch die Zugabe der Ethansäure verschiebt sich der Protolysegrad auch hier noch weiter nach links.

Daraus folgt, dass sowohl die Ausgangskonzentration der Säure als auch die Ausgangskonzentration der Base mit ihrer jeweiligen Gleichgewichtskonzentration gleichgesetzt werden kann, also $c_0(HA) \approx c(HA)$ = c(Ethansäure) und $c_0(A^-) \approx c(A^-)$ = c(Natiumethanoat) (vollständige Dissoziation des Salzes vorausgesetzt).

Der pH-Wert von Pufferlösungen ergibt sich aus dem Massenwirkunsgesetz. Durch Umformen erhält man aus

$$K_s = \frac{c(H_3O^+) \cdot c(A^-)}{c_0(HA)} \longrightarrow pH = pK_S + \log \frac{c(A^-)}{c(HA)}$$

Diese Gleichung bezeichnet man auch als **Henderson-Hasselbalch-Gleichung**. Sie wird auch zur Berechnung von Titrationskurven benötigt (vgl. Kap. 7.7).

Löst man also gleiche Stoffmengen von Ethansäure und ihrem Natriumsalz, ergibt sich ein pH-Wert, der identisch mit dem pK_S-Wert der Ethansäure ist, also pH = pK_S = 4,76.

Möchte man einen Puffer mit bestimmtem pH-Wert herstellen, sucht man sich am besten aus der Säure-Base-Tabelle eine Säure, deren pK_S-Wert in der Nähe des gewünschten pH-Wertes liegt und berechnet die benötigten Ausgangskonzentrationen der Säure und ihrer korrespondierenden Base:

Es soll z. B. eine Pufferlösung mit pH = 7 hergestellt werden. In der Säure-Base-Tabelle findet man als geeignetes Puffergemisch die Säure Dihydrogenphosphat ($H_2PO_4^-$) und ihre konjugierte Base Hydrogenphosphat (HPO_4^{2-}) mit pK_S ($H_2PO_4^-$) = 7,12.

Aus der Henderson-Hasselbalch-Gleichung erhält man ein Verhältnis $c_0(HPO_4^{2-})$: $c_0(H_2PO_4^-)$ = 0,759. Möchte man also eine Pufferlösung herstellen, deren Gesamtkonzentration $c = c_0(HPO_4^{2-}) + c_0(H_2PO_4^-)$ = 1 mol/l ist, benötigt man $c_0(H_2PO_4^-)$ = 0,5685 mol/l und $c_0(HPO_4^{2-})$ = 0,4315 mol/l. Dazu löst man z. B. Natriumdihydrogenphosphat bzw. Dinatriumhydrogenphosphat mit der Stoffmenge $n_0(NaH_2PO_4)$ = 0,5685 mol bzw. $n_0(Na_2HPO_4)$ = 0,4315 mol in V = 1 l Lösungsvolumen.

Worauf beruht nun die Pufferwirkung einer Pufferlösung? Dies wird deutlich, wenn man sich die Reaktion der Puffersäure mit einer zugefügten Base (d. h. Erhöhung der

$c(OH^-)$) bzw. der Puffersäure mit einer zugefügten Säure (d.h. Erhöhung der $c(H_3O^+)$) verdeutlicht:

$$HA + OH^- \rightleftarrows A^- + H_2O$$

$$\text{bzw. } A^- + H_3O^+ \rightleftarrows HA + H_2O$$

Die Bestandteile des Puffers fangen also sowohl Hydronium- als auch Hydroxidionen ab und halten dadurch den pH-Wert der Lösung konstant. Allerdings erkennt man, dass durch jede Zugabe von Säuren bzw. Basen die Konzentration der Puffersäure bzw. Pufferbase verringert wird. Die Pufferlösung besitzt also in beide pH-Richtungen nur eine beschränkte Wirksamkeit. Man bezeichnet den pH-Bereich, in dem der Puffer den pH-Wert weitgehend konstant hält, als **Pufferkapazität**.

Besonders deutlich wird die Wirkungsweise und die Pufferkapazität, wenn man die Henderson-Hasselbalch-Gleichung grafisch darstellt. Dazu wird sie mithilfe des Protolysegrades α, den man in diesem Zusammenhang auch als Basenbruch bezeichnet, umgeformt:

$$pH = pK_S + \log \frac{c(A^-)}{c(HA)} = pK_S + \log \frac{\alpha}{1-\alpha}$$

α kann im Prinzip wieder alle Werte zwischen 0 und 1 annehemen, allerdings ist der pH-Wert für die Werte 0 bzw. 1 nicht definiert.[1]

Die pH-Werte für $\alpha = 0$ bzw. 1 erhält man durch folgende Überlegungen: Zu Beginn ist praktisch nur die (schwache) Säure vorhanden. Ihr pH-Wert berechnet sich also über die Beziehung für schwache Säuren. So erhält man z.B. für $c_0(HA) = 1$ mol/l und einen $pK_S = 4{,}76$ und den pH-Wert pH = (4,76 – log 1) : 2 = 2,38. Am Ende, also wenn α gegen den Wert 1 geht, liegt praktisch nur noch die (schwache) Base vor. Ihr pH-Wert berechnet sich aus der Beziehung für eine schwache Base. Die Konzentration der konjugierten Base A^- ist dann ungefähr $c(A^-) \approx c_0(HA) = 1$ mol/l. Der pH-Wert wird dann pH = 14 – pOH = 14 – (9,24 – log 1) : 2 = 9,38.

α	pH
0	2,38
0,01	2,76
0,1	3,81
0,2	4,16
0,3	4,39
0,4	4,58
0,5	4,76
0,6	4,94
0,7	5,13
0,8	5,36
0,9	5,71
0,99	6,76
1,0	9,38

Pufferungskurve

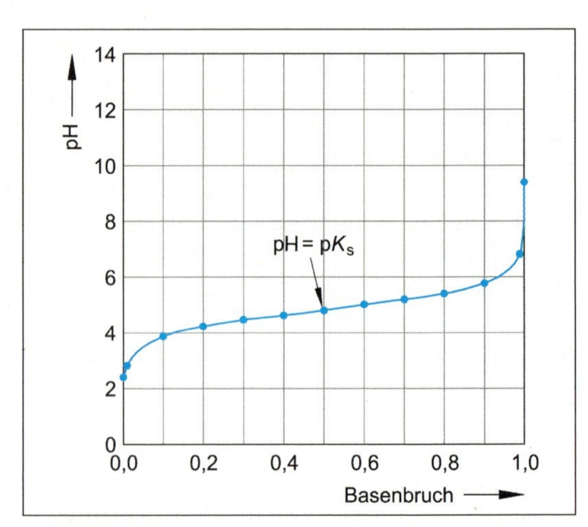

Pufferungskurve

1 *Weder log 0 noch der Quotient 1/0 ist definiert.*

Ein weiterer pH-Wert ergibt sich sofort aus der Henderson-Hasselbalch-Gleichung:

Ist $\alpha = 0{,}5$, d. h. $c(A^-) = c(HA)$ ist $pH = pK_S$, im Beispiel also 4,76. Die restlichen Werte sind der Tabelle zu entnehmen.

Aus dem zugehörigen Schaubild sieht man, dass die Pufferzone etwa $\Delta pH = \pm 1$ um den pK_S-Wert liegt. Die Pufferkapazität für den Essigsäure/Acetat-Puffer liegt unter den vorgegebenen Bedingungen zwischen ca. $0{,}1 \leq \alpha \leq 0{,}9$ und umfasst ungefähr den Bereich zwischen $3{,}8 \leq pH \leq 5{,}8$. Wird die Lösung stärker sauer bzw. alkalisch, versagt das Pufferungssystem und der pH-Wert ändert sich sehr schnell zu niedrigeren bzw. höheren Werten.

Zum Abschluss soll an einem Rechenbeispiel die Bedeutung für die pH-Stabilisierung gezeigt werden.

Beispiel

Gegeben sind:

- eine Pufferlösung mit dem pH-Wert pH = 7. Dazu verwenden wir den Natriumdihydrogenphosphat-Dinatriumhydrogenphosphat-Puffer mit den Stoffmengen aus dem aufgeführten Beispiel $n_o(NaH_2PO_4) = 0{,}5685$ mol bzw. $n_o(Na_2HPO_4) = 0{,}4315$ mol, Lösungsvolumen $V = 1$ l,
- destilliertes Wasser, $V = 1$ l.

Zu beiden Lösungen geben wir jeweils Hydrogenchlorid mit $n_o(HCl) = 0{,}1$ mol. Das Volumen der Pufferlösung bzw. des Wassers wird als konstant angesehen.

Hydrogenchlorid ist eine starke Säure, daher gilt: $n_o(HCl) = n(H_3O^+)$ bzw. wegen der Volumenkonstanz: $c_o(HCl) = c(H_3O^+)$.

Wie verändert sich der pH-Wert des Wassers?

Vor Zugabe des Hydrogenchlorids war pH = 7. Danach ist der pH-Wert: $pH = -\log c_o(HCl) = 1$. Der pH-Wert hat sich also um sechs Einheiten von neutral nach stark sauer verändert.

Auch der pH-Wert des Puffers war vor Zugabe des Hydrogenchlorids pH = 7.

Fügt man Hydrogenchlorid zum Puffer hinzu, reagieren die Hydroniumionen nahezu quantitativ mit dem Basenanteil des Puffers:

$$H_3O^+ + HPO_4^{2-} \rightleftarrows H_2PO_4^- + H_2O$$

Die Konzentration von Hydrogenphosphat sinkt also um 0,1 mol/l auf $c(HPO_4^{2-}) = 0{,}3315$ mol/l. Die Konzentration von Dihydrogenphosphat steigt dagegen um 0,1 mol auf $c(H_2PO_4^-) = 0{,}6685$ mol/l. Für den neuen pH-Wert des Puffers erhält man damit:

$$pH = 7{,}12 + \log (0{,}3315 : 0{,}6685) = 6{,}82$$

Während sich also der pH-Wert des Wassers um sechs Einheiten verändert hat, sinkt der pH-Wert des Puffers um lediglich 0,18 Einheiten, d. h. die Pufferlösung bleibt nahezu neutral.

Aufgaben

33. *Eine wässrige Pufferlösung (V = 1 l) enthält Ethansäure mit $c_0(CH_3COOH) = 0{,}01$ mol/l und Natriumethanoat mit $c_0(CH_3COONa) = 0{,}01$ mol/l. Berechnen Sie den pH-Wert*
    a. *der Pufferlösung,*
    b. *wenn die Pufferlösung auf V(Lösung) = 5 l verdünnt wird,*
    c. *wenn man zur ursprünglichen Lösung Hydrogenchlorid ($n_0(HCl) = 1 \cdot 10^{-3}$ mol) hinzufügt,*
    d. *wenn man zur ursprünglichen Lösung Natriumhydroxid ($n_0(NaOH) = 1 \cdot 10^{-3}$ mol) hinzufügt?*
    e. *Wie ändert sich der pH-Wert, wenn man Hydrogenchlorid ($n_0(HCl) = 1 \cdot 10^{-3}$ mol) zu 1 l Wasser hinzufügt? Vergleichen Sie die pH-Wertänderung mit der pH-Wertänderung des Puffers. (Hinweis: Das Volumen soll konstant bleiben.)*

34. *Eine Pufferlösung hat einen pH-Wert von 6,6. Welchen Wert hat die Säurekonstante K_S, wenn die Konzentrationen der Puffersäure und der Pufferbase gleich sind?*

35. *Es soll eine Pufferlösung mit dem pH-Wert 4 hergestellt werden. Das Volumen der Pufferlösung ist V = 1 l. Als Puffersäure stehen 100 ml einer Ethansäure mit $c_0(CH_3COOH) = 1$ mol/l zur Verfügung. Wie viel ml einer Natronlauge mit c(NaOH) = 1 mol/l müssen vor dem Auffüllen der Lösung auf 1 l hinzugefügt werden?*

VERSUCHE

5. Bestimmung von pK_S-Werten

Gefahrenhinweise:

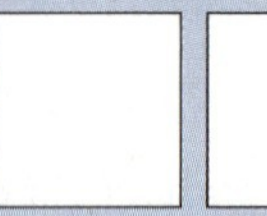
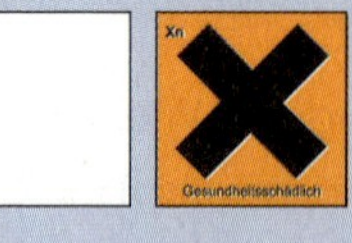

Reagenzien: Natriumhydrogencarbonat und Natriumcarbonat, Dikaliumhydrogenphosphat und Kaliumdihydrogenphosphat, Ethansäure und Natriumethanoat

Geräte: Messkolben, Bechergläser, pH-Meter

Versuchsdurchführung:

Jeweils 0,5 mol Säure und konjugierte Base werden in destilliertem Wasser gelöst und auf $V = 1$ l aufgefüllt. Der pH-Wert der Lösung wird bestimmt.

6. Herstellung eines Puffers

Gefahrenhinweise:

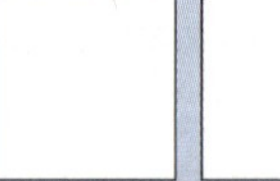

Reagenzien: Natronlauge, Ethansäure

Geräte: Messkolben, Bechergläser, pH-Meter

Versuchsdurchführung:

Der in Aufgabe 35. berechnete Puffer wird hergestellt und dessen pH-Wert bestimmt.

7.7 Quantitative Bestimmung von Säuren und Basen (Titration)

Zur quantitativen Bestimmung von Säuren und Basen benutzt man das Verfahren der **Titration**, das auch als **Maßanalyse** bezeichnet wird. Ziel jeder Titration ist es, den **Äquivalenzpunkt (ÄP)** zu bestimmen. Den Äquivalenzpunkt erhält man, wenn man die ursprünglich vorhandene Stoffmenge n_0 einer Säure mit der **äquivalenten** (gleichen) Stoffmenge einer Base bzw. die ursprünglich vorhandene Stoffmenge n_0 einer Base mit der **äquivalenten** Stoffmenge einer Säure reagieren lässt.

Folgende Kombinationen von Säuren und Basen spielen bei der praktischen Durchführung von Titrationen eine Rolle:

- Eine starke Säure unbekannter Konzentration wird mit einer starken Base bekannter Konzentration titriert.
- Eine starke Base unbekannter Konzentration wird mit einer starken Säure bekannter Konzentration titriert.
- Eine schwache Säure unbekannter Konzentration wird mit einer starken Base bekannter Konzentration titriert.
- Eine schwache Base unbekannter Konzentration wird mit einer starken Säure bekannter Konzentration titriert.

In allen Fällen misst man die notwendige Volumenmenge bis zum Erreichen des Äquivalenzpunktes, daher auch der Begriff „Maßanalyse".

Wo liegt nun der jeweilige Äquivalenzpunkt und wie lässt er sich experimentell bestimmen?

Für die Bestimmung benötigt man zunächst präzise Messinstrumente für die Erfassung von Volumenmengen.

Messinstrumente

Die wichtigsten Geräte für die Titration sind:

- **Pipetten:** Mit ihnen misst man in der Regel ein bestimmtes Volumen der Säure (Base) *unbekannter* Konzentration ab. Es gibt grundsätzlich zwei verschiedene Typen von Pipetten:
  - Vollpipetten, mit denen man nur *eine* vorgegebene Volumenmenge abmessen kann und
  - Messpipetten, die eine Graduierung zum Abmessen unterschiedlicher Volumenmengen aufweisen. Zum Ansaugen der Säure (Base) gibt es eine Reihe von Pipettierhilfen (vgl. Abbildung).
- **Büretten:** Sie werden in der Regel mit der Base (Säure) *bekannter* Konzentration befüllt.
- **Messkolben:** Sie dienen zur Herstellung von Säuren (Basen) bekannter Konzentration.

Pipetten, Büretten und Messkolben bestehen meistens aus Glas und sind alle vom Hersteller kalibriert. Die Kalibrierungsergebnisse sind auf den Geräten angegeben.

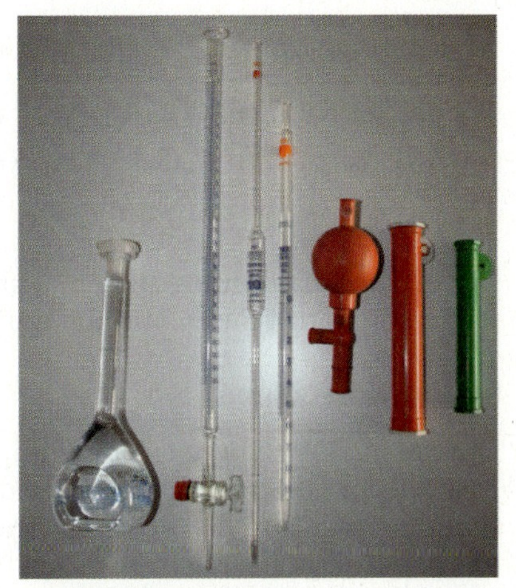

Geräte für die Titration: Messkolben, Bürette, Pipetten, Pipettierhilfen

Lage des Äquivalenzpunktes

a) Starke Säure und starke Base

Lässt man eine starke Säure mit einer starken Base reagieren, wird aus der starken Säure eine schwache korrespondierende Base und aus der starken Base eine schwache korrespondierende Säure. Die starke Säure und die starke Base „neutralisieren“ sich also, der Äquivalenzpunkt entspricht in diesem Fall dem Neutralpunkt. Es gilt damit die Beziehung: ÄP = NP = pH 7. Das folgende Beispiel soll das Prinzip verdeutlichen.

Beispiel

Ziel ist es, die unbekannte Konzentration einer Salzsäure herauszufinden.

Man misst zunächst mithilfe einer Pipette eine bestimmte Volumenmenge der Salzsäure ab, z. B. $V = 10$ ml. Diese gibt man in einen Erlenmeyerkolben oder in ein Becherglas und lässt aus der Bürette Natronlauge bekannter Konzentration, z. B. $c(\text{NaOH}) = 1$ mol/l, zufließen. Der Verbrauch der Natronlauge bis zum Äquivalenzpunkt soll V(Natronaluge) = 10 ml betragen.

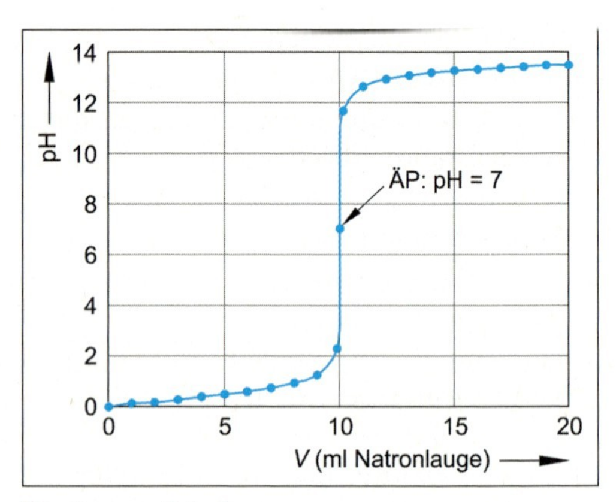

Titration von Salzsäure

Da Hydrogenchlorid als starke Säure praktisch vollständig mit Wasser zu Hydroniumionen reagiert hat und Natriumhydroxid auch vollständig zu Hydroxidionen dissoziiert ist, kann man auch formulieren: $n_o(H_3O^+) = n(OH^-)$. Die zugehörigen Reaktionsgleichungen lauten:

$$HCl + NaOH \rightleftarrows NaCl + H_2O \text{ oder}$$

$$H_3O^+ Cl^- + Na^+ OH^- \rightleftarrows Na^+Cl^- + 2\,H_2O \text{ oder noch kürzer}$$

$$H_3O^+ + OH^- \rightleftarrows + 2\,H_2O$$

Für den Äquivalenzpunkt gilt: $n_o(\text{HCl}) = n(\text{NaOH})$

Mit der Beziehung $n(X) = c(x) \cdot V(X)$ wird daraus für die wässrigen Lösungen:

$$c_o(\text{Salzsäure}) \cdot V_o(\text{Salzsäure}) = c(\text{Natronlauge}) \cdot V(\text{Natronlauge}) \text{ und daraus}$$

$$c_o(\text{Salzsäure}) = c(\text{Natronlauge}) \cdot V(\text{Natronlauge}) : V_o(\text{Salzsäure}) = 1{,}0 \text{ mol/l.}$$

Die für die Bestimmung starker Säuren gemachten Aussagen gelten analog für die Bestimmung starker Basen mithilfe starker Säuren.

b) Schwache Säuren

Lässt man eine schwache Säure mit einer starken Base reagieren, wird aus der starken Base wieder eine schwache korrespondierende Säure. Im Vergleich dazu ist die korrespondierende Base der titrierten Säure eine vergleichsweise stärkere Base. Der Äquvalenzpunkt liegt also nicht mehr im Neutralen, sondern im Basischen. Es gilt damit die Beziehung: ÄP ≠ NP bzw. ÄP > pH 7. Auch dieser Fall soll an einem Beispiel verdeutlicht werden.

Beispiel

Ziel ist es, die unbekannte Konzentration einer Ethansäure zu bestimmen.

Man misst eine bestimmte Volumenmenge einer Ethansäurelösung ab, z. B. V = 10 ml. Titriert wird mit einer Natronlauge bekannter Konzentration, z. B. c(NaOH) = 1 mol/l. Der Verbrauch der Natronlauge bis zum Äquivalenzpunkt soll V(NaOH) = 10 ml betragen. Da Ethansäure als schwache Säure praktisch nicht dissoziiert ist, findet also folgende Reaktion statt:

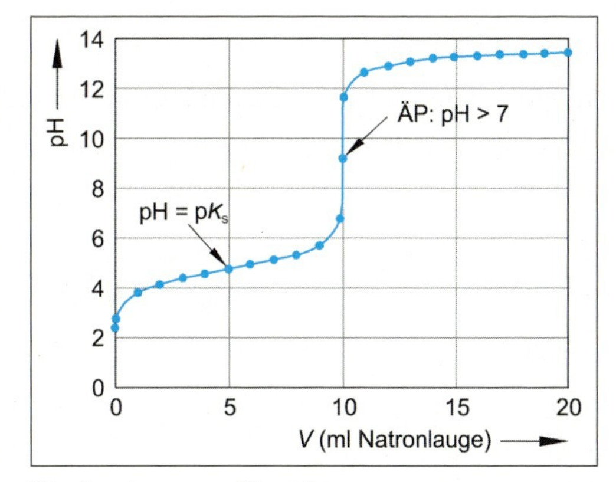

Titrationskurve von Ethansäure

$$CH_3COOH + Na^+OH^- \rightleftarrows CH_3COO^-Na^+ + H_2O.$$

Das bei der Reaktion entstandene Natriumethanoat reagiert alkalisch. Der pH-Wert des Äquivalenzpunktes ergibt sich zu pH = 14 – pOH = 14 – (pK_B – log 1) : 2 = 9,38.

Die Konzentration der Ethansäure berechnet sich wieder aus c_o(Ethansäure) = c(Natronlauge) · V(Natronlauge) : V_o(Ethansäure) = 1 mol/l.

c) Schwache Basen

Lässt man eine schwache Base mit einer starken Säure reagieren, wird aus der starken Säure wieder eine schwache korrespondierende Base. Im Vergleich dazu ist die korrespondierende Säure der titrierten Base eine vergleichsweise stärkere Säure. Der Äquvalenzpunkt liegt also nicht mehr im Neutralen, sondern im Sauren. Es gilt damit die Beziehung: ÄP ≠ NP bzw. ÄP < pH 7. Auch dies soll ein Beispiel verdeutlichen.

Beispiel

Ziel ist es, die unbekannte Konzentration einer Ammoniaklösung zu bestimmen.

Man misst wieder eine bestimmte Volumenmenge der Ammoniaklösung ab, z. B. V = 10 ml. Titriert wird mit einer Salzsäure bekannter Konzentration, z. B. $c(H_3O^+Cl^-)$ = 1 mol/l. Der Verbrauch der Salzsäure bis zum Äquivalenzpunkt soll V(Salzsäure) = 10 ml betragen.

Da Ammoniak als schwache Base praktisch nicht dissoziiert ist, findet also folgende Reaktion statt:

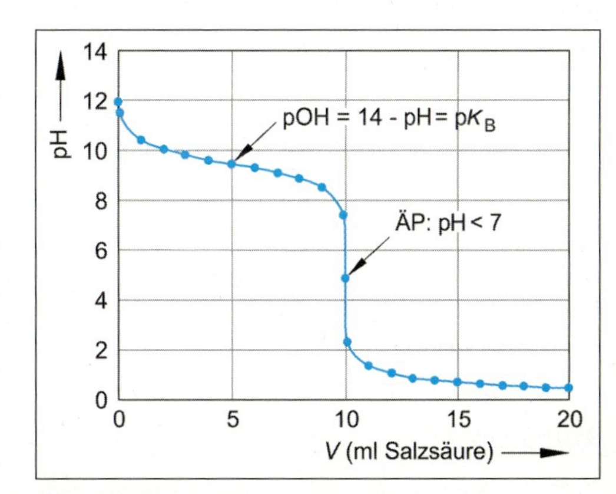

Titrationskurve Ammoniak

$$NH_3 + H_3O^+Cl^- \rightleftarrows NH_4^+Cl^- + H_2O$$

Das bei der Reaktion entstandene Ammoniumchlorid reagiert sauer. Der pH-Wert des Äquivalenzpunktes ergibt sich zu pH = (pK_S – log 1) : 2 = 4,62.

Die Konzentration der Ammoniaklösung ergibt c_o(Ammoniak) = 1 mol/l.

Titrationskurven

Trägt man den pH-Wert in Abhängigkeit von der zugefügten Titrationslösung auf, erhält man die **Titrationskurven**.

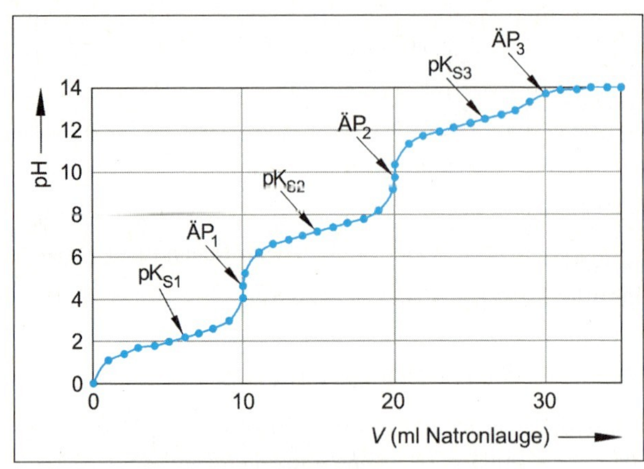

Theoretischer Titrationsverlauf für Phosphorsäure (Annahmen: c(Salzsäure) = c(NaOH) = 1 mol/l, V(Salzsäure) = 10 ml; Volumenkonstanz)

Die Titrationskurven schwacher Säuren bzw. Basen entsprechen bis zum Äquivalenzpunkt exakt den Pufferungskurven. Aus ihnen lassen sich, wie üblich, der pK_S- bzw. pK_B-Wert grafisch ermitteln (vgl. vorangegangene Abb.).

Die Titrationskurven starker Säuren bzw. Basen verlaufen jedoch anders. Da die Säure (Base) schon vor der Titration nahezu vollständig mit Wasser zu Hydroniumionen (Hydroxidionen) reagiert hat, liegt sie zu diesem Zeitpunkt bereits als korrespondierende Base (korrespondierende Säure) vor. Deshalb lassen sich keine pK_S- bzw. pK_B-Werte starker Säuren und Basen aus den Titrationskurven ermitteln. Beim Titrieren reagieren nur die Hydroniumionen mit den Hydroxidionen.

Beim Titrieren mehrprotoniger schwächerer Säuren erhält man mehrere Äquivalenzpunkte, vorausgesetzt die pK_S-Werte liegen weit genug auseinander und sie sind nicht zu groß, d. h. die Säure ist nicht zu schwach. So erhält man für die dreiprotonige Phosphorsäure theoretisch drei Äquivalenzpunkte. Sie entsprechen folgenden Reaktionsgleichungen:

$$1.\ H_3PO_4 + Na^+\,OH^- \rightleftharpoons Na^+\,H_2PO_4^- + H_2O$$

$$2.\ Na^+\,H_2PO_4^- + Na^+\,OH^- \rightleftharpoons 2\,Na^+\,HPO_4^{2-} + H_2O$$

$$3.\ 2\,Na^+\,HPO_4^- + Na^+\,OH^- \rightleftharpoons 3\,Na^+\,PO_4^{3-} + H_2O$$

Das Hydrogenphosphat ist aber bereits eine so schwache Säure, dass sich der Äquivalenzpunkt der 3. Stufe grafisch nicht mehr ermitteln lässt (vgl. Versuch 9 Titration von Phosphorsäure).

Aufgaben

36. Bei der Titration von 10 ml Salzsäure werden 14 ml Natronlauge (c(NaOH) = 0,5 mol/l) verbraucht.

a. Formulieren Sie die Reaktionsgleichung.

b. Wo liegt der Äquivalenzpunkt?

c. Wie groß ist die Stoffmengenkonzentration c_0(Salzsäure)?

d. Wie groß ist die Massenkonzentration β(Salzsäure)? (Hinweis: $\beta(X) = c(c) \cdot M(X)$)

37. *Bei der Titration von 10 ml Ethansäure werden 25 ml Natronlauge (c(NaOH) = 0,1 mol/l) verbraucht.*
   - a. *Formulieren Sie die Reaktionsgleichung.*
   - b. *Wo liegt der Äquivalenzpunkt?*
   - c. *Wie groß ist die Stoffmengenkonzentration c_0(Ethansäure)?*
   - d. *Wie groß ist die Massenkonzentration β(Ethansäure)?*

38. *Wie viele Äquivalenzpunkte erhält man theoretisch und real bei der Titration folgender Säuren mit Natronlauge: a. Schwefelsäure, b. Phosphorsäure?*

   Begründen Sie die Unterschiede zwischen Theorie und Praxis.

39. *Der Massenanteil ω(NaOH) in einem verunreinigten Natriumhydroxidgemisch soll mithilfe der Titration bestimmt werden. Dazu löst man m(Gemisch) = 2 g in Wasser, V(Lösung) = 100 ml. Anschließend titriert man 10 ml der Lösung mit Salzsäure, c(Salzsäure) = 1 mol/l.*

   Verbrauch an Salzsäure: V(Salzsäure) = 4 ml. Wie groß ist der Massenanteil ω(NaOH)?

40. *Ein im Handel angebotener Speiseessig hat laut Herstellerangabe einen Massenanteil ω(Ethansäure) = 5 % und eine Dichte ρ(Essig) = 1,01 g/ml.*

   Wie viel ml Natronlauge, c(NaOH) = 0,1 mol/l, würde man bei der Titration von 10 ml dieses Speiseessigs verbrauchen?

7. Titrationskurve von Salzsäure

VERSUCHE

Gefahrenhinweise:

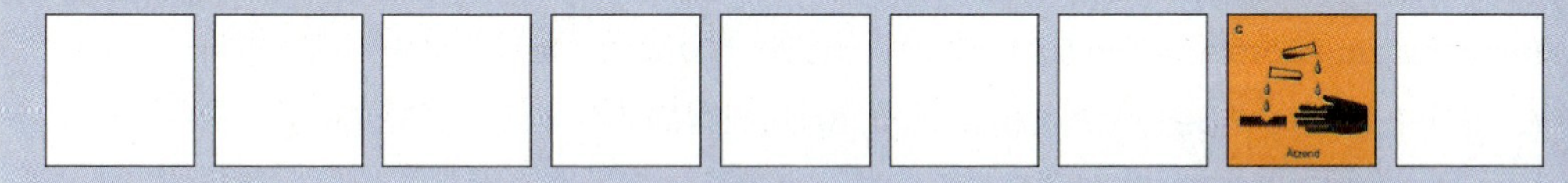

Reagenzien: Salzsäure (*c*(Salzsäure) = 1 mol/l), Natronlauge (*c*(NaOH) = 1 mol/l)

Geräte: Büretten, Pipetten, Pipettierhilfen, Bechergläser, pH-Meter, pH-Glaselektrode, Magnetrührer mit Rührstäbchen

Versuchsdurchführung:

In das Becherglas werden 10 ml der Salzsäure einpipettiert und mit ca. 40 ml destilliertem Wasser verdünnt. Das Becherglas steht auf dem Rührgerät, das Rührstäbchen befindet sich in der Lösung. In die Lösung taucht die an einem Stativ befestigte Glaselektrode. Titriert wird mit der Natronlauge, die sich in der Bürette befindet. Die Natronlauge wird in ΔV = 1 ml, in der Nähe des Äquivalenzpunktes in ΔV = 0,2 ml zugegeben und die Lösung gut duchmischt. Die zugehörigen pH-Werte werden bestimmt. Das Gesamtvolumen der zugefügten Natronlauge beträgt *V*(NaOH) = 20 ml.

Tragen Sie die pH-Werte in Abhängigkeit von *V*(Natronlauge) auf und zeichnen Sie die Titrationskurve.

Fragen:

1. Welchen Einfluss hat die Verdünnung mit Wasser auf den Titrationsverlauf?

2. Welchen Einfluss hat die Verdünnung mit Wasser auf die Ausgangskonzentration c_0(HCl)?

8. Titrationskurve von Ethansäure und Bestimmung des pK_S-Wertes

Gefahrenhinweise:

Reagenzien: Ethansäure (c(Ethansäure) = 1 mol/l), Natronlauge (c(NaOH) = 1 mol/l)

Geräte: Büretten, Pipetten, Pipettierhilfen, Bechergläser, pH-Meter, pH-Glaselektrode, Magnetrührer mit Rührstäbchen

Versuchsdurchführung für Titrationskurve:

Vgl. Versuch Titrationskurve Salzsäure.

Versuchsdurchführung für Bestimmung des pK_S-Wertes:

Aus der Titrationskurve wird der Äquivalenzpunkt bestimmt. Die Hälfte der bis zum Äquivalenzpunkt verbrauchten Volumenmenge Natronlauge wird aus dem Schaubild ermittelt. Der zugehörige pH-Wert entspricht dem pK_S-Wert der Ethansäure.

9. Titrationskurve von Phosphorsäure

Gefahrenhinweise:

Reagenzien: Phosphorsäure ($c(H_3PO_4)$ = 1 mol/l), Natronlauge (c(NaOH) = 1 mol/l)

Geräte: Büretten, Pipetten, Pipettierhilfen, Bechergläser, pH-Meter, pH-Glaselektrode, Magnetrührer mit Rührstäbchen

Versuchsdurchführung:

Vgl. Versuch Titrationskurve Salzsäure. Abänderung: Das Gesamtvolumen der zugefügten Natronlauge beträgt V(NaOH) = 40 ml.

10. Bestimmung des Massenanteils von Natriumhydroxid

Gefahrenhinweise:

Reagenzien: Natriumhydroxidplätzchen Salzsäure (c(HCl) = 1 mol/l)

Geräte: Büretten, Pipetten, Pipettierhilfen, Bechergläser, pH-Meter, pH-Glaselektrode, Magnetrührer mit Rührstäbchen

Versuchsdurchführung:

Ca. 2 g Natriumhydroxidplätzchen werden in 100 ml Wasser gelöst. Weiteres Vorgehen wie in Aufgabe 39. beschrieben.

8 Redoxreaktionen

8.1 Grundlagen Oxidation und Reduktion

Früher verstand man unter einer Oxidation die Reaktion von Sauerstoff mit einem Reaktionspartner, z. B. mit Metallen bzw. Nichtmetallen. Verläuft die Reaktion stark exotherm und unter Lichtemission, bezeichnet man die Reaktion auch als Verbrennung.

Die Reaktionsprodukte bezeichnet man als Oxide.

Beispiel für die Oxidation

$4\ Al + 3\ O_2 \rightleftarrows 2\ Al_2O_3$

$S + O_2 \rightleftarrows SO_2$

Unter Reduktion verstand man die Abspaltung von Sauerstoff aus einem Oxid.

Beispiel für die Reduktion

$Fe_2O_3 + 2\ Al \rightleftarrows Al_2O_3 + 2\ Fe$ (Thermitreaktion)

Betrachtet man die Oxidation und die Reduktion genauer, stellt man fest, dass alle Oxidationen mit einer Elektronenabgabe und alle Reduktionen mit einer Elektronenaufnahme verbunden sind (vgl. auch Kap. 8.2). So ist im obigen Beispiel das Salz Aluminiumoxid aus den Ionen Al^{3+} und O^{2-} aufgebaut, d. h. Aluminium hat Elektronen abgeben und Sauerstoff hat Elektronen aufgenommen.

Thermit-Reaktion

Da Elektronen nur abgegeben werden können, wenn gleichzeitig eine Elektronenaufnahme stattfindet, müssen beide Teilreaktionen parallel ablaufen. Reaktionen, bei denen sowohl Oxidationen und Reduktionen stattfinden, bezeichnet man als **Redoxreaktionen**.

Es gilt also:

Eine Oxidation ist eine Elektronenabgabe.

Eine Reduktion ist eine Elektronenaufnahme.

Eine gleichzeitige Abgabe bzw. Aufnahme von Elektronen in einer Reaktion ist eine Redoxreaktion.

Daraus ergibt sich auch:

Stoffe, die Elektronen abgeben, bezeichnet man als Reduktionsmittel.

Stoffe, die Elektronen aufnehmen, bezeichnet man als Oxidationsmittel.

Elektronenabgabe und Elektronenaufnahme sind prinzipiell reversible Vorgänge, wobei allerdings das Gleichgewicht entweder ganz auf der rechten oder ganz auf der linken Seite liegt. Betrachtet man die Thermitreaktion etwas genauer, erkennt man, dass folgende zwei Teilreaktionen stattfinden.

1. Aluminium gibt Elektronen ab, ist also ein Reduktionsmittel und wird dabei selber oxidiert.

   $Al - 3\,e^- \rightleftarrows Al^{3+}$

2. Die Fe^{3+}-Ionen nehmen Elektronen auf, sind also Oxidationsmittel und werden dabei selber reduziert.

   $Fe^{3+} + 3\,e^- \rightleftarrows Fe$

Die Ladung des Sauerstoffions verändert sich übrigens bei der Reaktion nicht, d. h. O^{2-} ist weder Oxidations- noch Reduktionsmittel.

In jeder Redoxreaktion gibt es also zwei Reduktionsmittel und zwei Oxidationsmittel.

Im Beispiel sind dies die Reduktionsmittel Al und Fe und die Oxidationsmittel Al^{3+} und Fe^{3+}.

Reduktionsmittel und zugehöriges Oxidationsmittel bezeichnet man auch als konjugiertes (korrespondierendes) Redoxpaar, also z. B. Al/Al^{3+} und Fe/Fe^{3+}.

Aufgaben

1. *Eisen reagiert mit molekularem Chlor zu Eisen(II)-chlorid. Formulieren Sie die Reaktionsgleichung und bestimmen Sie die Oxidationsmittel und Reduktionsmittel und die Redoxpaare. Begründen Sie Ihre Antwort mit den jeweils abgegebenen bzw. aufgenommenen Elektronen.*

2. *Wie viel Gramm Aluminium benötigt man, um 10 g Eisen(III)-oxid zu reduzieren?*

3. *Wenn Eisen rostet, entstehen Eisenoxide. Formulieren Sie die Reaktionsgleichung, wenn als Eisenoxid vereinfachend Eisen(III)-oxid angenommen wird. Geben Sie die Redoxpaare an.*

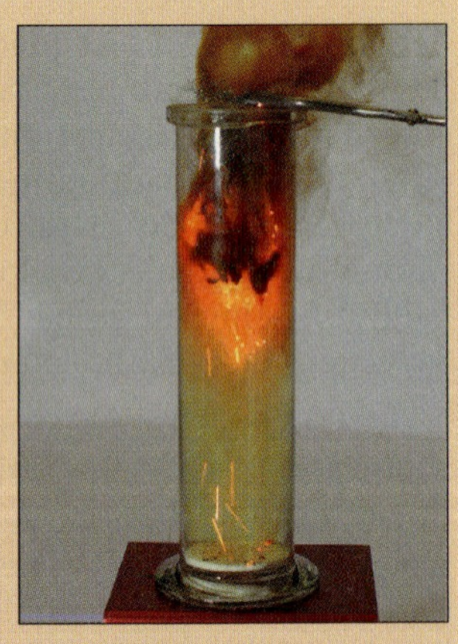

Reaktion von Eisen mit molekularem Chlor

VERSUCHE

1. Reduktion von Blei(II)-oxid mit Kohlenstoff

Gefahrenhinweise:

Reagenzien: PbO, Holzkohlpulver

Geräte: schwerschmelzbares Reagenzglas, Bunsenbrenner, Becherglas

Versuchsdurchführung:

3 g PbO werden mit 0,1 g Holzkohlepulver homogenisiert, in das Reagenzglas gefüllt und ca. 5 min. mit der entleuchteten Bunsenbrennerflamme stark erhitzt. Der noch glühende Inhalt des Reagenzglases wird in ein mit Wasser gefülltes Becherglas gekippt.

2. Reduktion von Kupfer(II)-oxid mit Eisen

Gefahrenhinweise:

Reagenzien: CuO, Fe

Geräte: schwerschmelzbares Reagenzglas, Bunsenbrenner

Versuchsdurchführung:

2 g CuO werden mit 1 g Eisenpulver homogenisiert, in das Reagenzglas gefüllt und ca. 5 min. mit der entleuchteten Bunsenbrennerflamme stark erhitzt.

8.2 Oxidationszahlen

Bei vielen Reaktionen kommt es nicht direkt zu Elektronenübertragungen, sondern zu Elektronenverschiebungen innerhalb der Atombindung. In diesen Fällen ordnet man dem elektronegativeren Element der Bindung formal alle Bindungselektronen zu. Die sich daraus ergebenden formalen Ladungen bezeichnet man als **Oxidationszahlen.** Sie werden im Gegensatz zu echten Ladungen mit römischen Ziffern gekennzeichnet, wobei es üblich ist, römische Ziffern für formale **und** echte Ladungen zu verwenden, nie aber arabische Ziffern für formale Ladungen.

Um Oxidationszahlen der einzelnen Elemente einer Verbindung festzustellen, reichen wenige Regeln aus:

1. Die Summe aller Oxidationszahlen entspricht der Ladung des Teilchens, d. h. sie ist bei elektrisch neutralen Teilchen 0, sonst gleich der Gesamtladung. Dies bedeutet auch, dass alle Elemente im molekularen bzw. atomaren Zustand die Oxidationszahl 0 besitzen.
2. Metalle haben immer positive Oxidationszahlen, wobei diese bei den Alkali- und Erdalkalimetallen stets identisch mit der Gruppennummer sind.
3. Wasserstoff hat die Oxidationszahl +I, außer in Metallhydriden (–I).
4. Sauerstoff hat die Oxidationszahl –II, außer in Peroxiden (–I).
5. Halogene haben in Verbindungen mit Metallen und Wasserstoff die Oxidationszahl –I. Fluor hat in allen Verbindungen –I.

Beispiele für Oxidationszahlen

2 · (+3) 3 · (–2) (alternativ auch mit römischen Ziffern)
Fe_2O_3

2 · (+I) –II	–IV 4 · (+I)	+IV 2 · (–II)	2 · (+I) +VI 4 · (–II)	–III 4 · (+I)
H_2O	CH_4	CO_2	H_2SO_4	NH_4^+

Mithilfe der Oxidationszahl lassen sich Oxidation und Reduktion noch allgemeiner definieren:

Eine Oxidation ist eine Erhöhung der Oxidationszahl.

Eine Reduktion ist eine Verringerung der Oxidationszahl.

Eine gleichzeitige Verringerung bzw. Erhöhung der Oxidationszahlen in einer Reaktion ist eine Redoxreaktion.

Aufgaben

4. *Geben Sie für folgende Teilchen sämtliche Oxidationszahlen an:*
   $Pb(NO_3)_2$, $KClO_3$, CH_4, $CHBr_3$, H_2SO_4, H_2S, $K_2Cr_2O_7$, $KMnO_4$
5. *Welches Vorzeichen hat die Oxidationszahl von Chlor in Chlorsauerstoffverbindungen? Nennen Sie zwei konkrete Beispiele.*

8.3 Redoxgleichungen

Die Oxidationszahlen dienen zunächst zur Erkennung einer Redoxreaktion, denn nur bei einer Änderung der Oxidationszahlen der an einer Reaktion beteiligten Elemente handelt es sich um eine Redoxreaktion. Darüber hinaus sind Oxidationszahlen sehr hilfreich beim Aufstellen von **Redoxgleichungen**.

Da Redoxreaktionen teilweise sehr komplex verlaufen, ist es sinnvoll, zunächst die Teilgleichungen für die Reduktion und die Oxidation zu formulieren. Das Verfahren soll am Beispiel der Oxidation von Fe^{2+}-Ionen mit Kaliumdichromat in saurer Lösung aufgezeigt werden.
(Hinweis: Die Rückpfeile werden bei den Teilreaktionen oft weggelassen.)

Beispiel

a) Teilgleichung für die Oxidation:

$$\text{Oxidation: } Fe^{2+} - e^- \rightleftarrows Fe^{3+}$$

b) Teilgleichung für die Reduktion:

2 · (+VI) 7 · (–II)

$$\text{Reduktion: } Cr_2O_7^{2-} + 6\,e^- + 14\,H_3O^+ \rightleftarrows 2\,Cr^{3+} + 21\,H_2O$$

(Hinweis: Das K^+-Ion ist zwar auch ein Oxidationsmittel, ist jedoch so schwach, dass es an der Redoxreaktion nicht beteiligt ist. Generell lässt man in Redoxgleichungen alle unbeteiligten Teilchen weg.)

c) Da die Zahl der aufgenommenen und abgegebenen Elektronen bei einer Redoxreaktion immer gleich groß ist, muss in diesem Fall die Teilgleichung Oxidation auf der linken und rechten Seite mit dem Faktor 6 multipliziert werden.

Angepasste Oxidationsgleichung:

$Fe^{2+} - e^- \rightleftarrows Fe^{3+} \quad | \cdot 6$

d.h. $6\ Fe^{2+} - 6\ e^- \rightleftarrows 6\ Fe^{3+}$

d) Die Teilgleichungen der Reduktion und Oxidation werden addiert.

Redoxreaktion: $6\ Fe^{2+} + Cr_2O_7^{2-} + 14\ H_3O^+ \rightleftarrows 6\ Fe^{3+} + 2\ Cr^{3+} + 21\ H_2O$

In der gleichen Weise wird vorgegangen, wenn es sich um organische Reaktionspartner handelt. Als Reduktionsmittel soll Ethanol, als Oxidationsmittel wieder Kaliumdichromat eingesetzt werden. Da der Kohlenstoff in einer organischen Verbindung in unterschiedlichen Oxidationsstufen auftreten kann, müssen die Oxidationszahlen für jedes C separat bestimmt werden.

Oxidation: $CH_3\overset{-I}{C}H_2OH - 2\ e^- + 2\ H_2O \rightleftarrows CH_3\overset{+I}{C}HO + 2\ H_3O^+ \quad | \cdot 3$

Reduktion: $\overset{2 \cdot (+VI)}{Cr_2}O_7^{2-} + 6\ e^- + 14\ H_3O^+ \rightleftarrows 2\ Cr^{3+} + 21\ H_2O$

Redoxreaktion: $3\ CH_3CH_2OH + Cr_2O_7^{2-} + 8\ H_3O^+ \rightleftarrows 3\ CH_3CHO + 2\ Cr^{3+} + 15\ H_2O$

Aufgaben

6. *Geben Sie für folgende Reaktionen, die Teilgleichungen für die Oxidation und die Reduktion sowie die gesamte Redoxreaktion an:*
   a. *Fe^{2+}-Ionen und Kaliumpermanganat (sauer) reagieren zu Fe^{3+}-Ionen und Mn^{2+}-Ionen.*
   b. *Kupfer und Salpetersäure (konz.) reagieren zu Cu^{2+}-Ionen und Stickstoff(IV)-oxid.*
   c. *Mangan(IV)-oxid reagiert mit Salzsäure (konz.) zu molekularem Chlor, Mangan(II)-chlorid und Wasser.*

7. *Welche der folgenden Reaktionen sind Redoxreaktionen? (Formulieren Sie die Reaktionsgleichungen und ermitteln Sie die Oxidationszahlen.)*
   a. *Reaktion von Hydrogenchlorid mit Ammoniak.*
   b. *Wasserstoff reagiert mit Chlor zu Hydrogenchlorid.*
   c. *Zink reagiert mit Schwefelsäure zu Zink(II)-sulfat und Wasserstoff.*
   d. *Zink(II)-oxid reagiert mit Schwefelsäure zu Zink(II)-sulfat und Wasser.*

VERSUCHE

3. Reaktion von Salpetersäure mit Kupfer (vgl. Aufg. 6b.)

Gefahrenhinweise:

 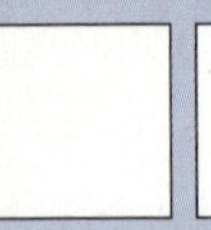 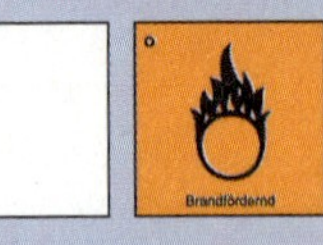

  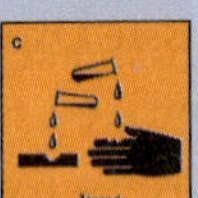

Reagenzien: Salpetersäure (konz.), Kupferspäne

Geräte: Erlenmeyerkolben

Versuchsdurchführung:

3–5 g Kupferspäne werden zu ca. 20 ml konz. Salpetersäure gegeben.

4. Reaktion von Kaliumpermanganat mit Wasserstoffperoxid

Gefahrenhinweise:

Reagenzien: Schwefelsäure ($c \approx 1$ mol/l), Wasserstoffperoxid ($\omega \approx 30\%$), Kaliumpermanganatlösung ($c \approx 0{,}1$ mol/l)

Geräte: Erlenmeyerkolben, Pipette, (Rührwerk mit Magnetrührer)

Versuchsdurchführung:

Zu ca. 10 ml Kaliumpermanganatlösung ca. 20 ml verd. Schwefelsäure geben und Wasserstoffperoxidlösung langsam unter Rühren zutropfen lassen.

8.4 Relative Stärke von Oxidations- und Reduktionsmitteln, Redoxreihe

Zink taucht in eine Kupfer(II)-sulfatlösung

Reduktionsmittel sind um so stärker, je leichter sie Elektronen abgeben. Oxidationsmittel sind umso stärker, je leichter sie Elektronen aufnehmen. Die relative Stärke von Oxidationsmittel bzw. Reduktionsmittel kann man experimentell dadurch bestimmen, dass man unterschiedliche Oxidations- und Reduktionsmittel miteinander reagieren lässt.

Betrachtet man folgende drei Redoxpaare: Zn/Zn^{2+}, Cu/Cu^{2+} und Ag/Ag^{+}, so sind folgende Redoxkombinationen möglich:

$Zn + Cu^{2+}$, $Zn^{2+} + Cu$, $Cu + Ag^{+}$, $Ag + Cu^{2+}$, $Zn + Ag^{+}$ und $Ag + Zn^{2+}$

Aber nur drei der sechs Kombinationen führen zu einer merklichen Redoxreaktion. Dies sind

$$Zn + Cu^{2+} \rightleftarrows Zn^{2+} + Cu$$

$$Zn + 2\,Ag^{+} \rightleftarrows 2\,Ag + Zn^{2+}$$

$$Cu + 2\,Ag^{+} \rightleftarrows 2\,Ag + Cu^{2+}$$

Die relative Reduktionsstärke nimmt also in der Reihenfolge Zn > Cu > Ag, die relative Oxidationsstärke in der Reihenfolge: $Ag^{+} > Cu^{2+} > Zn^{2+}$ ab.

Kupfer taucht in eine Silber(I)-nitratlösung

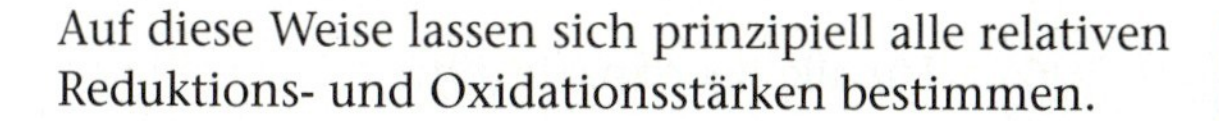

Auf diese Weise lassen sich prinzipiell alle relativen Reduktions- und Oxidationsstärken bestimmen.

	RM	OM	
Reduktionsstärke nimmt ab.	Zn	Zn^{2+}	Oxidationsstärke nimmt zu.
	Cu	Cu^{2+}	
	Ag	Ag^{+}	

Redoxreihe der drei Redoxpaare

Reduktionsmittel und Oxidationsmittel lassen sich nach abnehmender Reduktionsstärke bzw. zunehmender Oxidationsstärke ordnen. Dabei ordnet man immer die korrespondierenden Reduktions- und Oxidationsmittel nebeneinander an. Diese systematische Abfolge der Redoxpaare bezeichnet man als **Redoxreihe**. Für die oberen drei Redoxpaare ergibt sich dann die in der Tabelle dargestellte Redoxreihe.

Ordnet man die übrigen Metalle bzw. deren Metallionen nach abnehmender Reduktionsstärke bzw. zunehmender Oxidationsstärke an, bezeichnet man dies auch als die Redoxreihe der Metalle oder einfach als **Metallreihe** (vgl. Tabelle Metallreihe). Oft findet man dabei in der Metallreihe das Redoxpaar des Nichtmetalls Wasserstoff (H_2/H_3O^{+}). Der Grund ist, dass alle Metalle der Metallreihe, die oberhalb des Reduktionsmittels Wasserstoff stehen, mit verdünnten (starken) Säuren unter Wasserstoffentwicklung reagieren, d.h. sie reduzieren die H_3O^{+}-Ionen zu Wasserstoff. Die Metalle werden dabei zu Metallionen oxidiert und verbleiben mit ihrer Hydrathülle in der Lösung. Sie scheiden sich erst beim Überschreiten ihrer Löslichkeit als Salze aus der Lösung aus. Das Redoxpaar H_2/H_3O^{+} unterteilt Metalle in „unedle" Metalle, d.h. solche die unter Wasserstoffentwicklung mit verdünnten (starken) Säuren reagieren, und „edle" Metalle, d.h. solche die nicht unter Wasserstoffentwicklung reagieren.

	RM	OM	
Reduktionsstärke nimmt ab.	Li	Li^{+}	Oxidationsstärke nimmt zu.
	K	K^{+}	
	Ca	Ca^{2+}	
	Na	Na^{+}	
	Mg	Mg^{2+}	
	Al	Al^{3+}	
	Zn	Zn^{2+}	
	Fe	Fe^{2+}	
	Ni	Ni^{2+}	
	Pb	Pb^{2+}	
	H_2	**H_3O^{+}**	
	Cu	Cu^{2+}	
	Ag	Ag^{+}	
	Au	Au^{3+}	

Metallreihe

Ganz anders verlaufen die Redoxreaktionen zwischen konzentrierten Säuren, insbesondere Schwefelsäure (konz.) und Salpetersäure (konz.), und Metallen. Die konzentrierten Säuren können dabei durch die Metalle zu Nichtmetalloxiden mit niedrigeren Oxida-

	RM	OM	
Reduktionsstärke nimmt ab. ↓	H_2	H_3O^+	Oxidationsstärke nimmt zu. ↓
	$2\ I^-$	I_2	
	$2\ Br^-$	Br_2	
	$2\ Cl^-$	Cl_2	
	$2\ F^-$	F_2	

Nichtmetallreihe

RM		OM	
Li	⇄	Li^+	$+\ e^-$
K	⇄	K^+	$+\ e^-$
Ba	⇄	Ba^{2+}	$+\ 2\ e^-$
Ca	⇄	Ca^{2+}	$+\ 2\ e^-$
Na	⇄	Na^+	$+\ e^-$
Mg	⇄	Mg^{2+}	$+\ 2\ e^-$
Al	⇄	Al^{3+}	$+\ 3e$
$H_2 + 2\ OH^-$	⇄	$2\ H_2O$	$+\ 2\ e^-$ (pH = 14)
Zn	⇄	Zn^{2+}	$+\ 2\ e^-$
Cr	⇄	Cr^{3+}	$+\ 3\ e^-$
Fe	⇄	Fe^{2+}	$+\ 2\ e^-$
$H_2 + 2\ OH^-$	⇄	$2\ H_2O$	$+\ 2\ e^-$ (pH = 7)
Cd	⇄	Cd^{2+}	$+\ 2\ e^-$
$Pb + SO_4^{2-}$	⇄	$PbSO_4$	$+\ 2\ e^-$
Ni	⇄	Ni^{2+}	$+\ 2\ e^-$
Sn	⇄	Sn^{2+}	$+\ 2\ e^-$
Pb	⇄	Pb^{2+}	$+\ 2\ e^-$
$H_2 + 2\ H_2O$	**⇄**	**$2\ H_3O^+$**	**$+\ 2\ e^-$ (pH = 0)**
$2\ S_2O_3^{2-}$	⇄	$S_4O_6^{2-}$	$+\ 2\ e^-$
Cu^+	⇄	Cu^{2+}	$+\ e^-$
Cu	⇄	Cu^{2+}	$+\ 2\ e^-$
$4\ OH^-$	⇄	O_2	$+\ 2\ H_2O + 4\ e^-$ (pH = 14)
$2\ I^-$	⇄	I_2	$+\ 2\ e^-$
Fe^{2+}	⇄	Fe^{3+}	$+\ e^-$
Ag	⇄	Ag^+	$+\ e^-$
$NO_2 + 3\ H_2O$	⇄	NO_3^-	$+\ 2\ H_3O^+ + e^-$
$6\ H_2O$	⇄	O_2	$+\ 4\ H_3O^+ + 4\ e^-$ (pH = 7)
Hg	⇄	Hg^{2+}	$+\ 2\ e^-$
$NO + 6\ H_2O$	⇄	NO_3^-	$+\ 4\ H_3O^+ + 3\ e^-$
$2\ Br^-$	⇄	Br_2	$+\ 2\ e^-$
Pt	⇄	Pt^{2+}	$+\ 2\ e^-$
$I_2 + 18\ H_2O$	⇄	$2\ IO_3^-$	$+\ 12\ H_3O^+ + 10\ e^-$
$6\ H_2O$	⇄	O_2	$+\ 4\ H_3O^+ + 4\ e^-$ (pH = 0)
$2\ Cr^{3+} + 21\ H_2O$	⇄	$Cr_2O_7^{2-}$	$+\ 14\ H_3O^+ + 6\ e^-$
$2\ Cl^-$	⇄	Cl_2	$+\ 2\ e^-$
Au	⇄	Au^{3+}	$+\ 3\ e^-$
$Pb^{2+} + 6\ H_2O$	⇄	PbO_2	$+\ 4\ H_3O^+ + 2\ e^-$
$Mn^{2+} + 12\ H_2O$	⇄	MnO_4^-	$+\ 8\ H_3O^+ + 5\ e^-$
$PbSO_4 + 5\ H_2O$	⇄	$PbO_2 + HSO_4^- + 3\ H_3O^+ + 2\ e^-$	
$4\ H_2O$	⇄	H_2O_2	$+\ 2\ H_3O^+ + 2\ e^-$
$2\ SO_4^{2-}$	⇄	$S_2O_8^{2-}$	$+\ 2\ e^-$
$2\ F^-$	⇄	F_2	$+\ 2\ e^-$

Erweiterte Redoxreihe

tionszahlen reduziert werden, z. B. zu SO_2 und NO_2. Entscheidend ist, dass dabei kein Wasserstoff mehr entsteht. Die Oxidationsstärke von konzentrierter Salpetersäure bzw. Schwefelsäure reicht dabei aus, auch „edle" Metalle, wie Kupfer, Silber und Quecksilber zu oxidieren (vgl. Tabelle Erweiterte Redoxreihe).

Auch Nichtmetalle und ihre Nichtmetallionen (vgl. Tabelle Redoxreihe Nichtmetalle) und auch komplexere Redoxpaare lassen sich in Redoxreihen erfassen. (vgl. Tabelle Erweiterte Redoxreihe)

Für alle Redoxpaare gilt:

Ein Reduktionsmittel kann nur durch ein Oxidationsmittel, welches in der rechten Spalte unter ihm steht, oxidiert werden.

Aufgaben

8. *Formulieren Sie die Redoxreaktion zwischen Zink und einer wässrigen Kupfer(II)-sulfatlösung.*
9. *Formulieren Sie die Redoxreaktion zwischen Oxalsäure (HOOC–COOH) und Kaliumpermanganat in saurem Medium.*
10. *Geben Sie die Redoxreaktion zwischen Silber und konz. Salpetersäure an.*
11. *Wie reagiert Zink mit verdünnter Salzsäure? (Teilgleichungen für Oxidation, Reduktion und die Redoxgleichung angeben.)*
12. *Wie reagiert Eisen*
    a. mit I_2,
    b. mit Br_2,
    c. mit Cl_2 und
    d. mit verdünnter Salzsäure?

5. Reduktion von Kupfer- und Silberionen

VERSUCHE

Gefahrenhinweise:

Reagenzien: Zink(II)-sulfat, Silber(I)-nitrat, Kupfer(II)-sulfat, Zn, Cu, Ag in Form von Blechen oder Spänen

Geräte: Bechergläser (50 ml)

Versuchsdurchführung:

Von den Salzen werden Lösungen hergestellt (ca. 0,3 mol/l). Folgende Kombinationen werden untersucht:

a. Cu mit Zink(II)-sulfatlösung
b. Cu mit Silber(I)-nitratlösung
c. Zn mit Kupfer(II)-sulfatlösung
d. Zn mit Silber(I)-nitratlösung
e. Ag mit Kupfer(II)-sulfatlösung
f. Ag mit Zink(II)-sulfatlösung

6. Oxidation von Iodionen

Gefahrenhinweise:

Reagenzien: Kaliumiodid, Bromwasser, Cyclohexan

Geräte: Reagenzgläser

Versuchsdurchführung:

Zu einer verdünnten Kaliumiodidlösung wird 1 ml frisch hergestelltes Bromwasser hinzugefügt und mit ca. 1 ml Cyclohexan ausgeschüttelt.

Hinweis: Für die Herstellung der Iodidlösung Wasser kurz aufkochen und vor dem Lösen des Salzes abkühlen lassen.

7. Reaktion von Metallen mit verdünnten Säuren

Gefahrenhinweise:

Reagenzien: Schwefelsäure ($c \approx 1$ mol/l), Zn, Cu, Ag in Form von Blechen oder Spänen

Geräte: Bechergläser oder Reagenzgläser

Versuchsdurchführung:

Die Metalle werden einzeln mit der Schwefelsäure versetzt.

8.5 Elektrochemische Spannungsreihe

Untersucht man den energetischen Verlauf der Reaktion zwischen Zink und Kupfer(II)-sulfatlösung, zeigt sich, dass Energie in Form von Wärme freigesetzt wird. Durch eine geeignete Änderung der Versuchsanordnung erhält man den Großteil der freigesetzten Energie als elektrische Energie. Voraussetzung dafür ist, dass die Elektronen nicht direkt von dem Reduktionsmittel auf das Oxidationsmittel übergehen, sondern vom Reduktionsmittel über einen äußeren Leiter zum Oxidationsmittel fließen. Die beiden beteiligten Redoxpaare müssen also räumlich getrennt werden, allerdings so, dass ein geschlossener Stromkreis vorliegt. Die Trennung erfolgt z. B. durch ein **Diaphragma** aus Ton, Filterpapier, Glasfritte oder sonst geeigneten Materialien. Das Diaphragma hat die Aufgabe, einerseits eine Durchmischung der Lösungen (im Beispiel der Kupfersalz- und der Zinksalzlösung) zu verhindern oder zumindest zu verlangsamen. Andererseits soll die Diffusion der Ionen nicht vollständig unterbunden werden, damit der Stromkreis nicht unterbrochen wird und ein Ladungsausgleich stattfinden kann (vgl. Abb.

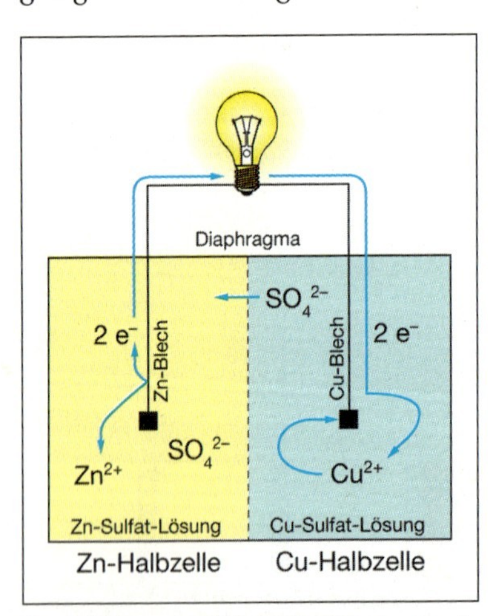

Daniell-Element mit Tonzelle (Diaphragma)

Daniell-Element). Man bezeichnet eine solche Anordnung zweier Redoxpaare als **galvanische Zelle** oder als **galvanisches Element**. An einer galvanischen Zelle sind also immer zwei Redoxpaare beteiligt, im Beispiel das Redoxpaar Cu/Cu^{2+} und Zn/Zn^{2+}. Die Kurzdarstellung einer galvanischen Zelle sieht in der Regel folgendermaßen aus: Redoxpaar1//Redoxpaar2, also z. B. $Zn/Zn^{2+}//Cu/Cu^{2+}$. Ein Redoxpaar bezeichnet man in der galvanischen Zelle auch als **Halbzelle** oder **Halbelement**. Die Halbzelle wird im Zusammenhang mit der Erzeugung elektrischer Energie aus chemischer Energie auch als **Elektrode** bezeichnet. Allerdings wird der Begriff Elektrode oft auch nur für einen Teil des Redoxpaares verwendet (z. B. Kupferelektrode für das elementare Kupfer).

Schaltet man zwischen Kupfer- und Zinkelektrode ein hochohmiges Voltmeter wird eine Gleichspannung angezeigt, die unter bestimmten Standardbedingungen (vgl. Kap. 8.5.1) ca. 1,1 V beträgt. Die Zinkelektrode ist dabei der Minuspol, die Kupferelektrode der Pluspol. Der Minuspol wird bei galvanischen Elementen auch als **Anode**, der Pluspol als **Kathode** bezeichnet.

Beispiel

Um das Entstehen der Spannung zu verstehen, sollen die Redoxvorgänge für ein einfaches Elektrodenbeispiel betrachtet werden. Ein Metallstab soll in einen Elektrolyten eintauchen, der als Ion die oxidierte Form des Metalls enthält, also z. B. ein Kupferblech, das in eine Kupfer(II)-sulfatlösung eintaucht. An der Phasengrenze zwischen Metall und Elektrolyt gehen einerseits Metallionen durch Auflösen des elementaren Metalls in Lösung, andererseits werden Metallionen am Elektrodenmaterial abgeschieden. Dieser Redoxvorgang läuft bis zu einem Gleichgewicht ab. Als Folge dieser Redoxreaktion bildet sich an der Metalloberfläche eine elektrochemische Doppelschicht. Dies führt zu einer Potenzialdifferenz zwischen den beiden Phasen, dem **Redoxpotenzial** oder auch **Elektrodenpotenzial**. Das Redoxpotenzial einer einzelnen Elektrode kann nicht direkt gemessen werden. Der Messung zugänglich ist jedoch die Potenzialdifferenz (Spannung) zwischen zwei Elektroden. Man erhält dann eine galvanische Zelle.

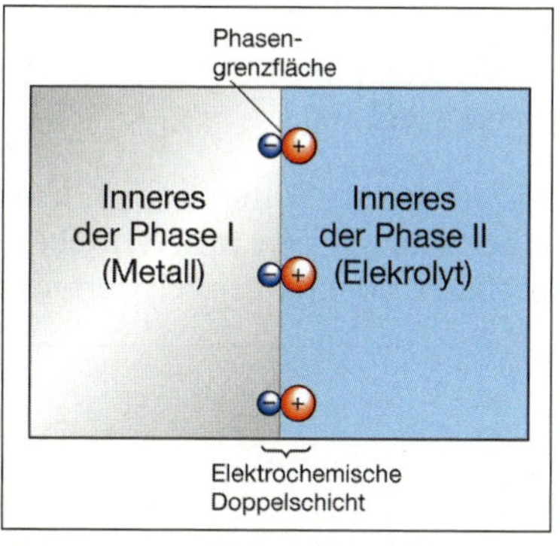

Elektrochemische Doppelschicht

Allgemein gilt: Kennt man die beiden Elektrodenpotenziale (U_1 und U_2) einer galvanischen Zelle, ergibt sich die Zellspannung immer als: $U = U_1 - U_2$, wobei U_1 immer das Halbelement mit dem größeren Potenzial darstellt.

8.5.1 Standardpotenziale

Will man genaue Aussagen über die Größe eines Redoxpotenzials machen, so verbindet man die Elektrode mit einer zweiten Elektrode, die folgende Forderungen erfüllen muss:

- Das Redoxpotenzial muss bekannt bzw. experimentell bestimmbar sein.
- Das Redoxpotenzial muss auch während der Messung der Spannung konstant sein.

Elektroden, die diese Forderungen erfüllen, bezeichnet man als **Bezugselektroden**. Der „Stammvater“ aller Bezugselektroden ist die **Standardwasserstoffelektrode (Normal-**

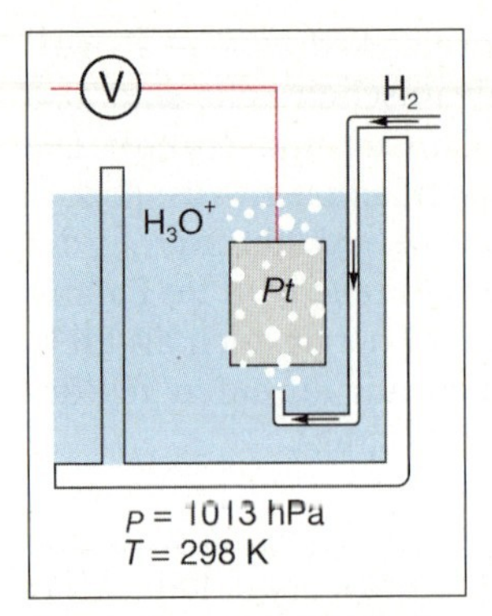

Standardwasserstoffelektrode

wasserstoffelektrode). Sie spielt zwar heute in der Praxis eine untergeordnete Rolle, mit ihrer Hilfe sind jedoch sämtliche anderen Bezugselektroden kalibriert. Die Standardwasserstoffelektrode ist folgendermaßen definiert: Ein Platinblech, welches von Wasserstoff bei p = 1013 hPa (mbar) umspült wird, taucht in eine Säurelösung mit $c(H_3O^+) = 1$ mol/l. Die Standardtemperatur beträgt T = 298 K. Das Symbol für die Standardredoxpotenziale ist U_o (oder E_o). Das Platinblech erfüllt dabei die Funktion einer Hilfselektrode. Hilfselektroden benötigt man immer dann, wenn ein Teil des Redoxpaares nicht im festen Aggregatzustand vorliegt.

Hilfselektroden müssen folgende Funktionen erfüllen:

- Sie sollen den Strom leiten.
- Sie sollen selber nicht an der Redoxreaktion beteiligt sein.
- Sie sollen, im Fall von Gasen als Teil des Redoxpaares, eine große (innere) Oberfläche besitzen.

Als geeignetes Material für Hilfselektroden kommen also in erster Linie edle Metalle mit einer sehr großen inneren Oberfläche, wie z. B. Platin, infrage. Wesentlich schlechter geeignet, aber dafür preiswerter sind Hilfselektroden aus Grafit.

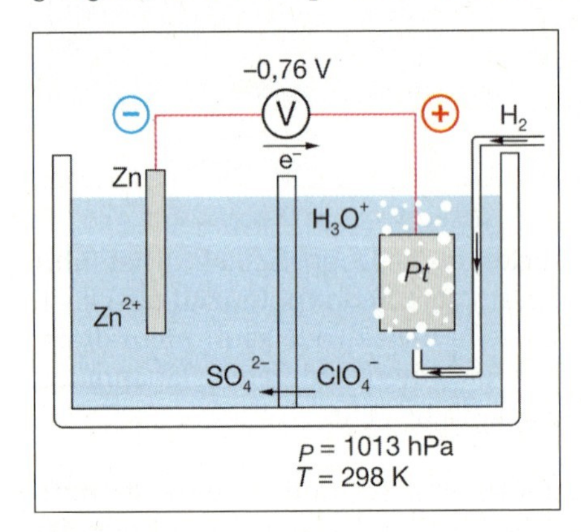

Standardpotenzial von Zink

Das Standardpotenzial der Standardwasserstoffelektrode wird als Bezugspotenzial mit $U_o(H_2/H_3O^+) = 0$ V festgelegt. Zur Messung beliebiger Standardpotenziale verbindet man die Standardwasserstoffelektrode mit den entsprechenden Halbzellen bei Standarbedingungen und misst die Spannung. Da das Standardpotenzial $U_o(H_2/H_3O^+) = 0$ ist, entspricht die Spannung betragsmäßig dem Standardpotenzial des jeweiligen Redoxpaares. Alle Redoxpaare, die in der Redoxreihe oberhalb des Redoxpaares H_2/H_3O^+ stehen, haben ein relativ gesehen niedrigeres Potenzial, sie bilden also bei der Spannungsmessung den Minuspol und erhalten ein negatives Vorzeichen. Alle Redoxpaare, die in der Redoxreihe unterhalb des Redoxpaares H_2/H_3O^+ stehen, haben ein relativ gesehen höheres Potenzial, sie bilden also bei der Spannungsmessung den Pluspol und erhalten ein positives Vorzeichen.

Die Standardpotenziale lassen sich grundsätzlich für alle Redoxpaare experimentell ermitteln. Bei einigen Redoxpaaren sind jedoch besondere experimentelle Aspekte zu berücksichtigen.

So sind bei manchen Redoxreaktionen neben den Elektronenübertragungen noch Protonenübergänge beteiligt, wie z. B. bei der Reduktion des Oxidationsmittel Kaliumdichromat. Das Redoxpotenzial hängt in diesen Fällen also nicht nur von den Konzentrationen des Reduktions- bzw. Oxidationsmittels, sondern auch von der Konzentration der

Hydroniumionen ab (vgl. Kap. 8.6). Für die Standardpotenziale gilt, sofern keine anderen Aussagen gemacht werden, eine Elektrolytkonzentration von 1 mol/l. Bei der Bestimmung von Standardpotenzialen von Redoxpaaren, bei denen eine Form als Gas vorliegt, benötigt man wie bei der Standardwasserstoffelektrode, eine Hilfselektrode, in der Regel auch aus Platin oder auch aus Grafit. Auch hier gelten die entsprechenden Bedingungen bezüglich des Gasdrucks. Möchte man z. B. das Standardpotenzial des Redoxpaares 2 Cl^-/Cl_2 bestimmen, taucht ein Platinblech, welches von Chlor bei p = 1013 hPa (mbar) umspült wird, in eine Kaliumchloridlösung mit c(KCl) = 1 mol/l. Die Standardtemperatur beträgt wieder T = 298 K. Analog dazu werden im Prinzip die Standardpotenziale der anderen Halogene bestimmt.

Einige Potenziale lassen sich nicht mehr in wässriger Lösung bestimmen, da die reduzierten Formen der Redoxpotenziale bereits so starke Reduktionsmittel sind, dass sie das Lösungsmittel Wasser reduzieren. Es sind dies z. B. Alkalimetalle wie Li, Na und K.

RM	OM	U_0 (Volt)
Li	Li^+ + e^-	–3,03
K	K^+ + e^-	–2,92
Ba	Ba^{2+} + 2 e^-	–2,90
Ca	Ca^{2+} + 2 e^-	–2,76
Na	Na^+ + e^-	–2,71
Mg	Mg^{2+} + 2 e^-	–2,40
Al	Al^{3+} + 3 e^-	–1,66
H_2 + 2 OH^-	2 H_2O + 2 e^- (pH = 14)	–0,82
Zn	Zn^{2+} + 2 e^-	–0,76
Cr	Cr^{3+} + 3 e^-	–0,74
Fe	Fe^{2+} + 2 e^-	–0,44
H_2 + 2 OH^-	2 H_2O + 2 e^- (pH = 7)	–0,41
Cd	Cd^{2+} + 2 e^-	–0,40
Pb + SO_4^{2-}	$PbSO_4$ + 2 e^-	–0,36
Ni	Ni^{2+} + 2 e^-	–0,23
Sn	Sn^{2+} + 2 e^-	–0,14
Pb	Pb^{2+} + 2 e^-	–0,13
H_2 + 2 H_2O	**2 H_3O^+ + 2 e^- (pH = 0)**	0,00
2 $S_2O_3^{2-}$	$S_4O_6^{2-}$ + 2 e^-	0,08
Cu^+	Cu^{2+} + e^-	0,16
Cu	Cu^{2+} + 2 e^-	0,34
4 OH^-	O_2 + 2 H_2O + 4 e^- (pH = 14)	0,41
2 I^-	I_2 + 2 e^-	0,54
Fe^{2+}	Fe^{3+} + e^-	0,77
Ag	Ag^+ + e^-	0,80
NO_2 + 3 H_2O	NO_3^- + 2 H_3O^+ + e^-	0,81
6 H_2O	O_2 + 4 H_3O^+ + 4 e^- (pH = 7)	0,82
Hg	Hg^{2+} + 2 e^-	0,85
NO + 6 H_2O	NO_3^- + 4 H_3O^+ + 3 e^-	0,96
2 Br^-	Br_2 + 2 e^-	1,07
Pt	Pt^{2+} + 2e	1,20
I_2 + 18 H_2O	2 IO_3^- + 12 H_3O^+ +10 e^-	1,21
6 H_2O	O_2 + 4 H_3O^+ + 4 e^- (pH = 0)	1,23
2 Cr^{3+} + 21 H_2O	$Cr_2O_7^{2-}$ + 14 H_3O^+ + 6 e^-	1,33
2 Cl^-	Cl_2 + 2 e^-	1,36
Au	Au^{3+} + 3 e^-	1,42
Pb^{2+} + 6 H_2O	PbO_2 + 4 H_3O^+ + 2 e^-	1,46
Mn^{2+} + 12 H_2O	MnO_4^- + 8 H_3O^+ + 5 e^-	1,51
$PbSO_4$ + 5 H_2O	PbO_2 + HSO_4^- + 3 H_3O^+ + 2 e^-	1,69
4 H_2O	H_2O_2 + 2 H_3O^+ + 2 e^-	1,78
2 SO_4^{2-}	$S_2O_8^{2-}$ + 2 e^-	2,01
2 F^-	F_2 + 2 e^-	2,85

Erweiterte Redoxreihe mit Standardpotenzialen

8.5.2 Elektrochemische Spannungsreihe

Die Standardpotenziale lassen sich zusammen mit den Redoxpaaren in der **elektrochemischen Spannungsreihe** zusammenfassen. In der Tabelle „Erweiterte Redoxreihe mit Standardpotenzialen“ sind für die einzelnen Redoxpaare die zugehörigen Standardpotenziale aufgeführt. Aus der Stellung der Standardpotenziale in der Spannungsreihe lassen sich folgende wichtigen Aussagen ableiten:

- Das Reduktionsmittel ist umso stärker, je kleiner das Standardpotenzial ist.
- Unedle Metalle sind umso stärkere Reduktionsmittel, je negativer ihr Standardpotenzial ist.
- Das Oxidationsmittel ist umso stärker, je größer das Standardpotenzial ist.
- Nichtmetalle (Ausnahme: Wasserstoff) sind umso stärkere Oxidationsmittel, je positiver ihr Standardpotenzial ist. Dasselbe gilt für Metallionen.
- Die Potenzialdifferenz zwischen zwei Standardpotenzialen ergibt die Spannung einer galvanischen Zelle (unter Standardbedingungen). Dabei stellt das Redoxpaar mit dem relativ niedrigeren Potenzial das Reduktionsmittel, d.h. hier läuft die Teilreaktion Oxidation ab. Das Redoxpaar mit dem relativ höheren Potenzial stellt das Oxidationsmittel, d.h. hier findet die Teilreaktion Reduktion statt. Oder anders formuliert: Das Reduktionsmittel des Redoxpaares mit dem kleineren Standardpotenzial überträgt Elektronen (real oder formal) an das Oxidationsmittel des Redoxpaares mit dem größeren Standardpotenzial.

Aufgaben

13. *Berechnen Sie die Spannung folgender galvanischer Zellen (Standardzustand):*

a. $Zn/Zn^{2+}//Cu/Cu^{2+}$

b. $Cu/Cu^{2+}//Ag/Ag^{+}$

c. $Zn/Zn^{2+}//Ag/Ag^{+}$

14. *Die schwarze Oxidschicht von Silber lässt sich entfernen, wenn man das Silber zusammen mit Aluminium in eine wässrige Elektrolytlösung einbringt.*

a. *Wie lautet die Verhältnisformel des Silbersalzes?*

b. *Welche Redoxvorgänge laufen ab?*

c. *Wie groß ist die Potenzialdifferenz unter Standardbedingungen?*

15. *Ein Bleiakku besteht im Wesentlichen aus den beiden Redoxpaaren Pb/Pb^{2+} und Pb^{2+}/Pb^{4+}. Wie groß wäre die Zellspannung unter Standardbedingungen?*

16. *Weicht man von den Standardbedingungen ab, ergeben sich andere Redoxpotenziale. Für unterschiedliche $c(H_3O^+)$ sind die Potenziale in der Spannungsreihe angegeben.*

Welche Potenzialveränderung ergibt sich für eine pH-Wertänderung von $\Delta pH = 1$, wenn man einen linearen Zusammenhang zwischen ΔU und ΔpH voraussetzt?

8. Herstellung einer Standardwasserstoffelektrode

Gefahrenhinweise:

  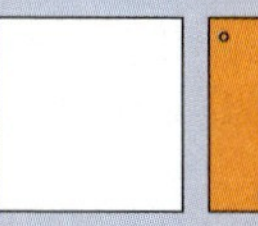   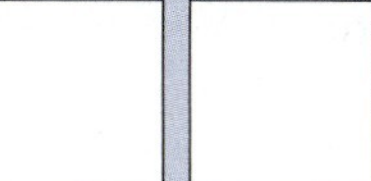 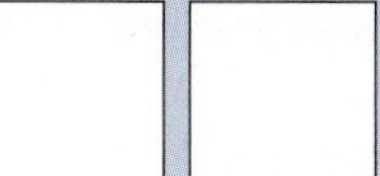

Reagenzien: Salzsäure (c = 0,1 mol/l), Kaliumnitratlösung (ω = 10 %), Wasserstoff, Platinelektrode, dreifach durchbohrter Gummistopfen, Gaseinleitungsrohr

Geräte: Tonzylinder, Bechergläser (250 ml)

Versuchsdurchführung:

Gaseinleitungsrohr und Platinelektrode stecken in dem Gummistopfen und tauchen in die Salzsäurelösung, die sich in dem Tonzylinder befindet. Ca. 15 min. vor dem Einsatz stellt man die Elektrode in ein Becherglas mit der Kaliumnitratlösung und umspült die Elektrode mit Wasserstoff aus der Stahlflasche.

9. Bestimmung von Standardpotenzialen

Gefahrenhinweise:

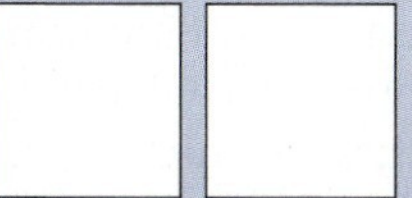    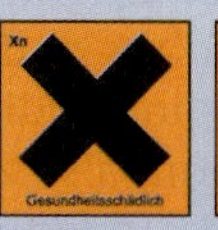  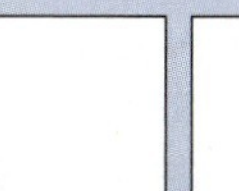 

Reagenzien: Kupfer(II)-sulfatlösung (c = 1 mol/l), Zink(II)-sulfatlösung (c = 1 mol/l), Kaliumnitratlösung (ω = 10 %), Zinkblech, Kupferblech

Geräte: Tonzylinder, Bechergläser (250 ml, 400 ml), Voltmeter

Versuchsdurchführung:

Das Kupferblech befindet sich in einem Tonzylinder mit Kupfer(II)-sulfatlösung. Ca. 15 min. vor der Messung stellt man die Elektrode in ein Becherglas mit der Kaliumnitratlösung. Zur Messung werden Kupferelektrode und Wasserstoffelektrode in ein großes Becherglas mit Kaliumnitratlösung gegeben und die Potenzialdifferenz mit einem Voltmeter bestimmt. Analog wird mit der Zinkelektrode verfahren.

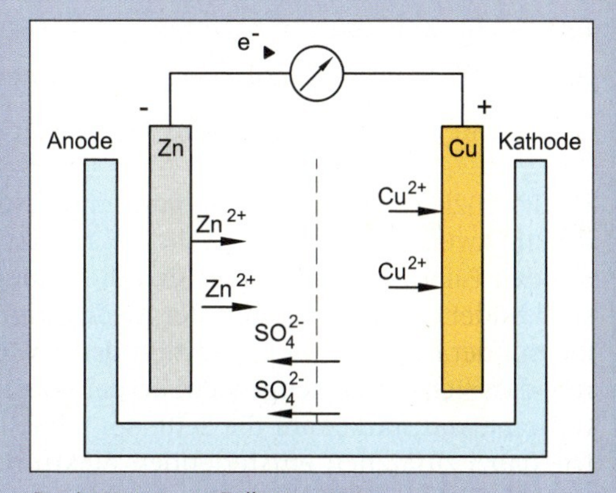

Bestimmung von Zellspannungen

10. Bestimmung einer Zellspannung

Gefahrenhinweise: vgl. Vers. 9.

Reagenzien: vgl. Vers. 9.

Geräte: vgl. Vers. 9.

Versuchsdurchführung:
Die Potenzialdifferenz zwischen Kupfer- und Zinkelektrode wird analog zu Versuch 9 bestimmt. Anstelle der Wasserstoffelektrode verwendet man die zweite Metallelektrode.

8.6 Konzentrations- und Temperaturabhängigkeit der Elektrodenpotenziale

Wie ausgeführt, hängen die Elektrodenpotenziale von dem Gleichgewicht ab, welches sich an der Phasengrenze zwischen reduzierter und oxidierter Form des Redoxpaares ausbildet. Deshalb ist die Gleichgewichtslage sowohl von der Temperatur, als auch von den Konzentrationen der beteiligten Partner abhängig. So führt eine Temperaturerhöhung nach dem Prinzip von Le Chatelier zu einer Verschiebung des Gleichgewichts hin zu den energiereicheren Stoffen. Eine Konzentrationserhöhung der gelösten Metallionen verschiebt das Gleichgewicht hin zu der reduzierten, also elementaren Form. Eine Konzentrationserhöhung von Halogenidionen führt zu einer Verschiebung der Gleichgewichtslage zur oxidierten Form, also zu Hal_2. Alle diese Gleichgewichtsverschiebungen sind immer mit einer Potenzialänderung verbunden, sodass die gemessenen Elektrodenpotenziale von den Standardpotenzialen abweichen. Hält man die Temperatur konstant und verändert nur die Konzentration, so lassen sich sogenannte **Konzentrationsketten** herstellen. Die Halbzellen von Konzentrationsketten bestehen aus demselben Redoxpaar mit unterschiedlichen Elektrolytkonzentrationen.

Beispiel für Konzentrationsketten

Ag/Ag^+ mit $c_1(Ag^+) = 1$ mol/l und Ag/Ag^+ mit $c_2(Ag^+) = 0{,}1$ mol/l oder

Ag/Ag^+ mit $c_1(Ag^+) = 1$ mol/l und Ag/Ag^+ mit $c_3(Ag^+) = 0{,}01$ mol/l.

Die Potenzialdifferenz bei Standardtemperatur beträgt im ersten Fall: $U = U_1 - U_2 = 59$ mV und im zweiten Fall $U = U_1 - U_3 = 118$ mV. Ändert sich also das Konzentrationsverhältnis um den Faktor 10, verdoppelt sich die gemessene Potenzialdifferenz. Im gewählten Beispiel bildet die Halbzelle mit der niedrigeren Konzentration den negativen Pol (Anode), die mit der höheren Konzentration den Pluspol (Kathode). Dies lässt sich dadurch erklären, dass sich das Gleichgewicht an der Phasengrenze bei einer Verringerung der Konzentration etwas stärker auf die Seite der Silberionen verschiebt (Prinzip von Le Chatelier). Die dabei zusätzlich entstehenden Elektronen verbleiben auf dem elementaren Silber, d. h. die Elektrode wird negativer.

$$Ag \longrightarrow Ag^+ + e \text{ (Verschiebung nach rechts)}$$

8.6.1 Nernstsche Gleichung

Einen quantitativen Zusammenhang zwischen Elektrodenpotenzial, Temperatur und Konzentration liefert die **nernstsche Gleichung**. Für verdünnte Lösungen lautet sie in ihrer allgemeinsten Form:

$$U(\mathrm{Red/Ox}) = U_o(\mathrm{Red/Ox}) - \frac{R \cdot T}{z \cdot F} \ln \frac{a(\mathrm{Red})}{a(\mathrm{Ox})}$$

Hierbei bedeuten:

U(Red/Ox) das Elektrodenpotenzial,

U_o(Red/Ox) das Standardpotenzial,

z die Zahl der abgegebenen oder aufgenommenen Elektronen (formal oder echt),

R die allgemeine Gaskonstante,

T die absolute Temperatur in K,

F die Faradaykonstante (96495 As/mol),

a(Ox) Aktivitäten der oxidierten Seite der Reaktionsgleichung,

a(Red) Aktivitäten der reduzierten Seite der Reaktionsgleichung,

a(Red)/a(Ox) die Gleichgewichtskonstante.

Aktivitäten berücksichtigen die Wechselwirkung von Ionen in Lösungen. Bestimmt man nämlich experimentell die Konzentrationen von Ionenlösungen, erhält man niedrigere Werte als erwartet. Der Zusammenhang zwischen Konzentration und Aktivität lautet: $c = f \cdot a$, mit f (Aktiviätskoeffizient) ≤ 1. Werden Ionenlösungen verdünnt, wird die Wechselwirkung immer kleiner, sodass dann gilt $a \approx c$. Im Folgenden wird deshalb immer c anstelle von a für Ionenlösungen verwendet. Des Weiteren werden Aktivitäten von Feststoffen und Aktivitäten (Konzentrationen), die konstant bleiben, in die Konstante U_o mit einbezogen. Mit diesen Vorgaben lässt sich die nernstsche Gleichung in vielen Fällen vereinfachen. Die wichtigsten Fälle sollen betrachtet werden.

Nernstsche Gleichung für Metalle

$$\mathrm{Me} - z \cdot \mathrm{e}^- \rightleftarrows \mathrm{Me}^{z+}$$

Die Gleichung lautet: $U(\mathrm{Me/Me}^{z+}) = U_o{}^*(\mathrm{Me/Me}^{z+}) - \frac{R \cdot T}{z \cdot F} \ln \frac{a(\mathrm{Me})}{a(\mathrm{Me}^{z+})}$

Die Aktivität des Metalls ist konstant und wird in das Standardpotenzial einbezogen und die Ionenaktivitäten werden durch Ionenkonzentrationen ersetzt, also lautet die nernstsche Gleichung für Metalle:

$$U(\mathrm{Me/Me}^{z+}) = U_o(\mathrm{Me/Me}^{z+}) + \frac{R \cdot T}{z \cdot F} \ln c(\mathrm{Me}^{z+})$$

mit $U_o = U^*_o - R \cdot T \cdot (z \cdot F)^{-1} \cdot \ln a(\mathrm{Me})$.

Arbeitet man bei konstanter Temperatur kann man die Konstanten R, F, T und den Umrechnungsfaktor vom natürlichen auf den dekadischen Logarithmus (Faktor 2,3) in eine gemeinsame Konstante zusammenfassen. Für $T = 298$ K erhält man für $2{,}3 \cdot R \cdot T/F$ den Wert 0,059 V. Die nernstsche Gleichung lautet dann für Metalle:

$$U(\mathrm{Me/Me}^{z+}) = U_o(\mathrm{Me/Me}^{z+}) + \frac{0{,}059}{z} \mathrm{V} \cdot \log c(\mathrm{Me}^{z+})$$

Nernstsche Gleichung für Wasserstoff

$$H_2 + 2\,H_2O - 2\,e^- \rightleftarrows 2\,H_3O^+$$

Es soll nochmals die Vorgehensweise demonstriert werden. Die nernstsche Gleichung lautet (für $T = 298$):

$$U(H_2/H_3O^+) = U^*_o(H_2/H_3O^+) - \frac{0{,}059}{2}\,V \cdot \log \frac{c(H_2) \cdot c(H_2O)^2}{c(H_3O^+)^2}$$

Die Wasserkonzentration kann als konstant betrachtet werden, dasselbe gilt bei konstantem Außendruck für $c(H_2)$ und damit vereinfacht sich die nernstsche Gleichung wie folgt:

$$U(H_2/H_3O^+) = U_o(H_2/H_3O^+) + 0{,}059\,V \cdot \log c(H_3O^+)$$

Das Standardpotenzial von Wasserstoff beträgt bekanntlich $U_o = 0$ V. Berücksichtigt man noch die Beziehung pH = – log $c(H_3O^+)$ kann die nernstsche Gleichung für das Redoxpaar H_2/H_3O^+ auch wie folgt formuliert werden:

$$U(H_2/H_3O^+) = -0{,}059\,V \cdot pH$$

Nernstsche Gleichung für Nichtmetalle (am Beispiel von Chlor und Sauerstoff)

Für Chlor: $2\,Cl^- - 2\,e^- \rightleftarrows Cl_2$

Bei konstantem Außendruck ist $c(Cl_2)$ wiederum konstant und damit ergibt sich bei Standardtemperatur:

$$U(2Cl^-/Cl_2) = U_o(2Cl^-/Cl_2) - 0{,}059\,V \cdot \log c(Cl^-)$$

Für Sauerstoff: $4\,OH^- - 4\,e^- \rightleftarrows O_2 + 2\,H_2O$

Unter den obigen Voraussetzungen lautet dann die nernstsche Gleichung:

$$U(4OH^-/O_2) = U_o(OH^-/O_2) - 0{,}059\,V \cdot \log c(OH^-)$$

Nernstsche Gleichung für komplexere Redoxpaare (am Beispiel von Dichromat)

In sauer Lösung gilt: $2\,Cr^{3+} + 21\,H_2O - 6\,e^- \rightleftarrows Cr_2O_7^{2-} + 14\,H_3O^+$

Dies ergibt für die nernstsche Gleichung:

$$U(2Cr^{3+}/Cr_2O_7^{2-}) = U_o(2Cr^{3+}/Cr_2O_7^{2-}) - \frac{0{,}059}{6}\,V \cdot \log \frac{c(Cr^{3+})^2}{c(Cr_2O_7^{2-}) \cdot c(H_3O^+)^{14}}$$

In diesem Fall sieht man, dass die Höhe des Redoxpotenzials stark von der Hydroniumionenkonzentration bzw. vom pH-Wert beeinflusst wird.

Mithilfe der nernstschen Gleichung lassen sich für beliebige Konzentrationen und Temperaturen Zellspannungen berechnen. Es gilt wiederum die allgemeine Aussage für die Zellspannung: $U = U_1 - U_2$. Es soll dies an einem Beispiel verdeutlicht werden:

Das galvanische Element besteht aus den Redoxpaaren Cu/Cu^{2+} und Zn/Zn^{2+}. Die Konzentrationen sind $c(Cu^{2+}) = 0{,}1$ mol/l und $c(Zn^{2+}) = 10^{-3}$ mol/l.

Die Zellspannung ergibt sich für $T = 298$ K zu $U = U(Cu/Cu^{2+}) - U(Zn/Zn^{2+})$

$$= U_o(Cu/Cu^{2+}) + \frac{0{,}059}{2} \cdot \log 0{,}1 - (U_o(Zn/Zn^{2+}) + \frac{0{,}059}{2}\,V \cdot \log 10^{-3}) = 1{,}159\,V.$$

8.6.2 Bezugs- und Messelektroden

Die nernstsche Gleichung liefert einen Zusammenhang zwischen Elektrodenpotenzial und Konzentration. Durch Messen des Elektrodenpotenzials kann man also Konzentrationen bestimmen. Da aber Elektrodenpotenziale nie direkt bestimmt werden können, benötigt man noch eine zweite Elektrode. Diese zweite Elektrode sollte während der gesamten Messung ein konstantes Potenzial besitzen. Elektroden, die diese Eigenschaft erfüllen, bezeichnet man als **Bezugselektroden**. Die Elektrode, an der sich das konzentrationsabhängige Potenzial ausbildet, wird als **Indikator**- oder **Messelektrode** bezeichnet.

Bezugselektroden

Bezugselektroden sollten nicht nur ein konstantes Potenzial während der Messung besitzen, sondern auch „praxistauglich", also leicht zu handhaben sein. Häufig verwendete Bezugselektroden sind die Silber/Silberchloridund die Quecksilber/Quecksilber(I)-chloridelektrode (Kalomelelektrode).

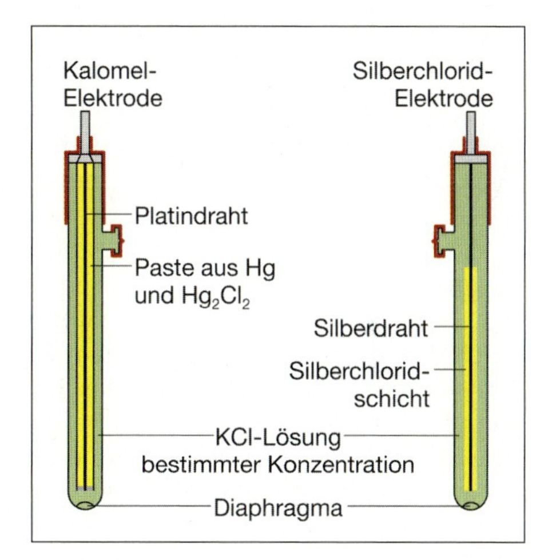

Bezugselektroden

Die genannten Elektroden bezeichnet man auch als Elektroden 2. Art. Dies sind Elektroden, bei denen sich auf der Metalloberfläche eine zweite feste Phase in Form eines schwerlöslichen Salzes des potenzialbildenden Ions befindet. Am Beispiel der Silber/Silberchloridelektrode soll das Prinzip aufgezeigt werden. Nach der nernstchen Gleichung ergibt sich das Elektrodenpotenzial zu:

$$U(Ag/Ag^+) = U_o(Ag/Ag^+) + 0{,}059\,V \cdot \log c(Ag^+)$$

Über das Löslichkeitsprodukt des Silberchlorids ist die Ag^+-Konzentration mit der Cl^--Konzentration verknüpft:

Mit $K_L(AgCl) = c(Cl^-) \cdot c(Ag^+)$ lautet die nernstsche Gleichung:

$$U(Ag/Ag^+) = U_o(Ag/Ag^+) + 0{,}059\,V \cdot \log \frac{K_L(AgCl)}{c(Cl^-)}$$

oder

$U(Ag/Ag^+) = U_o(Ag/Ag^+) + 0{,}059\,V \cdot \log K_L - 0{,}059\ V \cdot \log c(Cl^-)$
und mit
$U_o(Ag/AgCl) = U_o(Ag/Ag^+) + 0{,}059\ V \cdot \log K_L$ ergibt sich:
$U(Ag/AgCl) = U_o(Ag/AgCl) - 0{,}059\,V \cdot \log c(Cl^-)$

Für $c(KCl) = 1\,mol/l$ und $K_L(AgCl) = 1{,}61 \cdot 10^{-10}\ mol^2 \cdot l^{-2}$ (bei $T = 298$ K) berechnet sich daraus ein Wert für das Potenzial der Silber/Silberchloridbezugselektrode von $U = 0{,}223$ V. Bei anderen Temperaturen ergeben sich empirisch abweichende Daten. Die Verbindung zwischen Bezugselektrode und Analysenlösung erfolgt in der Praxis über ein Sinterglasscheibchen in der Bezugselektrode, welches als Diaphragma fungiert (vgl. Abb. Bezugselektroden).

T (K)	U (Ag/AgCl)
273	236,5
283	231,4
288	238,6
293	225,6
298	223,1
333	196,5

Temperaturabhängigkeit der Ag/AgCl-Bezugselektrode

Indikatorelektroden (Messelektroden)

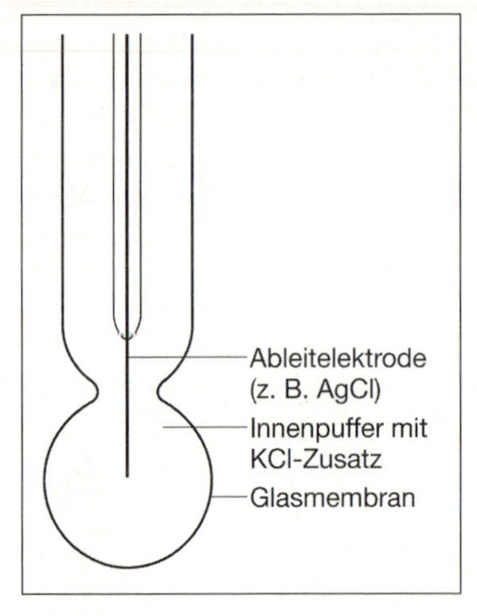

Glaselektrode

Als Indikatorelektroden kommen alle Elektroden infrage, deren Potenzial von der Konzentration des zu untersuchenden Ions abhängt. Für die Konzentrationsbestimmung von Metallkationen wählt man die entsprechenden elementaren Metallelektroden, also z. B. für die Bestimmung von $c(Ag^+)$ ein Silberblech oder einen Silberdraht. Über das Löslichkeitsprodukt lassen sich mit der Silbermesselektrode auch Halogenidionenkonzentrationen bestimmen.

Für die Messung von $c(H_3O^+)$ könnte man theoretisch die Wasserstoffelektrode verwenden. Ihr Nachteil ist jedoch neben ihrer relativ umständlichen Handhabung die beschränkte Einsetzbarkeit. Der Wasserstoff reagiert nämlich z. B. mit manchen organischen Substanzen als Hydrierungsmittel. Darüber hinaus stören Arsenid-, Sulfid- und Cyanidionen und flüchtige Stoffe wie Ammoniak oder Kohlenstoffdioxid werden durch den Wasserstoffstrom aus dem Reaktionsgemisch ausgetrieben. In der Praxis werden deshalb heute sogenannte **Glaselektroden** eingesetzt. Glaselektroden besitzen eine dünne Glasmembran. Im Innern befindet sich eine sogenannte Ableiterelektrode, z. B. eine Silber/Silberchloridelektrode, die in eine Pufferlösung mit konstantem pH-Wert eintaucht. Gibt man die Glaselektrode in eine Lösung mit H_3O^+-Ionen, entsteht eine Potenzialdifferenz, die nur noch vom pH-Wert der Lösung bestimmt wird. Es ergibt sich ein direkt proportionaler Zusammenhang zwischen pH und gemessener Spannung. Der empirisch ermittelte Zusammenhang zwischen pH und U liegt bei neuen Glaselektroden bei ca. 58 mV pro pH-Einheit, also nahe bei den theoretischen 59 mV/pH. Bei pH-Werten > 9 treten zwar Abweichungen auf, die Werte sind aber reproduzierbar (vgl. Abb. Glaselektrode).

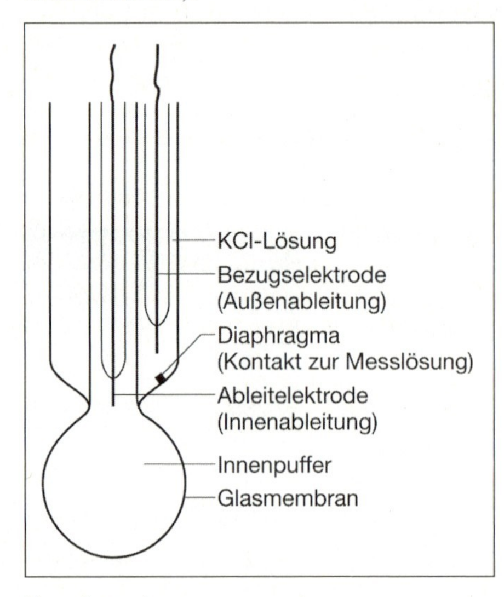

Einstabmesskante

Oft kombiniert man die Glaselektrode mit einer Bezugselektrode zu einer sogenannten **Einstabmesskette**. Über ein Diaphragma besteht von der Bezugselektrode ein Kontakt zur Probelösung (vgl. Abb. Einstabmesskette)

Für Redoxreaktionen, bei denen sowohl die reduzierte als auch die oxidierte Form als Ionen vorliegen, verwendet man **Hilfselektroden**, in der Regel aus Platin. Die Platinelektrode dient hier wiederum lediglich als Medium für die Elektronenübertragung und das Elektrodenpotenzial an der Messelektrode bestimmt sich wie üblich über die nernstsche Gleichung. Für die Bestimmung von Ionen, wie z. B. Natrium- bzw. Kaliumionen, gibt es noch **ionenselektive** Indikatorelektroden, deren Aufbau der Glaselektrode ähnelt.

Aufgaben

(Hinweis: Für alle Aufgaben gelten, sofern nicht anders vermerkt, Standardbedingungen.)

17. *Berechnen Sie die Elektrodenpotenziale für Zink-, Kupfer- und Silberelektrode, mit den Ionenkonzentrationen $c(Me^{z+}) = 10^{-1}$ mol/l und $3 \cdot 10^{-3}$ mol/l.*

18. *Wie groß ist die Potenzialdifferenz einer Konzentrationskette des Redoxpaares Cu/Cu^{2+} mit $c_I(Cu^{2+}) = 1$ mol/l und $c_{II}(Cu^{2+}) = 10^{-4}$ mol/l?*

19. *Wie groß ist das Elektrodenpotenzial einer Silber/Silberchloridelektrode mit $c(KCl) = 10^{-3}$ mol/l? (Vollständige Dissoziation des Kaliumchlorids wird vorausgesetzt.)*

20. *Eine galvanische Zelle besteht aus der Silber/Silberchloridelektrode als Bezugselektrode und einer Wasserstoffelektrode als Messelektrode. Wie groß ist die Potenzialdifferenz der Zelle bei folgenden pH-Werten:* **a.** *pH = 3 und* **b.** *pH = 12?*

21. **a.** *Eine Konzentrationskette besteht aus zwei Wasserstoffelektroden, wobei die eine Elektrode, nämlich die Standardwasserstoffelektrode, als Bezugselektrode dient. Wie groß ist der pH-Wert, wenn eine Spannung von 0,5 V, 0,41 V und 0,82 V gemessen wird?*
b. *Welches Halbelement bildet jeweils die Anode, welches die Kathode?*

22. *Eine Lösung enthält Chrom(III)-ionen und Dichromationen. Die Gleichgewichtskonzentrationen sollen jeweils 1 mol/l betragen. Welchen pH-Wert darf die Lösung nicht überschreiten, damit Bromionen unter Standardbedingungen gerade noch oxidiert werden?*

23. **a.** *Welches Potenzialdifferenz ergibt sich für eine galvanische Zelle, deren eine Elektrode die Wasserstoffelektrode, die andere Elektrode eine von O_2 umspülte Platinelektrode ist? Der gemeinsame Elektrolyt ist eine Kalilauge mit c(KOH) = 0,1 mol/l (vollständige Dissoziation). Damit sich Elektrodenprodukte nicht durchmischen, sind die Elektrodenräume durch ein Diaphragma getrennt.*
b. *Welches Halbelement ist die Anode, welches die Kathode?*

24. **a.** *Eine galvanische Zelle besteht aus der Halbzelle Ag/AgBr mit c(KBr) = 0,1 mol/l und der Halbzelle Ag/Ag^+ mit $c(Ag^+) = 0,1$ mol/l. Die Potenzialdifferenz der galvanischen Zelle ergibt sich zu $\Delta U = 0,593$ V bei Normbedingungen.*
Berechnen Sie das Löslichkeitsprodukt des Silberbromids.
b. *Wie lassen sich die Unterschiede zwischen berechnetem und gemessenem Löslichkeitsprodukt erklären (vgl. Tab. Löslichkeitsprodukte)?*

11. Konzentrationsketten von Kupfer(II)-ionenlösungen

VERSUCHE

Gefahrenhinweise:

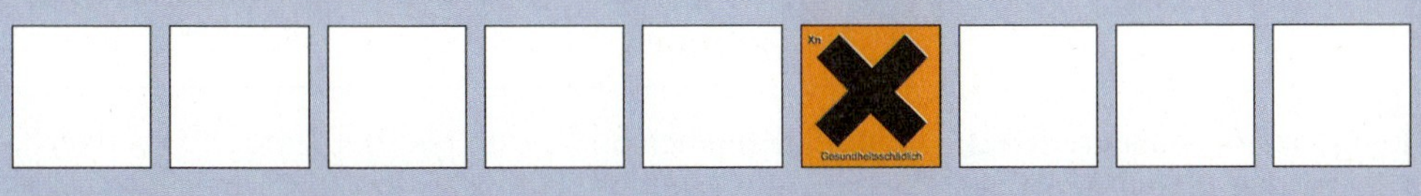

Reagenzien: Kupfer(II)-sulfatlösungen von $c(CuSO_4) = 1$ mol/l bis 10^{-3} mol/l, Kupferblech

Geräte: U-Rohr mit Diaphragma, Voltmeter

Versuchsdurchführung:
Die Lösungen von Kupfer(II)-sulfat werden in Zehnerpotenzabstufungen hergestellt und in die beiden Schenkel des U-Rohrs gleichzeitig eingefüllt. Die Kupferbleche tauchen in die Lösungen. Die Potenzialdifferenzen werden bestimmt.

12. Bestimmung des Elektrodenpotenzials einer Silber/Silberchloridelektrode

Gefahrenhinweise:

Reagenzien: Zink(II)-sulfatlösung $c(ZnSO_4)$ = 1 mol/l, Kaliumnitrat $\omega(KNO_3)$ =10 %, Zink-Blech

Geräte: U-Rohr mit Diaphragma, Voltmeter, Ag/AgCl-Elektrode

Versuchsdurchführung:

Die Lösung von Zink(II)-sulfat wird hergestellt und in einen der beiden Schenkel des U-Rohrs eingefüllt. Das Zinkblech taucht in die Lösung. In den anderen Schenkel des U-Rohrs taucht die Ag/AgCl-Elektrode in Kaliumnitratlösung. Die Potenzialdifferenzen werden bestimmt und mithilfe des Standardpotenzials von Zn/Zn^{2+} U(Ag/AgCl) berechnet.

13. Bestimmung der Elektrodenpotenziale von Glaselektroden

Gefahrenhinweise:

Reagenzien: Salzsäurelösungen mit $c(HCl)$ = 1 mol/l bis 10^{-3} mol/l

Geräte: U-Rohr mit Diaphragma, Voltmeter, pH-Glaselektroden (keine Einstabmessketten!)

Versuchsdurchführung:

Die Lösungen von Salzsäure werden analog zu Versuch 11 hergestellt und entsprechend weiter verfahren. Zur Messung werden zwei Glaselektroden verwandt.

14. Bestimmung des Elektrodenpotenzials einer Silber/Silberchloridelektrode

Gefahrenhinweise:

Reagenzien: Salzsäure $c(HCl)$ = 1 mol/l, Kaliumchloridlösung $c(KCl)$ = 1 mol/l, Silberblech, Kaliumnitrat $\omega(KNO_3)$ = 10 %

Geräte: ev. Gleichstromquelle, Voltmeter, Amperemeter, Grafitstab, Becherglas (250 ml); Reagenzglas, Gummistopfen, Glasrohr

Versuchsdurchführung:

Das Silberblech wird gut abgeschmirgelt. Bessere Ergebnisse erzielt man, wenn man zuvor die Silberoberfläche anodisch oxidiert, d. h. eine Elektrolyse durchführt. Dazu wird das Blech

▶

in die Salzsäurelösung eingetaucht und als Pluspol geschaltet. Als Minuspol dient eine Grafitelektrode. Die Elektrolyse wird bei einer Stromstärke von ca. 20 mA durchgeführt. Nach ca. 20 min. ist die Elektrodenoberfläche genügend oxidiert. Das Blech wird mit deionisiertem Wasser abgespült.

Das abgeschmirgelte oder anodisch oxidierte Silberblech wird in die Kaliumchloridlösung gestellt, die sich in einem Reagenzglas befindet. Die Elektrode wird mit einem einfach durchbohrten Gummistopfen festgeklemmt. Durch die Bohrung wird eine U-förmig gebogenes Röhrchen geführt, welches mit Kaliumnitratlösung gefüllt ist und an beiden Enden gut mit Glaswolle verschlossen. Das Glasrohr, welches in die Kaliumchloridlösung eintaucht, dient als „Diaphragma" zur Messelektrode.

15. Temperaturabhängigkeit des Elektrodenpotenzials

Gefahrenhinweise:

Xn Gesundheitsschädlich

Reagenzien: vgl. Versuch 11

Geräte: Vgl. Versuch 11, zusätzlich Bunsenbrenner bzw. Heizplatte, Becherglas, Thermometer

Versuchsdurchführung:

Wie in Versuch 11 werden Konzentrationsketten aus unterschiedlichen Kupfer(II)-ionenkonzentrationen hergestellt. Vor dem Einfüllen in das U-Rohr werden sie auf verschiedene Temperaturen aufgeheizt (z. B. auf 30 °C und 50 °C). Nach dem Einfüllen wird die Temperatur nochmals genau bestimmt. Die Potenzialdifferenzen werden gemessen und mit den berechneten aus der nernstschen Gleichung verglichen.

16. Zusammenhang zwischen Spannung und pH-Wert bei Einstabmessketten

Gefahrenhinweise:

Reagenzien: Pufferlösungen von pH = 1 bis 10

Geräte: pH-Meter,Voltmeter, Becherglaser (250 ml), Einstabmessketten

Versuchsdurchführung:

Die Einstabmesskette wird zunächst mithilfe zweier Pufferlösungen (z. B. pH = 4 und pH = 7) und einem pH-Meter kalibriert. Dann wird in pH-Abstufungen von ΔpH = 1 die Spannung mit einem Voltmeter gemessen und die Spannung U als f(pH) in einem Schaubild aufgetragen. Aus der Steigung der Kurve wird $\Delta U/\Delta$pH grafisch ermittelt.

8.6.3 Redoxtitrationen, potenziometrische Titrationen

Redoxreaktionen können wie Protolysen für analytische Zwecke eingesetzt werden. Anstelle der pH-Farbindikatoren verwendet man Redoxindikatoren oder man setzt Redoxpaare ein, bei denen sich die oxidierte und die reduzierte Form farblich deutlich unterscheiden. Die Verfahrensweise ist ansonsten bei Redoxtitrationen dieselbe wie bei Säure-Base-Titrationen. Um das Prinzip der Redoxtitrationen zu zeigen, werden zwei Redoxverfahren, die **Manganometrie** und die **Iodometrie** näher behandelt. Beide Titrationsverfahren sind in der Praxis verbreitet, weil sie ohne zusätzlichen Indikator auskommen.

Manganometrie

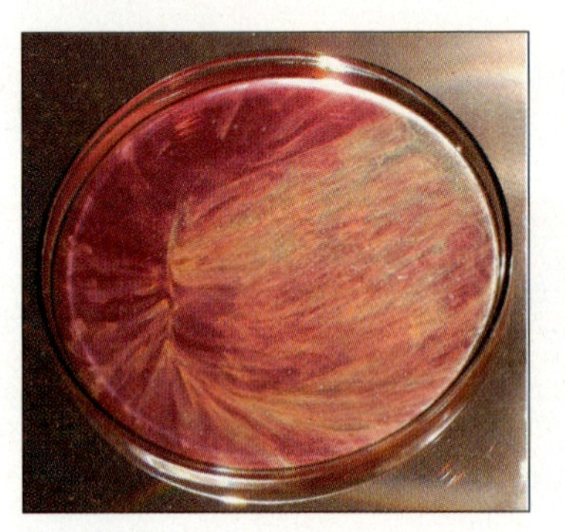

Redoxtitration mit Kaliumpermanganat

Als Oxidationsmittel dient das Permanganation (MnO_4^-) aus dem Kaliumpermanganat. Die Oxidationsstärke ist abhängig vom pH-Wert. Man säuert deshalb mit Schwefelsäure an, um ein möglichst hohes Oxidationspotenzial zu erhalten. Bei sehr niedrigen pH-Werten können die meisten Reduktionsmittel mit Permanganat oxidiert werden. Grundlage der Redoxtitration ist bei niedrigen pH-Werten die Reduktion des Permanganats zum Mangan(II)-ion:

$$MnO_4^- + 8\ H_3O^+ + 5\ e^- \rightleftarrows Mn^{2+} + 12\ H_2O$$

Die Farbe der reduzierten Form des Permanganats, das Mangan(II)-ion, ist schwach rosa und erscheint in verdünnter wässriger Lösung nahezu farblos, die Farbe des Permanganations dagegen tief violett.

So kann man z. B. mit Permanganat Eisen(II)-ionen bestimmen, deren Standardpotenzial bei $U_0 = 0{,}77$ V liegt, während das Standardpotenzial von Permanganat $U_0 = 1{,}51$ V beträgt. Die gesamte Redoxreaktion lautet dann:

$$MnO_4^- + 8\ H_3O^+ + 5\ Fe^{2+} \rightleftarrows Mn^{2+} + 5\ Fe^{3+} + 12\ H_2O$$

Der Endpunkt der Titration ist erreicht, wenn sich die Lösung nicht mehr entfärbt, d. h. ein kleiner Überschuss von Permanganat vorliegt.

Iodometrie

Das Standardpotenzial von $2\ I^-/I_2$ liegt bei $U_0 = 0{,}54$ V. Damit können Reaktionspartner, die ein höheres Redoxpotenzial haben, Iodidionen zu elementarem Iod oxidieren. Stoffe, die ein kleineres Redoxpotenzial besitzen, können dagegen molekulares Iod zu Iodid reduzieren. So wird z. B. Iod durch das Reduktionsmittel Thiosulfat reduziert:

$$5\ I_2 + 10\ S_2O_3^{2-}\ \text{(Thiosulfat)} \rightleftarrows 10\ I^- + 5\ S_4O_6^{2-}\ \text{(Tetrathionat)}$$

und Iodid durch das Oxidationsmittel Permanganat oxidiert:

$$2\ MnO_4^- + 10\ I^- + 16\ H_3O^+ \rightleftarrows 2\ Mn^{2+} + 24\ H_2O + 5\ I_2$$

Auch bei der Iodometrie ist im Prinzip kein zusätzlicher Indikator notwendig, da Wasser durch elementares Iod braun-gelb gefärbt ist, Iodid dagegen farblos ist. Molekulares Iod löst sich allerdings schlecht in Wasser, man gibt deshalb Iodid hinzu und erhält dadurch den gut löslichen I_3^--Komplex. Zur Erhöhung der Empfindlichkeit fügt man etwas Stärkelösung hinzu. Dadurch bildet sich der blau-violette Iod-Stärkekomplex.

Potenziometrische Titration

Der Zusammenhang zwischen Konzentration und Elektrodenpotenzial kann dazu verwendet werden, um den Verlauf und Endpunkt von Titrationen zu bestimmen. Man bezeichnet dieses Verfahren als **potenziometrische Titration**. Potenziometrische Titrationen unterscheiden sich von herkömmlichen Titrationen mit Farbindikatoren nur hinsichtlich der Indikation. Bei Farbindikatoren war es die Farbänderung infolge der sich ändernden Konzentration von $c(\mathrm{HInd})$ und $c(\mathrm{Ind^-})$ während der Titration, bei potenziometrischen Titrationen ändern sich dagegen die Elektrodenpotenziale während des Titrationsverlaufs. Die Vorteile der potenziometrischen Titration sind:

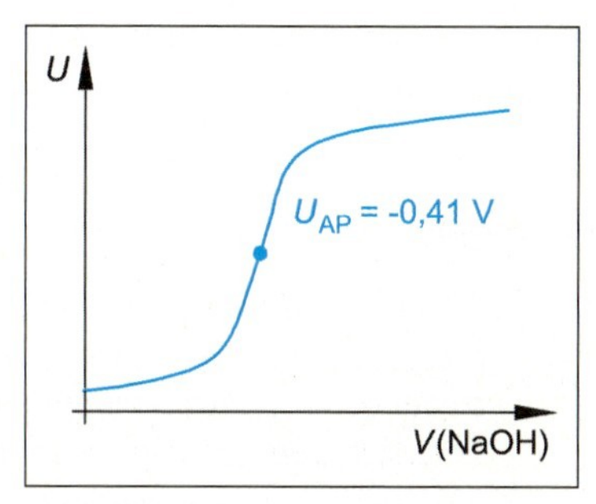

Potenziometrische Titration von starken Säuren (Potenzial an der Wasserstoffelektrode)

- Fehlerquellen durch Farbindikatoren treten nicht auf.
- Der Titrationsverlauf kann besser verfolgt werden.
- Analysen in verschmutzten, farbigen und verdünnten Proben sind unproblematisch.
- Es können neben Säuren und Basen viele Reduktions- und Oxidationsmittel analysiert werden.
- Analysen sind auch während eines Prozesses möglich und verändern die Probelösung nicht und das elektrische Signal (die Elektrodenspannung) kann leicht in Prozesssteuerungen eingesetzt werden, z. B. zur laufenden Kontrolle und Regelung des pH-Werts.

Säure-Base-Titrationen

Die Messung erfolgt in der Regel mit einer Glaselektrode bzw. einer Einstabmesselektrode anstelle der Farbindikatoren. Das Elektrodenpotenzial wird dann in Abhängigkeit vom Titrationsmittel (Säure oder Base) gemessen. Da das Elektrodenpotenzial der Glaselektrode direkt proportional zum pH-Wert ist, kann anstelle des Elektrodenpotenzials auch der pH-Wert verwendet werden. Der Titrationsverlauf enspricht völlig dem bei der Verwendung von Farbindikatoren.

Fällungstitrationen

Als Beispiel betrachten wird die Reaktion von Silberionen mit Chlorionen. Silberionen bilden mit Chloridionen einen schwerlöslichen Niederschlag. Am Äquivalenzpunkt sind $c(\mathrm{Ag^+})$ und $c(\mathrm{Cl^-})$ gleich groß und $c(\mathrm{Ag^+})$ ist damit $c(\mathrm{Ag^+}) = \sqrt{K_L}$.

Damit ist $U(\mathrm{Ag/Ag^+})_{\text{ÄP}} = U_0(\mathrm{Ag/Ag^+}) + 0{,}059\ \mathrm{V} \cdot \log \sqrt{K_L}$ (AgCl). Als Indikatorelektrode verwendet man z. B. ein Silberblech und als Bezugselektrode eine Silber/Silberchloridelektrode.

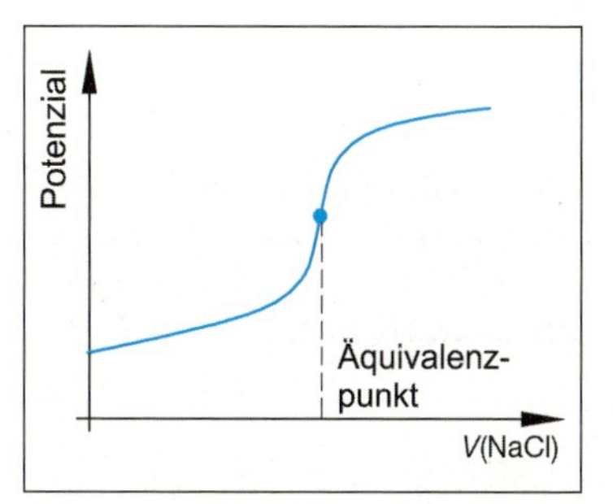

Fällungstitration Silber(I)-nitrat mit Natriumchlorid

Redoxtitrationen

Indikatorelektroden sind in der Regel Platinelektroden. Betrachten wir als Beispiel die Redoxreaktion zwischen Cer(IV)-ionen und Fe(II)-ionen. Die Gleichung lautet:

$$\mathrm{Ce^{4+} + Fe^{2+} \rightleftarrows Fe^{3+} + Ce^{3+}}$$

Am Äquivalenzpunkt sind die beiden Redoxpotenziale wieder gleich groß. Durch Umformen erhält man die Beziehung $U_{ÄP} = 0{,}5 \cdot (U_o(Ce^{3+}/Ce^{4+}) + U_o(Fe^{2+}/Fe^{3+}))$.

Aufgaben

25. *Die Potenzialdifferenz zwischen zwei Wasserstoffelektroden wird gemessen. Die Bezugselektrode ist die Normalwasserstoffelektrode. Die Messelektrode ist ebenfalls eine Wasserstoffelektrode, deren Elektrodenpotenzial sich in Abhängigkeit von der Hydroniumionenkonzentration, d. h. dem pH-Wert, verändert.*

Ausgangspunkt sind 10 ml einer Salzsäure mit c(HCl) = 0,1 mol/l. Titriert wird mit Natronlauge c(NaOH) = 0,1mol/l.

Wie groß ist das Elektrodenpotenzial nach Zugabe folgenden Volumina an Natronlauge: V(NaOH) = 0,00 ml; 1 ml; 5 ml; 9 ml; 9,9 ml; 9,99 ml und 10 ml?

(Hinweis: Das Volumen soll als konstant betrachtet werden.)

26. *Ethansäure wird mit Natronlauge titriert.*

Ausgangspunkt sind 10 ml einer Ethansäure unbekannter Konzentration. Die Natronlauge hat die Konzentration c(NaOH) = 0,1 mol/l.

Das Elektrodenpotenzial der Messelektrode ändert sich mit der Hydroniumionenkonzentration (vgl. Aufg. 25.).

In Abhängigkeit von der Zugabe der Natronlauge ergeben sich folgende Potenzialdifferenzen zwischen der Messelektrode und einer Bezugselektrode:

V (ml NaOH)	10	18	19	19,5	19,9	20	20,1	20,5	21
Δ*U* (Volt)	0,276	0,33	0,35	0,37	0,41	0,51	0,61	0,65	0,67

a. Zeichnen Sie ein Schaubild mit ΔU als f(V ml NaOH).

b. Ermitteln Sie aus dem Schaubild die Stoffmengenkonzentration c(Ethansäure).

VERSUCHE

17. Potenziometrische Titration von Silber(I)-nitratlösung mit Natriumchloridlösung

Gefahrenhinweise:

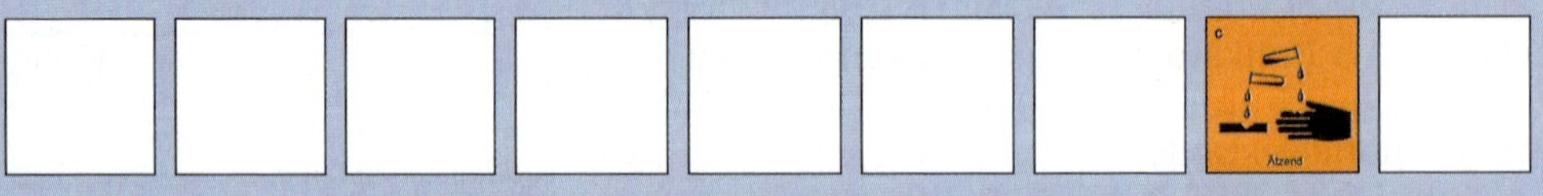

Reagenzien: Silber(I)-nitratlösung ($c(Ag(NO_3)$ = 0,01 mol/l), Natriumchloridlösung (c(NaCl) = 0,01 mol/l)

Geräte: Becherglas, Bürette, Pipette, Magnetrührer mit Rührwerk, Voltmeter, Silberblech, Silber/Silberchloridelektrode

▶

Versuchsdurchführung:

In das Becherglas werden 20 ml Silber(I)-nitratlösung gegeben. In die Lösung tauchen eine Silber/Silberchloridelektrode als Bezugselektrode und das Silberblech als Messelektrode ein. Die Natriumchloridlösung wird über die Bürette in ml Schritten zugefügt. Nach gutem Umrühren wird jeweils die Spannung gemessen. Die Ergebnisse werden in ein Koordinatensystem übertragen (y-Achse: Spannung in mV, x-Achse Volumen in ml NaCl.)

18. Redoxtitration von Iod mit Natriumthiosulfat

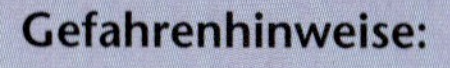

Gefahrenhinweise:

Reagenzien: Iodlösung $c(I_2)$ = 0,1 mol/l, Natriumthiosulfalösung $c(Na_2S_2O_3)$ = 0,1 mol/l, Schwefelsäure $c(H_2SO4)$ = 1 mol/l, Stärkelösung

Geräte: Erlenmeyerkolben, Bürette, Pipette

Versuchsdurchführung:

10 ml der Lösung mit ca. 40 ml deionisiertem Wasser verdünnen und 5 ml Schwefelsäure hinzufügen. Titriert wird mit der Natriumthiosulfatlösung. Vor dem Ende der Titration einige Tropfen Stärkelösung hinzufügen.

(Hinweis: Reproduzierbarere Ergebnisse erzielt man, wenn das Wasser zuvor abgekocht wird, um das störende Chlor zu entfernen.)

8.7 Galvanische Elemente in der Praxis

Galvanische Elemente spielen in der Praxis eine große Rolle bei der elektrochemischen Stromerzeugung. Überall dort, wo keine zentrale Stromversorgung existiert, sind galvanische Elemente als elektrochemische Energiequelle von großer Bedeutung. Im Prinzip können alle galvanischen Elemente zur Stromerzeugung eingesetzt werden, sie müssen jedoch in der Praxis u. a. folgende Anforderungen erfüllen:

- Sie sollen eine hohe Energiedichte und Kapazität besitzen.
- Die Spannungen sollten möglichst hoch sein (im Rahmen der durch die Spannungsreihe vorgegebenen Werte).
- Während der Lagerung sollte die Spannung über einen langen Zeitraum gehalten werden.
- Das Preis-Leistungs-Verhältnis sollte niedrig sein (ökonomische Aspekte).
- Sie sollten den heutigen vielschichtigen Anforderungen an Größe, Ausgestaltung, Sicherheit und Recyclefähigkeit gerecht werden.

Die Vielzahl der in der Praxis eingesetzten galvanische Elemente lässt sich am besten nach folgenden beiden Gesichtspunkten einteilen:

- Reversibilität: Die bei der Stromerzeugung ablaufenden chemischen Prozesse können durch Zufuhr von elektrischer Energie wieder rückgängig gemacht werden (reversible galvanische Elemente). Ist dies nicht möglich, handelt es sich um irreversible galvanische Elemente.
- Kontinuität: Werden chemische Stoffe einmalig vorgegeben und ist nach Ablauf der chemischen Reaktionen keine weitere Stromerzeugung mehr möglich bzw. muss die Zelle wieder aufgeladen werden, erzeugen die Zellen nicht kontinuierlich elektrische Energie. Im Gegensatz dazu führt man bei kontinuierlich arbeitenden Zellen die chemische Energie laufend von außen zu.

Irreversible galvanische Zellen bezeichnet man als **Primärelemente (Batterien)**. Reversible galvanische Zellen sind die **Sekundärelemente (Akkumulatoren)** und kontinuierlich arbeitende Zellen mit von außen laufend zugeführten reduzierbaren bzw. oxidierbaren Stoffen bezeichnet man als **Brennstoffzellen**.

8.7.1 Primärelemente

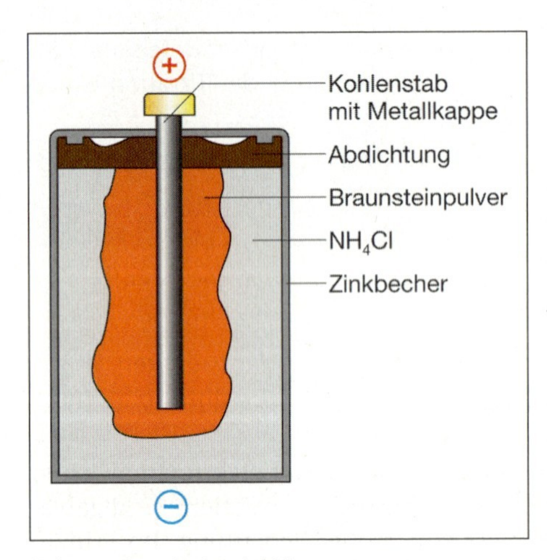

Schema eines Leclanché-Elements

Um einigermaßen große Potenzialdifferenzen zu erhalten, muss ein Redoxpaar mit negativem Redoxpotenzial mit einem mit positivem Redoxpotenzial kombiniert werden. Als negativer Pol käme zum Beispiel ein möglichst unedles Metall infrage. Da als Elektrolytlösung oft Wasser verwendet wird, sind die sehr unedlen Metalle wie Natrium, Kalium und Lithium ausgeschlossen, es sei denn, man arbeitet mit nicht wässrigen Elektrolyten. Außerdem spielen natürlich auch die oben erwähnten ökonomischen Aspekte eine Rolle. Ein Metall, welches die Anforderungen, also relativ unedel, preiswert und chemisch einigermaßen stabil zu sein, weitgehend erfüllt, ist das Zink. Es ist deshalb nicht verwunderlich, dass Zink schon sehr früh als negativer Pol in galvanischen Zellen verwendet wurde. Die Zink-Kohle-Batterie, auch nach ihrem Erfinder, **Leclanché-Element** bezeichnet, ist im Prinzip ohne allzu große Änderung seit gut 150 Jahren im Einsatz.

Der Aufbau der Zink-Kohle-Batterie ist in der Abbildung dargestellt. Der Minuspol (Anode) wird durch einen Zinkbecher gebildet, der meistens durch einen zusätzlichen äußeren Stahlmantel gegen Auslaufen geschützt ist. Der Pluspol (Kathode) wird durch einen Grafitstab gebildet, der aus der Zelle herausragt und in der Regel durch eine Nickelkappe geschützt ist. Im Zellinnern ist der Grafitstab mit einem Gemisch aus Braunstein (MnO_2) und Grafitpulver ummantelt. Der Grafitstab fungiert im Prinzip nur als Hilfselektrode für die Reduktion von Wasser zu Wasserstoff. Als Elektrolyt dient eine wässrige

Lösung von Ammoniumchlorid (NH_4Cl) und Zink(II)-chlorid. Der Elektrolyt ist meistens noch mit einem Verdickungsmittel versetzt. Man bezeichnet deshalb das Leclanché-Element auch als „Trockenbatterie". Unter Belastung laufen an den Elektroden folgende (Primär-)Reaktionen ab:

Minuspol (Anode): $Zn - 2\,e^- \rightleftarrows Zn^{2+}$ (Oxidation)

Pluspol (Kathode): $2\,H_2O + 2\,e^- \rightleftarrows H_2 + 2\,OH^-$ (Reduktion)

Die eigentliche Redoxreaktion (Primärreaktion) ist im Prinzip abgeschlossen, allerdings ergeben sich folgende Probleme:

- Der zunehmende Gasdruck durch den entstehenden Wasserstoff würde die Zelle schädigen.
- Da sowohl die Hydroxidionenkonzentration als auch die Zink(II)-ionenkonzentration immer größer wird, nimmt die Rückreaktion zu, was zu einer immer geringeren Zellspannung führen würde.

Es müssen also durch Folgereaktionen (Sekundärreaktionen) die Hydroxidionen, die Zink(II)-ionen und der Wasserstoff aus dem Reaktionsgemisch entfernt und auch das verbrauchte Wasser wieder rückgebildet werden.

Die Folgereaktionen sind:

$$H_2 + 2\,MnO_2 \rightleftarrows Mn_2O_3 + H_2O$$

$$NH_4^+ + OH^- \rightleftarrows NH_3 + H_2O$$

$$Zn^{2+} + 2\,NH_3 + 2\,Cl^- \rightleftarrows [Zn(NH_3)_2]Cl_2 \downarrow$$

Die Zellspannung beträgt im unbelasteten Zustand $U = 1{,}5$ V. Bei Belastung sinkt die Spannung, da die chemischen Vorgänge wesentlich langsamer ablaufen, als der Elektronentransport über einen äußeren Leiter. Entfernt man die Last, können die chemischen Reaktionen vollends ablaufen und die Spannung steigt wieder auf den Nominalwert.

In der **Alkali-Mangan-Batterie** ist der Zinkbecher durch einen auslaufsicheren Stahlmantel ersetzt. Auch in diesem Element bildet Zink den Minuspol, allerdings besteht er hier aus einer Paste aus Zink. Die Oberfläche des Minuspols ist damit wesentlich größer als beim Leclanché-Element und damit sinkt bei Belastung die Zellspannung nicht so stark ab. Anstelle von Ammoniumchlorid wird Kaliumhydroxid als Elektrolyt verwendet. Die Vorgänge an der Kathode (Grafitstab) und die Sekundärreaktion mit Braunstein sind prinzipiell dieselben wie bei der Zink-Kohle-Batterie. Die bei der Reduktion an der Kathode entstehenden Hydroxidionen werden als löslicher Zinkhydroxikomplex gebunden ($[Zn(OH)_4]^{2-}$). Die Alkali-Mangan-Batterie hat also im Vergleich zur Zink-Kohle-Batterie eine höhere Kapazität, die Zellspannung wird bei Belastung besser stabilisiert und sie neigt auch weniger zur Selbstentladung im nicht belasteten Zustand.

Im Vergleich zu den beiden Vorgängern besitzt die **Lithiumbatterie** eine wesentlich höhere Zellspannung, nämlich über 3 V. Diese für galvanische Elemente außergewöhnliche Potenzialdifferenz erreicht man durch Wahl des sehr unedlen Redoxpaares Li/Li^+. Der Nachteil des unedlen Lithiums ist seine Reaktion mit dem Lösungsmittel Wasser zu Lithiumhydroxid und Wasserstoff. Deshalb muss Wasser durch ein geringer polares organisches Lösungsmittel ersetzt werden, in dem Lithiumchlorat als Elektrolyt gelöst ist.

Das organische Lösungsmittel muss aber noch polar genug sein, um die Dissoziation des Lithiumchlorats zu bewirken. Die Elektrodenvorgänge lassen sich wie folgt formulieren:

Minuspol (Anode): $Li - e^- \rightleftarrows Li^+$ (Oxidation)

Pluspol (Kathode): $Li^+ + e^- \rightleftarrows Li$ (Reduktion)

In der Folge gibt Li ein Elektron an MnO_2 ab:

$$Li + \overset{+IV}{Mn}O_2 \rightleftarrows \overset{+I}{Li}\overset{+III}{Mn}O_2$$

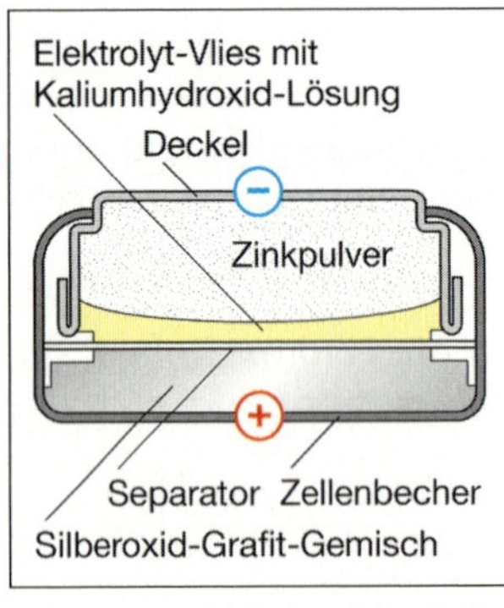

Schema einer Silberoxidknopfzelle

Vorteile der Lithiumzelle sind ihre hohe Lebensdauer (bis fünf Jahre), die schon erwähnte hohe Zellspannung und ihre große Kapazität. Ihr Nachteil ist vor allem ihr relativ hoher Preis, weshalb sie überall dort eingesetzt wird, wo kleine Dimensionen mit entsprechender Kapazität, wie z. B. in Quarzuhren, gefragt sind.

Für ähnlich Einsatzbereiche eignen sich auch sogenannte **Knopfzellen**, wie z. B. die **Zink-Luft-Batterie**, die **Quecksilbe(II)-oxidbatterie** und die **Silber(I)-oxidbatterie**.

Da sie alle ähnlich aufgebaut sind, wird die Silber(I)-oxid-Knopfzelle exemplarisch besprochen.

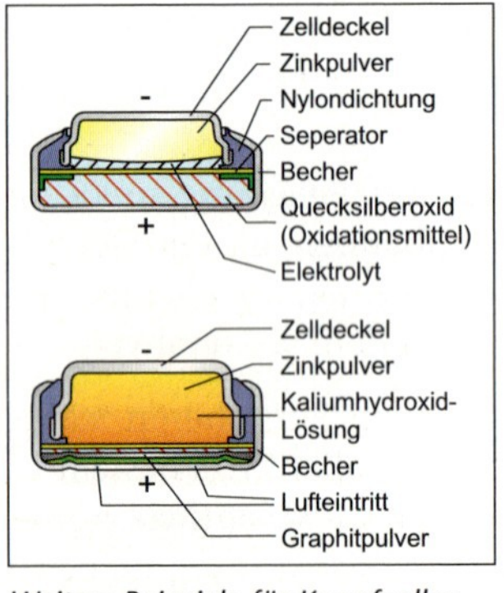

Weitere Beispiele für Knopfzellen

Die Anode wird bei allen drei Knopfzellen wieder durch Zinkpulverpaste gebildet. Bei der Silber(I)-oxidbatterie verwendet man als Kathode ein Gemisch aus Grafit und Silber(I)-oxid. Die Vorgänge an den Elektroden lauten:

Minuspol (Anode): $Zn - 2\,e^- \rightleftarrows Zn^{2+} + 2\,e^-$ (Oxidation)

Pluspol (Kathode): $2\,Ag^+ + 2\,e^- \rightleftarrows 2\,Ag$ (Reduktion)

Anschließend reagieren die O^{2-}-Ionen des Silber(I)-oxids mit Wasser:

$$O^{2-} + H_2O \rightleftarrows 2\,OH^-$$

Aufgaben

27. *Formulieren Sie die Elektrodenreaktion für die Zink-Luft-Batterie. Berechnen Sie die theoretische Spannung bei Normbedingungen (Annahme: pH = 10).*

28. *Informieren Sie sich über die Temperaturabhängigkeit der Spannung U und der Stromstärke I der Zink-Kohle-Batterie (Leclanché-Element).*

19. Herstellung eines Leclanché-Elements

Gefahrenhinweise:

Reagenzien: Ammoniumchloridlösung ω(NH_4Cl) = 20 %), Grafitpulver, Braunstein (MnO_2)

Geräte: Becherglas, Zinkblech, Tonzylinder, Grafitstab, Voltmeter, Glaswolle

Versuchsdurchführung:

Das Zinkblech wird zu einem Zylinder gebogen und in das Becherglas als Anode gestellt. Es sollte gerade an der Wand anliegen. In die Mitte, innerhalb des Zinkzylinders, wird der Tonzylinder gestellt. In ihn kommt ein Gemisch aus 5 g Grafitpuler und 30 g Braunstein, welches mit der Ammoniumchloridlösung zu einer Paste angedickt wurde. In die Paste taucht ein Grafitstab, der oben mit Glaswolle im Tonzylinder fixiert wurde. Zwischen Zinkzylinder und Tonzylinder füllt man mit Ammoniumchloridlösung auf. Der Flüssigkeitsspiegel sollte etwa so hoch wie die Paste im Innern des Tonzylinders sein.

Die Zellspannung wird gemessen.

8.7.2 Sekundärelemente

Der Nachteil der Primärelemente ist, dass sie nur einmal bis zur Entladung eingesetzt werden können. Die Umkehrung, d. h. mithilfe elektrischer Energie chemische Energie zu erzeugen und diese anschließend wieder als elektrische Energiequelle zu nutzen, ist nur bei Sekundärelementen, den Akkumulatoren, möglich. Im Folgenden wird auf den **Blei-**, den **Nickel/Cadmium-** und den **Nickel/Metallhydrid-akkumulator** näher eingegangen.

Bleiakkumulator

Der Bleiakkumulator – historisch gesehen der älteste der Akkumulatoren – existiert schon seit 150 Jahren und wird hauptsächlich als Starterbatterie eingesetzt. Bei der Entladung wird an der Anode Blei zu Blei(II)-ionen oxidiert und an der Kathode Blei(IV)-ionen zu Blei(II)-ionen reduziert. Beim Laden verlaufen die Elektrodenvorgänge in umgekehrter Richtung.

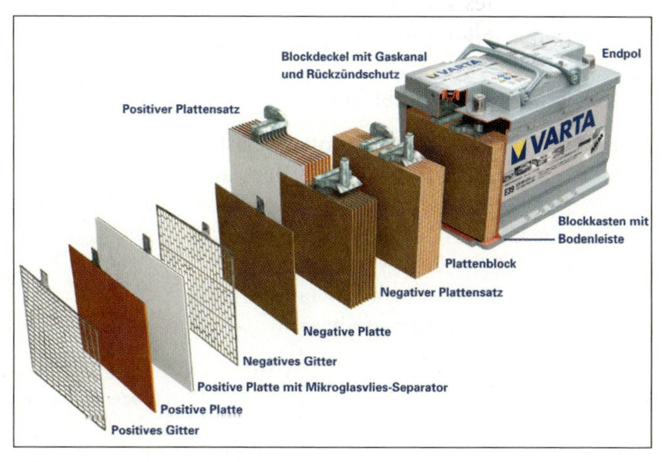

Schema eines Bleiakkumulators

Minuspol (Anode): $Pb - 2\ e^- \rightleftarrows Pb^{2+}$ (Oxidation)

Pluspol (Kathode): $Pb^{4+} + 2\ e^- \rightleftarrows Pb^{2+}$ (Reduktion)

Die Blei(IV)-ionen liegen als Blei(IV)-oxid vor, der gemeinsame Elektrolyt ist Schwefelsäure ($\omega(H_2SO_4) = 20–32\,\%$). Es schließt sich folgende Sekundärreaktion an:

$$2\ O^{2-}\ \text{(aus dem Blei(IV)-oxid)} + 4\ H_3O^+ \rightleftarrows 6\ H_2O$$

Wie man sieht, nimmt also während des Entladevorgangs die Hydroniumkonzentration ab bzw. die Wasserkonzentration zu, d. h. die Säure wird verdünnt.

Als zweite Folgereaktion verbinden sich die kathodisch bzw. anodisch entstandenen Blei(II)-ionen mit den Sulfationen zu Blei(II)-sulfat, welches sich auf den Elektroden ablagert und ab einer bestimmten Ablagerungsschicht den reversiblen Ladevorgang erschwert:

$$2\ Pb^{2+} + 2\ SO_4^{2-} \rightleftarrows 2\ PbSO_4$$

Die Gesamtgleichung lautet also:

$$Pb + Pb^{4+} + 2\ O^{2-} + 4\ H_3O^+ + 2\ SO_4^{2-} \underset{\text{Entladen}}{\overset{\text{Laden}}{\rightleftarrows}} 2\ PbSO_4 + 6\ H_2O$$

Zu weiteren möglichen Reaktionen beim Aufladen vgl. Kap. 8.8. Um die theoretische Zellspannung zu berechnen, benötigt man die Elektrodenpotenziale der beteiligten Redoxpaare und die Konzentrationen der Blei(II)- und Blei(IV)-ionen. Die Konzentration $c(Pb^{2+})$ ergibt sich aus dem Löslichkeitsprodukt von Blei(II)-sulfat zu ungefähr $c(Pb^{2+}) = 5 \cdot 10^{-6}$ mol/l, die Konzentration $c(Pb^{4+})$ ergibt sich aus dem Löslichkeitsprodukt von Blei(IV)-oxid zu ungefähr $c(Pb^{4+}) = 9{,}1 \cdot 10^{-5}$ mol/l. Beide Werte sind natürlich abhängig von Temperatur und Schwefelsäurekonzentration. Setzt man die Werte in die nernstsche Gleichung ein (mit $U_0(Pb/Pb^{2+}) = -0{,}13$ V und $U_0(Pb^{2+}/Pb^{4+}) = 1{,}74$ V) erhält man $U(Pb/Pb^{2+}) = -0{,}28$ V und $U(Pb^{2+}/Pb^{4+}) = 1{,}78$ V. Die gesamte theoretische Zellspannung beträgt also $U = 2{,}06$ V, was der empirisch gemessenen ziemlich genau entspricht.

Beim Einsatz des Bleiakkumulators als Autobatterie werden sechs Zellen hintereinandergeschaltet. Man erhält dadurch eine theoretische Gesamtspannung von $U = 12{,}36$ V.

Nickel-Cadmiumakkumulator

Beim Nickel-Cadmiumakkumulator bestehen die Elektroden aus Stahlblechen, auf denen sich im geladenen Zustand Cadmium (Anode) bzw. Nickel(III)-oxidhydroxid (Kathode) befinden. Der Elektrolyt ist Kalilauge. Beim Entladen laufen folgende Primärreaktionenen ab:

Minuspol (Anode): $Cd - 2\ e^- \rightleftarrows Cd^{2+}$ (Oxidation)

Pluspol (Kathode): $2\ Ni^{3+} + 2\ e^- \rightleftarrows 2\ Ni^{2+}$ (Reduktion)

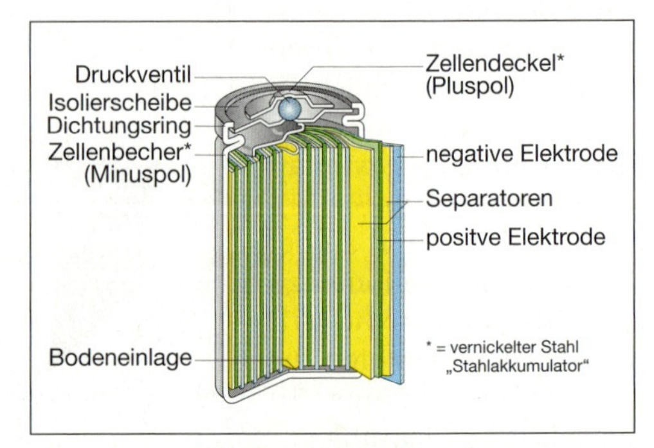

Schema eines Nickel-Cadmiumakkumulators

Die $2[O(OH)]^{3-}$-Ionen des Nickel(III)-oxidhydroxid (NiOOH) reagiert mit Wasser zu Hydroxidionen:

$$2[O(OH)]^{3-} + 2\,H_2O \rightleftarrows 6\,OH^-$$

Die Gesamtgleichung lautet:

$$Cd + 2\,NiO(OH) + 2\,H_2O \underset{\text{Entladen}}{\overset{\text{Laden}}{\rightleftarrows}} Cd(OH)_2 + 2\,Ni(OH)_2$$

Die Zellspannung beträgt ungefähr 1,3 V.

Nickel-Metallhydridakkumulator

Beim Nickel-Metallhydridakkumulator besteht die Anode aus einer Metalllegierung, die Wasserstoff als Metallhydrid speichert. Die Kathode und der Elektrolyt sind dieselben wie beim Nickel-Cadmiumakkumulator. Es wird deshalb nur die anodische Reaktion formuliert:

z. B. Minuspol (Anode): $MeH + OH^- - e^- \rightleftarrows Me + H_2O$ (Oxidation).

Die Gesamtgleichung lautet:

$$MeH + NiO(OH) \rightleftarrows Me + Ni(OH)_2$$

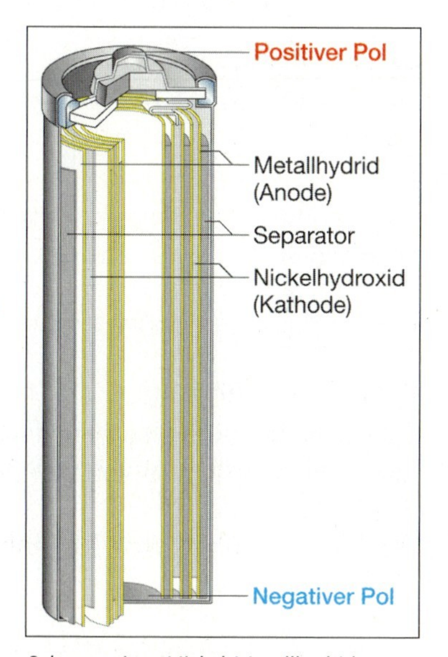

Schema eines Nickel-Metallhydridakkumulators

Die Tabelle „Eigenschaften von Akkumulatoren“ zeigt die Vor- und Nachteile der besprochenen Sekundärelemente.

	Blei-Akku	Ni/Cd-Akku	Ni/MH-Akku
Energiedichte (volumenbezogen)	–	–	++
Zyklenverhalten	–	++	++
Selbstentladung	+	+	+
Schnellladefähigkeit	–	++	+
Spannungsstabilität beim Entladen	–	++	++
Hochstrombelastbarkeit	–	++	+
Zuverlässigkeit	++	+	+
Kosten	++	+	–
Umweltverträglichkeit	–	– –	++

Eigenschaften von Akkumulatoren

Aufgaben

29. *Welcher Zusammenhang besteht beim Bleiakku zwischen der Dichte der Schwefelsäure und dem Ladezustand der Zelle?*

30. *a. Berechnen Sie die Elektrodenpotenziale und die Gesamtspannung beim Bleiakku.*

b. Wie groß ist die theoretische Blei(II)-ionenkonzentration im Elektrolyten?

VERSUCH

19. Herstellung eines Blei(II)-akkus

Gefahrenhinweise:

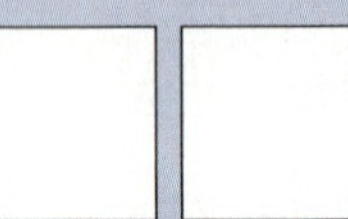

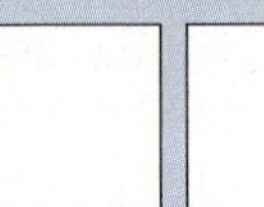
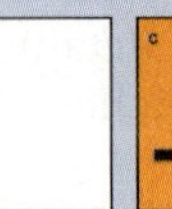
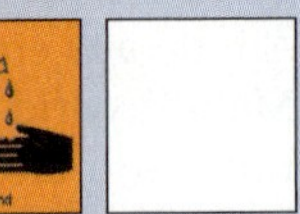

Reagenzien: Schwefelsäurelösung ($\omega(H_2SO_4) = 20\,\%$), Bleibleche

Geräte: Becherglas, Voltmeter, Gleichspannungsquelle

Versuchsdurchführung:

Die beiden Bleibleche tauchen in die Schwefelsäure. Zur Herstellung des Blei(IV)-oxids führt man zunächst eine Elektrolyse durch. Dazu legt man eine Spannung von 8–12 V an die Elektroden. Die Stromstärke sollte 1 A nicht überschreiten. Dauer der Elektrolyse: ca. 20 min. Danach wird die Gleichspannungsquelle entfernt und die Spannung gemessen.

8.7.3 Brennstoffzellen

Bei den **Brennstoffzellen** liegen, wie erwähnt, das Reduktions- und das Oxidationsmittel nicht permanent in der elektrochemischen Energiequelle vor, sondern werden je nach Bedarf von außen zugeführt. Der am längsten genutzte „Brennstoff“, d.h. das Reduktionsmittel, ist Wasserstoff. Sein Reaktionspartner ist das Oxidationsmittel Sauerstoff. Betrachtet man die Gesamtreaktion, handelt es sich letzlich um eine Knallgasreaktion. Allerdings wird die dabei freiwerdende Energie zum überwiegenden Teil als elektrische Energie und nicht als Wärme freigesetzt (der Wirkungsgrad, d.h. das Verhältnis von gewonnener elektrischer Energie und aufgewandter chemischer Energie, liegt bei über 80 %). Dies wird dadurch erreicht, dass die beiden Reaktanden über einen Katalysator, in der Regel Platin, geleitet werden. Anoden- und Kathodenraum sind durch ein Diaphragma getrennt, der Elektrolyt ist Kalilauge ($\omega = 20–25\,\%$).

Die an Kathode und Anode ablaufenden Elektrodenvorgänge lauten:

Minuspol (Anode): $2\,H_2 + 4\,OH^- - 4\,e^- \rightleftarrows 4\,H_2O$ (Oxidation)

Pluspol (Kathode) $O_2 + 2\,H_2O + 4\,e^- \rightleftarrows 4\,OH^-$ (Reduktion)

und die Gesamtreaktion: $2\,H_2 + O_2 \rightleftarrows 2\,H_2O$

Die Zellspannung beträgt $U = 1{,}2$ V (vgl. Aufg. 31).

Das Hauptproblem der mit Wasserstoff und Sauerstoff betriebenen Brennstoffzelle liegt vor allem in der Natur des Wasserstoffs. Er lässt sich auch bei hohen Drücken erst bei extrem tiefen Temperaturen verflüssigen. Dies führt dazu, dass vor allem beim möglichen Einsatz der Brennstoffzelle in elektrobetriebenen Kraftfahrzeugen, ein großer Energieaufwand allein für die Verflüssigung von Wasserstoff verwendet werden müsste, denn erst durch die Verflüssigung würde man eine einigermaßen sinnvolle Speicherkapazität erreichen. Der Wirkungsgrad wird dann aber wesentlich schlechter als der theoretische Wert von über 80 %. Es gibt deshalb viele Varianten, die letztlich alle darauf hinauslaufen, dass die beiden Gase, vor allem der Wasserstoff, in eine flüssige oder zumindest unter Druck verflüssigbare bzw. im Elektrolyten lösliche Verbindung überführt wird. Sauerstoff könnte z. B. in Form von Wasserstoffperoxid (H_2O_2) gebunden werden, aus dem dann Sauerstoff katalytisch freigesetzt wird. Anstelle von Wasserstoff kann z. B. das Hydrazin (N_2H_4) verwendet werden, welches flüssig und darüber hinaus im Elektrolyten löslich ist. Wasserstoff kann auch als Metallhydrid gespeichert werden. Beide Varianten weisen jedoch erhebliche Nachteile auf: Hydrazin ist sehr giftig und Metallhydridspeicher sind teuer und haben auch eine relativ große Masse, die die Gesamtmasse von Kraftfahrzeugen und dadurch den Energieverbrauch erhöhen. Anstelle von Wasserstoff werden auch Energieträger (z. B. Methanol (CH_3OH)) verwendet, aus denen sich in einem der Brennstoffzelle vorgeschalteten Prozess Wasserstoff erzeugen lässt. Der Nachteil ist wiederum der erheblich geringere Wirkungsgrad, da ein Teil der Energie zur Wasserstofferzeugung benötigt wird. Zudem stellt sich die Frage, weshalb dann nicht gleich Methanol in einem Verbrennungsmotor eingesetzt wird. Wird Methanol aus einem fossilen Brennstoff hergestellt, ist auch der ökologische Aspekt, Kohlenstoffdioxidemissionen zu vermeiden, fragwürdig. Die Emission wird nur zeitlich verschoben.

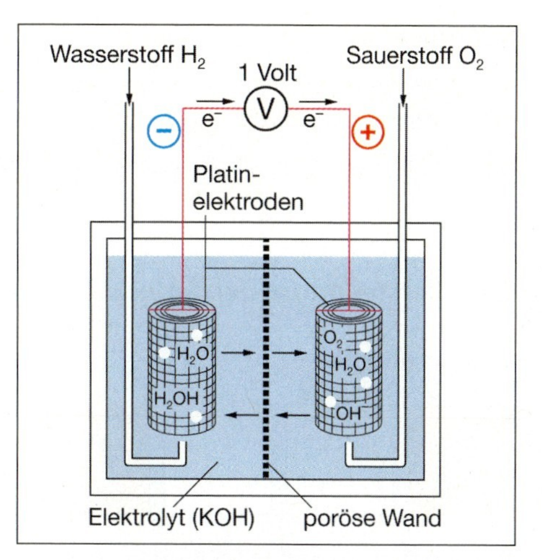

Schema einer Brennstoffzelle

Zusammenfassend lässt sich sagen:

- Wird Wasserstoff aus fossilen Brennstoffen erzeugt, ist die ökologische Gesamtbilanz, wenn überhaupt, nur unwesentlich besser als bei Verwendung der fossilen Brennstoffe in Verbrennungsmotoren.
- Brennstoffzellen können eine Alternative zur konventionellen Energiezeugung sein, wenn der Wasserstoff mithilfe regenerierbarer Energien, wie Solar- oder Windenergie erzeugt wird. Selbst hier stellt sich die Frage, ob es sinnvoll ist, die alternativ gewonnene elektrische Energie nicht direkt, sondern über den Umweg der Wasserstofferzeugung einzusetzen. Es bleibt dann nur noch das Argument der besseren Speicherung von chemischer Energie, in diesem Fall in Form von Wasserstoff.
- Eine lokale Verwendung der Brennstoffzelle ist einer delokalisierten, wie z. B. in Kraftfahrzeugen, wegen der genannten Probleme der Verflüssigung des Wasserstoffs vorzuziehen.

Aufgaben

31. *Berechnen Sie mithilfe der nernstschen Gleichung die Elektrodenpotenziale und die Gesamtspannung bei der Brennstoffzelle. Gehen Sie von einem pH-Wert von pH = 10 aus.*

32. *Stellen Sie die Reaktionsgleichung für die Oxidation des Hydrazins in der Brennstoffzelle auf.*

VERSUCH

20. Herstellung einer Brennstoffzelle

Gefahrenhinweise:

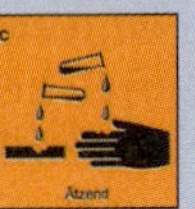

Reagenzien: Kalilauge (ω(KOH) = 20 %), Sauerstoff, Wasserstoff

Geräte: Becherglas, Tonzylinder, palladinierte/platinierte Nickelnetze oder Platinnetze, Voltmeter, Gaseinleitungsrohre

Versuchsdurchführung:
Die palladinierten/platinierten Nickelnetze (Platinnetze) tauchen in je einen Tonzylinder gefüllt mit Kalilauge. Beide Tonzylinder stehen in dem Becherglas, welches ebenfalls mit Kalilauge gefüllt ist. Die Elektroden sollten komplett mit Lauge bedeckt sein. Wasserstoff bzw. Sauerstoff wird in gleichmäßigem Gasstrom über die Netze geleitet (am besten über eine Glasfritte). Die Spannung wird gemessen.

8.8 Elektrolysen

Während galvanische Elemente chemische Energie in elektrische Energie umwandeln, findet bei einer Elektrolyse der umgekehrte Prozess statt. Diese Umkehrung der Energieumwandlung ist uns bereits beim Laden von Sekundärelementen begegnet.

Dass es sich auch hier um Redoxvorgänge handelt, erkennt man am Beispiel des Ladevorgangs beim Bleiakkumulator. An der einen Elektrode werden Blei(II)-ionen zu Blei(IV)-ionen oxidiert, an der anderen Blei(II)-ionen zu elementarem Blei reduziert.

Im Falle einer Gleichspannungsquelle fungiert also eine Elektrode als Reduktionsmittel, die andere als Oxidationsmittel. Diejenige Elektrode, an der die Reduktion abläuft, wird analog zu der Bezeichnung bei den galvanischen Elementen als Kathode bezeichnet. Während aber bei den galvanischen Elementen die Kathode den Pluspol bildete, ist bei den Elektrolysen die Kathode der Minuspol. Für die Anode gilt entsprechend: Unabhängig davon, ob es sich um ein galvanisches Element oder eine Elektrolyse handelt, ist diejenige Elektrode, an der eine Oxidation stattfindet, die Anode. Beim galvanischen Element ist dies der Minuspol, bei der Elektrolyse der Pluspol. Die Oxidation schließt auch die Oxidation des Elektrodenmaterials selbst mit ein.

Kathode und Anode lassen sich also in die Redoxreihe einordnen. Da sich die Stärke des Reduktions- bzw. Oxidationsmittels, d. h. das Elektrodenpotenzial, im Prinzip beliebig hoch einstellen lässt, ist die Kathode das relativ stärkste Reduktionsmittel, steht also in der Redoxreihe ganz links oben, die Anode das relativ stärkste Oxidationsmittel, steht also in der Redoxreihe ganz rechts unten. Damit erklärt sich auch, wie überhaupt aus dem schwächsten Oxidationsmittel (in der Reihe Li^+) elementares Lithium hergestellt werden kann, da man ja ein noch stärkeres Reduktionsmittel als Lithium benötigt. Dies trifft entsprechend auf die Oxidation des schwächsten Reduktionsmittels (F^-) zu molekularem Fluor zu. Auch hier benötigt man ein noch stärkeres Oxidationsmittel als Fluor. Mit entsprechend eingestellten Elektrodenpotenzialen an Kathode und Anode lassen sich also prinzipiell alle in der Redoxreihe aufgeführten Oxidationsmittel bzw. Reduktionsmittel herstellen.

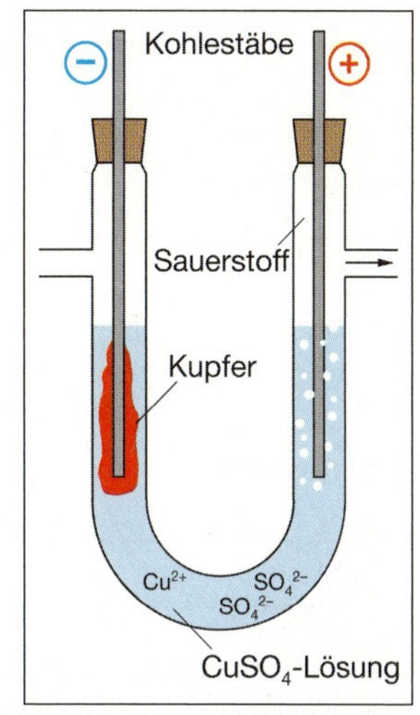

Elektrolyse von Kupfer(II)-sulfat

Neben der Gleichspannungsquelle mit Kathode und Anode benötigt man noch ein Medium, welches den Transport von Ladungen von Anode zu Kathode gewährleistet. Dies sind entweder Salzschmelzen oder – in der Regel wässrige – Lösungen von Salzen. Bei Lösungen muss man berücksichtigen, dass auch das Lösungsmittel oxidiert bzw. reduziert werden kann.

Beispiel

Das Prinzip der Elektrolyse soll am Beispiel der Elektrolyse einer Kupfer(II)-sulfatlösung verdeutlicht werden.

Welche Teilchen können in diesem Fall grundsätzlich an der Kathode reduziert, bzw. an der Anode oxidiert werden, d. h. welche Oxidationsmittel bzw. Reduktionsmittel befinden sich in der Lösung?

Die Oxidationsmittel sind die Kupfer(II)-ionen, daneben aber auch das Wasser, welches durch Aufnahme von Elektronen reduziert werden kann.

Die Reduktionsmittel sind die Sulfationen und auch wieder Wasser, welches durch Abgabe von Elektronen oxidiert werden kann.

Folgende chemische Reaktionen können ablaufen:

Minuspol (Kathode):	$Cu^{2+} + 2\,e^-$	$\rightleftarrows$	Cu	(Reduktion)
bzw.	$2\,H_2O + 2\,e^-$	$\rightleftarrows$	$H_2 + 2\,OH^-$	(Reduktion)
Pluspol (Anode)	$2\,SO_4^{2-} - 2\,e^-$	$\rightleftarrows$	$S_2O_8^{2-}$	(Oxidation)
bzw.	$6\,H_2O - 4\,e^-$	$\rightleftarrows$	$O_2 + 4\,H_3O^+$	(Oxidation)

Geht man von einem pH-Wert von 7 und im Übrigen von Standardbedingungen aus, ergibt sich aus der nernstschen Gleichung für das Redoxpotenzial von H_2/H_2O $U(H_2/H_2O) = -0{,}41$ V und für H_2O/O_2 $U(H_2O/O_2) = +0{,}41$ V, für Cu/Cu^{2+} $U(Cu/Cu^{2+}) = 0{,}34$ V und für $2\,SO_4^{2-}/S_2O_8^{2-}$ $U(2\,SO_4^{2-}/S_2O_8^{2-}) = 2{,}\,01$ V. Solange also Kupferionen in der Lösung vorhanden sind und solange das Reduktionspotenzial an der Kathode größer als $U = -0{,}41$ V ist, werden Kupfer(II)-ionen zu elementarem Kupfer reduziert. An der Anode wird Wasser zu Sauerstoff oxidiert, wenn das Anodenpotenzial mindestens $U = +0{,}41$ V ist. Erst ab einem Anodenpotenzial von über 2,08 V könnten theoretisch die Sulfationen oxidiert werden. Man könnte auch sagen, das stärkere Oxidationsmittel (Cu^{2+}) wird zuerst reduziert, das stärkere Reduktionsmittel (H_2O) zuerst oxidiert. Als Gesamtreaktion ergibt sich also: An der Kathode wird Kupfer abgeschieden, an der Anode entsteht Sauerstoff.

8.8.1 Zersetzungsspannung

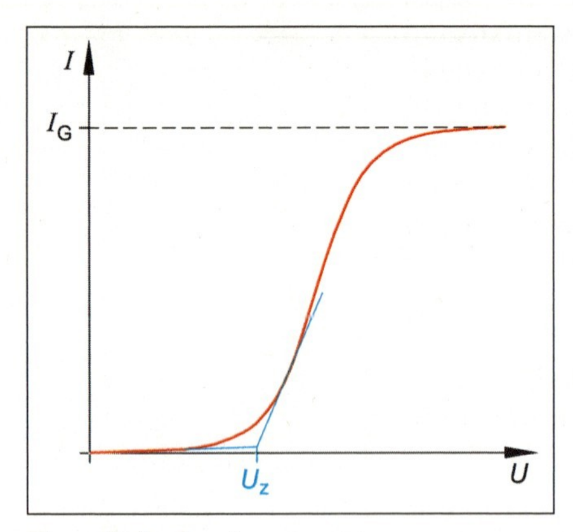

Theoretische Zersetzungsspannung von Schwefelsäure

Im Folgenden soll der Zusammenhang zwischen Stromstärke und der von außen angelegten Spannung genauer betrachtet werden.

Exemplarisch wird die Elektrolyse von Schwefelsäure an zwei Platinelektroden unter Standardbedingungen betrachtet. Unterhalb dem Betrag der beiden Redoxpotenziale fließt kein merklicher Strom. Zwar diffundieren aufgrund der angelegten Spannung einzelne H_3O^+ an die Kathode und werden dort zu Wasserstoff reduziert. Ebenso werden einzelne Wassermoleküle an der Anode zu Sauerstoff oxidiert. Beide Gase verbleiben aber auf den Elektroden. Dadurch entsteht das galvanische Element $H_2/H_3O^+//H_2O/O_2$. Die beiden Platinelektroden wurden zur Wasserstoff- bzw. Sauerstoffelektrode. Die Spannung des galvanischen Elements ist der außen angelegten Spannung entgegengerichtet. Man bezeichnet das Entstehen von einem galvanischen Element, dessen Potenzialdifferenz der außen angelegten Spannung entgegengerichtet ist, auch als **Polarisation**. Die Elektroden wurden durch das entstehende galvanische Element **polarisiert**. Theoretisch fließt also kein Strom, da die resultierende Spannung $U = 0$ V ist. Da sich ab und zu doch einige Gasbläschen wieder von den Elektroden lösen und darauf hin erneut Teilchen reduziert bzw. oxidiert werden, kann man in der Praxis trotzdem einen schwachen Strom feststellen. Die Polarisationsspannung wird mit Zunahme der äußeren Spannung immer größer, die resultierende Spannung bleibt jedoch (theoretisch) $U = 0$ V. Wird der Partialdruck der beiden Gase so groß wie der Außendruck, bleibt die Polarisationsspannung (Zellspannung) konstant und die resultierende Spannung wird $U > 0$ V. Ab diesem Zeitpunkt beginnt eine merkliche Gasentwicklung von Wasserstoff und Sauerstoff, die Schwefelsäurelösung beginnt sich zu „zersetzen". Man erhält jetzt eine lineare Beziehung zwischen Spannung und Stromstärke, die Zelle verhält sich wie ein ohmscher Widerstand. Steigert man die Spannung noch weiter, wird der Punkt erreicht, an dem alle an die Elektroden herandiffundierenden reduzierbaren bzw. oxidierbaren Teilchen sofort reduziert bzw. oxidiert werden. Da die Diffusionsgeschwindigkeit unabhängig von der angelegten Spannung ist, bleibt der Stromfluss, d. h. die Stromstärke, auch bei einer weiteren Steigerung der Spannung konstant. Der Grenzwert der Stromstärke ist dann nur noch abhängig von der Konzentration der betreffenden Teilchen. Man bezeichnet den Grenzwert als Grenzstrom I_G.

Die Spannung, die zur Überwindung der entstehenden Elektrodenpotenziale notwendig ist, bezeichnet man als **Zersetzungsspannung**. Für pH = 0 und sonstige Standardbedingungen entspricht sie theoretisch der Differenz der beiden Redoxpotenziale. Im Fall der Elektrolyse von Schwefelsäure ist dies $U = U(H_2O/O_2) - U_o(H_2/H_3O^+) = 1{,}23\ V - 0\ V = 1{,}23\ V$.

Der experimentell ermittelte Wert der Zersetzungsspannung ist jedoch immer größer als die theoretische Potenzialdifferenz. Ein Grund dafür ist, dass der Elektrolyt einen bestimmten ohmschen Widerstand besitzt. In manchen Fällen ergibt sich jedoch eine allein mit dem ohmschen Widerstand nicht mehr erklärbare deutlich höhere Differenz zwischen der erwarteten und der experimentell ermittelten Zersetzungsspannung. Die Erklärung für diese „Überspannungen" liegt in zusätzlich benötigten Aktivierungsenergien.

8.8.2 Überspannung

Gas	Elektrodenmaterial	Stromdichte in $A \cdot cm^{-2}$			
		10^{-3}	10^{-2}	10^{-1}	10^{0}
Wasserstoff	Pt (platiniert)	– 0,02	– 0,04	– 0,05	– 0,07
	Pt (blank)	– 0,12	– 0,23	– 0,35	– 0,47
	Grafit	– 0,60	– 0,78	– 0,97	– 1,03
	Quecksilber	– 0,94	– 1,04	– 1,15	– 1,25
Sauerstoff	Pt (platiniert)	0,40	0,52	0,64	0,77
	Pt (blank)	0,72	0,85	1,28	1,49
	Grafit	0,53	0,90	1,09	1,24
Chlor	Pt (platiniert)	0,006	0,016	0,026	0,08
	Pt (blank)	0,008	0,03	0,054	0,24
	Grafit	0,1	0,12	0,25	0,50

Überspannungen an Kathode und Anode

Wie schon erwähnt, liegt die für die Elektrodenprodukte benötigten Zersetzungsspannung in der Praxis deutlich über dem theoretischen Wert. So misst man z. B. für die exemplarisch behandelte Elektrolyse von Schwefelsäure je nach Elektrodenmaterial, Elektrodendimensionierung und Stromdichte statt der erwarteten Zersetzungsspannung von $U = 1{,}23$ V, Werte zwischen $U = 1{,}65$ V bis über 3,5 V. Diese **Überspannungen** (η) lassen sich für Kathode und Anode getrennt experimentell bestimmen. Die Literaturwerte zu den Überspannungen schwanken beträchtlich, vor allem bezüglich der Überspannung des Sauerstoffs, da sich die Überspannung im Verlauf der Elektrolyse ändert. Neben den genannten Einflüssen auf die Überspannung spielt auch die Temperatur ein Rolle. Überspannungen kommen also offensichtlich durch kinetische Effekte zustande, unterschiedliche Oberflächen und Materialien wirken sich auf die jeweils benötigten Aktivierungsenergien aus. Vergleicht man z. B. die in der Tabelle angegebene kathodische Überspannung von Wasserstoff an Platinelektroden, ist der Effekt bei der platinierten Platinelektrode (größere Oberfläche) kleiner als an der blanken Oberfläche des Platins. An Quecksilber als Kathodenmaterial treten immer sehr hohe Überspannungen im Vergleich zu Platinelektroden auf.

Aus den genannten Aspekten zur Überspannung ergeben sich folgende Konsequenzen:

- Ist ein hohe Überspannung unerwünscht, arbeitet man mit großen Elektrodenoberflächen und bevorzugt mit Platin als Elektrodenmaterial.
- Für die Reaktion von Stoffen an den Elektroden müssen neben den theoretischen Redoxpotenzialen die zusätzlichen Überspannungen berücksichtigt werden. Diese „realen“ Elektrodenpotenziale bezeichnet man als Abscheidungspotenziale.
- Bei Elektrolysen laufen immer diejenigen Elektrodenprozesse ab, die die geringste Zersetzungsspannung benötigen. Dies bedeutet, dass zunächst an der Kathode immer diejenigen Stoffe (Oxidationsmittel) mit dem relativ größeren Abscheidungspotenzial reduziert werden, an der Anode dagegen zunächst immer diejenigen Stoffe (Redukti-

onsmittel) mit dem relativ kleinsten Abscheidungspotenzial oxidiert werden. Erhöht man die Spannung, können auch Stoffe mit kleinerem Abscheidungspotenzial kathodisch reduziert, bzw. Stoffe mit größerem Abscheidungspotenzial anodisch oxidiert werden. Bei hohen Spannungen laufen dann bevorzugt die Elektrodenprozesse in ihrer aus der Redoxreihe bekannten Reihenfolge ab.

- Die Überspannung ermöglicht Elektrodenprozesse, die theoretisch infolge ihrer Stellung in der Redoxreihe gar nicht möglich wären.

  Beispiele sind die kathodische Abscheidung von unedlen Metallen wie Blei (vgl. Bleiakkumulator), Zinn und Nickel aus wässrigen Lösungen, wenn das kathodische Elektrodenpotenzial größer als das Abscheidungspotenzial des Wasserstoffs ist. Am Beispiel des Ladevorgangs beim Bleiakkumulator soll dies verdeutlichen werden:

Beispiel

Vergleicht man die Redoxpotenziale von Pb/Pb^{2+} ($U_o(Pb/Pb^{2+})$ = –0,13 V) und H_2/H_3O^+ ($U_o(H_2/H_3O^+)$ = 0 V) miteinander, müsste beim Laden des Bleiakkumulators an der Kathode Wasserstoff entstehen, da das Elektrodenpotenzial des Wasserstoffs größer ist als dasjenige des Bleis. Durch die Überspannung kehrt sich die Reihenfolge um. Allerdings ist auch bei niedrigen Ladespannungen eine leichte Gasentwicklung durch den Wasserstoff nicht zu vermeiden, vor allem, wenn mit fortschreitender Verringerung der Blei(II)-ionenkonzentration das Abscheidungspotenzial des Bleis abnimmt (analog dazu entsteht an der Anode Sauerstoff). Setzt man nach dem Aufladen die Stromzufuhr fort, zersetzt sich nur noch Wasser zu Wasserstoff (Kathode) und Sauerstoff (Anode).

In der folgenden Tabelle sind die kathodischen bzw. anodischen Elektrolyseprodukte ohne Überspannung η, also lt. Spannungsreihe, und mit Überspannung (Annahme η = +/–1 V) einiger Elektrolysen zusammengefasst. Die Reaktionsbedingungen entsprechen, sofern nicht anders angegeben den Standardbedingungen, Elektrodenmaterial ist Platin, der pH-Wert 0, sofern nicht abweichend vermerkt.

Elektrolyt	Kathode ohne η (Nebenprodukte)	Anode ohne η (Nebenprodukte)	Kathode mit η (Nebenprodukte)	Anode mit η (Nebenprodukte)
Na_2SO_4 (pH = 7)	H_2 (OH^-)	O_2 (H_3O^+)	H_2 (OH^-)	O_2 (H_3O^+)
$H_3O^+Cl^-$ (HCl)	H_2 (H_2O)	O_2 (H_3O^+)	H_2 (H_2O)	Cl_2
$H_3O^+Br^-$ (HBr)	H_2 (H_2O)	Br_2	H_2 (H_2O)	Br_2
$ZnCl_2$ (pH = 7)	H_2 (OH^-)	O_2 (H_3O^+)	Zn	Cl_2
Na_2SO_4 (pH = 7), Kupferelektroden	zunächst H_2 (OH^-) später Cu	Cu^{2+}	zunächst H_2 (OH^-) später Cu	Cu^{2+}

Elektrolyt	Kathode ohne η (Nebenprodukte)	Anode ohne η (Nebenprodukte)	Kathode mit η (Nebenprodukte)	Anode mit η (Nebenprodukte)
Na_2SO_4 (pH = 7), Zinkelektroden	H_2 (OH^-)	Zn^{2+}	zunächst H_2 (OH^-) später Zn	Zn^{2+}
$PbSO_4$ Bleielektroden	H_2 (H_2O)	O_2 (H_3O^+)	Pb	Pb^{4+} (als PbO_2)
H_2SO_4	H_2 (H_2O)	O_2 (H_3O^+)	H_2 (H_2O)	da die Oxidation von SO_4^{2-} auch ein η hat, entsteht auch hier O_2 (H_3O^+)

Elektrolysen wässriger Lösungen

Aufgaben

33. *Wie lauten die Teilgleichungen für die Oxidation bzw. Reduktion mit und ohne Überspannung für die Elektrolyse (Standardbedingungen) folgender wässriger Lösungen (Elektrodenmaterial: Platin)?*

- **a.** *Zink(II)-sulfat (pH = 7)*
- **b.** *Natriumchlorid (pH = 7)*
- **c.** *Nickel(II)-bromid (pH = 7)*
- **d.** *Schwefelsäure (pH = 0)*

34. *Begründen Sie mithilfe der Spannungsreihe, weshalb elementares Fluor durch die Elektrolyse von einer wässrigen Lösung von Natriumfluorid nicht gewonnen werden kann.*

35. *Welche der folgenden Metalle können mit bzw. ohne Überspannung bzw. überhaupt nicht durch Elektrolyse wässriger Lösungen erhalten werden? Ag, Zn, Ni, Cu, Cr, Li, Pb, Na.*

36. *Man elektrolysiert eine wässrige Lösung von Natriumsulfat und trennt die beiden Elektrodenräume durch ein Diaphragma. Wie ändern sich die pH-Werte in den beiden Elektrodenräumen? Begründen Sie.*

37.
- **a.** *Wie groß ist die theoretische Zersetzungsspannung für die Elektrolyse von Kupfer(II)-chloridlösung (ohne Überspannung und bei Normbedingungen, pH = 7, Platinelektroden)?*
- **b.** *Wie groß ist die theoretische Zersetzungsspannung für die Elektrolyse von Kupfer(II)-chloridlösung (mit Überspannung und bei Normbedingungen, pH = 7, Platinelektroden)?*
- **c.** *Wie groß ist die theoretische Zersetzungsspannung für die Elektrolyse von Kupfer(II)-chloridlösung (mit Überspannung und bei Normbedingungen, pH = 7), wenn man Kupferelektroden verwendet?*

VERSUCHE

21. Zersetzungsspannung von Schwefelsäure

Gefahrenhinweise:

Reagenzien: Schwefelsäure (c = 1 mol/l)

Geräte: Bechergläser, Platinelektroden, Gleichspannungsquelle, Voltmeter, Amperemeter

Versuchsdurchführung:

Die Spannung wird in 0,1 V Schritten gesteigert und die zugehörige Stromstärke gemessen. Maximale Spannung U = 3 V. Die Stromstärke I (Ordinate) wird in Abhängigkeit von der Spannung (Abszisse) aufgetragen und die Zersetzungsspannung grafisch bestimmt.

22. Zersetzungsspannung von Kupfer(II)-sulfatlösung (vgl. Aufgabe 37.)

Gefahrenhinweise:

Reagenzien: Kupfer(II)-sulfatlösung (c = 1 mol/l)

Geräte: Bechergläser, Platinelektroden, Kupferelektroden, Gleichspannungsquelle, Voltmeter, Amperemeter

Versuchsdurchführung:

a. Verwendung von Platinelektroden: Durchführung vgl. Versuch 21.

b. Verwendung von Kupferelektroden: Durchführung vgl. Versuch 21.

23. Elektrolysen von wässrigen Zink(II)-halogenidlösungen

Gefahrenhinweise:

Reagenzien: Lösungen von Zink(II)-chlorid, Zink(II)-bromid, Zink(II)-iodid (c(Zinkhalogenid) = 1 mol/l)

Geräte: U-Rohr mit Glasfritte und seitlichen Ansätzen, Amperemeter, Gleichspannungsquelle, Platinelektroden

Versuchsdurchführung:

Die Spannung wird so reguliert, dass Stromstärken zwischen I = 0,1 – 0,5 A gemessen werden.

8.8.3 Technische Elektrolysen

Elektrolysen spielen eine große Rolle in der Herstellung chemischer Produkte. Auf folgende Verfahren wird im Folgenden eingegangen:

- Herstellung konzentrierter Natronlauge **(Chlor-Alkali-Elektrolyse)**
- Herstellung von Elektrolytkupfer **(elektrolytische Raffination)**
- Herstellung von Aluminium, als Beispiel für ein **Schmelzelektrolyse**

Chlor-Alkali-Elektrolyse (Amalgamverfahren)

Das Verfahren dient neben der Herstellung von Natronlauge auch der Gewinnung von Chlor und Wasserstoff. Bei der Elektrolyse wird Natriumchlorid elektrolysiert. Natrium hat ein so niedriges Redoxpotenzial, dass selbst die üblichen Überspannungen nicht ausreichen, um Natrium anstelle von Wasserstoff an der Kathode abzuscheiden. Durch eine Reihe von Maßnahmen lässt sich jedoch das Abscheidungspotenzial von Natrium erhöhen und durch die Wahl entsprechender Elektroden das Abscheidungspotenzial des Wasserstoffs so weit erniedrigen, dass keine größeren Mengen an Wasserstoff entstehen.

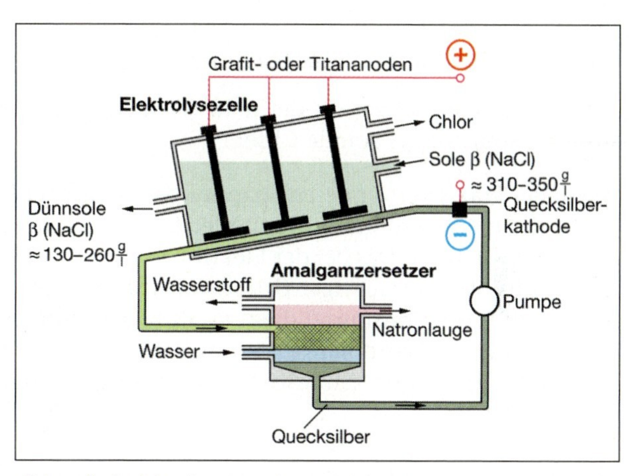

Chlor-Alkali-Elektrolyse (Amalgamverfahren)

Man geht folgendermaßen vor:

a. Erhöhung des Redoxpotenzials von Na/Na^+ durch hohe Natriumionenkonzentrationen $c(NaCl) = 5{,}5$ mol/l. Aus der nernstschen Gleichung ergibt sich dann:

$$U(Na/Na^+) = -2{,}71\ V + 0{,}059\ V \cdot \log 5{,}5 = -2{,}67\ V$$

b. Erhöhung des Redoxpotenzials von Na/Na^+ durch Verwendung einer Quecksilberkathode. Dies führt zur Amalgambildung von Na und Hg zu NaHg (Amalgam). Das Abscheidungspotenzial von Na erhöht sich dadurch um $U \approx 0{,}87$ V:

$$U(NaHg/Na^+) = -2{,}67\ V + 0{,}87\ V = -1{,}80\ V$$

c. Erniedrigung des Abscheidungspotenzials von H_2. Aus der nernstschen Gleichung ergibt sich zunächst:

$$U(H_2/H_2O) = 0\ V + 0{,}059\ V \cdot \log 10^{-7} = -0{,}41\ V$$

An Quecksilber hat Wasserstoff eine hohe Überspannung. Sie beträgt je nach Stromdichte $\eta \approx -1{,}2$ V. Damit ergibt sich für Wasserstoff ein Abscheidungspotenzial von:

$$U = -0{,}41\ V - 1{,}2\ V = -1{,}61\ V$$

Zu Beginn der Elektrolyse ist das Abscheidungspotenzial des Wasserstoffs noch höher als dasjenige von Natriumamalgam, sodass zunächst Wasser zu Wasserstoff reduziert wird.

Da aber als Nebenprodukt Hydroxidionen entstehen, steigt der pH-Wert während der Elektrolyse und das Abscheidungspotenzial sinkt ab einem bestimmten pH-Wert unter das Abscheidungspotenzial von Natriumamalgam. Ab diesem Zeitpunkt scheidet sich an der Kathode Natriumamalgam ab. Der Grenz-pH-Wert berechnet sich aus den obigen Daten zu:

ca. pH = 11 ($U(H_2/H_3O^+) = -0{,}059\ V \cdot 11 - 1{,}20\ V = -1{,}85\ V$)

Das Natriumamalgam wird katalytisch zu Natronlauge und Wasserstoff zersetzt, das Quecksilber wird dabei wieder zurückgewonnen.

$$2\ NaHg + 2\ H_2O \rightleftarrows 2\ NaOH + H_2 + 2Hg$$

Die so gewonnene Natronlauge hat einen Massenanteil $\omega(NaOH) \approx 50\%$.

Als Anodenmaterial verwendet man Grafit. Durch die hohe Überspannung des Sauerstoffs entsteht an der Anode Chlor.

Die in der Praxis verwendeten Spannungen liegen bei $U = 5$ V, die Stromstärken sind aufgrund des niedrigen ohmschen Widerstandes der Elektrolysezelle sehr hoch und liegen bei über $I = 4000$ A. Das bei der Elektrolyse neben dem Energieträger Wasserstoff gewonnene Chlor ist ein wichtiger Grundstoff für die organische und anorganische Chemie. Als starkes Oxidationsmittel dient es als Bleich- und Desinfektionsmittel. Die elektrolytisch hergestellte Natronlauge dient u. a. als Ausgangsprodukt für die Aluminiumherstellung, für Zellstoff, zur Neutralisation und zur Herstellung von Seifen und Soda.

Elektrolytische Raffination

Eine weitere großtechnische Anwendung von Elektrolysen ist die Reinigung (**Raffination**) von Metallen, z. B. von Kupfer.

Das chemisch durch Reduktion gewonnene Rohkupfer wird dabei als Anode geschaltet. Als Kathode verwendet man u. a. auch eine Kupferelektrode. Die Verunreinigungen des Rohkupfers bestehen aus edleren Elementen wie z. B. Gold, Platin und Silber und unedleren wie Eisen und Zink. Elektrolyt ist Kupfer(II)-sulfat. Die anodische Spannung wird nun so gewählt, dass sie gerade für die Oxidation von Kupfer ausreicht, die edleren Metalle aber nicht mehr oxidiert werden. Für die Spannung U_{Anode} gilt also: $U(Cu/Cu^{2+}) \leq U_{Anode} < U$(edle Metalle). In Lösung gehen dann Kupfer als Cu^{2+}, Eisen als Fe^{2+} und Zink als Zn^{2+}. Gold und Silber werden nicht mehr oxidiert und setzen sich dann mit anderen edlen Metallen als **Anodenschlamm** ab.

Als relativ stärkstes Oxidationsmittel werden dann Kupfer(II)-ionen an der Kathode zu Kupfer reduziert. Die schwächeren Oxidationsmittel, wie Zn^{2+} und Fe^{2+} würden erst abgeschieden, wenn die Konzentration der Kupferionen sehr klein wird, d. h. wenn die Kupferanode vollständig oxidiert ist.

An der Anode laufen folgende Vorgänge ab:

$Zn - 2\ e^- \rightleftarrows Zn^{2+}$ (niedrigstes Oxidationspotenzial)

$Fe - 2\ e^- \rightleftarrows Fe^{2+}$

$Cu - 2\ e^- \rightleftarrows Cu^{2+}$ (höchstes Oxidationspotenzial)

Ag, Au, weitere edle Metalle werden nicht mehr oxidiert.

An der Kathode wird Cu^{2+} reduziert:

$$Cu^{2+} + 2\,e^- \rightleftarrows Cu$$

Theoretisch liegt die Zersetzungsspannung unter Normbedingungen $U = 0$ V. Es gilt nämlich $U_Z = U_o(Cu/Cu^{2+})$ (Anode) – $U_o(Cu/Cu^{2+})$ (Kathode) = 0 V. Aufgrund des ohmschen Widerstands des Elektrolyten, unterschiedlicher Konzentrationen der Kupfer(II)-ionen im Kathoden- und Anodenraum und benötigten Aktivierungsenergien, benötigt man eine geringe Spannung von $U \approx 0{,}3$ V.

Das durch elektrolytische Raffination gewonnene Elektrolytkupfer hat ein Massenanteil von $\omega(Cu) > 99{,}98\,\%$. Der Anodenschlamm ist eine wichtige Quelle zur Gewinnung der Platinmetalle, Gold und Silber.

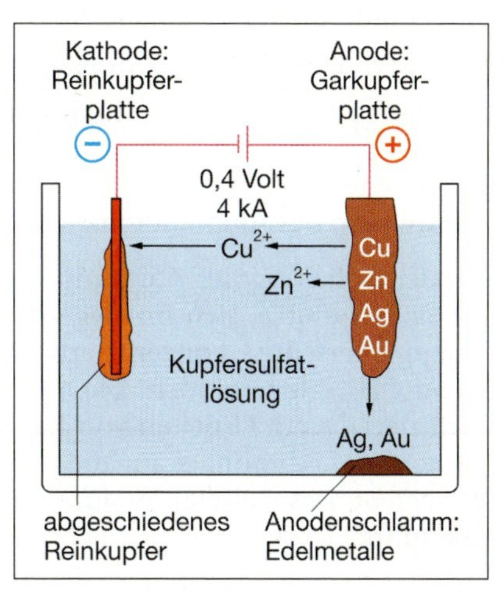

Herstellung von Elektrolytkupfer

Schmelz(fluss)elektrolyse

Wie erwähnt, können sehr unedle Metalle wegen ihres niedrigen Redoxpotenzials – selbst unter Berücksichtigung der Überspannung des Wasserstoffs – nicht mehr aus wässrigen Lösungen kathodisch abgeschieden werden. Zu ihrer Herstellung verzichtet man deshalb auf das Lösungsmittel Wasser und spaltet das Ionengitter nicht durch Hydratation, sondern durch Zufuhr von Wärme auf, d.h. man arbeitet mit Salzschmelzen.

Allerdings gibt es eine Reihe von Nachteilen gegenüber Elektrolysen von wässrigen Lösungen:

- In der Regel benötigt man hohe Schmelztemperaturen, d.h. Schmelzelektrolysen sind mit hohem Energieverbrauch und deshalb mit hohen Kosten verbunden.
- Bei den hohen Temperaturen diffundieren die Elektrodenprodukte zum Teil wieder zurück in die Schmelze und reagieren dort wieder miteinander.
- Durch die hohen Temperaturen kommen Metalle in der Regel nicht als Elektrodenmaterial infrage.
- Um die Schmelztemperatur zu erniedrigen, müssen oft zusätzliche Salze zugefügt werden. Dies führt zu unerwünschten Nebenprodukten an Kathode bzw. Anode.

Die größte Bedeutung hat das mithilfe der Schmelzelektrolyse hergestellte Aluminium.

Aluminium ist zwar das dritthäufigste Element der Erdrinde und kommt in sehr vielen unterschiedlichen Verbindungen vor, z.B. in Form unterschiedlicher Silicate. Das einzig für die Gewinnung geeignete aluminiumhaltige Erz ist jedoch der Bauxit. Er enthält neben Eisen(III)-oxid und Siliziumdioxid die Verbindung Aluminiumoxid (Al_2O_3), auch Tonerde bezeichnet.

Die Aluminiumherstellung gliedert sich demnach in zwei Schritte:

- Isolierung des Aluminiumoxids durch chemische Trennverfahren,
- Schmelzelektrolyse des Aluminiumoxids.

Herstellung des Aluminiumoxids

Bei der Isolierung des Aluminiumoxids macht man sich die Eigenschaft des Aluminiumoxids zunutze, sich im Gegensatz zum Siliziumdioxid und zum Eisen(III)-oxid mit einem Überschuss konzentrierter Natronlauge zu einem löslichen Natriumaluminat ($NaAl(OH)_4$) zu verbinden. Die Aluminatlösung wird von den unlöslichen Bestandteilen abfiltriert. Durch Einleiten von Kohlenstoffdioxid entsteht Kohlensäure, die das Gleichgewicht des Aluminats auf die Seite des unlöslichen Aluminiumhydroxids ($Al(OH)_3$) verschiebt. Das ausgefällte Aluminiumhydroxid wird bei ca. 1200 °C in Aluminiumoxid überführt.

Kathodische Reduktion des Aluminiums in der Schmelzelektrolyse

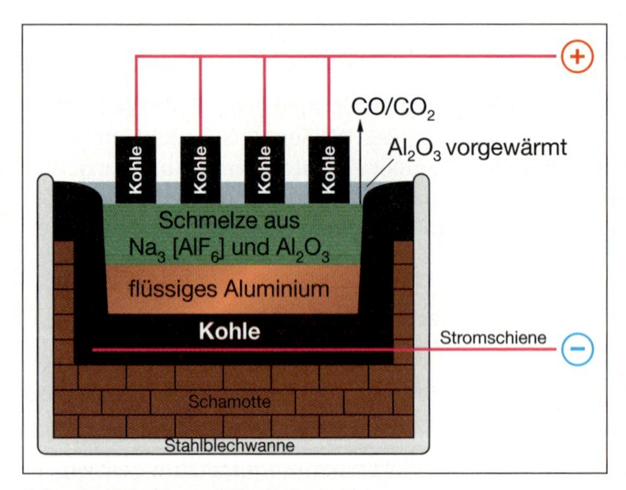

Schmelzelektrolyse von Aluminiumoxid

Der Schmelzpunkt des Aluminiumoxids liegt über 2000 °C. Um die Schmelztemperatur herabzusetzen, löst man Aluminiumoxid in einer Schmelze von Kryolith (Natriumhexafluoroaluminat, Na_3AlF_6). Bei einem Massenanteil von $\omega(Al_2O_3)$ = 20 % erreicht man eine Schmelztemperatur von 950 °C. Den Vorteil der niedrigeren Schmelztemperatur erkauft man sich allerdings durch den Nachteil, dass an der Anode elementares Fluor entsteht, welches eine Reihe von hochgiftigen Reaktionsprodukten bildet. Außerdem ist das „Lösungsmittel" Kryolith nur in begrenzten Mengen in der Natur vorhanden und wird deshalb heute aufwendig technisch hergestellt.

Die Elektrolyse wird bei $U = 5$ V durchgeführt, Stromstärken mit $I > 100000$ A sind üblich.

Kathode und Anode bestehen aus Grafit.

Die ablaufenden Elektrodenprozesse lauten:

Minuspol (Kathode):	$4\,Al^{3+} + 12\,e^- \rightleftarrows 4\,Al$	(Reduktion)
Pluspol (Anode):	$3\,C - 12\,e^- \rightleftarrows 3\,C^{IV}$	(Oxidation)
Folgeprodukte:	$3\,C^{IV} + 6\,O^{2-} \rightleftarrows 3\,CO_2$	
und daneben	$(C^{II} + O^{2-} \rightleftarrows CO)$	

Die Gesamtgleichung lautet:

$$2\ Al_2O_3 + 3\ C \rightleftarrows 4\ Al + 3\ CO_2$$

Der anodische Grafit wird also laufend verbraucht. Für die Herstellung von 1 kg Aluminium werden ca. 15 kWh elektrische Energie, 5–8 kg Bauxit, 0,5 kg Anodengrafit und ca. 0,1 kg Kryolith verbraucht.

Aufgaben

38. *Informieren Sie sich über weitere Verfahren zur technischen Herstellung von Natronlauge und Chlor.*

39. *Formulieren Sie die Reaktionsgleichungen zu den einzelnen Schritten der Abtrennung von Tonerde aus Bauxit?*

40. *Wie lässt sich Rohkupfer aus dem Erz Kupferkies ($CuFeS_2$) gewinnen? Formulieren Sie die zugehörigen Reaktionsgleichungen.*

VERSUCH

24. Raffination von Kupfer

Gefahrenhinweise:

Reagenzien: Messingblech, Bleiblech, Zink(II)-sulfat, Kupfer(II)-sulfat, Schwefelsäure ($c(H_2SO_4)$ = 0,2 mol/l)

Geräte: Becherglas, Gleichspannungsquelle, Voltmeter, Amperemeter, Heizquelle

Versuchsdurchführung:

Jeweils 1 g Zink(II)-sulfat und Kupfer(II)-sulfat werden in 50 ml Schwefelsäure gelöst. Das Messingblech wird als Anode geschaltet. Die Oberfläche des Bleiblechs (Kathode) wird mit Schmirgelpapier etwas vergrößert. Um die Elektrolyse etwas zu beschleunigen, wird die Lösung bei ca. 40 °C durchgeführt. Die Spannung sollte U = 2 V nicht übersteigen. Die Elektrolyse dauert ca. 3–4 h.

8.8.4 Quantitative Zusammenhänge bei Elektrolysen

An Kathode bzw. Anode können Stoffe reduziert bzw. oxidiert werden. Diese Stoffe können abgeschieden werden bzw. in Lösung gehen. Immer jedoch besteht ein quantitativer Zusammenhang zwischen den gebildeten Stoffmengen $n(X)$ und der Stoffmenge der übertragenen Elektronen $n(e^-)$. Die quantitative Beziehung soll zunächst an einem Beispiel aufgezeigt werden.

Bei einer Elektrolyse von Kupfer(II)-chlorid und der entsprechenden Überspannung des Sauerstoffs an der Anode, entsteht, wie oben gezeigt, an der Kathode Kupfer und an der Anode elementares Chlor.

Minuspol (Kathode): $Cu^{2+} + 2\,e^- \rightleftarrows Cu$ (Reduktion)

Pluspol (Anode): $2\,Cl^- - 2\,e^- \rightleftarrows Cl_2$ (Oxidation)

Der Zusammenhang zwischen den Stoffmengen der an der Kathode aufgenommenen Elektronen, dem Kupfer und den Kupfer(II)-ionen lautet also: $n(Cu) = n(Cu^{2+}) = ½\, n(e^-)$ bzw. für die Stoffmengen der an der Anode abgegebenen Elektronen, den Chlorionen und das Chlor:

$$n(Cl_2) = ½\, n(Cl^-) = ½\, n(e^-)$$

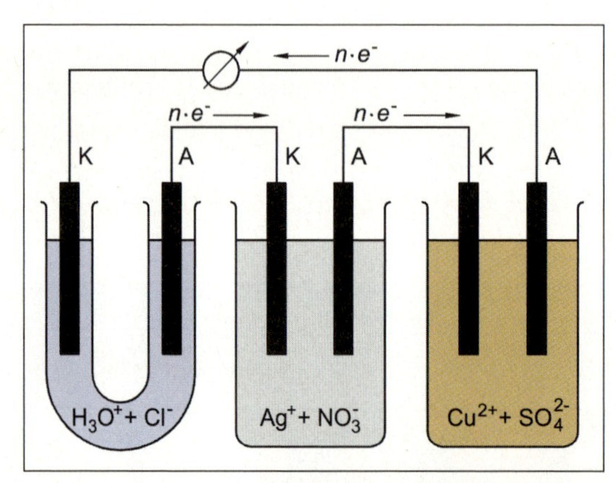

Elektrolyseschema für die Bestimmung der Faradaykonstante

Jedes Elektron transportiert eine bestimmte Ladung, nämlich die Elementarladung ($e_o = 1{,}6021 \cdot 10^{-19}$ As). Damit lässt sich die Gesamtladung Q berechnen, die an Kathode bzw. Anode bei einer Elektrolyse übertragen wurde. Zwischen der Anzahl $N(e^-)$ und der Stoffmenge $n(e^-)$ besteht ja bekanntlich folgender Zusammenhang: $n(e^-) = N(e^-)/N_A$ und damit ergibt sich für die Ladung Q:

$$Q = N(e^-) \cdot e_o = N_A \cdot n(e^-) \cdot e_o$$

Das Produkt aus $N_A \cdot e_o$ bezeichnet man auch als die **Faradaykonstant** F. Setzt man die Werte für die Avogadrozahl und die Elementarladung ein, erhält man:

$$1\text{ F} = 6{,}022 \cdot 10^{23}\text{ mol}^{-1} \cdot 1{,}6021 \cdot 10^{-19}\text{ As} = 96478\text{ As/mol}$$

Über die Stoffmengenbeziehung zwischen $n(e^-)$ und den entstandenen Stoffen ergibt sich im nächsten Schritt eine Beziehung zwischen Q und der Stoffmenge bzw. der Masse des entstanden Stoffes. In der Regel wird die Ladungsmenge Q nicht direkt experimentell bestimmt, sondern indirekt indem man die Beziehung zwischen Q, der Stromstärke I und der Zeit t heranzieht. Es gilt ja: $Q = I \cdot t$

Für die in einer bestimmten Zeit, bei einer bestimmten Stromstärke abgeschiedene Stoffmenge Kupfer ergibt sich also:

$$n(Cu) = \frac{1}{2}\, n(e^-) = \frac{N(e^-)}{2 \cdot N_A} = \frac{Q}{2 \cdot N_A \cdot e_o} = \frac{I \cdot t}{2 \cdot N_A \cdot e_o}$$

Dieselbe Beziehung ergibt sich für die entstandene Stoffmenge $n(Cl_2)$. In beiden Fällen wurden bei der Bildung von einem Kupferatom zwei Elektronen aufgenommen bzw. bei der Bildung von einem Chlormolekül abgegeben. Die Zahl „2“ im Nenner kennzeichnet also die Zahl der übertragenen Elektronen pro entstandenem Teilchen. Verallgemeinert man dies und bezeichnet allgemein die Zahl der übertragenen Elektronen als z und ersetzt man $N_A \cdot e_o$ durch 1 F (s.o.), lautet die allgemeine Beziehung zwischen $n(X)$, I, t und F:

$$n(x) = \frac{1}{z}\,n(e^-) = \frac{N(e^-)}{z \cdot N_A} = \frac{Q}{z \cdot N_A \cdot e_o} = \frac{I \cdot t}{z \cdot F}$$

Die Masse $m(X)$ lässt sich wie üblich über die Beziehung $n(X) = m(X)/M(X)$ berechnen.

Die hergeleitete Beziehung beinhaltet die Erkenntnisse des Physikers Michael Faraday (1791–1867), der seine experimentellen Ergebnisse in Form des 1. und 2. faradayschen Gesetzes formulierte.[1]

Aufgaben

41. *Eine Schale soll außen vernickelt werden. Die äußere Oberfläche beträgt $A = 250\,cm^2$. Die Nickelschicht soll am Ende der Elektrolyse $d = 0,1$ mm dick sein. Die Dichte von Nickel ist $\rho(Ni) = 7,8\,g/cm^3$, man elektrolysiert mit einer Nickelanode, der Elektrolyt ist Nickel(II)-sulfat.*

- **a.** *Welche Elektrodenreaktionen finden an Anode bzw. Kathode laut Redoxreihe bei pH = 7 und sonstigen Standardbedingungen statt?*
- **b.** *Wie lange benötigt man bei einer Stromstärke $I = 0,5$ A, bis die Schale vernickelt ist?*

42. *In einer Schmelzelektrolyse von Natriumhydroxid soll elementares Natrium gewonnen werden. Die Bedingungen sind: $I = 2500$ A, die Stromausbeute $\eta = 35\,\%$, $T = 273$ K und $p = 1,013$ bar.*

- **a.** *Welche Zeit benötigt man zur Abscheidung von 1 kg Natrium?*
- **b.** *Welche Elektrodenreaktion findet an der Anode statt? Welches Volumen Sauerstoff entsteht dabei?*

25. Wasserzersetzung im hofmannschen Zersetzungsapparat

Gefahrenhinweise:

Reagenzien: Schwefelsäurelösung ($c(H_2SO_4) = 1$ mol/l)

Geräte: Becherglas, Voltmeter, Amperemeter, Gleichspannungsquelle, Platinelektroden, Thermometer, Barometer

Versuchsdurchführung:

Im hofmannschen Zersetzungsapparat wird Schwefelsäure an Platinelektroden hydrolysiert. Spannung $U = 10$ V, $t = 10$–20 min (je nach Widerstand R der Zelle). Die Volumina der entstandenen Gase, Temperatur und Druck werden bestimmt und die Ergebnisse mit den theoretischen Werten verglichen.

VERSUCHE

▶

1 *1. faradaysches Gesetz: Die Menge der elektrolytisch abgeschiedenen Substanzen ist der durch den Elektrolyten geleiteten Elektrizitätsmenge proportional.*
2. faradaysches Gesetz: Die durch gleiche Elektrizitätsmengen aus verschiedenen Elektrolyten abgeschiedenen Stoffmengen sind chemisch äquivalent.

26. Elektrolyse von Natriumsulfat

Gefahrenhinweise:

Reagenzien: Natriumsulfatlösung ($c(Na_2SO_4)$ = 1 mol/l), Salzsäure (c = 1 mol/l)

Geräte: Becherglas, Voltmeter, Amperemeter, Gleichspannungsquelle, Platinelektroden, Thermometer, Barometer, U-Rohr mit Diaphragma

Versuchsdurchführung:

Die Elektrolyse der Natriumsulfatlösung wird im U-Rohr durchgeführt. Stromstärke $I \approx 0{,}5$ A, $t = 20$ min.

Die an der Kathode entstandenen Hydroxidionen werden durch Titration mit Salzsäure bestimmt und die Faradaykonstante berechnet.

8.9 Korrosion und Korrosionsschutz

8.9.1 Korrosion

Im engeren Sinne bezeichnet **Korrosion** die Zerstörung eines Metalls durch chemische Einflüsse. Die Korrosion kann durch Säuren (Säurekorrosion), durch Sauerstoff (Sauerstoffkorrosion) und durch elektrochemische Vorgänge (elektrochemische Korrosion) verursacht werden.

Säurekorrosion findet vor allem bei pH < 7 und bei unedlen Metallen, wie z. B. Zink und Eisen statt. Die Metalle werden dabei zu den Metallionen oxidiert und Hydroniumionen zu Wasserstoff reduziert.

Auch durch den in der Luft enthaltenen Sauerstoff werden unedle Metalle, wie Eisen, Magnesium, Aluminium, Zink und Nickel, leicht oxidiert. Allerdings kommt die Korrosion bei einigen unedlen Metallen, wie Aluminium, Magnesium, Zink, Nickel und Zinn, relativ schnell zum Stillstand. Der Grund liegt in der sich ausbildenden Oxidschicht, die – ganz im Gegensatz zu den Eisenoxiden – eine festhaftende zusammenhängende Oberfläche bildet. Das darunter liegende Metall ist deshalb vor weiterer Oxidation geschützt.

Sehr oft spielen bei der Korrosion neben den Oxdidationsvorgängen durch Hydroniumionen bzw. durch Sauerstoff noch weitere elektrochemische Vorgänge eine Rolle.

Verursacht werden kann die elektrochemische Korrosion z. B. durch sogenannte **vagabundierende Ströme**, die u. a. im Boden durch elektromagnetische Felder von Fernmeldeeinrichtungen und Hochspannungsleitungen ausgelöst werden können. Solche vagabundierenden Ströme können auch durch die unterschiedliche Geometrie eines geformten Metallbleches, z. B. einer Autokarosserie, entstehen. Diese Ströme führen dazu, dass ein Teil des Metalls zur Anode wird, d. h. das Metall oxidiert wird.

Weit häufiger entsteht die elektrochemische Korrosion jedoch durch sogenannte **Lokalelemente**, d. h. kurzgeschlossene galvanische Elemente. Lokalelemente setzen, wie jedes galvanische Element, immer zwei Redoxpaare voraus. Diese entstehen einerseits dadurch, dass auch „rein“ hergestellte Metalle immer noch viele andere Metalle als Verunreinigungen enthalten. Andererseits werden solche „Kontaktstellen“ zwischen verschiedenen Metallen auch bewusst hergestellt, z. B. beim Verzinken oder Vernickeln von Eisenoberflächen.

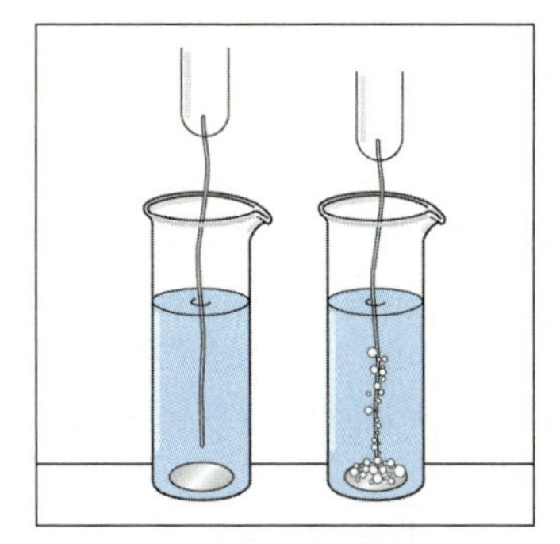

Modell eines Lokalelements
links: reines Zink in Salzsäure
rechts: Bildung eines Lokalelements durch Berühren des Zinks mit einem Platindraht

Werden nun die beiden Metalle (genauer: Redoxpaare) durch einen Elektrolyten miteinander verbunden, bildet das unedlere Metall die Anode, das edlere die Kathode. Als Elektrolyt reicht schon deionisiertes Wasser aus, da sich durch das gelöste Kohlenstoffdioxid Kohlensäure und daraus Kationen und Anionen bilden. Verstärkt wird dieser Effekt natürlich noch durch gelöste Salze.

Am Beispiel eines mit Kupfer verunreinigten Zinks sollen die Vorgänge demonstriert werden.

Zink ist die Anode, Kupfer die Kathode, wobei Kupfer nur als Hilfselektrode dient. An ihr wird das Oxidationsmittel Wasser reduziert. Folgende Redoxvorgänge laufen ab:

Minuspol (Anode): $Zn - 2\,e^- \rightleftarrows Zn^{2+}$ (Oxidation)

Pluspol (Kathode): $2\,H_2O + 2\,e^- \rightleftarrows H_2 + 2\,OH^-$ (Reduktion)

Auch die Korrosion von Eisen **(Rosten)** lässt sich mit der Entstehung eines Lokalelements erklären. Die Anode ist das Eisen, die Kathode die Eisenoberfläche in Form eines Eisenoxids. Bei höheren pH-Werten, also im Neutralen oder Alkalischen, werden die anodisch entstehenden Elektronen auf im Wasser gelöste bzw. auf die an der Oberfläche adsorbierten Sauerstoffmoleküle übertragen.

Minuspol (Anode): $2\,Fe - 4\,e^- \rightleftarrows 2\,Fe^{2+}$ (Oxidation)

Pluspol (Kathode): $O_2 + 2\,H_2O + 4\,e^- \rightleftarrows 4\,OH^-$ (Reduktion)

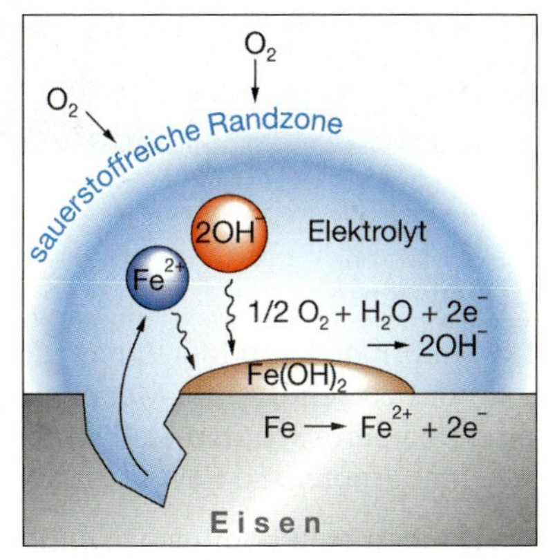

Lokalelement beim Rosten von Eisen

In der Folge bilden die Eisen(II)-ionen und die Hydroxidionen Eisen(II)-hydroxid, welches an der Metalloberfläche mit Sauerstoff zu Eisen(III)-oxidhydroxid (FeO(OH)) reagiert.

$$4\,Fe^{2+} + 8\,OH^- + O_2 \rightleftarrows 4\,FeO(OH) + 2\,H_2O$$

Das Eisen(III)-oxidhydroxid bildet eine sehr poröse Oxidschicht, sodass das darunter liegende Eisen nicht vor weiterer Oxidation geschützt wird und dadurch die Korrosion sehr schnell fortschreitet.

8.9.2 Korrosionsschutz

Als Korrosionsschutz bezeichnet man alle Maßnahmen, die den Korrosionsvorgang verhindern oder zumindest hemmen. Die wichtigsten Korrosionsschutzverfahren sind:

- Schutz durch Metallüberzüge (Galvanisieren, Schmelzverfahren),
- Schutz durch andere Oberflächenüberzüge,
- Schutz durch anodische Oxidation (Eloxalverfahren),
- Kathodischer Korrosionsschutz („Opferanode“).

Schmelzverfahren

Feuerverzinken

Hierbei wird das zu schützende Metall, in der Regel Eisen, in eine Schmelze des Schutzmetalls, z. B. Zink oder Zinn, eingetaucht. Bei diesem sogenannten „Feuerverzinken“ bzw. „Feuerverzinnen“ bildet sich ein sehr korrosionsbeständiger Überzug aus Zink bzw. Zinn. Die Schichtdicken sind $d(\text{Metall}) \geq 0{,}015$ mm. Wird Zinn verwendet, muss darauf geachtet werden, dass der Metallüberzug keine Fehlstellen aufweist, da sonst wiederum ein Lokalelement entstehen kann. Da Eisen als unedleres Metall die Anode bildet, verläuft die Oxidation des Eisens noch schneller als ohne Metallüberzug. Zink dagegen, als unedleres Element, stellt die Anode dar und wird zu dem korrosionsbeständigen Zink(II)-oxid oxidiert.

Galvanisieren

Das Aufbringen von Metallüberzügen kann auch elektrolytisch geschehen. Dazu schaltet man das zu schützende Metall als Kathode und das Schutzmetall als Anode. Das anodisch oxidierte Schutzmetall wird dann kathodisch abgeschieden, vorausgesetzt das Abscheidungspotenzial liegt über dem Zersetzungspotenzial von Wasser.

Als Schutzmetall kommen sowohl edle Metalle wie Silber und Gold als auch unedle Metalle wie Zink, Zinn, Nickel und Chrom infrage. Die letzteren bilden alle korrosionsbeständige Oxidschichten. Möchte man also z. B. ein Werkstück aus Eisen verzinken, schaltet man das Werkstück als Kathode, als Anode verwendet man Zink in Form von Kugeln oder Blech. Als Elektrolyt kommt ein Zinksalz, wie Zink(II)-sulfat bzw. Zink(II)-chlorid, infrage. Die Spannung muss so klein sein, dass keine Reduktion des Wasser zu Wasserstoff stattfindet. Ansonsten entstehen keine zusammenhängenden, sondern poröse Überzüge, die keinen optimalen Schutz darstellen. In der Praxis arbeitet man bei $U \leq 5$ V, eine leichte Wasserstoffentwicklung ist nie ganz zu vermeiden. Die Überzüge werden umso korrosionsbeständiger, je langsamer die Abscheidung des Metalls an der Kathode erfolgt. Die optimalsten Überzüge erhält man bei Stromdichten von $J = 0{,}5 - 4\ \text{A} \cdot \text{dm}^{-2}$.

Deshalb werden dem Elektrolyten oft Komplexbildner wie z. B. Cyanide hinzugefügt.

Um glänzende Schichten zu erhalten, werden im Elektrolyten zusätzlich organische Zusätze gelöst, welche die Abscheidung des Metalls hemmen und zu sehr feinkristallinen Strukturen führen. Die Dicke der Schutzschichten liegt in der Regel deutlich unter den erreichten Dicken bei den Schmelzverfahren (d(Metall) ≤ 0,01 mm).

Andere Überzüge

Außer den Metallüberzügen gibt es noch weitere Möglichkeiten des Korrosionsschutzes.

Die Überzüge können aus anorganischen Schutzschichten, wie Email (glasartige Silikate), Phospaten und Chromaten bestehen. Daneben gibt es eine Vielzahl organischer Überzüge, wie Lacke und Kunststoffummantelungen. Einen vorübergehenden Korrosionsschutz bietet auch das Einölen von Eisen. Das Öl verhindert dabei den Kontakt mit Sauerstoff.

Eisen kann auch durch Ausbilden einer stabilen Oxidschicht vor weiterer Korrosion geschützt werden. Dies geschieht entweder dauerhaft durch Legierungsbestandteile (Edelstähle) oder vorübergehend durch kurzes Eintauchen in konzentrierte Salpetersäure (Passivieren).

Eloxalverfahren

Das **Eloxalverfahren** (elektrolytisch oxidiertes Aluminium) findet, wie der Name sagt, hauptsächlich beim Korrosionsschutz für Aluminium Anwendung. Dazu wird das Aluminiumwerkstück als Anode geschaltet. Das Aluminium wird zu Aluminium(III)-ion oxidiert, welches mit Wasser zu Aluminiumoxid reagiert.

Pluspol (Anode): $2\,Al - 6\,e^- \rightleftarrows 2\,Al^{3+}$ (Oxidation)

Folgereaktion: $2\,Al^{3+} + 9\,H_2O \rightleftarrows Al_2O_3 + 6\,H_3O^+$

Elektrolyt ist meistens Schwefelsäure, die Oxidschicht wird dabei bis zu $d = 0{,}02\,mm$ dick.

Der Elektrolyt enthält oft Leucht- und Farbzusätze, die dann bei der Oxidation in die Oxidschicht mit eingebaut werden und deshalb sehr abriebbeständig sind.

Kathodischer Korrosionsschutz

Sollen große Oberflächen, z. B. Rohrleitungen, Schiffsrümpfe oder Tanklager, geschützt werden, verbindet man diese Oberflächen leitend mit Metallblöcken aus unedlem Metall, wie Zink und Magnesium. Das unedle Metall wird dabei oxidiert, es „opfert“ sich gewissermaßen („Opferanode“), die Elektronen fließen zur Kathode und werden dort von Hydroniumionen bzw. von im Wassers gelösten Sauerstoff aufgenommen. Solange die „Opferanode“ noch existiert, verbleibt Eisen also in der reduzierten elementaren Form.

Pluspol (Anode): $Mg - 2\,e^- \rightleftarrows Mg^{2+}$ (Oxidation)

Minuspol (Kathode): $2\,H_3O^+ + 2\,e^- \rightleftarrows H_2 + 2\,H_2O$ (Reduktion)

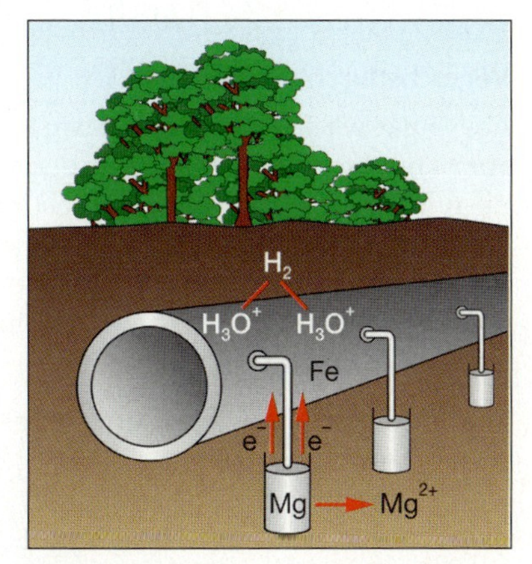

Kathodischer Korrosionsschutz

Aufgaben

43. *Welche elektrochemischen Prozesse laufen ab, wenn*

a. bei einem verzinkten und b. bei einem verzinnten Eisenblech die Schutzschicht an einer Stelle zerstört wird?

Welches Metall wirkt jeweils als „Opferanode"?

44. *Interpretieren Sie die Versuchsergebnisse zum Korrosionsversuch mit Eisenstiften.*

45. *Reines Zink reagiert mit Schwefelsäure nur sehr langsam.*

a. Welche Redoxreaktion müsste nach der Spannungsreihe ablaufen?

b. Wie erklärt sich die geringe Reaktionsgeschwindigkeit?

c. Wie ändert sich die Reaktionsgeschwindigkeit, wenn das Zink mit einem Kupferdraht berührt wird? Begründen Sie Ihre Aussagen.

46. *a. Weshalb rosten Autos im Winter stärker?*

b. Weshalb sind Heizungsrohre und Warmwasserleitungen weniger korrosionsanfällig als z. B. Kaltwasserleitungen?

c. Wie wirken sich Schadstoffe wie Stickoxide und Schwefeldioxid auf die Korrosion aus?

d. Um die Korrosionsanfälligkeit von Heizkesseln zu verringern, kann man Natriumsulfit im Wasser lösen. Erklären Sie die Wirkungsweise von Natriumsulfit.

VERSUCHE

27. Korrosion von Eisenstiften

Gefahrenhinweise:

Reagenzien: Agar-Agar, Eisenstifte (ca. 5 cm), Kupferdraht, Kochsalzlösung (ω(NaCl) = 10 %), Kaliumhexacyanoferrat(III) ($\omega(K_3[Fe(CN)_6])$ = 5 %), Phenolphthaleinlösung.

Geräte: Messzylinder, Petrischale, Schmirgelpapier

Versuchsdurchführung:

Agar-Agar wird in ca. 100 ml Wasser suspendiert und bis zum Kochen erhitzt. Man lässt etwas abkühlen, rührt in die noch warme Lösung je 5 ml Kaliumhexacyanoferrat(III) bzw. Kochsalzlösung ein, gibt einige Tropfen Phenolphthalein hinzu und füllt die Lösung in eine Petrischale. Die drei vorbehandelten Eisenstifte werden in die Lösung eingelegt. Bei ca. 40 °C erstarrt das Gel.

Vorbehandlung der Eisenstifte: Eisenstift a: die beiden Enden werden angefeilt; Eisenstift b: die Mitte des Stiftes wird mit einem zuvor mit feinem Schmirgelpapier behandelten Kupferdraht umwickelt und Eisenstift c: die Hälfte wird mit der oxidierenden Bunsenbrennerflamme oxidiert. Versuchsdauer: 1–6 Stunden.

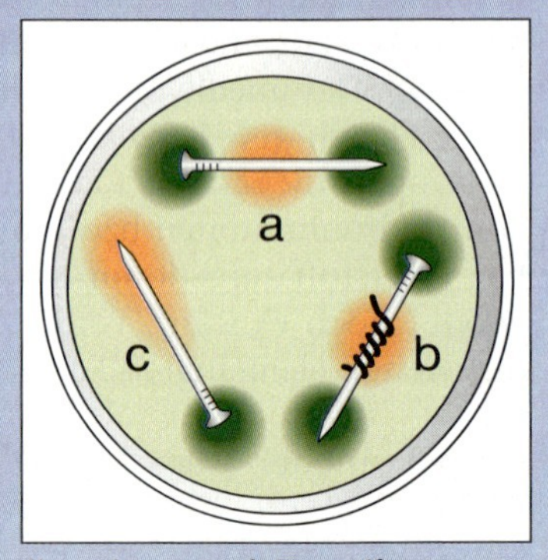

Korrosionsversuch Eisenstifte

▶

28. Passivierung von Eisen

Gefahrenhinweise:

Reagenzien: Eisenstift, Schwefelsäurelösung ($c(H_2SO_4) = 1$ mol/l), Salpetersäure ($\omega(HNO_3) = 65\,\%$)

Geräte: Reagenzgläser, Schmirgelpapier

Versuchsdurchführung:

Der Eisenstift wird blank geschmirgelt und in die Schwefelsäure gehalten. Danach wird er aus der Lösung entfernt und 10–20 s in die konzentrierte Salpetersäure gehalten, kurz abgespült und wieder in die Schwefelsäure eingetaucht.

29. Lokalelement

Gefahrenhinweise:

Reagenzien: Zinkgranalie, Schwefelsäurelösung ($c(H_2SO_4) = 1$ mol/l), Platindraht

Geräte: Reagenzglas

Versuchsdurchführung:

Die Schwefelsäurelösung wird zusammen mit einer Zinkgranalie in eine Reagenzglas gegeben. Anschließend berührt man das Zink mit einem Platindraht.

30. Eloxalverfahren

Gefahrenhinweise:

Reagenzien: Aluminiumblech, Kaliumhydrogentartrat (Weinstein), Kaliumaluminiumsulfat ($KAl(SO_4)_2 \cdot 12\ H_2O$) (Alaun), Schwefelsäure ($\omega(H_2SO_4) = 15\,\%$)

Geräte: Spannungsquelle, regulierbarer Widerstand, Voltmeter, Amperemeter, Becherglas, Rührstab

▶

Versuchsdurchführung:

a. Reinigung des Aluminiumblechs:
   Etwa 10 g Weinstein und 20 g Alaun werden in einem Liter Wasser gelöst. Die Lösung wird bis zum Sieden erhitzt und das Aluminiumblech (Maße: ca. 3 cm · 10 cm) etwa fünf Minuten in die siedende Lösung eingetaucht.

b. Anodische Oxidation (Elektrolyse):
   Als Elektrolyt verwendet man Schwefelsäure ($\omega(H_2SO_4) = 15\,\%$). Die Elektrolyse wird in einem Becherglas durchgeführt. Das gereinigte Aluminiumblech ist die Anode. Als Kathode dient ein weiteres Aluminiumblech gleicher Dimension.

   Die angelegte Gleichspannung soll ungefähr $U = 20$ V betragen, die Stromstärke sollte bei $I = 0{,}5$–$1{,}0$ A liegen. Die Stromstärke wird während des Versuches mithilfe eines regulierbaren Widerstandes konstant gehalten.

   Der Elektrolyt wird mit dem Rührstab regelmäßig durchmischt.

   Dauer der Elektrolyse: ca. 15–25 min.

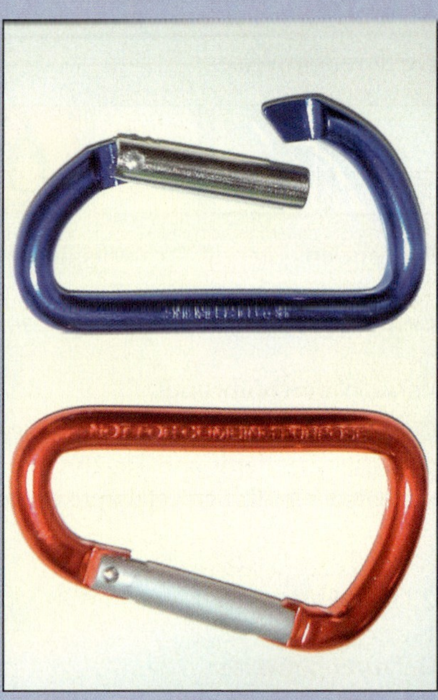

Eingefärbtes eloxiertes Aluminium

Auswertung:

1. Die Härte des eloxierten Aluminiums wird mit der Härte von nicht eloxiertem Aluminium verglichen.
2. Formulieren Sie die Gleichungen für die anodische Oxidation und die sich anschließende Folgereaktion.
3. Wie lässt sich die Dicke der Eloxalschicht berechnen (vgl. Kap. 8.8.4)?

9 Komplexchemie

Alfred Werner

Die Salze der Nebengruppenelemente (d-Elemente) sind im Vergleich zu den meisten Metallsalzen der Hauptgruppenelemente farbig. Verändert man die Bedingungen wie die Temperatur, den pH-Wert, die Reaktionspartner), so ändert sich die Farbe. Farbänderungen beobachtet man auch bei der Betrachtung der Salze im wasserfreien Zustand oder in der Lösung. Grundsätzlich kann man sagen, die Ionen der d-Elemente sind in wässrigen Lösungen farbig. Antworten auf diese Fragen wurden schon seit Langem gesucht. Alfred Werner (1866–1919)[1] entwickelte 1892 neue Vorstellungen über den räumlichen Aufbau der „**Verbindungen höherer Ordnung**" heute als **Komplexverbindungen** bezeichnet und gilt seither als Begründer der Komplexchemie.

9.1 Bau der Komplexverbindungen

Am bekanntesten sind wohl die Kupfersalze. Ihre verdünnten wässrigen Lösungen sind alle blau, unabhängig von ihrem Anion. Löst man aber wasserfreies Kupfer(II)-chlorid in Wasser, so erhält man als erstes eine grüne Lösung, die bei weiterem Verdünnen blau wird. Versetzt man diese Lösung mit Salzsäure oder mit Kochsalz, so färbt sie sich wieder grün. Offensichtlich besteht hier eine Abhängigkeit von der Konzentration der Chloridionen und der Bindekraft zwischen den Kationen und Wassermolekülen sowie Chloridionen. Die Erklärung dafür geben uns die Vorstellungen Alfred Werners und die Modelle sowie Theorien der nachfolgenden Forschungsarbeiten.

---

1 *Alfred Werner, elsässisch-schweizerischer Chemiker, 1866–1919; Professor in Zürich, 1913 Nobelpreis für Chemie (für die Arbeiten über die Bindungsverhältnisse der Atome in Komplexverbindungen).*

Bei diesem Experiment sind Teilchenaggregate entstanden, die wohl einen komplizierteren Aufbau zeigen als die bisher kennengelernten Ionensubstanzen.

Komplexverbindungen sind aus Komplexion und Gegenion aufgebaut. Das Komplexion kann ein komplexes Anion oder ein komplexes Kation sein.

Bespiel

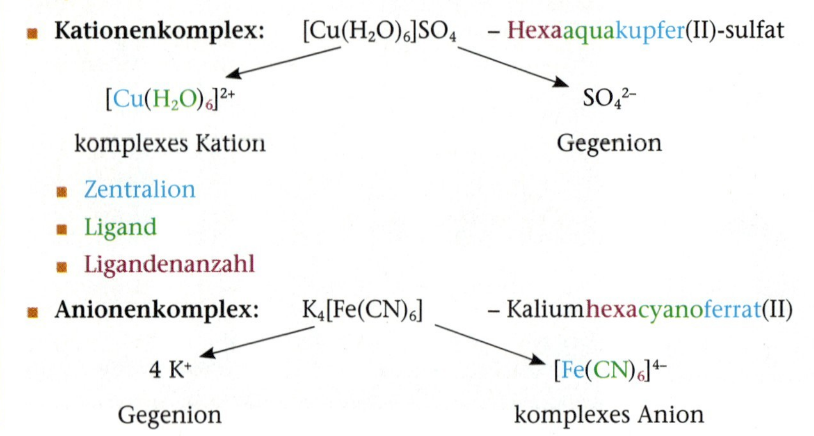

Das Zentralion ist gekennzeichnet durch seine Oxidationsstufe und durch seine Koordinationszahl.

Als Liganden sind Dipolmoleküle oder Anionen geeignet. Die Liganden zeichnen sich durch mindestens ein freies Elektronenpaar aus. Dieses befindet sich am Haftatom.

Ob ein Kationenkomplex oder Anionenkomplex vorliegt, hängt von der Art der Liganden (Neutralligand, Anion) und der Anzahl elektrisch negativ geladener Liganden ab.

Die Ligandenanzahl richtet sich nach der Koordinationszahl des Zentralions und nach der Ligandenart. Die Liganden sind einzähnig (ein Haftatom) oder mehrzähnig (2, 3, 4 … *n* Haftatome). So ergibt sich die Ligandenanzahl aus dem Quotienten der Koordinationszahl und der Anzahl der Haftatome.

Die Anzahl der Liganden lässt sich am Beispiel der Tetrahydroxoaluminat(III)-Bildung experimentell ermitteln:

Es werden je eine Aluminiumchlorid- und Natriumhydroxidlösung der Stoffmengenkonzentration $c = 1$ M hergestellt.

Je 1 ml Aluminiumchloridlösung wird in vier Reagenzgläser gegeben und mit 10 ml destilliertem Wasser verdünnt.

$AlCl_3$-Lösung [ml]	1	1	1	1
H_2O [ml]	10	10	10	10
NaOH-Lösung [ml]	1	2	3	4

Es bildet sich erst schwerlösliches Aluminiumhydroxid. Der Niederschlag verliert bei weiterer Zugabe der NaOH-Lösung an Dichte und löst sich bei 4 ml NaOH-Lösung im Verhältnis $AlCl_3 : NaOH = 1 : 4$.

Die allgemeine Schreibweise bei unberücksichtigten Ladungszahlen ist $[ML_n]$.

Komplexe Ionen zeigen im Idealfall einen symmetrischen Aufbau. Die Liganden sind an das Zentralion koordiniert. So spricht man auch von **Koordinationsverbindungen**.

Koordinationszahl	räumliche Anordnung der Liganden	Komplexverbindungen
2 (selten)	linear	$[Ag(NH_3)_2]^+$, $[Ag(S_2O_3)_2]^{3-}$, $[Ag(CN)_2]^-$
4 (häufig)	planar-quadratisch	$[Al(OH)_4]^-$, $[Zn(NH_3)_4]^+$, $[Cd(CN)_4]^{2-}$, $[CoCl_4]^{2-}$
	tetraedrisch	$[Cu(NH_3)_4]^{2+}$, $[Ni(CN)_4]^{2-}$, $[PtCl_2(NH_3)_2]$
5 (selten)	trigonal-bipyramidal	$[SnCl_5]^-$, $[Fe(CO)_5]$
	quadratisch-pyramidal	$[SbCl_5]^-$
6 (sehr häufig)	oktaedrisch	$[Al(H_2O)_6]^{3+}$, $[Fe(CN)_6]^{4-}$, $[Cr(NH_3)_6]^{3+}$, $[Co(NH_3)_6]^{3+}$, $[CrCl_2(H_2O)_4]^+$

Übersicht über häufige Koordinationszahlen und räumliche Anordnung der Liganden

9.2 Nomenklatur

Die Vielzahl der koordinativen Verbindungen (mehr als 100 000) benötigt strenge Regeln, nach denen sich die Verbindungen eindeutig benennen lassen. Regeln zur Benennung und zur Formelschreibweise sind in der „Nomenklatur der Anorganischen Verbindungen der IUPAC“ enthalten.

1) **Formelschreibweise:**

- Das komplexe Ion wird in eckige Klammern gesetzt.
- Zuerst steht das Symbol für das Zentralion (oder Zentralatom).

- Danach folgen der Reihe nach die Symbole der anionischen und dann der neutralen Liganden. Innerhalb der Ligandenklassen wird die alphabetische Reihenfolge der Symbole eingehalten.
- Mehratomige Liganden werden in runde Klammern gesetzt.
- Dies gilt auch bei Abkürzungen z. B. „en“ für Ethylendiamin.
- Die Anzahl der Liganden wird durch eine tiefgestellte Zahl angegeben.
- Außerhalb der eckigen Klammer wird die Gesamtladungszahl des komplexen Ions als Exponent gesetzt.

Beispiel: $[CoCl(NH_3)_5]^{2+}$, $[Ni(CN)_5]^{3-}$, $[PtBrCl(NO_2)(NH_3)]^-$, $[CoCl_2(en)_2]^+$

2) **Benennung**:

- Man unterscheidet anionische, kationische und neutrale Komplexe. Anionische Komplexe enden mit der Silbe **-at**, es wird für viele Metallionen der lateinische Name benutzt. Die Endung **-um** ersetzt man durch die Silbe **-at**.
- Bei kationischen und neutralen Komplexen wird der Name der Zentralionen nicht verändert.
- Die Namen der Liganden werden in alphabetischer Reihenfolge vor dem Namen des Zentralions genannt. Namen anionischer Liganden enden auf **-o**, die Endung **-id** wird nicht geändert. Neutralliganden erhalten eigene Namen (Wasser **-aqua**, Ammoniak **-ammin**).
- Die Anzahl der Liganden gibt man durch Zahlworte an. Nach dem Namen des Zentralions gibt man unmittelbar in runden Klammern die Oxidationsstufe des Zentralions an.

Die folgende Übersicht liefert Beispiele zur Benennung verschiedener Komplexarten.

Beispiel	Gegenion (Kation)	Anzahl der Liganden	Name der Liganden	Zentralteilchen (Ion/Atom)	Oxidationsstufe	Gegenion (Anion)
Kationischer Komplex						Anion
$[Cr(H_2O)_6]Cl_3$		Hexa	aqua	chrom	(II)	-chlorid
$[Co(CO_3)(NH_3)_4]NO_3$		Tetra	ammin carbonato	cobalt	(III)	-nitrat
Neutraler Komplex						
$[Fe(CO)_5]$		Penta	carbonyl	eisen	(0)	
Anionischer Komplex	Kation					
$K_4[Fe(CN)_6]$	Kalium-	hexa	cyano	ferrat	(II)	
$K_2[PtCl_6]$	Kalium-	hexa	chloro	platinat	(IV)	

F^-	fluoro	OH^-	hydroxo	NH_3	ammin
Cl^-	chloro	CN^-	cyano	H_2O	aqua
Br^-	bromo	SCN^-	thiocyanato	CO	carbonyl
I^-	iodo	$S_2O_3^{2-}$	thiosulfato	NO	nitrosyl
O^{2-}	oxo	CO_3^{2-}	carbonato	EDTA	Ethylendiamintetraacetato
S^{2-}	thio	NO_3^-	nitrato	en	Ethylendiamin

Häufige Liganden – Ligandennamen

9.3 Komplexbildungsreaktionen = Donator-Akzeptor-Prinzip

9.3.1 Komplexbildungsreaktion

Kommen wir zu unserem Ausgangsexperiment zurück. Welche Vorgänge laufen ab, wenn wasserfreies Kupfer(II)-chlorid in Wasser gelöst wird?

Beim Lösungsvorgang werden die Kationen und Anionen der Ionensubstanz von Wasserdipolmolekülen hydratisiert und bei Überwindung der Gitterenthalpie aus dem Kristall herausgelöst. Es bilden sich freibewegliche hydratisierte Ionen. Die Hydrathülle der Anionen spielt eine untergeordnete Rolle. Jedoch beim Metallion bildet sich ein Aquakomplex, hier das Hexaaquakupfer(II)-ion. Diese Komplexbildung vollzieht sich aber schrittweise, sodass im ersten Schritt bei Wassermangel ein Chloridion im Komplex verbleibt. Dieses wird im zweiten Schritt bei weiterer Verdünnung durch ein sechstes Wassermolekül ausgetauscht (Ligandenaustausch):

1. Schritt:	$CuCl_2$ braun	+	$5\ H_2O$	$\rightleftarrows$	$[CuCl(H_2O)_5]^+$ grün	$+ Cl^-$
2. Schritt:	$[CuCl(H_2O)_5]^+$ grün	+	H_2O	$\rightleftarrows$	$[Cu(H_2O)_6]^{2+}$ hellblau	$+ Cl^-$

Im 2. Schritt stellt sich ein Gleichgewicht ein, welches durch den Überschuss an Cl^- zum grünen Pentaaquachlorokupfer(II)-ion ($[CuCl(H_2O)_5]^+$) oder mit H_2O-Überschuss zum blauen Hexaaquakupfer(II)-ion ($[Cu(H_2O)_6]^{2+}$) verschoben wird.

Versetzt man nun die ($[Cu(H_2O)_6]^{2+}$) enthaltende Lösung mit Ammoniaklösung, so erfolgt eine weitere Reaktion. Bei höherer Konzentration der Cu^{2+} fällt zunächst schwerlösliches Kupferhydroxid ($Cu(OH)_2$) aus:

$$Cu^{2+}_{(aq)} + NH_{3\,(aq)} + 2H_2O_{(l)} \rightleftarrows Cu(OH)_{2(s)} + 2NH_4^+{}_{(aq)}$$

hellblau — hellblau, trüb

Wird weitere Ammoniaklösung hinzugegeben, tritt eine tiefe Blaufärbung ein, die sich zunehmend klärt:

$$Cu(OH)_{2(s)} + 4NH_{3(aq)} \rightleftarrows [Cu(NH_3)_4]^{2+}{}_{(aq)} + 2OH^-$$

hellblau, trüb tiefblau, klar

Diese Beispiele zeigen, dass sich Komplexionen in wässrigen Lösungen bilden. Dabei werden die Wassermoleküle der Aquakomplexe gegen andere Liganden ausgetauscht. Es entstehen neue koordinative Verbindungen mit neuen Eigenschaften.

Zuammenfassend lasst sich der Begriff folgendermaßen definieren:

Komplexverbindungen sind stabile Struktureinheiten, in denen einem (auch mehreren) Zentralteilchen eine bestimmte Anzahl von Liganden (Ionen, Moleküle) nach einem geometrischen Bauprinzip zugeordnet (koordiniert) ist.

9.3.2 Donator-Akzeptor-Prinzip

Die Komplexbildungsreaktionen lassen sich ihrem Wesen nach dem Donator-Akzeptor-Prinzip zuordnen. Nach dem Lewis-Modell sind die Zentralionen als Lewissäuren (e^--Lücke, e^--Akzeptor) und die Liganden als Lewisbase (e^--Paar des Haftatoms, e^--Donator) zu betrachten. Die Triebkräfte der Reaktion sind in der Beziehung zwischen dem Metallion (Akzeptor) und dem Haftatom des Liganden (Donatoratom) begründet. Zur Erklärung der Fragen, welche Teilchen (Metallkationen und Anionen) bevorzugt miteinander reagieren, entwickelte Ralph G. Pearson das HSAB-Konzept (**H**ard and **S**oft **A**cids and **B**ases).

Ralph G. Pearson, veröffentlichte 1963 das HSAB-Konzept

Pearsons Konzept bestand darin, Lewissäuren und Lewisbasen in hart und weich zu unterteilen. Kleine, hoch geladene und schwer polarisierbare Kationen, die keine Valenzelektronen und eine niedrige Elektronegativität besitzen, sind **hart** oder vom **Typ A.** Große Kationen, die in niedriger Oxidationsstufe vorliegen und Valenzelektronen besitzen, sind **weich** oder vom **Typ B.**

Ähnlich verhält es sich mit den Liganden. Ihre Baseneigenschaft wird als **hart (Typ A)** bezeichnet, wenn sie klein und schwer polarisierbar sind. Große und leicht polarisierbare Liganden werden als **weich (Typ B)** eingestuft.

Bei der Einteilung gibt es sowohl bei den Säuren als auch bei den Basen Grenzfälle. Säuregrenzfälle sind Kationen mit mittlerer Ladungsdichte. Ebenfalls spielt die Oxidationsstufe eine Rolle: Kupfer(I)-ion, Ladungsdichte 51 $C \cdot mm^{-3}$ = weich; Kupfer(II)-ion Ladungsdichte 120 $C \cdot mm^{-3}$ = Grenzfall.

Für die Bildung stabiler Komplexverbindungen gilt die Regel, dass sich stets Säuren und Basen gleichen Typs binden.

Nach der Reaktionsgleichung:

$$S + :B \longrightarrow S - B$$

binden harte Basen bevorzugt harte Säuren und weiche Basen bevorzugt weiche Säuren. Bei der Beziehung **hart-hart** überwiegt der elektrostatische Charakter der Bindung (Ionenbeziehung), die Beziehung **weich-weich** entspricht eher der kovalenten Bindung. Folgende Tabelle gibt Auskunft über die Einteilung der Säuren und Basen nach ihrer Härte:

harte Säuren	Grenzfälle	weiche Säuren
Li^+, Na^+, K^+, Rb^+, Cs^+, Be^{2+}, Mg^{2+}, Ca^{2+}, Sr^{2+}, Ba^{2+}, Sc^{3+}, ... ,Ti^{4+}, Mn^{3+}, Fe^{3+}, Co^{3+},	Fe^{2+}, Co^{2+} ,Ni^{2+}, Cu^{2+}, Zn^{2+}, ...	Pd^{2+}, Pt^{2+}, Cu^+, Ag^+, Au^+, Cd^{2+}, ... alle Metallatome in der Oxidationsstufe 0
harte Basen	**Grenzfälle**	**weiche Basen**
NH_3, $*RNH_2$, N_2H_4, H_2O, $*ROH$, OH^-, NH^{2-}, O^{2-}, NO^{3-}, SO_4^{2-}, F^-, Cl^-	N_2, NO_2^-, SO_3^{2-}, Br^-, NCS^-	$*RNC$, CO, $*R_3P$, $*R_3As$, $*R_2S$, $*RSH$, H^-, CN^-, $*RS^-$, I^-, SCN^-, $S_2O_3^{2-}$

**R kann sowohl eine Alkylgruppe (z. B. Methyl-, $-CH_3$), als auch ein Wasserstoffatom sein.*

Nun kann auch der Ligandenaustausch im Experiment „Bildung des Hexaaquakupfer(II)-ions bei der Lösung von Kupfer(II)-chlorid" erklärt werden:

Der 2. Schritt: $[CuCl(H_2O)_5]^+$ (grün) $+ H_2O \rightleftarrows$ $[Cu(H_2O)_6]^{2+}$ (hellblau) $+ Cl^-$

Das Kupfer(II)-ion ist ein Grenzfall (mittlere Ladungsdichte), Wasser und Chloridionen sind harte Basen. Bei mittlerer Affinität zu den Liganden entscheidet die Stoffmengenkonzentration des jeweiligen Liganden, welcher Komplex gebildet wird.

9.3.3 Chelatkomplexe

Neben den Liganden, die mit einem Haftatom zum Zentralion ausgerichtet sind, wurden weitere Liganden, vor allem organische Stoffe gefunden, die mehrere Haftatome aufweisen. Sie werden als mehrzähnig bezeichnet. Folge der besonderen Molekülstruktur ist, dass sich diese Liganden wie eine Zange oder Krebsschere um das Zentralion legen. Der griechische Begriff für Krebsschere, *chele*, gab dieser Komplexklasse die Bezeichnung **Chelat**.

Es zeigt sich, dass bei gleichem Zentralion und gleichen Haftatomen die Chelate eine höhere Stabilität besitzen. Dieser **Chelateffekt** kann nicht allein mithilfe der Bindungstheorien und der Molekülgeometrie erklärt werden. Bei der Reaktion des Ni^{2+}-Ions mit Ammo-

Ethylendiamin (**en**)

Propylendiamin (**pn**)

Dimethylglyoxim (**H_2dmg**)

8-Hydroxychinolin (Hhych)

Oxalsäure (H_2ox)

Iminodiessigsäure (**H_2ida**)

Malonsäure (H_2mal)

Nitrilotriessigsäure (NTA, **H_3nta**)

Acetylaceton (Enolform) (**Hacac**)

1.10-Phenanthrolin (**phen**)

2.2-Bipyridin (**bpy**)

niak bzw. mit Ethylendiammin (en) sind Unterschiede in den Teilchenverhältnissen zu erkennen.

$$[Ni(H_2O)_6]^{2+} \quad + \quad 6\,NH_3 \quad \rightleftarrows \quad [Ni(NH_3)]^{2+} \quad + \quad 6\,H_2O$$
$$7 \quad : \quad 7$$

$$[Ni(H_2O)_6]^{2+} \quad + \quad 3\,en \quad \rightleftarrows \quad [Ni(en)_3]^{2+} \quad + \quad 6\,H_2O$$
$$4 \quad : \quad 7$$

Die Reaktion mit Ethylendiammin führt zu einer höheren Teilchenzahl auf der Seite der Produkte, die Entropie steigt. In diesem Entropieeffekt liegt der Energie- und Stabilitätsgewinn begründet, denn nach der Gibbs-Helmholtz-Gleichung $\Delta_R G° = \Delta_R H - T\Delta S$ wird die freie Enthalpie kleiner. Die Reaktion wird stärker endergonisch. So verschiebt sich das chemische Gleichgewicht in Richtung der Produkte.

Der Entropieeffekt ist für alle Chelatbildungen typisch.

Diesen Chelaten und Chelatbildnern kommt in der Laborpraxis und in der Technik eine vielfältige Bedeutung zu. Ebenso sind die Chelate an biologischen Vorgängen sowohl im tierischen als auch im pflanzlichen Organismus beteiligt.

9.4 Eigenschaften

Die Komplexverbindungen zeichnen sich durch eine Reihe charakteristischer Eigenschaften aus, wie Farbigkeit, Löslichkeit, Dissoziation, Ligandenaustausch, Stabilität und magnetisches Verhalten.

9.4.1 Farbigkeit

Die wasserfreien Salze vieler Übergangsmetalle sind ebenso farblos wie die Salze der Hauptgruppenelemente. Nehmen sie Kristallwasser auf oder werden sie in Wasser gelöst, erscheinen sie dem Zentralion entsprechend in einer charakteristischen Farbe.

▶ **Sowohl kristalline Komplexverbindungen als auch ihre Lösungen sind farbig.**

9.4.2 Löslichkeit

Einige Salze, z. B. die Silberhalogenide oder Hydroxide, sowohl von Hauptruppen- als auch Nebengruppenelementen, sind in Wasser schwer löslich.

Bei Silberchlorid (Löslichkeitsprodukt $L_{AgCl} = 1{,}6 \cdot 10^{-10}\ mol^2 \cdot l^{-2}$) ist das Löslichkeitsgleichgewicht zur Seite des ungelösten Salzes verschoben und bildet in Wasser einen käsigen Niederschlag. Gibt man jedoch Ammoniaklösung hinzu, beobachtet man eine Auflösung des Niederschlages. Das Gleichgewicht wird zugunsten der freibeweglichen Ionen verschoben. Es bildet sich das Diamminsilber(I)-chlorid, welches sehr gut in Wasser löslich ist.

$$AgCl \quad + \quad 2\,NH_3 \quad \rightleftarrows \quad [Ag(NH_3)_2]^+ \quad + \quad Cl^-$$

Aluminiumhydroxid ($L_{Al(OH)3}$= 1,0 · 10^{-33} $mol^4 \cdot l^{-4}$) ist ebenfalls schwer löslich. Sorgt man in der Lösung für einen Überschuss an OH^-, so bildet sich das Tetrahydroxoaluminat(III)-ion. Der Niederschlag löst sich auf.

$$Al(OH)_3 \quad + \quad OH^- \quad \rightleftarrows \quad [Al(OH)_4]^-$$

Diese Beobachtung ist für eine ganze Reihe von schwerlöslichen Salzen zutreffend.

▸ **Die Löslichkeit einiger schwerlöslicher Salze oder ihrer in wässriger Lösung entstandenen Niederschläge kann durch Komplexbildung verbessert werden.**

9.4.3 Ligandenaustausch

In unserem Ausgangsexperiment wurde wasserfreies Kupfer(II)-chlorid in Wasser gelöst, die Farbe war grün. Nach Zugabe von Salzsäure/Kochsalz (Cl^-) vollzog sich ein Farbumschlag nach blau. Weitere Komplexverbindungen zeigen bei einem Ligandenaustausch Farbreaktionen (vgl. Versuche).

Wird eine Eisen(III)-chloridlösung mit Ammoniumthiocyanatlösung versetzt, so färbt sie sich tief rot. Gibt man nun Natriumfluoridlösung hinzu, tritt eine Entfärbung ein.

$$\underset{\text{gelb}}{[Fe(H_2O)_6]^{3+}} \quad + \quad 6\,SCN^- \quad \rightleftarrows \quad \underset{\text{rot}}{[Fe(SCN)_6]^{3-}} \quad + \quad 6\,H_2O$$

$$\underset{\text{rot}}{[Fe(SCN)_6]^{3-}} \quad + \quad 6\,F^- \quad \rightleftarrows \quad \underset{\text{farblos}}{[FeF_6]^{3-}} \quad + \quad 6\,SCN^-$$

Vertauscht man die Reihenfolge, erst Zugabe von Fluoridionen zur Eisen(III)-chloridlösung, dann Versetzen mit Thiocyanationen, so tritt keine Farbreaktion ein. Bildung und Zerfall der Komplexverbindungen sind also von der Stabilität der Komplexe abhängig.

▸ **Komplexverbindungen eines Zentralions unterscheiden sich in ihrer Stabilität.**

9.4.4 Stabilität – Stabilitätskonstante

Da es sich hier um wässrige Lösungen und Ionengleichgewichte handelt, lässt sich mithilfe des Massenwirkungsgesetzes eine quantitative Aussage zur Komplexstabilität ableiten. Wird zu einer Kupfer(II)-ionenlösung schrittweise Ammoniaklösung hinzugegeben, lassen sich verschiedene Erscheinungen beobachten. Sie entsprechen den Teilreaktionen der Komplexbildung.

$$[Cu(H_2O)_6]^{2+} \quad + \quad 4\,NH_3 \quad \rightleftarrows \quad [Cu(NH_3)_4(H_2O)_2]^{2+} \quad + \quad 4\,H_2O$$

Da die vier NH_3-Moleküle stärker an Cu^{2+} koordiniert sind, als die beiden H_2O-Moleküle, verzichtet man auf die Berücksichtigung der beiden H_2O-Liganden.

Allgemein formuliert, verläuft die Reaktion in folgenden Schritten:

1. $[M(H_2O)_6] + L \rightleftarrows [M\,L(H_2O)_5] + H_2O$
2. $[M\,L(H_2O)_5] + L \rightleftarrows [M\,L_2(H_2O)_4] + H_2O$
3. $[M\,L_2(H_2O)_4] + L \rightleftarrows [M\,L_3(H_2O)_3] + H_2O$
4. $[M\,L_3(H_2O)_3] + L \rightleftarrows [M\,L_4(H_2O)_2] + H_2O$

Für jede Teilreaktion lässt sich nun das Massenwirkungsgesetz aufstellen:

z. B. $K = \frac{c[M\,L\,(H_2O)\,5] \cdot cH_2O}{c[M(H_2O)] \cdot cL}$

Da sich in verdünnten Lösungen c_{H2O} kaum verändert, also konstant ist, kann sie in die Konstante K einbezogen werden.

$$K1 = \frac{K}{c_{H_2O}} = \frac{c[M\,L\,(H_2O)\,5]}{c[M(H_2O)] \cdot cL}$$

Zur Vereinfachung der Formelschreibweise verzichtet man auf die Angabe der H_2O-Moleküle und schreibt $c[ML_n]$:

$$K1 = \frac{c[M\,L]}{cM \cdot cL}$$

Für die Reaktionen, die zur Bildung der weiteren Komplexe führen, erhält man die individuellen Konstanten $K2$, $K3$, $K4$. Fügt man alle Teilgleichungen zusammen, so erhält man die Bruttokomplexbildungskonstante β.

$\beta = K1 \cdot K2 \cdot K3 \cdot K4;$

allgemein: $\beta(n) = K1 \cdot K2 \ldots Kn$

Zum besseren Vergleich gibt man den dekadischen Logarithmus der Zahlenwerte an:

$\lg\beta(n) = \lg K1 + \lg K2 + \ldots + \lg Kn$

Je nach Betrachtungsweise der Komplexverbindung unterscheidet man die Komplexbildungskonstante $\beta_{(B)}$ (auch K_B) und die Komplexdissoziationskonstante $\beta_{(D)}$ (auch K_D) (Komplexzerfallskonstante). Die Komplexdissoziationskonstante ist der reziproke Wert der Komplexbildungskonstante.

$$\beta(B) = \frac{1}{\beta(D)}$$

Die Komplexdissoziationskonstanten können Tabellenwerken entnommen werden.

- **Ein Komplex ist umso stabiler, je kleiner seine Komplexdissoziationskonstante ist. Ligandenaustauschreaktionen laufen nur unter Bildung eines stabileren Komplexes ab. Durch Vergleich von β_B der Reaktion eines Metallions mit verschiedenen Liganden kann ermittelt werden, welcher Ligand vorzugsweise an das Metallion koordiniert wird.**

Gegenüberstellung der Löslichkeit von Silberchlorid und Diamminsilber(I)-chlorid:

$AgCl \rightleftarrows Ag^+ + Cl^-$	$AgCl + 2\,NH_3 \rightleftarrows [Ag(NH_3)_2]^+ + Cl^-$ $[Ag(NH_3)_2]^+ \rightleftarrows Ag^{2+} + 2NH_3$
$L_{AgCl} = 1{,}6 \cdot 10^{-10}\,mol^2 \cdot l^{-2}$	$\beta_D = 1{,}585 \cdot 10^7\,mol^2 \cdot l^{-2}$

In reinem Wasser wird das Löslichkeitsprodukt bereits erreicht, wenn die Konzentration der hydratisierten Silberionen bzw. Chloridionen $c = 1{,}26 \cdot 10^{-5}\ \text{mol} \cdot \text{l}^{-1}$	Da β_D sehr klein ist, liegt das Gleichgewicht auf der Seite des Komplexes $\rightarrow c([Ag(NH_3)_2]^+) = c(Cl^-)$ die Konzentration der Ag^+ ist sehr klein, z. B. $c([Ag(NH_3)_2]^+) = 0{,}01\ \text{mol} \cdot \text{l}^{-1}$ in einer 1M Ammoniaklösung, es gilt das MWG: $\beta_D = \frac{c([Ag(NH_2)_2]^+)}{c(Ag^+) \cdot c(NH_2)^2} \rightarrow$ $c(Ag^+) = \frac{c([Ag(NH_2)_2]^+)}{\beta_D \cdot c(NH_2)^2}$ $c(Ag^+) = \frac{0{,}01\ \text{mol}^{-1}}{1{,}585 \cdot 0^7\ \text{mol}^2\ \text{l}^{-2} \cdot (1\ \text{mol} \cdot \text{l}^{-1})^2}$ $c(Ag^+) = 6{,}3 \cdot 10^{-10}\ \text{mol} \cdot \text{l}^{-1}$
Es fällt Silberchlorid aus.	Die Konzentration freibeweglicher Silberionen ist zu gering, um einen Niederschlag mit $c(Cl^-) = 0{,}01\ \text{mol} \cdot \text{l}^{-1}$ zu bilden.

9.4.5 Magnetisches Verhalten

Die Nebengruppenelemente und ihre Komplexverbindungen zeigen bei magnetischen Messungen charakteristische Verhaltensweisen. Man unterscheidet **Paramagnetismus** und **Diamagnetismus**.

Das Magnetfeld wird durch die magnetische Feldstärke (H) oder die Kraftflussdichte (B) charakterisiert. Die Größen bedeuten, einfach gesagt, wie viele Magnetfeldlinien eine Fläche von einem cm² durchstoßen.

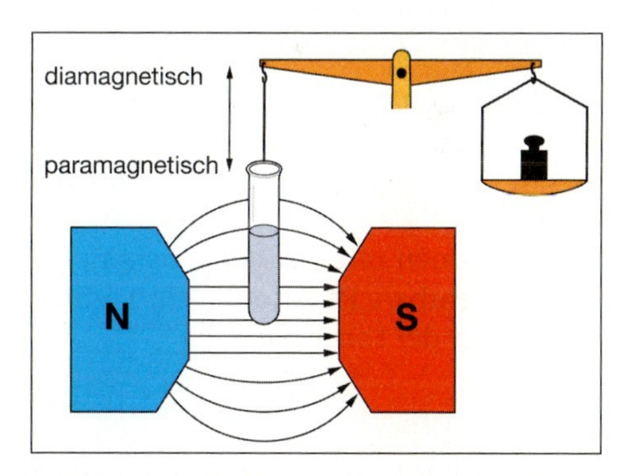

Bringt man einen Stoff in ein Magnetfeld, so ändert sich im Inneren des Feldes seine Kraftflussdichte (B). Nimmt B zu, wird der Stoff in Richtung des Bereiches mit höherer Feldstärke, also in das Magnetfeld hineingezogen. Dieses Verhalten nennt man **paramagnetisch**. In **diamagnetischen** Stoffen nimmt die Kraftflussdichte ab, der Stoff wird aus dem Magnetfeld heraus gedrängt.

Magnetische Messungen erfolgen häufig nach diesem Prinzip:

Jede sich bewegende elektrische Ladung erzeugt ein Magnetfeld. Elektronen erzeugen durch ihre Eigenrotation ebenfalls ein magnetisches Moment, ein magnetisches Spinmoment. Liegen zwei Elektronen gepaart, also mit antiparallelem Spin vor, so heben sich die magnetischen Momente (µm) gegenseitig auf. Haben jedoch mehrere Elektronen parallele Spins, so resultiert daraus ein magnetisches Moment, das mit zunehmender Zahl ungepaarter Elektronen größer wird. (Michael Binnewies, 2004)

So kann aus der Ermittlung des magnetischen Momentes auf die Zahl der ungepaarten e^- geschlossen werden.

- **Diamagnetismus: gepaarte e^-; Stoff wird aus dem Magnetfeld verdrängt, die Masse scheint größer zu werden.**

- **Paramagnetismus: ungepaarte e^-; Stoff wird in das Magnetfeld gezogen, die Masse wird scheinbar kleiner, das magnetische Moment lässt auf die Zahl der ungepaarten e^- schließen.**

9.5 Bindungsmodelle zur Erklärung einiger Eigenschaften

9.5.1 HSAB-Konzept und Stabilität

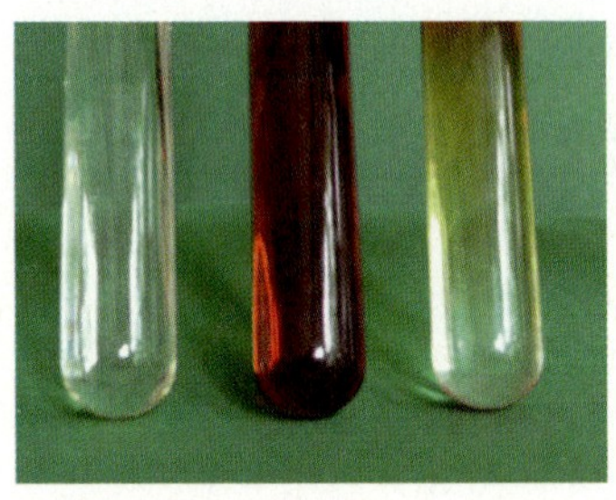

Fe^{3+}-Lösung + SCN^- + F^-

Die Reaktion von Eisen(III)-ionen (**Fe^{3+}**) mit Thiocyanationen (**SCN^-**) ist möglich. Thiocyanationen gelten als ambidente Liganden. Sie enthalten zwei Haftatome, N- und S-Atom. Mit dem Schwefelatom als Haftatom liegt eine weiche Base vor. Es ist zu ergründen, ob die Bindung des Thiocyanations mit dem N-Atom als Haftatom erfolgt. Ist das N-Atom das Haftatom, so wird das Thiocyanation (**NCS^-**) als Grenzfall betrachtet und die Reaktion ist wahrscheinlich. Das Experiment bestätigt die Aussage.

Jedoch ist dieser Komplex gegenüber der harten Base **F^-** (Fluoridion) weniger stabil, es kommt zum Ligandenaustausch.

Für die Stabilität der koordinativen Verbindung gilt also die Reihenfolge:

$$h - h > h - g > h - w$$

Da Reaktionen mit Ligandenaustausch in wässriger Lösung auch konzentrationsabhängige umkehrbare Reaktionen sind, gilt auch folgender Zusammenhang für Komplexverbindungen der Form $[M(L)_n]$:

$$[h(w)_n] + [w(h)_n] \rightleftarrows [h(h)_n] + [w(w)_n]$$

- **Das HSAB-Konzept dient der Voraussage der Stabilität von Komplexverbindungen und wird zur Erklärung des Ligandenaustausches benutzt. Es lässt sich ebenfalls auf Fällungsreaktionen sowie in der Geochemie anwenden.**

9.5.2 Modell der elektrostatischen Wechselwirkungen – Anlagerungskomplexe

Dieses Bindungsmodell geht von Zentralionen mit elektrisch positiver Ladung und elektrisch negativen Ionen bzw. starken Dipolen als Liganden aus. Stellen wir uns nach dem HSAB-Konzept vor, dass sich eine gewisse Anzahl an Liganden in Richtung Zentralion bewegt, bis sie stärker von ihm angezogen werden. Die Liganden nähern sich soweit, bis ihre gleichen Ladungen zu gegenseitiger Abstoßung führen. So stellt sich ein idealer Abstand Zentralion – Liganden ein, der aus der Anziehung positive – negative Ladung und Abstoßung negative – negative Ladung resultiert. Dabei kommt es zu einer räumlichen Verteilung der Liganden, je nach ihrer Anzahl (2 – linear, 4 – tetraedrisch, 6 – oktaedrisch). Die Anlagerungskomplexe sind oft so unbeständig, dass sie bei der Auflösung in Wasser zerfallen. Liganden wie Wasser und Ammoniak können gegeneinander ausgetauscht werden.

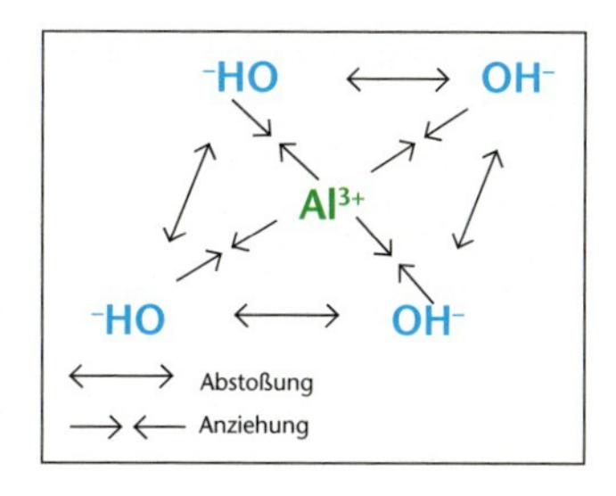

9.5.3 Modell der kovalenten Bindung – Durchdringungskomplexe

Komplexe dieser Art entstehen nach dem HSAB-Konzept aus Zentralion, Ionen oder Dipolmolekülen, also weiche Säure – weiche Base. Das Haftatom des Liganden ist wieder Elektronenpaardonator, das sein e^--Paar der chemischen Bindung zur Verfügung stellt. Die Liganden durchdringen die Valenzorbitale des Zentralions so weit, dass die Bindungselektronenpaare dabei die Elektronenlücken der äußersten Energieniveaus des Zentralions besetzen. Das Zentralion kann in den hybridisierten s-, p- und d-Valenzniveaus 18 e^- aufnehmen. Dadurch kann es Edelgaskonfiguration erreichen.

So lässt sich die Stabilität der Komplexe für viele Fälle voraussagen. Man kommt zu der Aussage, dass Durchdringungskomplexe in wässriger Lösung stabiler sind als Anlagerungskomplexe. Bei der Gegenüberstellung des gelben und roten Blutlaugensalzes wird Folgendes erkennbar:

	gelbes Blutlaugensalz Hexacyanoferrat(II)-ion $[Fe(CN)_6]^{4-}$	Rotes Blutlaugensalz Hexacyanoferrat(III)-ion $[Fe(CN)_6]^{3-}$
e^- des Zentralions	24	23
e^- der Liganden	$6 \cdot 2 = 12$	$6 \cdot 2 = 12$
$\sum$ der e^-	36	35
Edelgaskonfiguration	ja	nein

Stabilitätsvergleiche zwischen $Fe^{2+/3+}$-Komplexen werden hier meist falsch, da die Komplexstabilitätskonstanten andere Aussagen zulassen (Fe^{2+}/CN^- $\lg\beta_B = 35$, Fe^{3+}/CN^- $\lg\beta_B = 43{,}6$).

Wird der Edelgaszustand nicht erreicht oder überschritten, so zeigen die Komplexverbindungen Redoxverhalten. Bei einem unterzähligen e^- sind sie als Oxidationsmittel geeignet, überwiegt die e^--Anzahl, so sind sie Reduktionsmittel.

- **Die Edelgasregel liefert für viele Komplexverbindungen Aussagen über: die Oxidationszahl, Ligandenanzahl einzähniger Liganden, Beständigkeit und Redoxverhalten.**

Weitere Aussagen über Komplexverbindungen liefert die Valenzbindungstheorie.

9.5.4 Valenzbindungstheorie (VB-Theorie)

Diese Theorie ist auf viele Komplexverbindungen anwendbar, vor allem auf jene, welche die 18 e^--Regel nicht erfüllen. Die freien e^--Paare der Liganden besetzen energetisch höhere Hybridorbitale des Zentralions. Die energetisch tieferliegenden d-Orbitale werden jedoch nicht vollständig besetzt.

Beispiel: Tetrachloronickelat(II)-ion

Dieses Komplexion zeigt neben der charakteristischen Farbe Tetraederform und Paramagnetismus.

Das Ni^{2+}-Ion besitzt acht 3d-Elektronen, von denen zwei ungepaart sind. Dieser Zustand ändert sich auch nicht bei der Komplexbildung, die von der Hybridisierung der 4s- und 4p-Orbitale begleitet ist. In das sp^3-Hybridorbital werden die e^--Paare der Liganden (Cl^-) eingelagert. Zwei der 3d-Orbitale bleiben einfach besetzt. Dieser Sachverhalt ist Ursache des im inhomogenen Magnetfeld gezeigten Paramagnetismus.

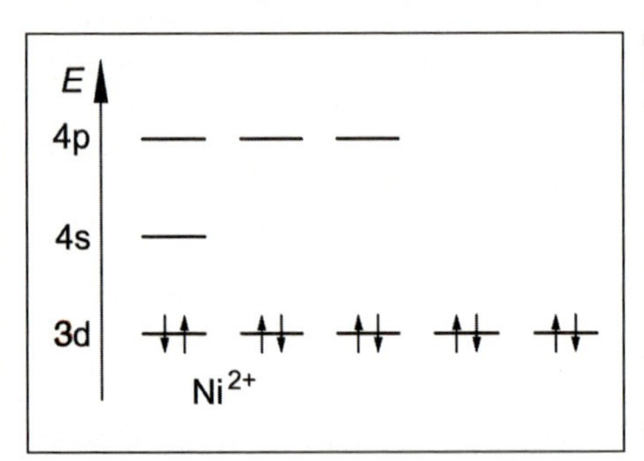

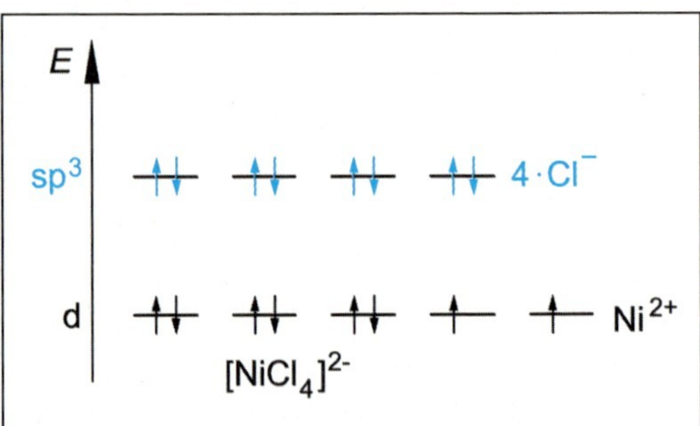

Nach paulingscher Schreibweise:

Die vier sp^3-Hybridorbitale sind energiegleich und richten sich im Raum zu einem Tetraeder aus.

Wird allerdings das Tetracyanonickelat(II)-ion gebildet, entsteht ein quadratisches Komplexion mit Diamagnetismus. Die acht 3d-Elektronen werden in vier d-Orbitalen mit gepaartem Spin eingeordnet. Für die Hybridisierung stehen nun ein 3d- das 4s- und zwei 4p-Orbitale zur Verfügung (dsp^2-Hybridisierung). Die Struktur ist quadratisch. Es treten keine ungepaarten e^- auf, also herrscht Diamagnetismus vor.

Dieser Sachverhalt ist in der paulingschen Schreibweise erkennbar:

$[Ni(CN)_6]^{2-}$:

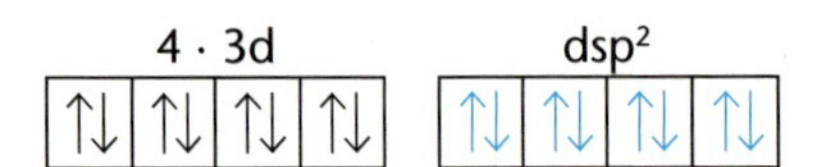

Die Valenzbindungstheorie gerät bei der Erklärung dieses Zustandes an ihre Grenzen. Zusammenfassend ermöglicht sie folgende Aussagen:

- Erklärung der räumlichen Anordnung der Liganden,
- zeigt, dass verschiedene Koordinationsverbindungen eines Übergangselementes auftreten können,
- Interpretation der magnetischen Eigenschaften.

Grenzen:

- Die Farbe der Koordinationsverbindungen kann nicht erklärt werden.
- Es kann nicht die Ursache dafür erklärt werden, dass ein Übergangselement Komplexverbindungen mit verschiedenen Strukturen und unterschiedlichen magnetischen Eigenschaften bildet.

9.5.5 Ligandenfeldtheorie

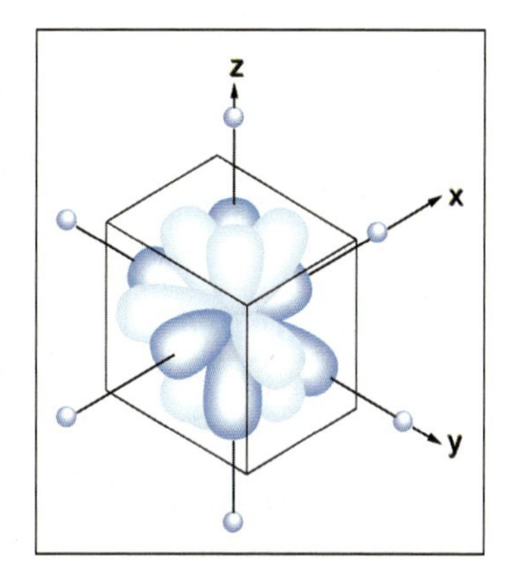

Die Ligandenfeldtheorie ist die jüngste Modellvorstellung zu den chemischen Bindungen in Komplexverbindungen. Sie hilft die noch offenen Fragen zur Farbigkeit der Komplexe und auch zum magnetischen Verhalten zu klären. Sie entstand aus folgenden Grundgedanken:

Die Zentralionen sind Kationen, die Liganden sind Anionen oder Dipolmoleküle, die mit ihrem negativen Pol zum Zentralion orientiert sind. Die Beziehungen der Liganden zum Zentralion sind Ion-Ion- oder Ion-Dipol-Wechselwirkungen.

$$M^{pos} \cdots\cdots L^{neg};\ M^{pos} \cdots\cdots \delta^- \ \delta^+$$

Jeder elektrisch geladenen Körper erzeugt ein elektrisches Feld, so auch die Liganden. Bei mehreren Liganden überlagern sich die Einzelfelder und bilden ein gemeinsames Ligandenfeld aus. Dieses Feld wirkt aufgrund des geringen Abstandes auf das Zentralion, speziell auf die d-Elektronen des Zentralions ein.

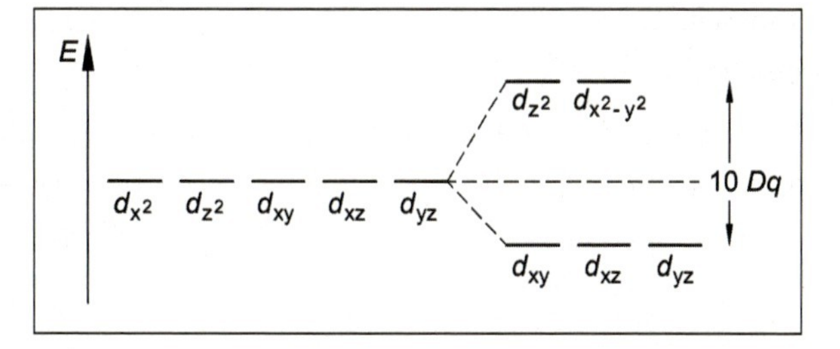

Die d-Orbitale des Zentralions sind energiegleich, also entartet. Jedes soll mit einem e^- besetzt sein. Unter Einfluss des Ligandenfeldes wirken Abstoßungskräfte auf die Elektronen, deren Orbital in Richtung eines Liganden zeigt. Solch ein e^- „weicht" in ein Orbital aus, dessen Ausrichtung zwischen den Liganden liegt. Hier sind die Abstoßungskräfte geringer (vgl. vorige Abbildung).

Im Ligandenfeld erfolgt also eine Aufspaltung der d-Orbitale in drei energieärmere, sogenannte t_{2g}-Orbitale (d_{xy}, d_{xz}, d_{yz}) und zwei energiereichere e_g-Orbitale (d_{z2}, d_{x2-y2}). Nun ergeben sich zwei Möglichkeiten der Besetzung der d-Orbitalgruppen. Diese leiten sich aus der

t_{2g} und e_g sind Symmetriebezeichnungen
t dreifach entartete Orbitale
2 antisymmetrisch in bezug auf eine 90°-Dehnung um die z-Achse des Oktaeders
g symmetrisch bezüglich des Symmetriezentrums im Oktaeder
e zweifach entartete Orbitale

Energie des Ligandenfeldes, der Ligandenfeldaufspaltungsenergie **(LFSE)** Δ ab. Die Größe Δ ist abhängig von der Stärke der Liganden. Je stärker der Ligand, um so stärker das Ligandenfeld, umso stärker die Aufspaltung der d-Orbitale. Die **LFSE** Δ entspricht 10 Dq. Dq ist eine Relativgröße. Sie wurde für alle Komplexe allgemeingültig festgelegt. Im Oktaeder werden die e_g-Orbitale um 6 Dq angehoben und die t_{2g}-Orbitale um 4 Dq abgesenkt. Jedes e^- eines t_{2g}-Orbitals besitzt die Energie von –4 Dq, jedes e^- eines e_g Orbitals die Energie von +6 Dq. Bei einem voll besetzten d-Niveau (10 e^-) gilt nach dem Schwerpunktsatz folgendes (Der energetische Schwerpunkt der d-Orbitale ändert sich beim Übergang des kugelsymmetrischen zum oktaedrischen Ligandenfeld nicht.):

$$4e^- \times (+6\ Dq) - 6\ e^- \times 4\ Dq = 0$$

Da die Orbitale nach der hundschen Regel besetzt werden, berechnet man folglich für ein d^3-Elektronensystem einen Energiegewinn von:

$$3 \times (-4\ Dq) = -12\ Dq$$

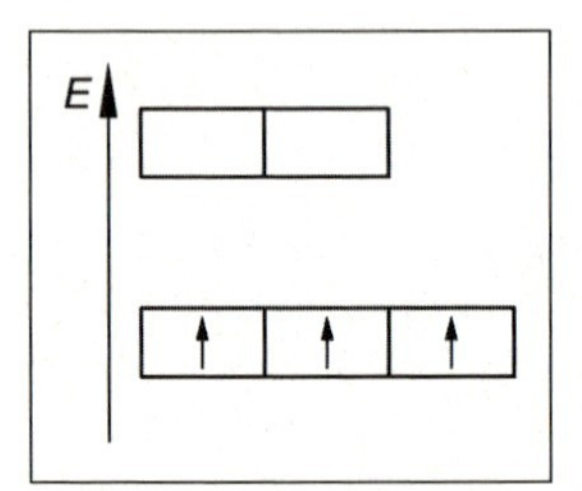

Für die Übergangsmetallionen mit 1, 2, 3, 8, 9 oder 10 d-Elektronen gibt es jeweils nur einen energieärmeren Zustand.

Bei 1–3 d-Elektronen werden die t_{2g}-Niveaus in parallelem Spin besetzt. Bei 8–10 d-Elektronen werden diese Niveaus doppelt und zusätzlich die e_g-Niveaus einfach oder doppelt besetzt.

Für Übergangsmetallionen mit 4–7 d-Elektronen gibt es zwei Möglichkeiten:

- Low-Spin-Zustand
- High-Spin-Zustand

Die Liganden können entsprechend ihrer Stärke zu einer spektrochemischen Reihe geordnet werden:

$$\mathbf{I^- < Br^- < SCN^- < Cl^- < F^- < OH^- < H_2O < NH_3 < en < NO_2 < CN^- < CO}$$

schwache Liganden *starke Liganden*
geringe Aufspaltung *starke Aufspaltung*

Für ein d^4-Elektronensystem gibt es nun zwei Möglichkeiten:

a) $4 \times (-4Dq) = -16\ Dq$

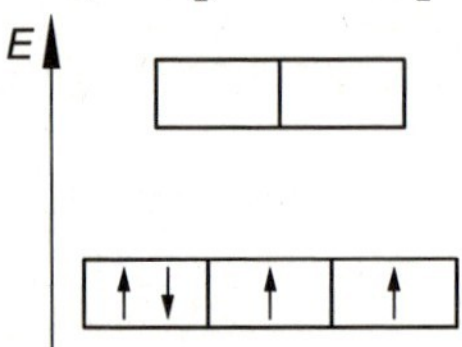

starker Ligand,
starke Aufspaltung
Low-Spin-Komplex

b) $3 \times (-4Dq) + 1(+6Dq) = -6\ Dq$

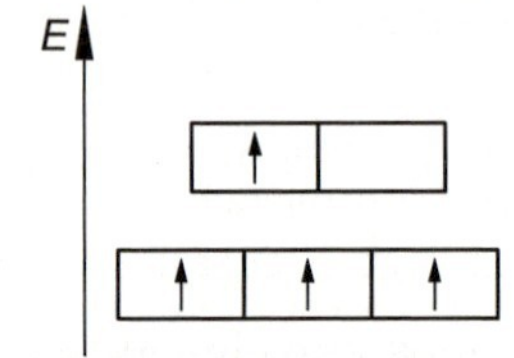

schwacher Ligand,
geringe Aufspaltung
High-Spin-Komplex

Low-Spin-Komplex bedeutet: Alle e^- befinden sich in den t_{2g}-Orbitalen. Um zwei e^- in ein Orbital zu bringen, muss die Abstoßung zwischen beiden Elementarteilchen überwunden werden. Die notwendige Energie wird Spinpaarungsenergie (p) genannt.

Low-Spin-Komplex : $\Delta > p$

High-Spin-Komplex: $\Delta < p$

Der Energiegewinn im High-Spin-Komplex ist größer, wenn nun die übrigen e^- in die e_g-Orbitale gelagert werden.

Die Farbigkeit der Komplexe

Die Farbigkeit der Komplexverbindungen lässt sich nun wie folgt erklären:

Die LFSE entspricht der Energie des sichtbaren Lichtes. Durch Absorption von Lichtenergie werden e^- von den t_{2g}-Orbitalen in die e_g-Orbitale angehoben.

Die absorbierte Energie wird aus der Wellenlänge des absorbierten Lichtes errechnet.

$$E = h \cdot \frac{c}{\lambda}$$

h = planksches Wirkungsquantum

c = Lichtgeschwindigkeit

λ = Wellenlänge

Die Komplexe erscheinen in der Komplementärfarbe des absorbierten Lichtes (vgl. nebenstehende Abbildung)

▶ **Die Farbigkeit der Komplexverbindungen entsteht durch Energieabsorption aus dem Bereich des sichtbaren Lichtes beim Übergang von Elektronen aus den t_{2g}-Orbitalen in die e_g-Orbitale. Der Komplex erscheint in der Komplementärfarbe der absorbierten Lichtenergie.**

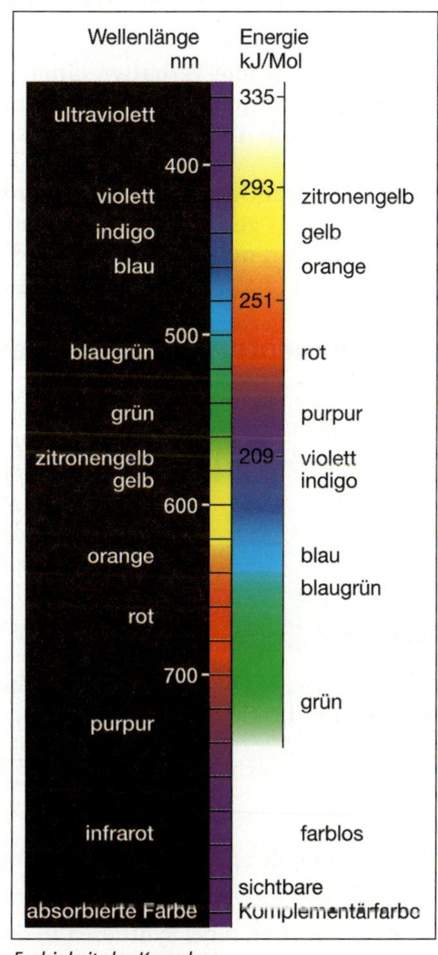

Farbigkeit der Komplexe

Das magnetische Verhalten

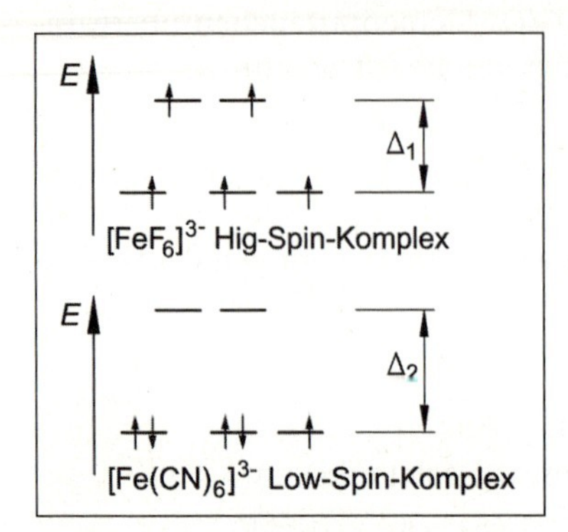

Durch die Messung der magnetischen Momente kann die Anzahl der ungepaarten Elektronen ermittelt werden.

Für das Hexafluoroferrat(III)-ion $[FeF_6]^{3-}$ werden fünf ungepaarte e^-, also starker Paramagnetismus ermittelt. Fluoridionen sind mittelstarke Liganden (siehe spektrochemische Reihe). Es erfolgt eine mäßige Aufspaltung der d Orbitale. So werden die fünf d-Orbitale mit je einem e^- besetzt. Wir erkennen einen High-Spin-Komplex.

Im Hexacyanoferrat(III)-ion liegt ein schwacher Paramagnetismus vor. Cyanidionen stehen in der spektrochemischen Reihe weit rechts. Sie sind starke Liganden. Die Aufspaltung der d-Orbitale ist stärker als im $[FeF_6]^{3-}$. So ist $\Delta > p$ und die Elektronen befinden sich in den drei t_{2g}-Orbitalen. Es liegt nur ein ungepaartes Elektron vor. Ein Low-Spin-Komplex entsteht.

- **Das magnetische Verhalten einer Komplexverbindung hängt von der Verteilung der d-Elektronen in den vom Ligandenfeld beeinflussten d-Orbitalen ab. Es gilt der Zusammenhang in Abhängigkeit der Anzahl der d-Elektronen:**

- **Starkes Ligandenfeld ⟶ starke Aufspaltung der d-Orbitale ⟶ $\Delta > p$ ⟶ Low-Spin-Komplex ⟶ geringe Zahl ungepaarter e^- ⟶ niedriges magnetisches Moment ⟶ geringer Paramagnetismus.**

9.6 Bedeutung der Komplexverbindungen

In der Zeit, als der Alchemist geheime Rezepturen handschriftlich festhielt, Verliebte sich noch Briefe schickten, suchte man nach Geheimtinten, die nur nach einer ebenso geheimen Prozedur sichtbar wurden. Schreiben Sie doch mal wieder einem lieben Menschen einige Zeilen mit einer Kobalt(II)-chloridlösung auf rosa Papier. Man wird, je nach Papiersorte, kaum etwas von der Schrift erkennen. Erwärmt man aber das Schriftstück, so zeigt sich nach kurzer Zeit ein blauer Schriftzug. Soll dieser wieder verschwinden, reicht ein kräftiges Anhauchen. Der feuchte Atem genügt. Die Erklärung ist nach all der Theorie recht einfach:

$$\underset{\text{rosa}}{[Co(H_2O)_6]^{2+}} + 2\,Cl^- \xrightleftharpoons{\text{Wärme}} \underset{\text{blau}}{Co^{2+}} + 6\,H_2O\uparrow + 2\,Cl^-$$

Heute kommt den Komplexverbindungen eine immense Bedeutung in vielen Bereichen zu:

- in der analytischen Chemie,
- als Katalysatoren bei Synthesen in der organischen Chemie,
- in der Metallurgie,

- in der Medizin,
- als Waschmittelzusatz,
- als Farbpigment und Färbemittel,
- in der Natur.

Auf einige Anwendungen soll nun eingegangen werden.

9.6.1 Analytische Chemie

Für die analytische Chemie sind Nachweisreaktionen mit besonderen und eindeutigen Effekten wichtig. Da die meisten Salze in wässriger Lösung als Komplex vorliegen, lassen sich durch Komplexumbau bzw. Ligandenaustausch gute optische Effekte wie zum Beispiel Farbreaktionen auslösen. Der Nachweis von Fe^{3+} in wässriger Lösung ist eindeutig:

$$\underset{\text{gelb}}{[Fe(H_2O)_6]^{3+}} + 6\,SCN^- \rightleftarrows \underset{\text{rot}}{[Fe(SCN)_6]^{3-}} + 6\,H_2O$$

Nachweise in Ionengemischen sind schwieriger eindeutig auszuführen. Hierfür gibt es mehrere Varianten:

- selektive Reagenzien (reagieren mit sehr wenigen Ionen und in spezifischer Weise)
- spezifische Reagenzien (reagieren unter speziellen Bedingungen mit nur einem Ion)
- Maskierung störender Ionen

Selektive Reagenzien:

z. B. Ni^{2+} + Dimethylglyoxim $\longrightarrow$ scharlachrot

Pd^{2+} + Dimethylglyoxim $\longrightarrow$ ockergelb

Fe^{2+} + Dimethylglyoxim $\longrightarrow$ rotbraun

Der Nachweis ist nur eindeutig bei getrennter Betrachtung, denn gelb wird durch den Nickelkomplex überdeckt und dieser wird vom Eisenkomplex überlagert.

So hilft entweder die Trennung der Ionen durch Fällung und anschließendem Einzelnachweis oder die Maskierung.

Maskierung = Ausschalten von störenden Ionen.

Beispiel

Eisen(III)-ionen behindern häufig Nachweisreaktionen. Nach dem HSAB-Konzept lassen sich die Liganden des Eisen(III)-ions durch F^- verdrängen.

Das Hexafluoroferrat(III)-ion ist stabil und farblos, es stört somit die weiteren Nachweisreaktionen nicht.

$$\left.\begin{array}{l} Fe^{3+} \longrightarrow \underset{\text{rot}}{[Fe(SCN)_6]^{3-}} \\ Co^{2+} \longrightarrow \underset{\text{blau}}{[Co(SCN)_6]^{4-}} \end{array}\right\} \longrightarrow \text{Mischfarbe} \quad \begin{array}{l} + F^- \longrightarrow \underset{\text{farblos}}{[FeF_6]^{3-}} \\ + F^- \not\longrightarrow \\ \qquad \text{nur blau} \end{array}$$

Spezifische Reagenzien:

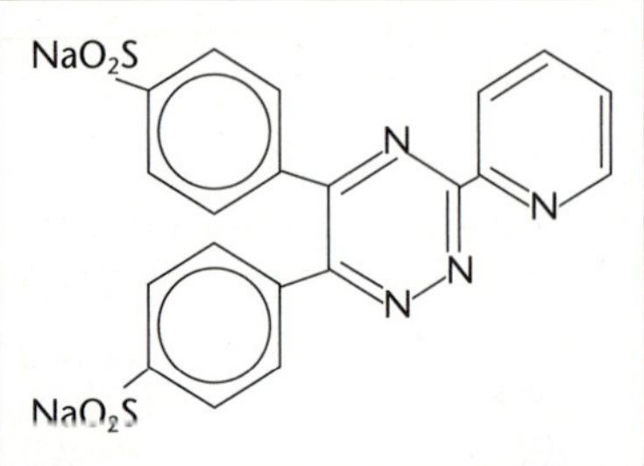

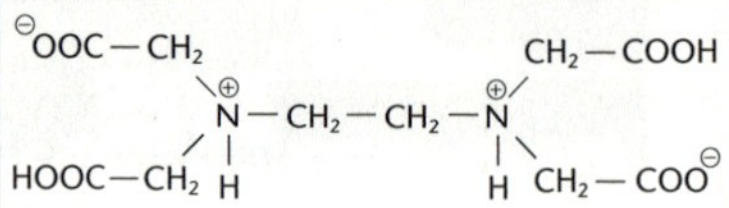

Gelöste Form der EDTA (H_2Y^{2-})

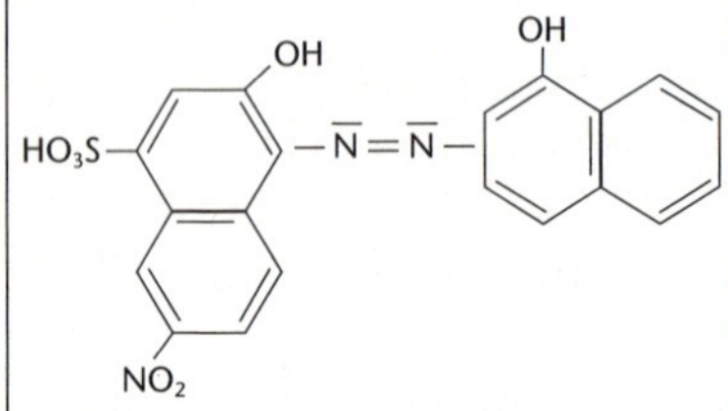

Eryochromschwarz-T (Eryo T)

Bei biochemischen Analysen, der Suche nach Immunglobulinen und Antikörpern verwendet man spezifische Marker. So werden bei der elektrophoretischen Trennung von Proteinen Farbkomplexe eingesetzt, die nur an speziellen Proteinen angelagert werden können. Zur Markierung von Immunglobulinen wird z. B. der Ferozin/Fe^{2+}-Komplex verwendet. Ferrozin ist ein mehrzähniger Ligand der mit dem Fe^{2+}-ionen einen purpurroten Chelatkomplex bildet.

Die analytische Chemie gliedert sich in die qualitative und quantitative Analyse. Durch die quantitative Analyse soll möglichst genau der Gehalt/die Konzentration qualitativ vorbestimmter Stoffe/Ionen ermittelt werden. Ein Beispiel für die quantitative Analyse ist die Komplexometrie. Das Prinzip ist dem der Säure-Basen-Titration ähnlich. Eine Methode ist die komplexometrische Bestimmung der Wasserhärte.

Die Wasserhärte wird überwiegend durch die Konzentration der Calcium- und Magnesiumionen bestimmt. Zur komplexometrischen Bestimmung der Härtebildner (bezogen auf Ca^{2+}) werden die Metallionen mit mehrzähnigen Liganden zu stabilen Chelaten gebunden. Besondere Bedeutung hat hierfür der Komplexbildner **E**thylen**d**iamin**t**etraessigsäure (EDTA) erlangt. Wegen der besseren Dissoziation in Wasser verwendet man jedoch das Dinatriumsalz der EDTA (Kurzform: Na_2H_2Y). EDTA ist ein sechszähniger Ligand und reagiert mit Ca^{2+} im Verhältnis 1:1. Um bei der Titration den Äquivalenzpunkt bestimmen zu können, verwendet man Metallindikatoren, die gegenüber EDTA eine geringere Komplexstabilität besitzen. Da die Bildung ionenspezifischer EDTA-Komplexe pH-abhängig ist, wird die Analysenlösung im entsprechende pH-Bereich gepuffert.

Für die Bestimmung der Calciumionenkonzentration verwendet man den Metallindikator Eryochromschwarz–T (H_nIn). Er geht mit Ca^{2+} einen rotgefärbten Metallindikatorkomplex ein. Bei der Titration mit der Na_2H_2Y-Lösung erfolgt ein Ligandenaustausch **In**^{pos} gegen $\mathbf{H_2Y^{2-}}$. Am Äquivalenzpunkt ist der Komplexumbau vollzogen und es findet der Farbumschlag von rot nach blau statt. Folgende Reaktionen verdeutlichen den Vorgang:

$Ca^{2+} + H_2In^- \rightleftarrows [Ca(In)]^- + 2\,H^+$
blau — rot

Titration mit Na_2H_2Y-Maßlösung:

I) $Ca^{2+} + H_2Y^{2-} \rightleftarrows [CaY]^{2-} + 2H^+$

II) $[Ca(In)]^- + H_2Y^{2-} \rightleftarrows H_2In^- + [CaY]^{2-}$
rot — blau

Die Wasserhärte wird in Deutschland in Grad deutscher Härte (°dH) angegeben. International gibt man die Wasserhärte mit der Einheit $mmol \cdot l^{-1}$ an.

Die Stoffmengenkonzentration der Na_2H_2Y-Lösung ist so eingestellt, dass der Verbrauch von 1 ml Maßlösung auf 100 ml Wasser 1 °dH entspricht.

1 °dH entspricht einer Massekonzentration $\beta(\mathbf{CaO}) = \mathbf{10\,mg \cdot l^{-1}}$

oder einer Stoffmengenkonzentration $c(\mathbf{Ca^{2+}}) = \mathbf{0{,}178\,mmol \cdot l^{-1}}$.

Auf dem Wege der Komplexometrie können ebenfalls quantitativ und halbquantitativ in Schnelltests die Stoffmengenkonzentrationen von Schwermetallionen in wässriger Lösung ermittelt werden.

9.6.2 Katalysatoren

Bei vielen technisch wichtigen Reaktionen, vor allem bei Synthesen der organischen Chemie, werden häufig Komplexverbindungen eingesetzt. Der Vorteil liegt in den niedrigen Reaktionstemperaturen.

Einige Anwendungen sind zum Beispiel:

- Die Niederdruckhydrierung von Ethen (Olefinen) bei 1013,25 hPa und 298,15 K mittels des Wilkinson-Katalysors Chloro-tris(triphenylphosphan)-rhodium(I). Der Komplex wird in einer Zwischenreaktion mit Wasserstoff und einem Lösungsmittel (Solvens) beladen. Dadurch erfolgt ein Wechsel der Oxdationsstufe des Rhodiums und der Struktur. So kann im nächsten Schritt z. B. Ethen im Austausch mit dem Solvens angelagert werden. Im dritten Schritt erfolgt die Übertragung des Wasserstoffs auf das Ethen und der Austausch des Ethans gegen ein Solvensmolekül.
- Die Oxosynthese an Alkenen.
  Mittels der katalytischen Wirkung von Cobaltcarbonyl werden Wasserstoff und Kohlenstoffmonoxid an z. B. Ethen angelagert. Die Produkte können Propanal oder Propanol sein.

  $$CH_2=CH_2 \xrightarrow[{[Co(CO)_8]}]{H_2/CO} \begin{cases} CH_3-CH_2-CHO \\ CH_3-CH_2-CH_2OH \end{cases}$$

  Der Prozess läuft bei etwa 250 bar und 160 °C ab.
- Die Herstellung von Polyethylen durch Niederdruckpolymerisation am Mischkatalysator, dem Ziegler-Natta-Katalysator.
  Der Katalysator besteht aus Aluminiumtrialkylen und Titantetrachlorid. Die Reaktion verläuft bei Zimmertemperatur in mehreren Reaktionsschritten. Dabei läuft am alkylierten Titanion eine Kettenwachstumsreaktion ab.

9.6.3 Metallurgie

Aluminiumherstellung

Die Aluminiumherstellung wurde erst günstig, als mittels des Bayer-Verfahrens Aluminiumoxid von anderen Begleitstoffen wie Eisenoxid und Siliziumdioxid getrennt werden konnte. Das gemahlene Bauxit (Al_2O_3, Fe_2O_3, SiO_2) wird im Autoklav mit Wasser und Natriumhydroxid bei ca. 180 °C zur Reaktion gebracht. Es entsteht Natriumtetrahydroxoaluminat(III), welches aus dem Rotschlamm abfiltriert wird.

$$Al_2O_3 + 2\ NaOH + 3\ H_2O \longrightarrow 2\ Na[Al(OH)_4]$$

Nun schließen sich das Trocknen und die Schmelzflusselektrolyse an, bis das reine Aluminium erzeugt ist.

Cyanidlaugerei

Die Cyanidlaugerei ist ein Verfahren, das bei sehr niedrigen Anteilen von Edelmetallen wie Gold und Silber an Erzen angewendet wird. Dazu sind mehre Reaktionsschritte notwendig. Die Oxidation und Lösung des Metalls:

$$4\ Au + 8\ CN^- + 2\ H_2O + O_2 \longrightarrow 4\ [Au(CN)_2]^- + 4\ OH^-$$

Die Zementation des Metalls (Ausfällung durch unedles Metall z. B. Zn):

$$2\ [Au(CN)_2]^- + Zn \longrightarrow [Zn(CN)_4]^{2-} + 2\ Au\downarrow$$

Wichtig ist dabei, dass die Reaktion stets im alkalischen Milieu verläuft.

Galvanotechnik

Durch Bindung der abzuscheidenden Metalle in Komplexverbindungen ergibt sich die Möglichkeit, dass sehr dünne Überzüge hergestellt werden können. Ein weiterer Vorteil ist der gleichmäßige Metallüberzug, wodurch nachträgliche Poliervorgänge eingespart werden.

9.6.4 Medizin

Chemotherapie

Komplexverbindungen finden bei Krebserkrankungen in der Chemotherapie Anwendung. Ziel ist die Hemmung des übermäßigen Zellwachstums in den Tumoren. Als Komplexverbindung nutzt man das stark toxische Cisplatin (cis-Diammindichloroplatin(II)-Komplex $[PtCl_2(NH_3)_2]$.

Lebensrettung bei Schwermetallvergiftung

- Zur Stabilisierung von Arzneimitteln wird häufig EDTA verwendet. Sie maskiert Metallionen, die die Medikamentwirkung beeinträchtigen.
- Treten Schwermetallvergiftungen auf, wird vor allem bei Blei- und Cadmiumvergiftung eine Lösung mit Ca-EDTA-Komplex injiziert. Dabei erfolgt ein Austausch der Zentralionen, denn der Schwermetallkomplex ist stabiler als der Calciumkomplex. Der Schwermetall-EDTA-Komplex wird mit dem Harn ausgeschieden.

9.7 Komplexe in der Natur

Die Lebensvorgänge aller Organismen werden erst durch Enzyme und deren Nichtproteinanteile, die Coenzyme, möglich. Als Zentralteilchen enthalten sie meist ein Metallion. Man spricht von Metalloenzymen. Ein Beispiel ist die Kohlensäure-Anhydrase, die für die reversible Umwandlung von Kohlenstoffdioxid in Hydrogencarbonationen von Bedeutung ist. Ihr Zentralion ist das Zinkion.

Sowohl in den Thylakoiden der Chloroplasten als auch in den Mitochondrienmembranen findet man Metalloenzyme, die Redoxvorgänge im Stoff- und Energiewechsel möglich machen. Als Zentralionen sind Ionen, die leicht ihre Oxidationsstufe ändern können (Fe^{2+}/Fe^{3+}; Cu^{2+}/Cu^{+}), von Bedeutung.

Chloropyll und Häm sind ebenfalls bekannte natürliche Komplexe. Beide haben einen gemeinsamen Grundaufbau (siehe Abbildung). Die Liganden sind durch organische Brücken verbundene Porphyrinringe. Jeder Porphyrinring besitzt ein Stickstoffatom als Haftatom. Das Metallion wird also von einem vierzähnigen Liganden eingeschlossen. Unterschiedlich sind die organischen Reste an den Porphyrinringen und die Zentralionen. Chlorophyll enthält Magnesiumionen und Häm enthält Eisen(II)-ionen anstelle M in der nebenstehenden Abbildung.

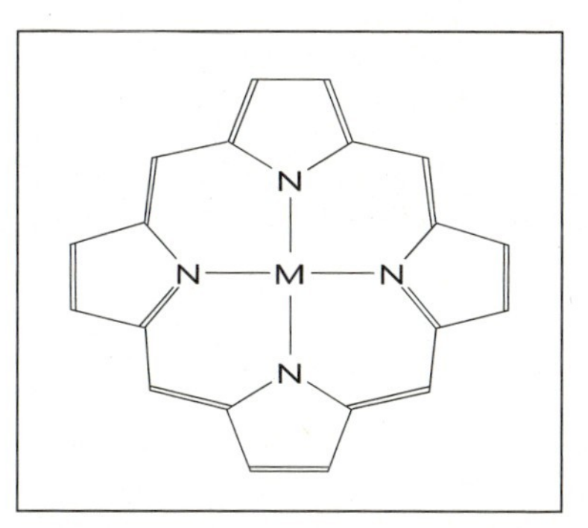

Aufgaben

1. *Geben Sie für die folgenden Komplexe den Namen bzw. die Formel an:*
   a. $[Pt(NH_3)_6]Cl_4$
   b. $Na[Al(OH)_4]$
   c. $Na[Mn(OH)_3(H_2O)_3]$
   d. $[CoCl(NH_3)_5]Cl$
   e. *Hexaammincobalt(III)-chlorid*
   f. *Trichlorotriamminplatin(IV)-chlorid*
   g. *Kaliumtetrafluoroborat;*
   h. *Pentaaquahydroxoaluminium(III)-bromid.*
2. *Nennen Sie drei Eigenschaften von Komplexverbindungen und ordnen Sie diesen je eine Nutzung in der Praxis zu.*
3. *Erklären Sie das koordinative Bindungsmodell für Komplexverbindungen.*
4. *Vergleichen Sie in einer Tabelle die Bindungsmodelle elektrostatische Wechselwirkungen, kovalente Bindung und Ligandenfeldtheorie hinsichtlich:*
   Teilchenart der Liganden, Bindekräfte, erklärte Eigenschaften.
5. *Die Komplexverbindung* $K_2[Cu(CN)_4]$ *und* $K_3[Cu(CN)_4]$ *unterscheiden sich in der Oxidationsstufe des Zentralions. Überprüfen Sie mithilfe der Edelgasregel, welche Verbindung die größere Stabilität aufweist.*
6. $K_3[Co(NO_2)_6]$ *ist eine Low-Spin-Verbindung mit oktaedrischer Ligandenanordnung. Beweisen Sie diese Aussage mit der VB-Methode.*
7. *Hexaaquaeisen(II)-ionen sind paramagnetisch. Stellen Sie die Elektronenkonfiguration in paulingscher Schreibweise (Kästchenschreibweise) dar.*
8. *Komplexe sind unterschiedlich stabil.*
   Beim Nachweis von Cobaltionen mit Kaliumthiocyanat stören Eisen(III)-Ionen.
   Zur Beseitigung der Störung setzt man festes Natriumfluorid hinzu.
   Begründen Sie das Vorgehen.

▶

9. *In Andenkenläden kann man kleine Figuren kaufen, deren Oberfläche mit einem Gemisch aus Cobalt(II)-Salz und einem Chlorid beschichtet ist. Es stellt sich folgendes Gleichgewicht ein:*

$[Co(H_2O)_6]^{2+} + 4\ Cl^- \rightleftarrows [CoCl_4]^{2-} + 6\ H_2O$

rosa *blau*

Stellen Sie eine Vermutung an, warum durch eine Ermittlung der jeweils vorliegenden Farbe Aussagen zur Wetterentwicklung möglich sind.

10. *Die Komplexe $[Co(NH_3)_6]Cl_3$ und $[CoCl_3(NH_3)_3]$ sind gefärbt. Man beobachtet die Farben gelb und grün. Ordnen Sie die Farben zu und begründen Sie Ihre Entscheidung*

VERSUCHE

1. Ermittlung der Koordinationszahl

Gefahrenhinweise:

Reagenzien: Kupfer(II)-sulfatlösung (c = 1M); Ammoniaklösung (c = 1M)

Versuchsdurchführung: Vorgehensweise nach dem Prinzip der „Molaren Verhältnisse"

Sechs Reagenzgläser werden nach folgendem Prinzip gefüllt:

Reagenzglas	0	I	II	III	IV	V
$CuSO_4$-Lsg. [ml]	1	1	1	1	1	1
$1H_2O$ [ml]	10	10	10	10	10	10
NH_3-Lsg. [ml]	0	1	2	3	4	5

Beobachtungen:

Auswertung:

a. In welchem Reagenzglas ist die Komplexbildung abgeschlossen? Leiten Sie die Koordinationszahl ab.

b. Erklären Sie Ihre Beobachtungen

c. Stellen Sie die Reaktionsgleichungen für die Reaktion in Reagenzglas I und im Reagenzglas aus a) auf.

▶

2. Ligandenaustausch bei Eisen(III)-ionen

Gefahrenhinweise:

       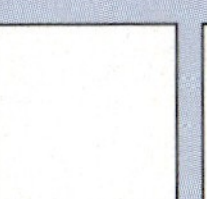 

Reagenzien: Eisen(III)-chloridlösung ($c = 0{,}1\,M$, entfärbt durch Salpetersäurezusatz), Natriumchlorid, Kaliumthiocyanatlösung ($c = 0{,}1\,M$), Natriumfluoridlösung (gesättigt, Xn)

Versuchsdurchführung:

1. Geben Sie Eisen(III)-cloridlösung in ein Reagenzglas und lösen Sie etwas Natriumchlorid darin.
2. Tropfen Sie anschließend Kaliumthiocyanatlösung hinzu.
3. Versetzen Sie diese Lösung mit Natriumfluoridlösung.

Beobachtungen:

Auswertung:

a. Erklären Sie Ihre Beobachtungen.
b. Formulieren Sie die Reaktionsgleichungen für die Ligandenaustauschreaktionen und benennen Sie die gebildeten Komplexe.

3. Eigenschaften von Komplexionen

Gefahrenhinweise:

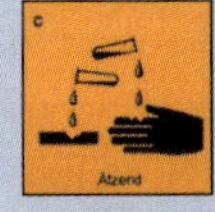        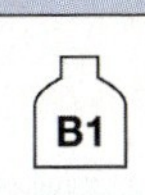

Reagenzien: Tropfpipetten; 2 Eisennägel, Ammoniak-Lösung (5 mol · l^{-1}; Xi), Natriumhydroxid-Lösung (1 mol · l^{-1}; C), Lösungen folgender Salze (jeweils 0,1 mol · l^{-1}): Kupfer(II)-sulfat, Eisen(III)-nitrat (entfärbt durch Zusatz von Salpetersäure), Ammoniumthiocyanat, Kaliumhexacyanoferrat(III), Kaliumiodid.

Durchführung:

1. Geben Sie in zwei Reagenzgläser je 2 ml Kupfersulfat-Lösung und tropfen Sie 1 ml Ammoniak-Lösung in eine dieser Proben. Tauchen Sie dann jeweils einen Eisennagel in die Lösungen; vergleichen Sie die Proben nach einigen Minuten.
2. Führen Sie entsprechende Versuche durch, indem Sie statt der Eisennägel folgende Reagenzien zufügen:
   a. je 5 Tropfen Natriumhydroxid-Lösung
   b. je 2 ml Kaliumiodid-Lösung
3. Füllen Sie jeweils 2 ml Eisen(III)-nitrat-Lösung und Kaliumhexacyanoferrat(III)-Lösung in ein Reagenzglas und geben Sie je 2 Tropfen Ammoniumthiocyanat-Lösung zu den Proben.

Aufgaben:

a. Notieren Sie Ihre Beobachtungen.
b. Erklären Sie die Unterschiede und stellen Sie die Reaktionsgleichung auf.

4. Komplexbildung mit Zink-Ionen

Gefahrenhinweise:

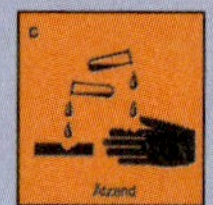  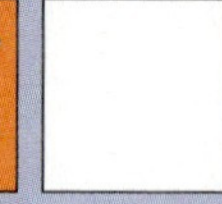      

Reagenzien: Tropfpipetten; Zinkchlorid-Lösung (1 mol · l^{-1}; Xi), Ammoniak-Lösung (konz.; C), Ammoniumchlorid-Lösung (gesättigt; Xn).

Durchführung:

1. Versetzen Sie in einem Reagenzglas 2 ml Zinkchlorid-Lösung mit einigen Tropfen Ammoniak-Lösung. Geben Sie anschließend 5 ml Ammoniak-Lösung dazu.
2. Versetzen Sie in einem zweiten Reagenzglas 2 ml Zinkchlorid-Lösung mit 2 ml Ammoniumchlorid-Lösung und fügen Sie einige Tropfen Ammoniak-Lösung hinzu.

Aufgaben:

a. Notieren Sie Ihre Beobachtungen.
b. Stellen Sie die Reaktionsgleichungen auf.
c. Erklären Sie das unterschiedliche Reaktionsverhalten beim Zutropfen von Ammoniak-Lösung.

5. Komplexreaktionen auf Filtrierpapier

Gefahrenhinweise:

Reagenzien: Filtrierpapier, Tropfpipetten; Wasserstoffperoxid-Lösung (5 %; Xi), Salzsäure (verd.), Ammoniak-Lösung (konz.; C), Natriumfluorid-Lösung gesättigt; Xn), Lösungen folgender Salze (jeweils 0,1 mol · l^{-1}): Eisen(II)-sulfat (frisch zubereitet), Eisen(III)-nitrat (entfärbt durch Zusatz von Salpetersäure), Kupfersulfat, Kaliumhexacyanoferrat(II), Kaliumhexacyanoferrat(III), Ammoniumthiocyanat.

Durchführung: Geben Sie jeweils einen Tropfen der Lösungen in der angegebenen Reihenfolge auf ein Filtrierpapier. Tropfen Sie entweder ineinander (i) oder nebeneinander (n).

Reihenfolge der Tropfen		
1	(n)	Eisen(III)-nitrat-Lösung + Kaliumhexacyanoferrat(II)-Lösung
2	(n)	Eisen(III)-nitrat-Lösung + Ammoniumthiocyanat-Lösung
3	(i)	Eisen(III)-nitrat-Lösung + Natriumfluorid-Lösung + Ammoniumthiocyanat-Lösung
4	(i)	Eisen(III)-nitrat-Lösung + Ammoniumthiocyanat-Lösung + Natriumfluorid-Lösung

▶

5	(n)	Eisen(II)-sulfat-Lösung + Kaliumhexacyanoferrat(III)-Lösung
6	(n)	Eisen(II)-sulfat-Lösung + Ammoniumthiocyanat-Lösung
7	(i)	Eisen(II)-sulfat-Lösung + Salzsäure + Wasserstoffperoxid-Lösung + Ammoniumthiocyanat-Lösung
8	(n)	Kupfersulfat-Lösung + Kaliumhexacyanoferrat(II)-Lösung
9	(i)	Kupfersulfat-Lösung + Ammoniak-Lösung (2 Tropfen)

Aufgaben:

a. Notieren Sie Ihre Beobachtungen.
Hinweis: Niederschläge zeigen eine scharfe Begrenzung, Lösungen wandern weiter.

b. Formulieren Sie Reaktionsgleichungen für die ablaufenden Reaktionen.

6. Ligandenaustausch bei Kupfer(II)-Ionen

Gefahrenhinweise:

Reagenzien: Tropfpipette, Gasbrenner; Kupfer(II)-sulfat-Lösung (0,1 mol · l^{-1}), Salzsäure (konz.; C), Ammoniak-Lösung (verd.).

Durchführung:

1. Geben Sie zu Kupfersulfat-Lösung in einem Reagenzglas tropfenweise Ammoniak-Lösung, bis sich der zunächst gebildete Niederschlag wieder auflöst.
2. Geben Sie zu einer zweiten Probe Kupfersulfat-Lösung tropfenweise Salzsäure bis sich die Farbe deutlich ändert.
3. Verdünnen Sie diese Lösung, bis sich der Farbton erneut ändert und erhitzen Sie anschließend.

Aufgaben:

a. Notieren Sie Ihre Beobachtungen.

b. Formulieren Sie die Reaktionsgleichungen.

7. Ligandenaustausch bei Eisen(III)-Ionen

Gefahrenhinweise:

Reagenzien: Tropfpipette; Eisen(III)-nitrat-Lösung (0,1 mol · l^{-1}; entfärbt durch Zusatz von Salpetersäure), Natriumchlorid, Kaliumthiocyanat-Lösung (0,1 mol · l^{-1}), Natriumfluorid-Lösung (gesättigt; Xn)

Durchführung:

1. Geben Sie Eisen(III)-nitrat-Lösung in ein Reagenzglas und lösen Sie etwas Natriumchlorid darin.
2. Tropfen Sie anschließend Kaliumthiocyanat-Lösung zu.
3. Versetzen Sie diese Lösung mit Natriumfluorid-Lösung.

Aufgaben:

a. Notieren Sie Ihre Beobachtungen.
b. Formulieren Sie Reaktionsgleichungen für die Ligandenaustauschreaktionen und benennen Sie die gebildeten Komplexe.

8. Nachweis von Metallionen durch Komplexbildung

Gefahrenhinweise:

Reagenzien: Tropfpipette;
Probelösungen (0,01 mol · l^{-1}): Eisen(III)-chlorid-Lösung, frisch bereitete Eisen(II)-sulfat-Lösung, Kupfersulfat-Lösung.
Reagenzlösungen (0,1 mol · l^{-1}): Kaliumhexacyanoferrat(II)-Lösung, Kaliumhexacyanoferrat(III)-Lösung. Kaliumthiocyanat-Lösung.

Durchführung:

Geben Sie jeweils eine Probelösung in ein Reagenzglas und tropfen die entsprechende Reagenzlösung zu:

Probelösung	Reagenzlösung
Eisen(II)-sulfat	Kaliumhexacyanoferrat (III)
Eisen(III)-chlorid	Kaliumhexacyanoferrat (II)
Eisen(III)-chlorid	Kaliumthiocyanat
Kupfer(II)-chlorid	Kaliumhexacyanoferrat (II)

Aufgaben:

a. Notieren Sie Ihre Beobachtungen.
b. Formulieren Sie die Reaktionsgleichungen.

9. Bau einer Wetterblume

Gefahrenhinweise:

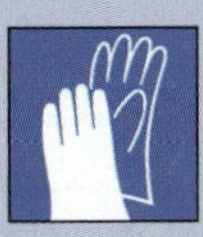

Reagenzien: großes Filtrierpapier, große Petrischale; Schere, Trockenschrank; Lösung von 10 g Cobalt(II)-nitrat ($Co(NO_3)_2 \cdot 6\ H_2O$), 7 g Natriumchlorid, 2 ml Glycerin und 10 g Gelatinepulver in 60 ml Wasser (Xn, N)

Durchführung:

1. Falten Sie das Filtrierpapier und schneiden Sie es in Form einer Blüte.
2. Tränken Sie das Filtrierpapier in einer Petrischale mit der vorbereiteten Lösung und trocknen Sie es anschließend.
   Hinweis: Die Lösung sowie das noch feuchte Filtrierpapier sollten nicht mit der Haut in Berührung kommen.
3. Hängen Sie das getrocknete Filtrierpapier als Wetterblume im Fenster auf.

Aufgaben:

a. Erklären Sie die Funktion der Wetterblume.

b. Formulieren Sie Reaktionsgleichungen für die mit den Farbänderungen verbundenen Reaktionen.

Sicherheit beim Experimentieren

Am 20. Januar 2009 trat die EG) Nr. 1272/2008 des Europäischen Parlaments über die Einstufung und Verpackung von Stoffen und Gemischen in Kraft. Sie beinhaltet die Aufhebung älterer Richtlinien.

Es gilt von nun an das Global Harmonisierte System – **GHS** (**G**lobally **H**armonized **S**ystem of Classification and Labelling of Chemicals).

Mit dem GHS soll eine weltweite Vereinheitlichung der Kennzeichnung und Einstufung von Chemikalien (Stoffen und Gemischen) erreicht werden.

Dies hat zur Folge, dass über einen gewissen Zeitraum die alte sowie die neue Kennzeichnung und Einstufung der Chemikalien vorgefunden wird.

Die Fristen für die Umstellung sind folgende:

- Ab 01. Dezember 2010 müssen Stoffe nach CLP (Classification, Labelling and Packaging) gekennzeichnet werden.
- Kennzeichnung der Gemische ab dem 01. Juni 2015.
- Die Einstufung, Kennzeichnung und Verpackung für Stoffe und Gemische kann bereits vor dem 01. Dezember 2010 bzw. 01. Juni 2015 nach den Vorschriften der GHS-Verordnung erfolgen.

Da wir uns in einer Übergangsphase befinden soll an dieser Stelle eine Möglichkeit der Übersetzung der alten Symbolik einschließlich der R- und S-Sätze in die neue Kennzeichnung mit H- und P-Sätzen gegeben werden.

Die Etikettierung wird nach neuen Gesichtspunkten vollzogen

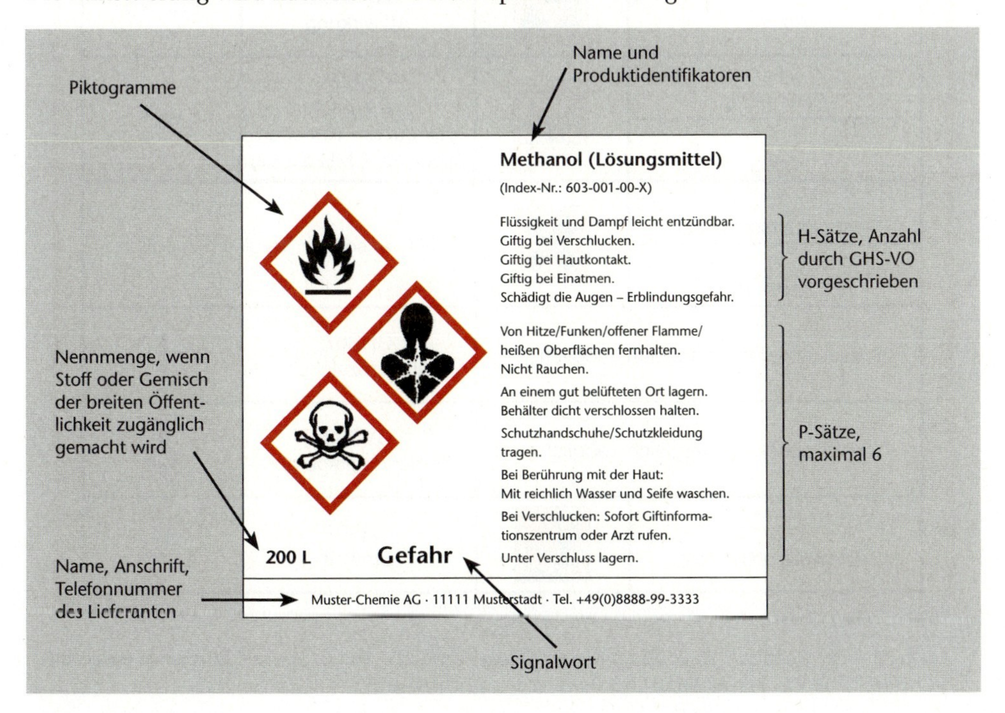

Die folgenden Übersichten zeigen grundlegende Informationen sowie die Zuordnung alt und neu.[1]

GHS

Global harmonisiertes System zur Einstufung und Kennzeichnung

... führt diese neuen Kennzeichnungselemente ein:

☞ Piktogramme, Signalworte, Gefahren- und Sicherheitshinweise

Piktogramme

... lösen Gefahrensymbole, wie in der Entsprechungstabelle dargestellt, ab.

Kennbuchstabe und Gefahrenbezeichnung	Gefahren-symbol	Codierung und Bezeichnung	Piktogramm
E Explosionsgefährlich		GHS01 Explodierende Bombe	
F+ Hochentzündlich		GHS02 Flamme	
F Leichtentzündlich			
O Brandfördernd		GHS03 Flamme über einem Kreis	
Kein absoluter Vergleich möglich.		GHS04 Gasflasche	
C Ätzend		GHS05 Ätzwirkung	
T+ Sehr giftig		GHS06 Totenkopf mit gekreuzten Knochen (nicht für CMR-Stoffe)	
T Giftig			
Xn Gesundheitsschädlich		Kein absoluter Vergleich möglich.	
Xi Reizend			
Kein absoluter Vergleich möglich.		GHS07 Ausrufezeichen	
Kein absoluter Vergleich möglich.		GHS08 Gesundheitsgefahr	
N Umweltgefährlich		GHS09 Umwelt	

1 *Auszug aus der Wandtafel „Gefahrstoff-Kenzeichnung nach GHS" von G. Janssen, erschienen bei ecomed SICHERHEIT, ISBN 978-3-609-65611-3 (www.ecomed-sicherheit.de)*

Weitere Kennzeichnungselemente:

Signalwörter

... geben Auskunft über das Ausmaß der Gefahr.
Sie lösen die Gefahrenbezeichnung ab.

GEFAHR ☞ Für schwerwiegende Gefahrenkategorien

ACHTUNG ☞ Für weniger schwerwiegende Gefahrenkategorien

Gefahrenhinweise

... beschreiben Art und gegebenenfalls den Schweregrad der Gefährdung.
Sie sind mit R-Sätzen vergleichbar und werden wie folgt nummeriert (Beispiel):

H | 2 | 2 6

☞ Laufende Nummer

☞ Gruppierung 2 = Physikalische Gefahren
3 = Gesundheitsgefahren
4 = Umweltgefahren

☞ Abkürzung für „Hazard Statement" (Gefahrenhinweis)

☞ H226 steht für „Flüssigkeit und Dampf entzündbar."

Sicherheitshinweise

... beschreiben die empfohlenen Maßnahmen zur Vermeidung schädlicher Wirkungen.
Sie sind mit S-Sätzen vergleichbar und werden wie folgt nummeriert (Beispiel):

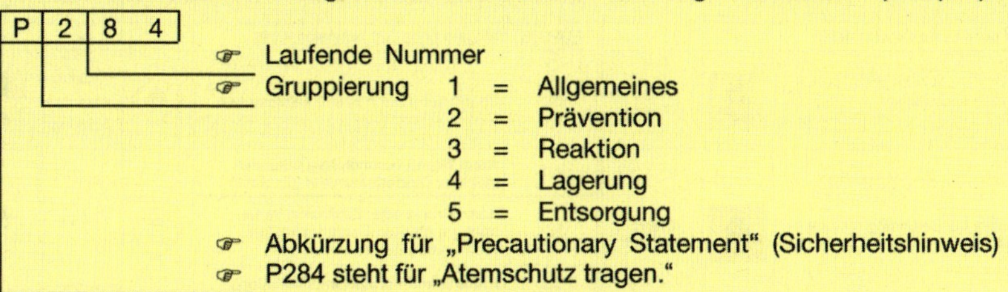

Umsteigehilfe GHS-Kennzeichnung[1]

RL 67/548/EWG				UN-GHS / EU-GHS (VO (EG) 1272/2008)				ADR
R	Text	Symbol	Bezeichnung	H	Text	Symbol	Signalwort	Gefahrzettel
1	In trockenem Zustand explosionsgefährlich	–	–	EUH001	In trockenem Zustand explosionsgefährlich	–	–	–
2, 3	Durch Schlag, Reibung, Feuer oder andere Zündquellen (besonders) explosionsgefährlich		Explosionsgefährlich	200	**Instabil, explosiv**		Gefahr	(verboten)
				201	**Explosiv, Gefahr der Massenexplosion**			
				202	**Explosiv; große Gefahr durch Splitter, Spreng- und Wurfstücke**			
				203	**Explosiv; Gefahr durch Feuer, Luftdruck oder Splitter, Spreng- und Wurfstücke**			
				204	**Gefahr durch Feuer oder Splitter, Spreng- und Wurfstücke**		Achtung	
				205	**Gefahr der Massenexplosion bei Feuer**	–	Gefahr	
4	Bildet hochempfindliche explosionsgefährliche Metallverbindungen	–	–	–	–	–	–	–
5	Beim Erwärmen explosionsfähig	–	–	240	**Erwärmung kann Explosion verursachen**		Gefahr	(verboten)
				241	**Erwärmung kann Brand oder Explosion verursachen**			
6	Mit und ohne Luft explosionsfähig	–	–	EUH006	Mit und ohne Luft explosionsfähig	–	–	–
7	Kann Brand verursachen		Brandfördernd	242	**Erwärmung kann Brand verursachen**		Gefahr Achtung	
8	Feuergefahr bei Berührung mit brennbaren Stoffen		Brandfördernd	270	**Kann Brand verursachen oder verstärken; Oxidationsmittel** [für Gase]		Gefahr	
				271	**Kann Brand oder Explosion verursachen; starkes Oxidationsmittel** [für Flüssigkeiten und Feststoffe]			
				272	**Kann Brand verstärken; Oxidationsmittel** [für Flüssigkeiten und Feststoffe]		Achtung	
9	Explosionsgefahr bei Mischung mit brennbaren Stoffen		Brandfördernd	271	**Kann Brand oder Explosion verursachen; starkes Oxidationsmittel** [für Flüssigkeiten und Feststoffe]		Gefahr	
10	Entzündlich	–	–	225	**Flüssigkeit und Dampf leicht entzündbar** (falls Flammpunkt < 23 °C)		Gefahr	
				226	**Flüssigkeit und Dampf entzündbar** (falls Flammpunkt ≥ 23 °C)		Achtung	
11	Leichtentzündlich		Leichtentzündlich	225	**Flüssigkeit und Dampf leicht entzündbar**		Gefahr	
				228	**Entzündbarer Feststoff**		Achtung	
12	Hochentzündlich		Hochentzündlich	220	**Extrem entzündbares Gas**		Gefahr	
				222	**Extrem entzündbares Aerosol**			
				221	**Entzündbares Gas**	–	Achtung	–
				223	**Entzündbares Aerosol**			
				224	**Flüssigkeit und Dampf extrem entzündbar**		Gefahr	
13	–	–	–	–	–	–	–	–
14	Reagiert heftig mit Wasser	–	–	EUH014	Reagiert heftig mit Wasser	–	–	–
15	Reagiert mit Wasser unter Bildung hochentzündlicher Gase		Leichtentzündlich	260	**In Berührung mit Wasser entstehen entzündbare Gase, die sich spontan entzünden können**		Gefahr	
				261	**In Berührung mit Wasser entstehen entzündbare Gase**		Achtung	

1 *Genehmigter Abdruck der Faltkarte „Umsteigehilfe GHS-Kennzeichnung" von Dr. N. Müller, erschienen bei ecomed SICHERHEIT, ISBN 978-3-609-65192-7 (www.ecomed-sicherheit.de)*

16	Explosionsgefährlich in Mischung mit brandfördernden Stoffen	–	–	–	–	–	–	–
17	Selbstentzündlich an der Luft		Leichtentzündlich	250	**Entzündet sich in Berührung mit Luft von selbst**		Gefahr	
18	Bei Gebrauch Bildung explosionsfähiger/leichtentzündlicher Dampf/Luft-Gemische möglich	–	–	EUH018	Kann bei Verwendung explosionsfähige/entzündbare Dampf/Luft-Gemische bilden	–	–	–
19	Kann explosionsfähige Peroxide bilden	–	–	EUH019	Kann explosionsfähige Peroxide bilden	–	–	–
20	Gesundheitsschädlich beim Einatmen		Gesundheitsschädlich	331	**Giftig bei Einatmen** [Bem. = möglich bei Dämpfen]		Gefahr	–
				332	**Gesundheitsschädlich bei Einatmen**		Achtung	–
21	Gesundheitsschädlich bei Berührung mit der Haut			311	**Giftig bei Hautkontakt**		Gefahr	
				312	**Gesundheitsschädlich bei Hautkontakt**		Achtung	–
22	Gesundheitsschädlich beim Verschlucken			301	**Giftig bei Verschlucken**		Gefahr	
				302	**Gesundheitsschädlich bei Verschlucken**		Achtung	–
23	Giftig beim Einatmen		Giftig	330	**Lebensgefahr bei Einatmen**		Gefahr	
				331	**Giftig bei Einatmen**			
24	Giftig bei Berührung mit der Haut			310	**Lebensgefahr bei Hautkontakt**			
				311	**Giftig bei Hautkontakt**			
25	Giftig beim Verschlucken			300	**Lebensgefahr bei Verschlucken**			
				301	**Giftig bei Verschlucken**			
26	Sehr giftig beim Einatmen		Sehr giftig	330	**Lebensgefahr bei Einatmen**		Gefahr	
27	Sehr giftig bei Berührung mit der Haut			310	**Lebensgefahr bei Hautkontakt**			
28	Sehr giftig beim Verschlucken			300	**Lebensgefahr bei Verschlucken**			
29	Entwickelt bei Berührung mit Wasser giftige Gase	–	–	EUH029*) [3??]*)	Entwickelt bei Berührung mit Wasser giftige Gase*)	–*)	–*)	–
30	Kann bei Gebrauch leicht entzündlich werden	–	–	–	–	–	–	–
31	Entwickelt bei Berührung mit Säure giftige Gase	–	–	EUH031	Entwickelt bei Berührung mit Säure giftige Gase	–	–	–
32	Entwickelt bei Berührung mit Säure sehr giftige Gase			EUH032	Entwickelt bei Berührung mit Säure sehr giftige Gase			
33	Gefahr kumulativer Wirkungen	–	–	H 373	Kann die Organe schädigen bei längerer oder wiederholter Exposition		Achtung	–
34	Verursacht Verätzungen		Ätzend	314	**Verursacht schwere Verätzungen der Haut und schwere Augenschäden**		Gefahr	
35	Verursacht schwere Verätzungen							
36	Reizt die Augen		Reizend	319	Verursacht schwere Augenreizung		Achtung	–
				320	*Causes eye irritation*	–		
37	Reizt die Atmungsorgane			335	Kann die Atemwege reizen			
38	Reizt die Haut			315	Verursacht Hautreizungen			
39	Ernste Gefahr irreversiblen Schadens		Sehr giftig	370	Schädigt die Organe		Gefahr	–
			Giftig					
40	Verdacht auf krebserzeugende Wirkung		–	351	Kann vermutlich Krebs erzeugen		Achtung	–

41	Gefahr ernster Augenschäden		Reizend	318	Verursacht schwere Augenschäden		Gefahr	–
		–	–	EUH070	Giftig bei Berührung mit den Augen	–	–	–
42	Sensibilisierung durch Einatmen möglich		Gesundheitsschädlich	334	Kann bei Einatmen Allergie, asthmaartige Symptome oder Atembeschwerden verursachen		Gefahr	–
43	Sensibilisierung durch Hautkontakt möglich		Reizend	317	Kann allergische Hautreaktionen verursachen		Achtung	–
44	Explosionsgefahr beim Erhitzen unter Einschluss	–	–	EUH044	Explosionsgefahr bei Erhitzen unter Einschluss	–	–	–
45	Kann Krebs erzeugen		–	350	Kann Krebs erzeugen		Gefahr	
46	Kann vererbbare Schäden verursachen			340	Kann genetische Defekte verursachen			
47	–	–	–	–	–	–	–	–
48	Gefahr ernster Gesundheitsschäden bei längerer Exposition		Giftig	372	Schädigt die Organe bei längerer oder wiederholter Exposition		Gefahr	
			Gesundheitsschädlich	373	Kann die Organe schädigen bei längerer oder wiederholter Exposition		Achtung	–
49	Kann Krebs erzeugen beim Einatmen		–	350i	Kann Krebs erzeugen bei Einatmen		Gefahr	
50	Sehr giftig für Wasserorganismen		Umweltgefährlich	400	**Sehr giftig für Wasserorganismen**		Achtung	
50/53	Sehr giftig für Wasserorganismen, kann in Gewässern längerfristig schädliche Wirkungen haben			410	**Sehr giftig für Wasserorganismen, mit langfristiger Wirkung**			
(51)	(Giftig für Wasserorganismen)	–	–	*401*	*Toxic to aquatic life*	–	–	–
51/53	Giftig für Wasserorganismen, kann in Gewässern längerfristig schädliche Wirkungen haben		Umweltgefährlich	411	**Giftig für Wasserorganismen, mit langfristiger Wirkung**		–	
52	Schädlich für Wasserorganismen	–	–	*402*	*Harmful to aquatic life*	–	–	–
52/53	Schädlich für Wasserorganismen, kann in Gewässern längerfristig schädliche Wirkungen haben			412	Schädlich für Wasserorganismen, mit langfristiger Wirkung			
53	Kann in Gewässern längerfristig schädliche Wirkungen haben			413	Kann für Wasserorganismen schädlich sein, mit langfristiger Wirkung			
54	Giftig für Pflanzen		Umweltgefährlich	–	–	–	–	–
55	Giftig für Tiere							
56	Giftig für Bodenorganismen			[430]*)	*)	*)	*)	
57	Giftig für Bienen			–	–	–	–	
58	Kann längerfristig schädliche Wirkungen auf die Umwelt haben							
59	Gefährlich für die Ozonschicht		Umweltgefährlich	EUH059**)	Die Ozonschicht schädigend	–	Gefahr	–
				420*)	Schädigt die öffentliche Gesundheit und die Umwelt durch Zerstörung des Ozons in der oberen Atmosphäre		Achtung	
60	Kann die Fortpflanzungsfähigkeit beeinträchtigen		–	360F	Kann die Fruchtbarkeit beeinträchtigen		Gefahr	–
61	Kann das Kind im Mutterleib schädigen			360D	Kann das Kind im Mutterleib schädigen			
62	Kann möglicherweise die Fortpflanzungsfähigkeit beinträchtigen			361f	Kann vermutlich die Fruchtbarkeit beeinträchtigen		Achtung	
63	Kann das Kind im Mutterleib möglicherweise schädigen			361d	Kann vermutlich das Kind im Mutterleib schädigen			
64	Kann Säuglinge über die Muttermilch schädigen	–		362	Kann Säuglinge über die Muttermilch schädigen	–	–	
65	Gesundheitsschädlich: Kann beim Verschlucken Lungenschäden verursachen		Gesundheitsschädlich	304	Kann bei Verschlucken und Eindringen in die Atemwege tödlich sein		Gefahr	
66	Wiederholter Kontakt kann zu spröder oder rissiger Haut führen	–	–	EUH066	Wiederholter Kontakt kann zu spröder oder rissiger Haut führen	–	–	–
67	Dämpfe können Schläfrigkeit und Benommenheit verursachen	–	–	336	Kann Schläfrigkeit und Benommenheit verursachen		Achtung	–
68	Irreversibler Schaden möglich		Gesundheitsschädlich	371	Kann die Organe schädigen		Achtung	–
68	Irreversibler Schaden möglich (erbgutverändernd Kategorie 3)		–	341	Kann vermutlich genetische Defekte verursachen			

–	–	–	–	280	**Enthält Gas unter Druck; kann bei Erwärmung explodieren** [für verdichtete, verflüssigte oder unter Druck gelöste Gase]		Achtung	
				281	**Enthält tiefgekühltes Gas; kann Kälteverbrennungen oder -verletzungen verursachen** [für tiefgekühlt verflüssigte Gase]			
–	–	–	–	*227*	*Combustible liquid [= Flammpunkt 60–93 °C]*	–	*Warning*	–
–	–	–	–	242	**Erwärmung kann Brand verursachen**		Gefahr	
							Achtung	
				251	**Selbsterhitzungsfähig; kann in Brand geraten**		Gefahr	
				252	**In großen Mengen selbsterhitzungsfähig; kann in Brand geraten**		Achtung	
–	–	–	–	290	**Kann gegenüber Metallen korrosiv sein**		Achtung	
–	–	–	–	*303*	*May be harmful if swallowed*	–	*Warning*	–
				313	*May be harmful in contact with skin*			
				333	*May be harmful if inhaled*			
				316	*Causes mild skin irritation*			
				305	*May be harmful if swallowed and enters airways*			
–	–	–	–	EUH071	Wirkt ätzend auf die Atemwege	–	–	–

Fettdruck = Gefahrgut, *Kursivdruck* = vorläufig keine Übernahme durch EU, unterstrichen = nur EU, rot = WGK-relevant alleine (R-Satz-Einstufung), grün = WGK-relevant nur in Verbindung mit rot (R-Satz-Einstufung)

*) bei UN beschlossen **) entfällt bei Übernahme von UN- in EU-GHS ***) bei UN 3077/3082 ab spätestens 1.7.2009, bei anderen UN-Nummern mit Nebengefahr Wassergefährdung ab 2011

Quellenverzeichnis

Den nachfolgend aufgeführten Firmen danken wir für die Überlassung von Informationsmaterial, Fotos, Vorlagen und fachlicher Beratung:

7.1 Fotolia/J.+W Roth; 7.2 Fotolia M&K; 29.1 Fotolia; 30.1 wikipedia commons; 30.2 AkG Images; 32.1 wikipedia/transferred from ru.wikipedia; 32.2 AKG Images; 35.1 Fotolia/Frank-Peter Funke; 35.2 Fotolia/Charles Shapiro; 35.3 Fotolia/Klaus Eppele; 37.2 AKG Images; 39.2 wikimedia gemeinfrei; 40.1, 2, 3 AKG Images; 42.1 Fotolia/Olivier; 42.2 mtrommer; 43.2 Fotolia/photlook; 46.1, 2 wikipedia/self-made; 50.2 wikipedia commons/Paul Cummings; 51.1 wikipedia commons; 52.1, 61.1, 63.1 AKG Images; 75.1 Thomas Seilnacht/Bern; 80.2 Pictures Alliance; 87.2 Fotolia/Ervin Monn; 94.1, 95.1 Thomas Seilnacht/Bern; 109.2 wikipedia commons; 111.1 W. Droßel (Autor); 118.1 IKA Werke GmbH&co.KG/Staufen; 121.2 wikimedia gemeinfrei; 124.1 W. Droßel (Autor); 169.1, 182.1, 188.1 Thomas Seilnacht/Bern; 182.2 Fotolia/Kim Warden; 203.1 Fotolia/Sabine; 217.1, 218.1, 222.1, 223.1, 227.1, 240.1 Thomas Seilnacht/Bern; 247.1 Varta AG Hannover; 268.1 Institut Feuerverzinken GmbH/Düsseldorf; 273.1, 3, 4, 274.1, 277.1, 281.1, 284.1, 290.1, 2, 291.1 W. Droßel (Autor); 273.2 wikipedia gemeinfrei; 278.1 AKG Images.

Zeichnungen: Elisabeth Galas/Bad Neuenahr: 21.1; 38; 39.1; 43.1; 50.1; 50.3; 57; 59; 60; 61.2; 63.1–3; 64.1, 2; 65.2, 3; 71.2,3; 72.2; 76.1; 77.3; 79.1,2; 82.3; 83.2, 3, 4; 84.1–7; 85.1–4; 86; 87.1, 3,4; 90.2,3; 91.1–3; 92.1; 96.1, 97.1; 98.1–4; 102.2; 109.1; 113.1; 115.1; 121.1; 143.1; 145.3; 149.1; 187.1, 202.1; 226.1; 227.1; 228.1,2; 231.1; 235.1; 244.1, 246.1, 2; 249.1; 251.1; 253.1; 261.1; 267.1,2; 269.1; 270.1; 275.1–4; 287.1; 269.2; div. kleine Gefahrensymbole. Technische Zeichnungen: Michele Di Gaspare/Bergheim-Ahe

Tabellen: S. 302 ff. Verlagsgruppe Hüthig Jehle Rehm GmbH mit ecomed Sicherheit, Landsberg

Sachwortverzeichnis